浙江省高等教育重点建设教材
应用型本科规划教材

数字电子技术

（第二版）

主　编　黄瑞祥
副主编　范勤儒　包晓敏　瞿　晓
　　　　王　荃　屈民军

ZHEJIANG UNIVERSITY PRESS
浙江大学出版社

内 容 提 要

本书是浙江省高等教育重点建设教材,由来自于多所高校的多年从事数字电子技术教学和研究的教师合作完成。以"精心组织、保证基础、精选内容、面向应用"为编写原则,强调基础性、系统性和实用性。

全书共分九章,内容包括逻辑代数基础、门电路、组合逻辑电路、集成触发器、时序逻辑电路、可编程逻辑器件、Verilog HDL 硬件描述语言、脉冲的产生和整形电路、数模(D/A)和模数(A/D)转换电路。每章均有小节和与内容相适应的习题。

本书可以作为高等院校信息电子类、自动化类、计算机类、通信工程、测控技术与仪器等专业的教材,也可供其他从事电子技术工作的工程技术人员参考。

图书在版编目(CIP)数据

数字电子技术 / 黄瑞祥主编. —杭州:浙江大学出版社,
2008.1(2021.1重印)

应用型本科规划教材

ISBN 978-7-308-05020-3

Ⅰ.数… Ⅱ.黄… Ⅲ.数字电路－电子技术－高等学校－教材　Ⅳ.TN79

中国版本图书馆 CIP 数据核字(2006)第 134167 号

数字电子技术

黄瑞祥　主编

丛书策划	樊晓燕
责任编辑	王　波
封面设计	俞亚彤
出版发行	浙江大学出版社
	(杭州市天目山路 148 号　邮政编码 310007)
	(网址:http://www.zjupress.com)
排　　版	杭州中大图文设计有限公司
印　　刷	杭州杭新印务有限公司
开　　本	787mm×1092mm　1/16
印　　张	21.25
字　　数	517 千
版 印 次	2013 年 8 月第 2 版　2021 年 1 月第 9 次印刷
书　　号	ISBN 978-7-308-05020-3
定　　价	55.00 元

应用型本科院校信电专业基础平台课规划教材系列

编 委 会

主　任　顾伟康

副主任　王　薇　沈继忠　梁　丰

委　员　（以姓氏笔画为序）

方志刚　古　辉　李　伟

何杞鑫　林雪明　张增年

唐向宏　夏哲雷　钱贤民

蔡伟健

总　序

近年来我国高等教育事业得到了空前的发展,高等院校的招生规模有了很大的扩展,在全国范围内发展了一大批以独立学院为代表的应用型本科院校,这对我国高等教育的持续、健康发展具有重大的意义。

应用型本科院校以着重培养应用型人才为目标,目前,应用型本科院校开设的大多是一些针对性较强、应用特色明确的本科专业,但与此不相适应的是,当前,对于应用型本科院校来说作为知识传承载体的教材建设远远滞后于应用型人才培养的步伐。应用型本科院校所采用的教材大多是直接选用普通高校的那些适用研究型人才培养的教材。这些教材往往过分强调系统性和完整性,偏重基础理论知识,而对应用知识的传授却不足,难以充分体现应用类本科人才的培养特点,无法直接有效地满足应用型本科院校的实际教学需要。对于正在迅速发展的应用型本科院校来说,抓住教材建设这一重要环节,是实现其长期稳步发展的基本保证,也是体现其办学特色的基本措施。

浙江大学出版社认识到,高校教育层次化与多样化的发展趋势对出版社提出了更高的要求,即无论在选题策划,还是在出版模式上都要进一步细化,以满足不同层次的高校的教学需求。应用型本科院校是介于普通本科与高职之间的一个新兴办学群体,它有别于普通的本科教育,但又不能偏离本科生教学的基本要求,因此,教材编写必须围绕本科生所要掌握的基本知识与概念展开。但是,培养应用型与技术型人才是又应用型本科院校的教学宗旨,这就要求教材改革必须淡化学术研究成分,在章节的编排上先易后难,既要低起点,又要有坡度、上水平,更要进一步强化应用能力的培养。

为了满足当今社会对信息与电子技术类专业应用型人才的需要,许多应用型本科院校都设置了相关的专业。而这些专业的特点是课程内容较深、难点较多,学生不易掌握,同时,行业发展迅速,新的技术和应用层出不穷。针对这一情况,浙江大学出版社组织了十几所应用型本科院校信息与电子技术类专业的教师共同开展了"应用型本科信电专业教材建设"项目的研究,共同研究目前教材的不适应之处,并探讨如何编写能真正做到"因材施教"、适合应用型本科层次信电类专业人才培养的系列教材。在此基础上，组建了编委会，确定共同编写"应用型本科院校信电专业基础平台课规划教材系列"。

本专业基础平台课规划教材具有以下特色：

在编写的指导思想上，以"应用类本科"学生为主要授课对象，以培养应用型人才为基本目的，以"实用、适用、够用"为基本原则。"实用"是对本课程涉及的基本原理、基本性质、基本方法要讲全、讲透，概念准确清晰。"适用"是适用于授课对象，即应用型本科层次的学生。"够用"就是以就业为导向，以应用型人才为培养目的，达到理论够用，不追求理论深度和内容的广度。突出实用性、基础性、先进性，强调基本知识，结合实际应用，理论与实践相结合。

在教材的编写上重在基本概念、基本方法的表述。编写内容在保证教材结构体系完整的前提下，注重基本概念，追求过程简明、清晰和准确，重在原理，压缩繁琐的理论推导。做到重点突出、叙述简洁、易教易学。还注意掌握教材的体系和篇幅能符合各学院的计划要求。

在作者的遴选上强调作者应具有应用型本科教学的丰富的教学经验，有较高的学术水平并具有教材编写经验。为了既实现"因材施教"的目的，又保证教材的编写质量，我们组织了两支队伍，一支是了解应用型本科层次的教学特点、就业方向的一线教师队伍，由他们通过研讨决定教材的整体框架、内容选取与案例设计，并完成编写；另一支是由本专业的资深教授组成的专家队伍，负责教材的审稿和把关，以确保教材质量。

相信这套精心策划、认真组织、精心编写和出版的系列教材会得到广大院校的认可，对于应用型本科院校信息与电子技术类专业的教学改革和教材建设起到积极的推动作用。

系列教材编委会主任

顾伟康

2006 年 7 月

前　　言

为了满足当今社会对应用型人才的需求,许多高校都设置信息电子类、自动化类、计算机类、通信工程、测控技术与仪器等专业,但与应用型人才培养目标相适应的教材却很缺乏,大多仍在沿用以往适合于研究型人才培养的教材。为此,浙江大学出版社组织了浙江大学城市学院、宁波理工学院、浙江工业大学之江学院、浙江理工大学、杭州电子科技大学、宁波大学、中国计量学院、浙江科技学院、浙江万里学院、绍兴文理学院、广东茂名学院等院校具有丰富教学经验的教师专门为应用型本科学生编写了这套"应用型本科信电专业系列教材",以达到"因材施教"的目的。

《数字电子技术》是这套规划教材之一,同时是浙江省高等教育重点建设教材。在这本教材的编写过程中,我们重点关注当前学科发展的现状、市场需求导向以及应用型本科学生的特点,以"精心组织、保证基础、精选内容、面向应用"为编写原则,努力编写出适合应用型本科学生使用的《数字电子技术》教材。

本教材在编写过程中,主要突出了以下三方面的特色:

1. 强调基础性。教材编写的出发点是面向应用型本科学生,所以强调基本知识的覆盖面,降低知识点的深度和难度,便于学生课后复习或者自学。

2. 强调系统性。教材强调"数字电子技术"知识的系统性,既包含传统"数字电路"教材中的组合和时序逻辑电路的分析和设计,也包含脉冲波形的产生和变换的方法,又增加了当前数字电路设计的先进方法和手段。

3. 强调实用性。"数字电路"设计现在已经越来越少地使用传统的"门电路"(小规模集成电路)来进行设计,也逐渐减少了用中规模集成模块电路进行设计,而是逐渐采用可编程逻辑器件,用 Verilog HDL 硬件描述语言(或者采用 VHDL 硬件描述语言)进行组合和时序逻辑电路的设计。本教材用两章的篇幅详细介绍了这部分实用性内容。

本书共分 9 章,第 1 章由浙江科技学院瞿晓编写,第 2 章和第 3 章由浙江大学宁波理工学院范勤儒编写,第 4 章由浙江大学城市学院朱红丽编写,第 5 章由浙江大学城市学院黄瑞祥编写,第 6 章和第 7 章由浙江大学信息科学与工程学院屈民军编写,第 8 章由浙江工业大学之江学院王荃编写,第 9 章由浙江理工大学包晓敏编写。全书由黄瑞祥担任主编,负责全书的统稿工作。

浙江大学信电系何小艇教授反复认真审阅了全书,提出了许多宝贵意见,在此表示衷心的感谢。

本书在编写过程中得到了浙江很多高校和浙江大学出版社的大力支持,在此表示感谢,同时对本书参考文献的作者表示感谢。

由于编写时间仓促,编者水平有限,书中难免有疏漏和不足之处,恳请广大读者予以批评指正。

编　者

2013 年 7 月

目　　录

第1章　逻辑代数基础 ··· 1

  1.1　概述 ··· 1

　　1.1.1　数字信号和数字化 ··· 1

　　1.1.2　二进制数和编码 ··· 2

  1.2　逻辑代数的运算规则 ··· 7

　　1.2.1　三种基本运算 ··· 8

　　1.2.2　基本公式和常用公式 ··· 9

　　1.2.3　基本规则 ··· 11

  1.3　逻辑函数及其表示方法 ··· 12

　　1.3.1　逻辑函数 ··· 12

　　1.3.2　逻辑函数的几种表示方法 ··· 13

　　1.3.3　几种表示方法之间的转换 ··· 15

　　1.3.4　逻辑函数的两种标准形式 ··· 16

  1.4　逻辑函数的公式化简法 ··· 20

　　1.4.1　逻辑函数的最简形式 ··· 20

　　1.4.2　逻辑函数的公式化简法 ··· 20

  1.5　逻辑函数的卡诺图化简法 ··· 22

　　1.5.1　卡诺图的结构 ··· 22

　　1.5.2　逻辑函数的卡诺图 ··· 24

　　1.5.3　用卡诺图化简逻辑函数 ··· 25

  1.6　具有约束的逻辑函数及其化简 ··· 27

　　1.6.1　约束和约束条件 ··· 27

　　1.6.2　具有约束项的逻辑函数的化简 ··· 28

  本章小结 ··· 29

  习　题 ··· 29

第2章　门电路 ··· 34

  2.1　概述 ··· 34

2.1.1　什么是门电路? ·· 34

2.1.2　高电平、低电平与正、负逻辑 ·· 34

2.1.3　数字集成电路的集成度及分类 ·· 34

2.2　半导体二极管、三极管和 MOS 管的开关特性 ··· 35

2.2.1　理想开关的开关特性 ··· 35

2.2.2　半导体二极管的开关特性 ··· 35

2.2.3　二极管开关等效电路 ··· 37

2.2.4　半导体三极管的开关特性 ··· 38

2.2.5　MOS 管的开关特性 ·· 40

2.3　CMOS 门电路 ·· 43

2.3.1　CMOS 反相器 ··· 43

2.3.2　CMOS 与非门、或非门、与门和或门 ··· 47

2.3.3　CMOS 与或非门 ··· 50

2.3.4　CMOS 传输门、三态门和漏极开路门 ··· 51

2.3.5　CMOS 电路产品简介及使用中应注意的问题 ······························· 53

2.4　TTL 集成门电路 ··· 54

2.4.1　TTL 反相器 ·· 54

2.4.2　TTL 与非、或非门、与门、或门、与或非门和异或门 ·················· 59

2.4.3　TTL 集电极开路门和三态门 ·· 62

2.4.4　TTL 集成电路 ··· 66

2.5　TTL 电路与 CMOS 电路的接口 ·· 66

2.5.1　用 TTL 电路驱动 CMOS 电路 ·· 67

2.5.2　用 CMOS 电路驱动 TTL 电路 ·· 68

本章小结 ··· 69

习　题 ·· 69

第 3 章　组合逻辑电路 ·· 76

3.1　概述 ··· 76

3.1.1　组合逻辑电路概念 ··· 76

3.1.2　组合逻辑电路的方框图及特点 ·· 76

3.1.3　组合逻辑电路逻辑功能表示方法 ··· 76

3.1.4　组合逻辑电路分类 ··· 77

3.2　组合逻辑电路的分析方法 ··· 77

3.3　组合逻辑电路的设计方法 ··· 78

3.4　常用中规模标准组合模块电路 ·· 80

3.4.1　中规模标准组合模块电路概念 ·· 80

3.4.2　加法器 ·· 80

3.4.3　乘法器 ·· 84

3.4.4　数值比较器 ·· 85

3.4.5　编码器 ……………………………………………………… 89

3.4.6　译码器 ……………………………………………………… 93

3.4.7　数据选择器 ………………………………………………… 100

3.4.8　数据分配器 ………………………………………………… 102

3.5　用中规模集成电路实现组合逻辑函数 …………………………… 104

3.5.1　用集成数据选择器实现组合逻辑函数 …………………… 104

3.5.2　用译码器实现组合逻辑函数 ……………………………… 105

3.5.3　用加法器实现组合逻辑函数 ……………………………… 106

3.6　组合电路中的竞争冒险 ………………………………………… 108

3.6.1　组合电路中的竞争冒险现象 ……………………………… 108

3.6.2　组合电路中的竞争冒险判别方法 ………………………… 109

3.6.3　组合电路中的竞争冒险消除方法 ………………………… 109

本章小结 ………………………………………………………………… 110

习　题 …………………………………………………………………… 111

第 4 章　集成触发器 …………………………………………………… 115

4.1　RS 触发器及锁存器 …………………………………………… 115

4.1.1　基本 RS 触发器 …………………………………………… 115

4.1.2　锁存器 ……………………………………………………… 120

4.1.3　时钟控制 RS 触发器 ……………………………………… 120

4.2　JK 触发器 ……………………………………………………… 122

4.2.1　主从 JK 触发器 …………………………………………… 123

4.2.2　边沿 JK 触发器 …………………………………………… 126

4.3　D 触发器和 T 触发器 …………………………………………… 127

4.3.1　D 触发器 …………………………………………………… 127

4.3.2　T 触发器 …………………………………………………… 128

4.3.3　触发器之间的转换 ………………………………………… 129

4.3.4　触发器的实用电路 ………………………………………… 131

4.4　触发器的应用 …………………………………………………… 132

4.4.1　寄存器 ……………………………………………………… 132

4.4.2　异步计数器 ………………………………………………… 136

4.4.3　触发器的动态特性 ………………………………………… 139

本章小结 ………………………………………………………………… 140

习　题 …………………………………………………………………… 141

第 5 章　时序逻辑电路 ………………………………………………… 146

5.1　同步时序电路分析 ……………………………………………… 146

5.1.1　时序电路的结构和分类 …………………………………… 146

5.1.2　时序电路的基本分析方法 ………………………………… 147

5.1.3 时序电路的分析举例 ……………………………………………………… 148

5.2 同步时序电路的设计 ……………………………………………………… 152

5.2.1 同步时序电路设计的一般步骤 ……………………………………… 153

5.2.2 同步时序电路设计举例 ……………………………………………… 154

5.3 中规模标准时序模块电路 ………………………………………………… 159

5.3.1 寄存器和移位寄存器 ………………………………………………… 159

5.3.2 同步计数器 …………………………………………………………… 165

5.3.3 异步计数器 …………………………………………………………… 172

5.4 用中规模标准模块电路构成时序电路 …………………………………… 175

5.4.1 任意进制计数器 ……………………………………………………… 175

5.4.2 移位寄存器型计数器 ………………………………………………… 183

5.4.3 序列信号发生器和检测器 …………………………………………… 187

5.4.4 控制器 ………………………………………………………………… 190

本章小结 …………………………………………………………………………… 192

习 题 ……………………………………………………………………………… 193

第6章 可编程逻辑器件 ……………………………………………………………… 202

6.1 概述 ………………………………………………………………………… 202

6.2 可编程只读存储器 ………………………………………………………… 203

6.2.1 只读存储器(ROM) ………………………………………………… 203

6.2.2 可编程只读存储器 …………………………………………………… 204

6.2.3 用 ROM 实现组合逻辑电路 ………………………………………… 206

6.3 低密度的可编程逻辑器件(SPLD) ……………………………………… 207

6.3.1 可编程逻辑阵列(PLA) ……………………………………………… 207

6.3.2 可编程阵列逻辑(PAL) ……………………………………………… 208

6.3.3 通用阵列逻辑(GAL) ………………………………………………… 209

6.4 高密度的可编程逻辑器件(HDPLD) ……………………………………… 211

6.4.1 CPLD ………………………………………………………………… 212

6.4.2 现场可编程门阵列 FPGA …………………………………………… 215

6.5 随机存取存储器(RAM) …………………………………………………… 223

本章小结 …………………………………………………………………………… 226

习 题 ……………………………………………………………………………… 226

第7章 Verilog HDL 硬件描述语言 ……………………………………………… 228

7.1 概述 ………………………………………………………………………… 228

7.2 Verilog HDL 的程序结构 ………………………………………………… 229

7.2.1 模块的概念和结构 …………………………………………………… 229

7.2.2 模块的描述方法 ……………………………………………………… 230

7.3 词法 ………………………………………………………………………… 232

7.3.1　间隔符与注释符 ……………………………………………… 232

7.3.2　数值 ……………………………………………………………… 232

7.3.3　字符串 …………………………………………………………… 233

7.3.4　标识符和关键字 ……………………………………………… 234

7.4　数据类型及常量、变量 …………………………………………………… 234

7.4.1　参数常量 ………………………………………………………… 234

7.4.2　变量 ……………………………………………………………… 235

7.5　运算符和表达式 …………………………………………………………… 237

7.5.1　运算符 …………………………………………………………… 237

7.5.2　运算符优先级排序 ……………………………………………… 240

7.6　编译预处理指令 …………………………………………………………… 240

7.7　数据流描述风格:assign 语句 …………………………………………… 241

7.8　行为描述风格及主要描述语句 …………………………………………… 242

7.8.1　过程结构 ………………………………………………………… 242

7.8.2　过程赋值语句 …………………………………………………… 244

7.8.3　条件分支语句 …………………………………………………… 245

7.8.4　循环控制语句 …………………………………………………… 248

7.8.5　任务(task)与函数(function) ………………………………… 250

7.9　结构描述风格 ……………………………………………………………… 252

7.9.1　内置基本门级元件 ……………………………………………… 252

7.9.2　门级建模的例子 ………………………………………………… 253

7.10　设计举例和设计技巧 ……………………………………………………… 254

7.10.1　常用组合电路的设计 ………………………………………… 254

7.10.2　常用时序电路的设计 ………………………………………… 258

7.10.3　综合实例 ……………………………………………………… 261

7.11　MAX＋PLUS Ⅱ 软件不支持的数据类型和语句 …………………… 267

本章小结 …………………………………………………………………………… 268

习　题 ……………………………………………………………………………… 268

第8章　脉冲的产生和整形电路 ………………………………………………… 270

8.1　概述 ………………………………………………………………………… 270

8.1.1　脉冲信号及特性参数 …………………………………………… 270

8.1.2　555 定时器 ……………………………………………………… 271

8.2　多谐振荡器 ………………………………………………………………… 273

8.2.1　555 定时器构成的多谐振荡器 ………………………………… 273

8.2.2　石英晶体多谐振荡器 …………………………………………… 276

8.2.3　环形振荡器 ……………………………………………………… 278

8.2.4　多谐振荡器的应用 ……………………………………………… 279

8.3　施密特触发器 ……………………………………………………………… 280

  8.3.1 555 定时器构成的施密特触发器 ……………………………………… 280

  8.3.2 集成施密特触发器 ………………………………………………………… 282

  8.3.3 施密特触发器的应用 ……………………………………………………… 284

8.4 单稳态触发器 …………………………………………………………………… 286

  8.4.1 555 定时器构成的单稳态触发器 …………………………………………… 286

  8.4.2 集成单稳态触发器 ………………………………………………………… 288

  8.4.3 单稳态触发器的应用 ……………………………………………………… 292

本章小结 ………………………………………………………………………… 294

习　题 …………………………………………………………………………… 294

第 9 章　数模(D/A)和模数(A/D)转换电路 …………………………………… 298

9.1 概述 …………………………………………………………………………… 298

9.2 D/A 转换器(DAC) ……………………………………………………………… 299

  9.2.1 D/A 转换器的工作原理 …………………………………………………… 299

  9.2.2 D/A 转换器的转换精度、速度和主要参数 ……………………………… 302

  9.2.3 集成 DAC 电路 …………………………………………………………… 303

9.3 A/D 转换器(ADC) ……………………………………………………………… 304

  9.3.1 模数转换基本原理 ………………………………………………………… 304

  9.3.2 并联比较型 ADC …………………………………………………………… 306

  9.3.3 逐次渐近型 ADC …………………………………………………………… 309

  9.3.4 双积分型 ADC ……………………………………………………………… 311

  9.3.5 ADC 的转换精度和转换速度 ……………………………………………… 313

  9.3.6 集成 ADC …………………………………………………………………… 314

  9.3.7 ADC 与 DAC 的选用 ……………………………………………………… 315

本章小结 ………………………………………………………………………… 318

习　题 …………………………………………………………………………… 319

附　录 ……………………………………………………………………………… 321

附录一　常用逻辑符号对照表 ……………………………………………………… 321

附录二　数字集成电路的型号命名法 ……………………………………………… 322

附录三　常用标准集成电路器件索引 ……………………………………………… 323

参考文献 …………………………………………………………………………… 326

第1章 逻辑代数基础

1.1 概 述

1.1.1 数字信号和数字化

在电子技术中,被传递、加工和处理的信号可以分为两大类。一类信号是模拟信号,这类信号的特征是:无论从时间上或从信号的大小上看其变化都是连续的;另一类信号是数字信号,这类信号的特征是:无论从时间上还是从大小上看其变化都是不连续的,或者说是离散的。用以传递、加工和处理模拟信号的电路叫模拟电路;传递、加工和处理数字信号的电路叫数字电路。

例如,当我们用一个电子电路记录从自动生产线上输出的零件数目时,每送出一个零件应给电子电路一个信号,使之记1,而平时没有零件送出时加给电子电路的信号是0,所以不计数。可见,零件数目这个信号的变化在时间上和数量上都不连续,所以它是一个数字信号。

与模拟电路相比,数字电路具有以下一些特点:

(1)在数字电路中一般都采用二进制,因此,凡具有两个稳定状态的元件,其状态都可用来表示二进制数码,故其基本单元电路简单,对电路中各元件参数的精度要求不高,允许有较大的分散性,只要能正确区分两种截然不同的状态即可。这一特点对实现数字电路集成化是十分有利的。

(2)抗干扰能力强、精度高。由于数字电路传递、加工和处理的是二值信息,不易受外界的干扰,因而抗干扰能力强。另外,可以通过增加二进制数的位数来提高电路的精度。

(3)数字信号便于长期存储,使大量重要的信息资源得以妥善保存,使用方便。

(4)保密性好。在数字电路中可以进行加密处理,使一些重要的信息资源不易被窃取。

(5)通用性强。可以采用标准的逻辑器件和可编程逻辑器件来构成各种各样的数字系统,设计方便,使用灵活。

随着工业自动化程度的提高,由于数字电路具有上述特点,其发展十分迅速,因而在电子计算机、数控技术、通信技术、数字仪表以及国民经济其他各部门都得到了越来越广泛的应用。

在实现工业自动化过程中,需要测量和控制的信号大部分都是模拟信号,为了用数字电路处理这些模拟信号,必须首先把它们转换为数字信号(称为模—数转换),才可送给数字电路进行处理。这一过程我们称之为模拟量的数字化。同时,还需将计算、分析得到的数字结果,再转换成相对应的模拟信号(称为数—模转换),送给控制对象。这一过程我们称之为数字量的模拟化。

1.1.2　二进制数和编码

用数字量表示物理量的大小时,仅用一位数码往往不够用,因而必须用进位计数的方法组成多位数码。我们把多位数码中每一位的构成方法以及从低位到高位的进位规则称为数制。在数字电路中,主要采用二进制。

1. 二进制数表示法

二进制数是数字电路中应用最广泛的一种数值表示方法,为了更容易地理解有关概念,我们先简单分析一下人们十分熟悉的十进制数表示法。

(1)十进制数

十进制是人们日常生活中最常使用的进位计数制。在十进制数中,每一位有 0～9 共十个数码,所以计数的基数是 10。超过 9 的数必须用多位表示,其中低位数和相邻高位数之间的关系是"逢十进一",故称之为十进制。例如

$$125.68 = 1 \times 10^2 + 2 \times 10^1 + 5 \times 10^0 + 6 \times 10^{-1} + 8 \times 10^{-2}$$

显然,任意一个十进制数 D 可以表示为

$$
\begin{aligned}
(D)_{10} &= k_{n-1} \times 10^{n-1} + k_{n-2} \times 10^{n-2} + k_{n-3} \times 10^{n-3} + \cdots + k_1 \times 10^1 + \\
&\quad k_0 \times 10^0 + k_{-1} \times 10^{-1} + k_{-2} \times 10^{-2} + \cdots + k_{-m} \times 10^{-m} \\
&= \sum_{i=-m}^{n-1} k_i \times 10^i
\end{aligned}
\tag{1-1-1}
$$

式中:n,m 为正整数,k_i 为系数,是十进制数十个数字符号中的一个,10 是进位基数,10^i 是十进制数的位权($i = n-1, n-2, \cdots, 1, 0, -1, -2, \cdots, -m$),表示系数 k_i 在十进制数中的地位。

若以 N 代替式(1-1-1)中的 10,则任意进制(N 进制)数可表示为

$$(D)_N = \sum_{i=-m}^{n-1} k_i \times N^i \tag{1-1-2}$$

其中 i 的取值与式(1-1-1)中的规定相同。

(2)二进制数

在数字电路中应用最广泛的是二进位计数制,简称二进制,它只有两个数字符号 0 和 1,计数基数 $N = 2$,其计数规律为"逢二进一"。

根据式(1-1-2)可知,任何一个二进制数均可展开为

$$(D)_2 = \sum_{i=-m}^{n-1} k_i \times 2^i \tag{1-1-3}$$

式中:k_i 的取值只有 0 或 1。

例如

$$
\begin{aligned}
(101.11)_2 &= 1 \times 2^2 + 0 \times 2^1 + 1 \times 2^0 + 1 \times 2^{-1} + 1 \times 2^{-2} \\
&= (5.75)_{10}
\end{aligned}
$$

（3）十六进制

由于多位二进制数不便识别和记忆,因此常用十六进制数来表示多位二进制数。十六进制的每一位数都有十六种可能出现的数字,分别用 $0 \sim 9$,A(10),B(11),C(12),D(13),E(14),F(15) 来表示。计数基数 $N = 16$,其计数规律为"逢十六进一"。

根据式(1-1-2)可知,任何一个十六进制数均可展开为

$$(D)_{16} = \sum_{i=-m}^{n-1} k_i \times 16^i \tag{1-1-4}$$

式中:k_i 的取值可以是 $0 \sim F$ 中的任何一个。

例如

$$(2A.7F)_{16} = 2 \times 16^1 + 10 \times 16^0 + 7 \times 16^{-1} + 15 \times 16^{-2}$$
$$= (42.4961)_{10}$$

由于目前在微型计算机中大多采用16位二进制数并行运算,而16位二进制数可以用4位十六进制数来表示,转换非常简单,书写程序十分方便,所以十六进制的应用非常广泛。

上述式子中采用下脚注 2,10,16 分别表示这个数是二进制数、十进制数和十六进制数。有时也在数码后边附加英文字母 B,D,H 分别表示这个数是二进制数、十进制数和十六进制数。

（4）几种常用进制数之间的转换

1）二 — 十转换

把二进制数转换成等值的十进制数称为二 — 十转换。在进行转换时,只要将二进制数按式(1-1-3)展开,然后把所有各项的数值按十进制数相加,就可以得到等值的十进制数了。

例如

$$(1101.11)_2 = 1 \times 2^3 + 1 \times 2^2 + 0 \times 2^1 + 1 \times 2^0 + 1 \times 2^{-1} + 1 \times 2^{-2}$$
$$= 8 + 4 + 0 + 1 + 0.5 + 0.25$$
$$= (13.75)_{10}$$

2）十 — 二转换

把十进制数转换成等值的二进制数称为十 — 二转换。转换时其整数部分和小数部分应分别进行。

① 整数的转换

设十进制整数为 $(D)_{10}$,它所对应的二进制数为 $(k_{n-1} \cdots k_1 k_0)_2$,由式(1-1-3)可知

$$(D)_{10} = \sum_{i=0}^{n-1} k_i \times 2^i$$
$$= k_{n-1} 2^{n-1} + \cdots + k_1 2^1 + k_0 2^0$$
$$= 2(k_{n-1} 2^{n-2} + \cdots + k_1) + k_0$$

因此,若将上式两边同除以 2,那么两边所得的商和余数必将对应相等,所得的商为 $k_{n-1} 2^{n-2} + \cdots + k_1$,余数为 k_0。

同理,这个商又可以写成

$$\frac{(D)_{10} - k_0}{2} = 2(k_{n-1} 2^{n-3} + \cdots + k_2) + k_1$$

显然,如再将上式两边再同除以 2,所得余数为 k_1。依此类推,便可求出对应的二进制数的每一位系数。

例 1-1　将十进制数 27 转换为二进制数。

解　　2 $\lfloor\underline{27}$………………余 $1(k_0)$

　　　　　2 $\lfloor\underline{13}$………………余 $1(k_1)$

　　　　　2 $\lfloor\underline{6}$…………………余 $0(k_2)$

　　　　　2 $\lfloor\underline{3}$…………………余 $1(k_3)$

　　　　　2 $\lfloor\underline{1}$…………………余 $1(k_4)$

　　　　　　　0

　　　　　故 $(27)_{10}=(11011)_2$

②小数的转换

设一个十进制的小数为 $(D)_{10}$，它所对应的二进制小数为 $(0.k_{-1}k_{-2}\cdots k_{-m})_2$，由式 (1-1-3)可知

$$(D)_{10}=k_{-1}2^{-1}+k_{-2}2^{-2}+\cdots+k_{-m}2^{-m}$$

若将上式的两边同乘以 2，于是得到

$$2(D)_{10}=k_{-1}+(k_{-2}2^{-1}+\cdots+k_{-m}2^{-m+1})$$

因此，用 2 去乘 $(D)_{10}$，所得乘积的整数部分就是 k_{-1}。同时，乘积的小数部分又可写成

$$2(D)_{10}-k_{-1}=k_{-2}2^{-1}+\cdots+k_{-m}2^{-m+1}$$

如果在上式两边再同时乘以 2，则所得乘积的整数部分就是 k_{-2}。依此类推，便可求得二进制小数每一位的系数。

例 1-2　将 0.625 转化为二进制小数。

解　　　　　　0.625

　　　　　　　×　　　2
　　　　　　──────────
　　　　　　　1.250 …………取整 $1(k_{-1})$

　　　　　　　0.250

　　　　　　　×　　　2
　　　　　　──────────
　　　　　　　0.500 …………取整 $0(k_{-2})$

　　　　　　　0.500

　　　　　　　×　　　2
　　　　　　──────────
　　　　　　　1.000 …………取整 $1(k_{-3})$

　　　　　　故 $(0.625)_{10}=(0.101)_2$

3)二 — 十六转换

将二进制数转换为等值的十六进制数，称为二 — 十六转换。

由于 4 位二进制数一共有 16 个状态，而且它的进位输出也是"逢十六进一"，所以 4 位二进制数恰好等于 1 位十六进制数。所以在进行二 — 十六转换时，整数部分只要从 2^0 开始往左，小数部分从 2^{-1} 开始往右，依次地把每 4 位二进制数划为一组，每组用一个十六进制数代替即可。若最左边或最右边一组不够 4 位时，则整数部分左边补零，小数部分右边补零，凑足 4 位，再转换成相应的十六进制数。

例 1-3　将 $(1011110.1011001)_2$ 转换为十六进制数。

解　　　$(1011110.1011001)_2=(\underline{0101}\ \underline{1110}.\ \underline{1011}\ \underline{0010})_2$

　　　　　　　　　　　　　　　$=(5E.B2)_{16}$

4)十六 — 二转换

将十六进制数转换为等值的二进制数,称为十六 — 二转换。只需将原来的十六进制数逐位用相应的二进制数代替就可以得到等值的二进制数。

例 1-4　将$(28A.D)_{16}$转换为二进制数。

解　$(28A.D)_{16}=(0010\ 1000\ 1010.1101)_2$

$\qquad\qquad\quad=(1010001010.1101)_2$

2. 二进制编码

用数字表示符号、文字、逻辑关系等信息的过程叫做编码。这种编码只遵循其自身编码的规律,并无数值大小的概念。在日常生活中用得最多的是十进制代码,例如:门牌号、邮政编码、电话号码等,都是十进制代码。

在数字电路中,由于二进制数用电路实现起来比较容易,所以在编码时经常使用的是二进制数。用来进行编码的二进制数称为二进制代码,二进制代码在逻辑代数及所有数字电路中得到了广泛应用。1 位二进制代码可表示 2 个信号,2 位可表示 4 个信号,n 位可表示 2^n 个信号,如果需要编码的信号有 N 项,则所需要的二进制代码位数 n 应满足:

$$2^{n-1}<N\leqslant 2^n$$

在数字系统中,十进制数除了可以转换成二进制数以外,还可以将每个十进制数字符号用二进制代码来表示,要表示 $0\sim9$ 十个数字符号,至少需要 4 位二进制数进行编码,而 4 位二进制编码有 16 种,原则上可以从中任选 10 种来表示,因此有很多不同的编码方案。通常,我们把这种用二进制编码表示的十进制数,称为二—十进制码,简称为 BCD 码。几种常用的二进制编码列于表 1-1 中。

表 1-1　几种常用的 BCD 码

编码种类 十进制数	8421 码	余 3 码	循环码(格雷码)
0	0000	0011	0000
1	0001	0100	0001
2	0010	0101	0011
3	0011	0110	0010
4	0100	0111	0110
5	0101	1000	0111
6	0110	1001	0101
7	0111	1010	0100
8	1000	1011	1100
9	1001	1100	1101
位权	8421	无权	无权

(1)8421BCD 码

8421BCD 码是最简单也是常用的一种二进制代码。它选用二进制数的前 10 个组合来表示十进制数的 10 个数字符号 $0\sim9$,各位的位权分别为 8,4,2,1,而且每个代码的十进制数值就是它所表示的十进制数的数字。

8421BCD 码实质上是用 4 位二进制数表示一个十进制数，它们之间的转换是一种直接按位的转换。例如：

$$(0001001000110100)_{8421}=(1234)_{10}$$
$$(2358)_{10}=(0010001101011000)_{8421}$$

（2）余 3 码

余 3 码也是一种常用的二—十进制编码。对应于同样的十进制数，余 3 码比相应的 8421BCD 码多 0011，所以称为余 3 码。例如：

$$(8)_{10}=(1000)_{8421}+(0011)=(1011)_{余3}$$
$$(1010)_{余3}=(10)_{10}-3=(7)_{10}$$

可见，余 3 码中每个二进制位无固定的权值，不能按权展开求得它所代表的十进制数，是一种无权码。一个十进制数用余 3 码表示时，只要按位表示成余 3 码即可。例如：

$$(8.01)_{10}=(1011.00110100)_{余3}$$

余 3 码有以下两个主要特点：一是在余 3 码中，0 和 9、1 和 8、2 和 7、3 和 6 以及 4 和 5 的码组之间互为反码。例如：$(7)_{10}=(1010)_{余3}$ 和 $(2)_{10}=(0101)_{余3}$ 互为反码。二是当两个用余 3 码表示的数相减时，可以将原码的减法改为反码的加法。因为余 3 码求反容易，有利于简化 BCD 码的减法运算。

（3）循环码（格雷码）

多位二进制数在形成和传输过程中，由于各位的变化速度不同而可能产生错误。为了减少这种错误，出现了多种可靠性编码，其中最常用的一种称为循环码（格雷码），也是一种无权码，表 1-1 中只给出了 4 位格雷码组的一部分，完整的 4 位格雷码详见表 1-12。格雷码具有以下几个特点：一是任意相邻代码中的数码只有一位不同，其余各位均相同；二是不同位数的格雷码首尾循环；三是任何一个十进制数都有其对应的格雷码，而不是由低位格雷码拼凑而来。例：$(17)_{10}$ 相应的格雷码为（11001）而不是（00010100）。显然，在数码变化时采用循环码可大大减少错码的可能性。

自然二进制码转换成二进制格雷码的法则是保留自然二进制码的最高位作为格雷码的最高位，而次高位格雷码为二进制码的高位与次高位相异或，而格雷码其余各位与次高位的求法相类似。

设其二进制数为 $B_{n-1}B_{n-2}\cdots B_2B_1B_0$

其对应的格雷码为 $G_{n-1}G_{n-2}\cdots G_2G_1G_0$

其中：最高位保留——$G_{n-1}=B_{n-1}$

其他各位——$G_i=B_{i+1}\oplus B_i \quad i=0,1,2,\cdots,n-2$

这里 $\oplus$ 为异或运算，符号两边的数相同则结果为零，相异为 1。

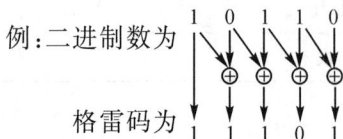

例：二进制数为 1 0 1 1 0
格雷码为 1 1 1 0 1

二进制格雷码转换成自然二进制码的法则是保留格雷码的最高位作为自然二进制码的最高位，而次高位自然二进制码为高位自然二进制码与次高位格雷码相异或，而自然二进制码的其余各位与次高位自然二进制码的求法相类似。

设某二进制格雷码为 $G_{n-1}G_{n-2}\cdots G_2G_1G_0$

其对应的自然二进制码为 $B_{n-1}B_{n-2}\cdots B_2B_1B_0$

其中:最高位保留——$B_{n-1}=G_{n-1}$

其他各位——$B_{i-1}=G_{i-1}\oplus B_i\quad i=1,2,\cdots,n-1$

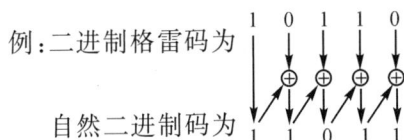

例:二进制格雷码为

$$\begin{array}{ccccc}1&0&1&1&0\end{array}$$

自然二进制码为

$$\begin{array}{ccccc}1&1&0&1&1\end{array}$$

3. 二进制数的原码、反码和补码

(1)原码

在用十进制数表示数值时不但有数的大小之分还有数的正负之分。例如正数25.32,负数-25.25等。在二进制数中同样有正、负数。但是二进制数的正负是用最高位的"0"和"1"来表示,最高位的"0"表示正数,最高位的"1"表示负数。如00011转换成十进制数为+3,而10011则转换为-3。使用这种方式表示的二进制数码称为带符号数,如果带符号数没有经过变化则称为原码。在实际应用中,有许多场合不用考虑二进制数的正负,如用计数电路计算时间时,负号没有意义。在类似的情况下,可以略去正负号,为了避免误解,略去了符号位的二进制数称为无符号数。实际应用时,应注明二进制数是符号数还是无符号数,以免引起误解。

以8位数据为例,最高位为符号位,其余7位为数据,这样表示的数据为原码。

例如(+91)原=01011011;(-91)原=11011011

(2)反码

正数的反码等于原码,负数的反码等于除了符号位外各位取反。

例如(+91)反=(+91)原=01011011;(-91)反=10100100

(3)补码

补码是原码按指定规则经过变换后构成的一种二进制码,补码可根据原码这样定义:

1)补码最高为符号位,正数为"0",负数为"1";

2)正数的补码与它的原码相同;

3)负数的补码是将原码(除符号位外)逐位求反在最低位加1得到。

例如01101的补码为01101,而11011的补码为10101,补码是一种十分有用的码型,它可将二进制数的减法运算用加法形式来完成。

1.2　逻辑代数的运算规则

在客观世界中,事物的发展变化通常都是有一定因果关系的。例如,家里的电灯开关闭合,灯就会亮;开关断开,电灯就会灭掉。开关断开与否是因,电灯亮不亮是果。这种因果关系,一般称为逻辑关系,反映和处理这种关系的数学工具,就是逻辑代数。

逻辑代数是英国数学家乔治·布尔(George Boole)于1847年在他的著作中首先进行系统论述的,所以又称为布尔代数。因为它所研究的是两值变量的运算规律,所以还被称为两值代数。20 世纪 30 年代，美国人 Claude E. Shannon 在开关电路中才找到了它的用途，并且很快就成为分析和设计开关电路的重要数学工具，因此又常称之为开关代数。

在逻辑代数中，也用英文字母表示变量，但变量的取值只能是 0 和 1，而且逻辑代数中的 0 和 1 并不表示数值的大小，它们代表了对立或矛盾的两个方面，如开关的闭合和断开，一件事情的是和非、真和假，灯的亮和灭等。逻辑代数的运算规则中有些公式和定理与普通代数相同，有些则完全不同。

1.2.1 三种基本运算

在逻辑代数中，基本逻辑运算有与、或、非三种，下面用三个指示灯控制电路来分别说明三种基本逻辑运算的含义。设开关 A,B 为逻辑变量，开关闭合为逻辑 1，断开为逻辑 0；灯为逻辑函数 Y，灯亮为逻辑 1，灯灭为逻辑 0。

1. 与运算

根据电路中的有关基本原理，在图 1-1 中，只有开关 A,B 同时闭合，灯 Y 才会亮，因此逻辑与（又叫做逻辑乘）关系定义如下："当决定一件事情的各个条件全部具备时，这件事情才会发生。"将逻辑变量所有各种可能取值的组合与其一一对应的逻辑函数值之间的关系，用表格形式表示出来，叫做逻辑函数的真值表，逻辑与运算的真值表如表 1-2 所示。

表 1-2 与运算的真值表

A	B	Y
0	0	0
0	1	0
1	0	0
1	1	1

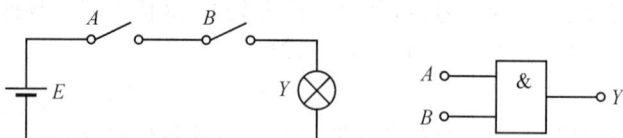

图 1-1 与运算电路示例及图形符号

表示逻辑与运算的逻辑函数表达式为

$$Y = A \cdot B \tag{1-2-1}$$

式中："$\cdot$"为与运算（乘运算）的符号，经常省略。

2. 或运算

在图 1-2 中，只要开关 A,B 有一个闭合，灯 Y 就会亮，因此逻辑或关系定义如下："当决定一件事情的各个条件中，只要有一个条件具备时，这件事情就会发生。"逻辑或运算的真值表如表 1-3 所示。

表 1-3 或运算的真值表

A	B	Y
0	0	0
0	1	1
1	0	1
1	1	1

表示逻辑或运算的逻辑函数表达式为

$$Y = A + B \tag{1-2-2}$$

式中："$+$"为或运算的符号。

3. 非运算

在图 1-3 中，当开关 A 断开时，灯 Y 才会亮，而开关 A 闭合时灯反而会灭，因此逻辑非（又叫逻辑反）关系定义如下："当条件不具备时，事情才会发生。"逻辑非运算的真值表如表 1-4 所示。

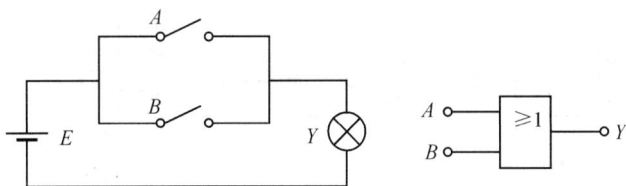

图 1-2　或运算电路示例及图形符号

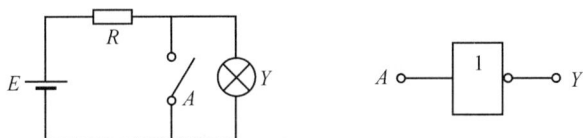

图 1-3　非运算电路示例及图形符号

表 1-4　非运算的真值表

A	Y
0	1
1	0

表示逻辑非运算的逻辑函数表达式为

$$Y = \overline{A} \tag{1-2-3}$$

式中：A 上的"—"为非运算的符号。

在逻辑代数中除了与、或、非三种基本逻辑运算外，经常用到的还有由这三种基本运算构成的一些复合运算。

（1）与非运算

$$Y = \overline{A \cdot B} = \overline{AB} \tag{1-2-4}$$

（2）或非运算

$$Y = \overline{A + B} \tag{1-2-5}$$

（3）与或非运算

$$Y = \overline{AB + CD} \tag{1-2-6}$$

（4）异或运算

$$Y = A\overline{B} + \overline{A}B = A \oplus B \tag{1-2-7}$$

（5）异或非运算（同或运算）

$$Y = AB + \overline{A}\ \overline{B} = \overline{A \oplus B} = A \odot B \tag{1-2-8}$$

在上述各逻辑式中，A 和 B 是输入变量，Y 是输出变量。字母上面无反号的叫原变量，例如 A；有反号的叫反变量，例如 $\overline{A}$。上述各逻辑运算也有专用的逻辑符号，其逻辑符号如图 1-4 所示。

在数字电路中，基本和常用的逻辑运算应用十分广泛，是构成各种复杂逻辑运算的基础。在市场上，都有实现这些运算的称之为门电路的逻辑电路元件存在。门电路是组成各种数字电路的基本单元。

1.2.2　基本公式和常用公式

在逻辑代数中只有与、或、非三种基本逻辑运算，根据这三种基本运算可以推导出逻辑运算的一些基本公式和常用公式。

1. 0-1 律

（1）$0 + A = A$

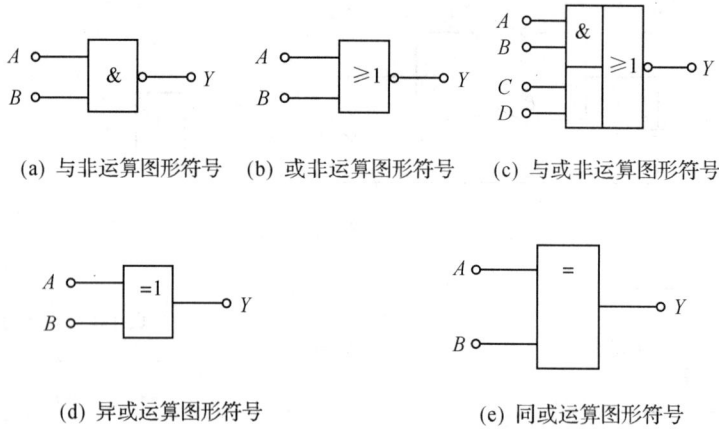

(a) 与非运算图形符号　　(b) 或非运算图形符号　　(c) 与或非运算图形符号

(d) 异或运算图形符号　　　　　(e) 同或运算图形符号

图 1-4　常用逻辑运算的逻辑符号

(2)$0 \cdot A = 0$

(3)$1 + A = 1$

(4)$1 \cdot A = A$

2. 重叠律

(5)$A + A = A$

(6)$A \cdot A = A$

3. 互补律

(7)$A + \overline{A} = 1$

(8)$A \cdot \overline{A} = 0$

4. 还原律

(9)$\overline{\overline{A}} = A$　　注:$\overline{\overline{A}}$即$\overline{(\overline{A})}$

5. 交换律

(10)$A + B = B + A$

(11)$A \cdot B = B \cdot A$

6. 结合律

(12)$A + B + C = (A + B) + C = A + (B + C)$

(13)$(A \cdot B) \cdot C = A \cdot (B \cdot C)$

7. 分配律

(14)$A(B + C) = AB + AC$

(15)$A + BC = (A + B)(A + C)$

证明:

$$(A + B)(A + C) = AA + AB + AC + BC = A + A(B + C) + BC$$
$$= A(1 + B + C) + BC = A + BC$$

8. 吸收律

(16)$A(A + B) = A$

证明:

$$A(A + B) = AA + AB = A + AB = A(1 + B) = A$$

(17)$A(\overline{A}+B)=AB$

(18)$A+AB=A$

(19)$A+\overline{A}B=A+B$

证明:

$$A+\overline{A}B=(A+\overline{A})(A+B)=A+B$$

(20)$AB+A\overline{B}=A$

(21)$(A+B)(A+\overline{B})=A$

9. 反演律(摩根定律)

(22)$\overline{AB}=\overline{A}+\overline{B}$

证明:可以通过表 1-5 所示的真值表的计算结果证明。

表 1-5　公式(22)的真值表

A	B	$\overline{A}$	$\overline{B}$	$\overline{AB}$	$\overline{A}+\overline{B}$
0	0	1	1	1	1
0	1	1	0	1	1
1	0	0	1	1	1
1	1	0	0	0	0

(23)$\overline{A+B}=\overline{A}\cdot\overline{B}$

证明:可以通过表 1-6 所示的真值表的计算结果证明。

表 1-6　公式(23)的真值表

A	B	$\overline{A}$	$\overline{B}$	$\overline{A+B}$	$\overline{A}\cdot\overline{B}$
0	0	1	1	1	1
0	1	1	0	0	0
1	0	0	1	0	0
1	1	0	0	0	0

10. 其他常用公式

(24)$A\cdot B+\overline{A}\cdot C+B\cdot C=A\cdot B+\overline{A}\cdot C$

(25)$\overline{A\cdot\overline{B}+\overline{A}\cdot B}=\overline{A}\cdot\overline{B}+A\cdot B$

即$\overline{A\oplus B}=A\odot B$

为了简化书写,除了与(乘)运算的"·"可以省略外,在对一个乘积项或逻辑式求非(反)时,乘积项或逻辑式外边的括号也可省略,如$\overline{A+B}$,$\overline{AB}$。

此外,在对复杂的逻辑式进行运算时,仍需遵守与普通代数一样的运算优先顺序,即先算括号里的内容,其次算逻辑与,最后算逻辑或。

1.2.3　基本规则

1. 代入规则

在任何一个包含变量 A 的逻辑等式中,若以另外一个逻辑式代入式中所有 A 的位置,则等式仍然成立。这就是代入规则。

例如,已知摩根定律 $\overline{AB}=\overline{A}+\overline{B}$,若用 $Y=A\cdot C$ 代替等式中的 A,根据代入规则,等式仍然成立。则

$$\overline{ACB}=\overline{AC}+\overline{B}=\overline{A}+\overline{C}+\overline{B}$$

上式说明摩根定理也适用于多变量。利用代入规则能够很容易地把上一节中的基本公式推广为多变量的形式。

2. 反演规则

对于任意一个逻辑式 Y,如果把其中所有的"·"换成"+","+"换成"·";"0"换成"1","1"换成"0";原变量换成反变量,反变量换成原变量,那么得到的结果就是 $\overline{Y}$,这就是反演规则。

使用反演规则,我们可以很方便地求取一个已知逻辑式的反逻辑式。但在使用反演规则时需注意以下两点:

(1)仍需遵守"先括号,然后乘,最后加"的运算顺序。

(2)不属于单个变量上的反号应保留不变。

例如,由摩根定理 $Y=\overline{AB}=\overline{A}+\overline{B}$,根据基本公式可得

$$\overline{Y}=\overline{\overline{AB}}=AB$$

若利用反演规则,则

$$\overline{Y}=(\overline{\overline{A}+\overline{B}})=AB$$

两种方法结果相同。

例 1-5 已知 $Y=\overline{A}\cdot\overline{B}+C\cdot D$,求 $\overline{Y}$。

解 利用反演规则可得

$$\overline{Y}=(A+B)\cdot(\overline{C}+\overline{D})=A\overline{C}+B\overline{C}+A\overline{D}+B\overline{D}$$

注意:运算顺序应保持不变,不能写成 $\overline{Y}=A+B\cdot\overline{C}+\overline{D}$。

3. 对偶规则

对于任意一个逻辑式 Y,如果把其中所有的"·"换成"+","+"换成"·";"0"换成"1","1"换成"0";所得到的新的逻辑式 Y',这个 Y' 就叫做 Y 的对偶式,或者说 Y' 和 Y 互为对偶式。求对偶式时,同样也要注意运算符号的优先顺序。

若两个逻辑式相等,则它们的对偶式也相等,这就是对偶规则。

例如

$$Y_1=A\cdot(B+C),\text{则 } Y_1'=A+BC$$

$$Y_2=AB+AC,\text{则 } Y_2'=(A+B)\cdot(A+C)$$

根据基本公式(14)有 $Y_1=A(B+C)=AB+AC=Y_2$

根据对偶规则 $Y_1'=Y_2'$,则 $A+BC=(A+B)(A+C)$

这即为基本公式(15)。

1.3 逻辑函数及其表示方法

1.3.1 逻辑函数

从前面已经讲到的各种逻辑关系中可以看到,当输入变量 $A,B,\cdots$ 的取值确定之后,输

出变量 Y 的取值便随之确定,因而输入与输出之间是一种函数关系,我们就称 Y 是 $A,B,\cdots$ 的逻辑函数,写作

$$Y = F(A,B,\cdots) \tag{1-3-1}$$

任何一件具体事物的因果关系都可以用一个逻辑函数描述。在生产或科学实验中,为了解决某个实际问题,首先应根据该问题,确定哪些是逻辑变量,再研究其自变量和因变量之间的因果关系,从而得出相应的逻辑函数。

1.3.2　逻辑函数的几种表示方法

逻辑函数常用真值表、逻辑表达式、逻辑图三种方法表示,它们之间可以相互转换。我们举一个具体例子来进一步说明逻辑函数的建立过程,以及逻辑函数的三种表示方法。

例 1-6　有一 Y 形过道,有三个入口,在三个入口的相会处有一盏路灯,在每个入口处均有一个开关,都能独立控制。任意闭合一个开关,灯亮;任意闭合两个开关,灯灭;三个开关同时闭合,灯亮。要求设计一个控制该路灯工作的逻辑电路。

解　设 A,B,C 代表三个开关,为输入变量,开关闭合其状态为 1,断开为 0;Y 代表灯的状态,为输出变量,灯亮为 1,灯灭为 0。今分别用三种方法表示逻辑函数 Y。

1. 真值表

将逻辑变量所有各种可能取值的组合与其一一对应的逻辑函数值之间的关系,用表格形式表示出来。这个表格叫做逻辑函数的真值表,又称为逻辑状态表。

(1)列写方法

按照本例题的要求,输入变量有 A,B,C 3 个,每个变量均有 0,1 两种逻辑状态,则 3 个输入变量有 2^3 个(即 8 个)组合,推广到 n 个变量,则有 2^n 种组合,将它们按顺序(一般按二进制数递增规律)排列起来,在对应的位置写上逻辑函数值。本例题输出变量只有 1 个 Y。按照例题的要求,可以列出真值表,如表 1-7 所示。

表 1-7　例 1-6 的真值表

A	B	C	Y
0	0	0	0
0	0	1	1
0	1	0	1
0	1	1	0
1	0	0	1
1	0	1	0
1	1	0	0
1	1	1	1

(2)主要特点

真值表具有直观明了、使用方便的优点。输入变量取值一旦确定,就可以直接从表中查出相应的函数值。在把一个实际的逻辑问题抽象为数字表达形式时,使用真值表是最方便

的。所以在许多数字集成电路手册中,常以各种形式的真值表给出器件的逻辑功能;在数字电路逻辑设计过程中,也是首先列出真值表;在分析数字电路逻辑功能时,最后也是列出真值表。

真值表可以直观地把输入变量与逻辑函数之间的关系表示出来,是一种非常重要的工具。

2. 逻辑表达式

逻辑表达式是用与、或、非等运算来表达逻辑函数的表达式。由真值表可以写出逻辑表达式。

(1)取 $Y=1$(或 $Y=0$)列逻辑表达式。

(2)对一种组合而言,输入变量之间是与逻辑关系。对应于 $Y=1$,如果输入变量为 1,则取其原变量(如 A);如果输入变量为 0,则取其反变量(如 $\overline{A}$)。然后取乘积项。

(3)各种组合之间,是或逻辑关系,故取以上乘积项之和。

因此,从表 1-7 的逻辑状态表写出相应的三地控制一灯的逻辑式

$$Y=\overline{A}\ \overline{B}C+\overline{A}B\ \overline{C}+A\ \overline{B}\ \overline{C}+ABC \tag{1-3-2}$$

逻辑表达式的优点是书写简洁、方便,可以用逻辑代数的公式和定理十分灵活地进行运算、变换。逻辑表达式在逻辑设计中是一种非常重要的工具,尤其在电子设计自动化软件中。

3. 逻辑图

用基本和常用的逻辑符号,表示函数表达式中各个变量之间的运算关系,便能够画出函数的逻辑图:由逻辑表达式可以直接画出逻辑图,逻辑乘用与门实现,逻辑加用或门实现,逻辑反用非门实现。式(1-3-2)就可用三个非门、四个与门和一个或门来实现,如图 1-5 所示。

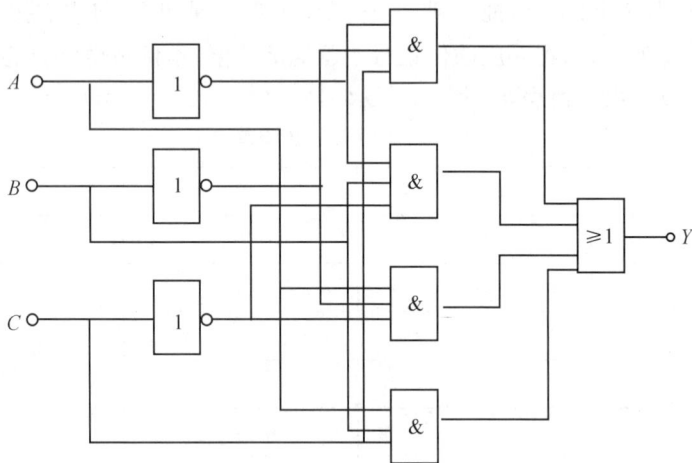

图 1-5　例 1-6 的逻辑图

逻辑图与表达式有着十分简单而准确的一一对应关系。逻辑图中的逻辑符号都有实际的电路器件存在,我们称之为门电路。所以在实际工作中,要了解一个数字系统或数控装置的逻辑功能时,都要用到逻辑图,因为它可以将复杂的实际电路的逻辑功能层次分明地表示出来。另外,在设计数字电路时,也要先通过逻辑设计,画出逻辑图,然后再把逻辑图变成实际电路。逻辑图是电路设计结果的表现形式,也是电子设计自动化的工具之一。

逻辑函数还有另外两种表达形式:卡诺图、波形图。

4. 卡诺图

卡诺图可以说是真值表的一种方块图表达形式,只不过变量取值必须按照格雷码的顺序排列而已,它与真值表有着严格的一一对应关系。它为逻辑函数的化简提供了方便。卡诺图的函数的有关结构我们将在1.5节作详细介绍。

5. 波形图

在给出输入变量取值随时间变化的波形后,根据函数中变量之间的运算关系、真值表或者卡诺图中变量取值和函数值的对应关系,都可以对应地画出输出变量(函数)随时间变化的波形,这种反映输入和输出变量对应取值并随时间按照一定规律变化的图形就叫做波形图,也称为时间图。它强调了输入输出变量的时序关系,是分析电路功能的重要工具。例如,同或函数 $Y = AB + \overline{A}\ \overline{B}$ 可用逻辑图表示,如图 1-6(a)所示;也可以用波形图来表示,如图1-6(b)所示。

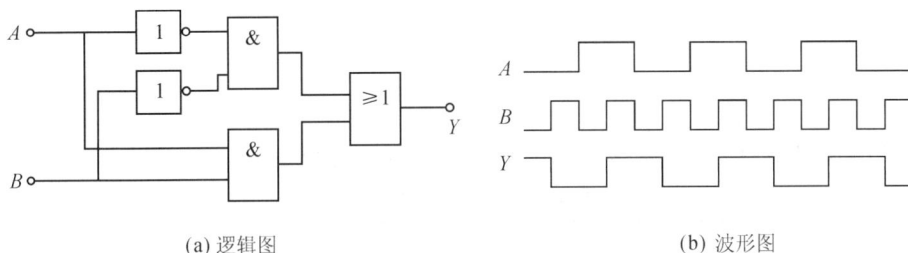

(a) 逻辑图　　　　　　　　　　　　　　(b) 波形图

图 1-6　同或函数

1.3.3　几种表示方法之间的转换

逻辑函数的五种表示方法在本质上是相通的,可以相互转换。其中重点要掌握的是真值表与逻辑表达式以及逻辑图之间的相互转换。

1. 真值表到逻辑图的转换

由真值表到逻辑图的转换,我们在上一节已经就具体例子进行了详细的介绍。现将转换的基本步骤归纳如下:

(1)根据真值表写出逻辑函数的逻辑表达式;

(2)对逻辑表达式进行化简(化简的方法将在1.4节及1.5节作详细介绍);

(3)根据逻辑表达式画逻辑图。

2. 由逻辑图到真值表的转换

由逻辑图到真值表的转换一般有以下几个步骤:

(1)从输入到输出或从输出到输入,用逐级推导的方法,写出输出变量(函数)的逻辑表达式;

(2)对逻辑表达式进行化简,求出函数的最简与或式;

(3)将变量各种可能取值代入逻辑表达式中进行运算,得出逻辑函数值,列出相应的真值表。

例 1-7　逻辑图如图 1-7 所示,列出输出信号 Z 的真值表。

解　(1)(a)图中,设中间变量为 Y_1, Y_2, Y_3,由图可得

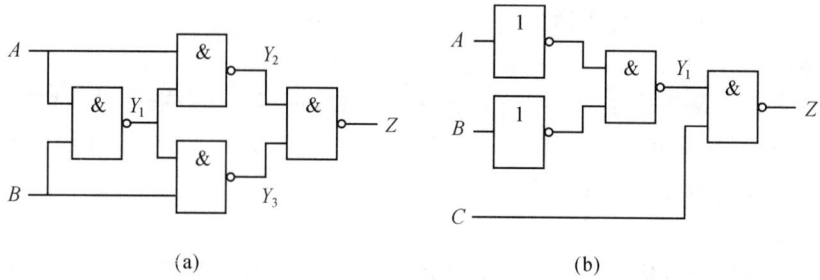

(a) 　　　　　　　　　　　　　　　　 (b)

图 1-7　例 1-7 的逻辑图

$$Y_1 = \overline{AB}$$

$$Y_2 = \overline{AY_1} = \overline{A\,\overline{AB}} = \overline{A} + \overline{\overline{AB}}$$

$$= \overline{A} + AB = \overline{A} + B$$

$$Y_3 = \overline{BY_1} = \overline{B\,\overline{AB}} = \overline{B} + A$$

$$Z = \overline{Y_2 Y_3} = \overline{(\overline{A} + B)(A + \overline{B})}$$

$$= \overline{\overline{A}B + A\,\overline{B}}$$

$$= A\,\overline{B} + \overline{A}B$$

得到 Z 的逻辑表达式后,就很容易得到 Z 的真值表,如表 1-8 所示。

表 1-8　例 1-7(a)图的真值表

A	B	Z
0	0	0
0	1	1
1	0	1
1	1	0

(2)(b)图中,设中间变量为 Y_1,由图可得

$$Y_1 = \overline{\overline{A}\,\overline{B}} = A + B$$

$$Z = \overline{Y_1 C} = \overline{(A+B)C} = \overline{(A+B)} + \overline{C} = \overline{A}\,\overline{B} + \overline{C}$$

得到 Z 的逻辑表达式后,就很容易得到 Z 的真值表,如表 1-9 所示。

表 1-9　例 1-7(b)图的真值表

A	B	C	Z
0	0	0	1
0	0	1	1
0	1	0	1
0	1	1	0
1	0	0	1
1	0	1	0
1	1	0	1
1	1	1	0

1.3.4　逻辑函数的两种标准形式

一个逻辑函数可以有多种不同的表达式。如果按照表达式中乘积项的特点,以及各个乘

积项之间的关系进行分类,则大致可分成下列五种:与或表达式、或与表达式、与非—与非表达式、或非—或非表达式、与或非表达式等五种。例如:

$$Y = AB + \overline{A}C \qquad \text{——与或式}$$
$$= (A+C)(\overline{A}+B) \qquad \text{——或与式}$$
$$= \overline{\overline{AB}\ \overline{\overline{A}C}} \qquad \text{——与非—与非式}$$
$$= \overline{\overline{A+C} + \overline{\overline{A}+B}} \qquad \text{——或非—或非式}$$
$$= \overline{A\,\overline{B} + \overline{A}\,\overline{C}} \qquad \text{——与或非式}$$

实际上,我们把一个逻辑函数写成某一类型时,得到的表达式也不是唯一的。比如上例中的与或表达式就可以写成

$$Y = AB + \overline{A}C$$
$$= AB + \overline{A}C + BC$$
$$= ABC + AB\overline{C} + \overline{A}BC + \overline{A}\,\overline{B}C$$
$$= \cdots\cdots$$

显然,用与门和或门实现该函数时,$Y = AB + \overline{A}C$ 的电路最简单。一般说来,表达式越简单,相应的逻辑电路也就越简单。对于不同类型的表达式,简单的标准是不一样的,化简的结果也应依实际器件或设计工具要求而定。在数字电路中,逻辑函数常用两种标准形式:标准与或式和标准或与式。在具体讲述这两种标准形式之前,先介绍一下最小项和最大项的概念。

1. 最小项和最大项

(1)最小项

在 n 变量逻辑函数中,若 m 为包含 n 个因子的乘积项,而且这 n 个变量均以原变量或反变量的形式在 m 中出现一次,则称 m 为该组变量的最小项。

例如,A,B,C 三变量的最小项就有 $\overline{A}\,\overline{B}\,\overline{C}$,$\overline{A}\,\overline{B}C$,$\overline{A}B\overline{C}$,$\overline{A}BC$,$A\,\overline{B}\,\overline{C}$,$A\,\overline{B}C$,$AB\overline{C}$,$ABC$,共 8 个(即 2^3 个)最小项。同理,四变量的最小项有 2^4 个。依此类推,n 变量的最小项应有 2^n 个。表 1-10 列出了三个变量 A,B,C 全部最小项的真值表。

表 1-10 三个变量全部最小项的真值表

最小项	使最小项为1的变量取值			对应的十进制数	最小项编号
	A	B	C		
$\overline{A}\,\overline{B}\,\overline{C}$	0	0	0	0	m_0
$\overline{A}\,\overline{B}C$	0	0	1	1	m_1
$\overline{A}B\overline{C}$	0	1	0	2	m_2
$\overline{A}BC$	0	1	1	3	m_3
$A\,\overline{B}\,\overline{C}$	1	0	0	4	m_4
$A\,\overline{B}C$	1	0	1	5	m_5
$AB\overline{C}$	1	1	0	6	m_6
ABC	1	1	1	7	m_7

输入变量的每一组取值都使一个对应的最小项数值等于 1。例如,在三变量 A,B,C 的最小项中,当 $A=0,B=0,C=0$ 时,$\overline{A}\,\overline{B}\,\overline{C}=1$。如果把 ABC 的取值 000 看作一个二进制数,那么它所表示的二进制数就是 0,所以为了书写方便,有时就把 $\overline{A}\,\overline{B}\,\overline{C}$ 这个最小项记作 m_0。按照这一约定,可得出所有最小项的编号表,如表 1-10 最后一列所示。

根据最小项的定义以及从表 1-10 中不难看出,最小项有下列重要性质:

① 在输入变量的任何取值下必有一个最小项,而且仅有一个相应的最小项的值为 1;

② 任意两个不同的最小项之积恒为 0;

③ 全部最小项之和恒为 1;

④ 具有相邻性的两个最小项之和可以合并成一项并消去一个因子。

若两个最小项仅有一个因子不同,则称这两个最小项具有相邻性。例如:$\overline{A}\,\overline{B}C$ 和 $\overline{A}BC$ 这两个最小项只有第二个因子不同,所以它们具有相邻性。利用逻辑代数的基本公式,这两个最小项相加时就能进行合并,并可消去一个因子,即有

$$\overline{A}\,\overline{B}C+\overline{A}BC=\overline{A}(\overline{B}+B)C=\overline{A}C$$

（2）最大项

在 n 变量逻辑函数中,若 M 为包含 n 个变量的和项,而且这 n 个变量均以原变量或反变量的形式在 M 中出现一次,则称 M 为该组变量的最大项。

例如,A,B,C 三变量的最大项就有 $(\overline{A}+\overline{B}+\overline{C})$,$(\overline{A}+\overline{B}+C)$,$(\overline{A}+B+\overline{C})$,$(\overline{A}+B+C)$,$(A+\overline{B}+\overline{C})$,$(A+\overline{B}+C)$,$(A+B+\overline{C})$,$(A+B+C)$,共 8 个（即 2^3 个）最大项。同理,四变量的最大项有 2^4 个。依此类推,n 变量的最大项应有 2^n 个。表 1-11 列出了三个变量 A,B,C 全部最大项的真值表。

表 1-11　三个变量全部最大项的真值表

最大项	使最大项为 0 的变量取值			对应的十进制数	最大项编号
	A	B	C		
$(A+B+C)$	0	0	0	0	M_0
$(A+B+\overline{C})$	0	0	1	1	M_1
$(A+\overline{B}+C)$	0	1	0	2	M_2
$(A+\overline{B}+\overline{C})$	0	1	1	3	M_3
$(\overline{A}+B+C)$	1	0	0	4	M_4
$(\overline{A}+B+\overline{C})$	1	0	1	5	M_5
$(\overline{A}+\overline{B}+C)$	1	1	0	6	M_6
$(\overline{A}+\overline{B}+\overline{C})$	1	1	1	7	M_7

输入变量的每一组取值都使一个相应最大项的值为 0。例如,在三变量 A,B,C 的最大项中,当 $A=0,B=0,C=0$ 时,$(A+B+C)=0$。如果我们仍以 ABC 取值所对应的十进制数给最大项编号,那么可记作 M_0,由此可得三变量最大项的编号表,如表 1-11 所示。

最大项具有下列重要性质:

① 在输入变量的任何取值下必定有一个最大项,而且仅有一个相应的最大项的值为 0;

② 任意两个不同的最大项之和恒为 1;

③全部最大项之积恒为 0；

④只有一个变量不同的两个最大项的乘积等于其中相同变量之和。

例如：

$$(\overline{A}+\overline{B}+C)(\overline{A}+B+C)$$
$$=\overline{A}+\overline{A}B+\overline{A}C+\overline{A}\,\overline{B}+\overline{B}C+\overline{A}C+BC+C$$
$$=\overline{A}+C$$

如果将表 1-10 和表 1-11 进行对比可以发现，最大项和最小项之间存在着如下的关系

$$M_i=\overline{m_i} \tag{1-3-3}$$

例如：$m_0=\overline{A}\,\overline{B}\,\overline{C}$，则 $\overline{m_0}=\overline{\overline{A}\,\overline{B}\,\overline{C}}=A+B+C=M_0$。

2. 逻辑函数的两种标准形式

(1) 逻辑函数的最小项之和形式

利用逻辑代数的基本公式可以将任何一个逻辑函数式展开为最小项之和的形式，也就是标准与或表达式，也可以说任何逻辑函数都是由函数中变量的若干个最小项构成的。这种形式在逻辑函数的图形化简法中以及计算机辅助分析和设计中得到了广泛的应用。

例如，给定逻辑函数为

$$Y=AB\overline{C}+BC$$

则可化为

$$Y = AB\overline{C} + (A+\overline{A})BC$$
$$= AB\overline{C} + ABC + \overline{A}BC$$
$$= \sum_i m_i(i=3,6,7)$$

有时也简写成 $\sum m(3,6,7)$ 或 $\sum(3,6,7)$ 的形式。

例 1-8　写出逻辑函数 $Y=A\,\overline{B}\,\overline{C}+\overline{A}C+AC$ 的标准与或式。

解　$Y = A\,\overline{B}\,\overline{C} + \overline{A}C + AC$
$$= A\,\overline{B}\,\overline{C} + \overline{A}(B+\overline{B})C + A(B+\overline{B})C$$
$$= A\,\overline{B}\,\overline{C} + \overline{A}BC + \overline{A}\,\overline{B}C + ABC + A\,\overline{B}C$$
$$= m_4 + m_3 + m_1 + m_7 + m_5$$
$$= \sum_i m_i(i=1,3,4,5,7)$$

(2) 逻辑函数的最大项之积形式

如上所述，任何一个逻辑函数皆可化成 $Y=\sum m_i$ 的形式。同时，从最小项的性质得知全部最小项之和为 1，即 $\sum_{i=0}^{2^n-1} m_i=1$。因此，由 $Y+\overline{Y}=1$ 可知，$\overline{Y}$ 必然等于全部最小项中除去 $\sum m_i$ 以外那些最小项之和，即 $\overline{Y}=\sum_{k\neq i}^{k\neq i} m_k$。

因此，利用反演律及式(1-3-3)可得

$$Y = \overline{\sum_{k\neq i} m_k} = \prod_{k\neq i} \overline{m_k} = \prod_{k\neq i} M_k \tag{1-3-4}$$

也就是说，如果已知逻辑函数为 $Y=\sum m_i$，定可将结果化成编号为 i 以外的那些最大项的乘积形式，也就是标准或与形式。

例 1-9　试将逻辑函数 $Y = AB\overline{C} + BC$ 化为标准或与式。

解　$Y = AB\overline{C} + BC = AB\overline{C} + ABC + \overline{A}BC = \sum_i m_i (i = 3, 6, 7)$

根据式(1-3-4)可得

$$Y = \prod_{k \neq i} M_k = M_0 \cdot M_1 \cdot M_2 \cdot M_4 \cdot M_5$$
$$= \prod M(0, 1, 2, 4, 5)$$
$$= (A + B + C) \cdot (A + B + \overline{C}) \cdot (A + \overline{B} + C) \cdot$$
$$(\overline{A} + B + C) \cdot (\overline{A} + B + \overline{C})$$

1.4　逻辑函数的公式化简法

1.4.1　逻辑函数的最简形式

在进行逻辑运算时我们常常会看到,同一个逻辑函数可以写成不同形式的逻辑表达式,而这些逻辑表达式的繁简程度又往往相差甚远。逻辑函数式越简单,它所表示的逻辑关系越明显,同时实现它的电路也越简单,这样不仅经济,而且还能提高电路的可靠性。因此,经常需要通过化简找出逻辑函数的最简形式。

例如,有两个逻辑函数式

$$Y = \overline{A}B + B + A\overline{B}$$
$$Y = A + B$$

将它们的真值表分别列出后即可看到,它们是同一个逻辑函数。显然,第二个式子要简单得多,实现的时候只要一个或门即可。

由于函数式的类型各不相同,所以需要对最简式的标准作出明确的规定。逻辑函数式的最简形式主要有:最简与或表达式、最简或与表达式、最简与非—与非表达式、最简或非—或非表达式、最简与或非表达式五种。对于任何一种类型的逻辑函数式,我们规定当函数式中进行或运算的项不能再减少时,而且各项中进行与运算的因子也不能再减少时,函数式就是最简函数式。

由于逻辑代数的基本公式和常用公式多以与—或形式给出,用于化简与—或函数式比较方便,所以下面主要讨论与—或式的化简。对于与—或函数式我们规定:若函数式中包含的乘积项已经最少,而且每个乘积项里的因子也不能再减少时,则称此函数式为最简与或式。有了最简与或式以后,再通过公式变换就可以得到其他类型的函数式。

1.4.2　逻辑函数的公式化简法

公式化简法就是在与或表达式的基础上,反复使用逻辑代数的基本公式和常用公式,消去多余的乘积项和每个乘积项中多余的因子,求出函数的最简与或式。化简没有固定的步骤可循。现将常用的方法归纳如下。

1. 并项法

运用公式(20),即 $AB + A\overline{B} = A$,把两个乘积项合并起来成为一项,并消去一个变量,根据代入规则,A 和 B 还可以是任何复杂的逻辑式。

例 1-10　化简函数 $Y=ABC+\overline{AB}C+BD$，写出它的最简与或式。

解　$Y=ABC+\overline{AB}C+BD=(AB+\overline{AB})C+BD$

　　　$=C+BD$

例 1-11　试用并项法化简函数 $Y=\overline{A}\,B\,\overline{C}+A\,\overline{C}+\overline{B}\,\overline{C}$，写出它的最简与或式。

解　$Y=\overline{A}\,B\,\overline{C}+A\,\overline{C}+\overline{B}\,\overline{C}=\overline{A}\,B\,\overline{C}+(A+\overline{B})\overline{C}$

　　　$=(\overline{AB})\overline{C}+(\overline{\overline{AB}})\overline{C}=\overline{C}$

2. 吸收法

利用公式(18)，即 $A+AB=A$，可将 AB 项消去。A 和 B 同样也可以是任何一个复杂的逻辑式。

例 1-12　试用吸收法化简函数 $Y=AB+AB\,\overline{C}+ABD+AB(\overline{C}+\overline{D})$，写出它的最简与或式。

解　$Y=AB+AB\,\overline{C}+ABD+AB(\overline{C}+\overline{D})$

　　　$=AB+AB[\overline{C}+D+(\overline{C}+\overline{D})]=AB$

例 1-13　化简函数 $Y=\overline{AB}+\overline{A}C+\overline{B}C$，写出它的最简与或式。

解(1)　先根据摩根定理将 $\overline{AB}=\overline{A}+\overline{B}$ 展开，再利用吸收法，可得

　　　$Y=\overline{AB}+\overline{A}C+\overline{B}C=\overline{A}+\overline{B}+\overline{A}C+\overline{B}C=\overline{A}+\overline{B}$

(2)　先根据摩根定理合并 $\overline{A}+\overline{B}=\overline{AB}$，再利用吸收法，也可得

　　　$Y=\overline{AB}+\overline{A}C+\overline{B}C=\overline{AB}+(\overline{A}+\overline{B})C=\overline{AB}+\overline{AB}C=\overline{AB}=\overline{A}+\overline{B}$

3. 消去法

利用公式(19)，即 $A+\overline{A}B=A+B$，消去乘积项中多余的因子 $\overline{A}$，A 和 B 同样也可以是任何一个复杂的逻辑式。

例 1-14　利用消去法化简函数 $Y=A\,\overline{B}\,CD+\overline{A\,B\,C}$，写出它的最简与或式。

解　$Y=A\,\overline{B}\,CD+\overline{A\,B\,C}=D+\overline{A\,B\,C}$

例 1-15　化简函数 $Y=\overline{AB}+AC+BD$，写出它的最简与或式。

解　先用摩根定理展开 $\overline{AB}=\overline{A}+\overline{B}$，再用消去法化简，可得

　　　$Y=\overline{AB}+AC+BD=\overline{A}+\overline{B}+AC+BD$

　　　$=\overline{A}+C+\overline{B}+D$

4. 配项消项法

利用公式(24)，即 $AB+\overline{A}C+BC=AB+\overline{A}C$，可将乘积项 BC 消去，从而获得最简与或式。其中 A,B,C 同样也可以是任何一个复杂的逻辑式。

例 1-16　化简函数 $Y=A\,\overline{B}C\,\overline{D}+\overline{A}E+BE+C\,\overline{D}E$，写出它的最简与或式。

解　$Y=A\,\overline{B}C\,\overline{D}+\overline{A}E+BE+C\,\overline{D}E$

　　　$=(A\,\overline{B})C\,\overline{D}+(\overline{A}+B)E+C\,\overline{D}E$

　　　$=(A\,\overline{B})C\,\overline{D}+\overline{A\,\overline{B}}E+C\,\overline{D}E$

　　　$=A\,\overline{B}C\,\overline{D}+\overline{A\,\overline{B}}E$

例 1-17　利用配项消项法化简函数 $Y=\overline{A}B+AC+\overline{B}\,\overline{C}+A\,\overline{B}+\overline{A}\,\overline{C}+BC$，写出它的最简与或式。

解　$Y=\overline{A}B+AC+\overline{B}\,\overline{C}+A\,\overline{B}+\overline{A}\,\overline{C}+BC$

　　　$=\overline{A}B+AC+\overline{B}\,\overline{C}+A\,\overline{B}+\overline{A}\,\overline{C}+BC+(\overline{A}B+AC+\overline{B}\,\overline{C})$

$$=(\overline{A}B+AC+BC)+(\overline{A}B+\overline{B}\,\overline{C}+\overline{A}\,\overline{C})+(AC+\overline{B}\,\overline{C}+A\,\overline{B})$$
$$=\overline{A}B+AC+\overline{A}B+\overline{B}\,\overline{C}+AC+\overline{B}\,\overline{C}$$
$$=\overline{A}B+AC+\overline{B}\,\overline{C}$$

在化简复杂的逻辑函数时,往往需要灵活、交替、综合地运用上述各种方法,才能得到函数的最简与或式。

例 1-18 化简函数

$$Y=AD+A\,\overline{D}+AB+\overline{A}C+BD+ACEF+\overline{B}E+DEF$$

解 (1)利用并项法,即 $AD+A\,\overline{D}=A$,可得

$$Y=A+AB+\overline{A}C+BD+ACEF+\overline{B}E+DEF$$

(2)利用吸收法,即 $A+AB+ACEF=A$,可得

$$Y=A+\overline{A}C+BD+\overline{B}E+DEF$$

(3)利用消去法,即 $A+\overline{A}C=A+C$,可得

$$Y=A+C+BD+\overline{B}E+DEF$$

(4)利用配项消项法,即 $BD+\overline{B}E+DEF=BD+\overline{B}E$,可得

$$Y=A+C+BD+\overline{B}E$$

在解例 1-18 中我们综合运用了四种常用的化简方法,运算步骤也较为繁琐。在实际解题时,能否较快地获得最简结果,除了要求我们熟练掌握逻辑代数的有关公式和定理外,还要求解题者具备一定的运算技巧。对于初学者,我们常常用卡诺图法化简逻辑函数。

1.5　逻辑函数的卡诺图化简法

用卡诺图化简逻辑函数,求最简与或表达式的方法,又称为图形化简法。图形化简法有比较明确的步骤可遵循,判断结果是否最简也比较简单。但是,当变量数超过 6 个以上时,图形过于繁杂,没有什么实用价值。

1.5.1　卡诺图的结构

将 n 变量的全部最小项各用一个小方块表示,并使具有逻辑相邻性的最小项在几何位置上也相邻地排列起来,所得到的图形叫做 n 变量的卡诺图。逻辑变量的卡诺图实际上是一种最小项方块图。这种表示方法是由美国工程师卡诺(Karnaugh)首先提出的,所以把这种方块图叫做卡诺图。

1. 二变量最小项的卡诺图

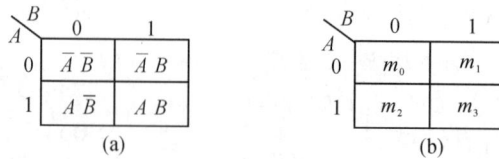

$^A\diagdown^B$	0	1
0	$\overline{A}\,\overline{B}$	$\overline{A}B$
1	$A\,\overline{B}$	AB

(a)

$^A\diagdown^B$	0	1
0	m_0	m_1
1	m_2	m_3

(b)

图 1-8　二变量最小项的卡诺图

图 1-8 给出的是二变量 (A,B) 最小项的卡诺图。两个变量有 4 个最小项,用 4 个小方块表示。

2. 卡诺图的结构

n 个变量有 2^n 个最小项,而每一个最小项,都需要用一个方块表示,所以 n 变量的卡诺图一般都画成正方形或矩形,图中分割出 2^n 个小方块。为了保证几何位置相邻的最小项在逻辑上也具有相邻性,最小项的排列顺序按照格雷码排列。只有这样排列所得到的最小项方块图才叫卡诺图。在格雷码中,相邻两个代码之间只有一位状态不同,格雷码可以从纯二进制码中推导出来。表 1-12 列出了 4 位格雷码。

表 1-12　4 位格雷码

十进制数	格雷码	十进制数	格雷码
0	0000	8	1100
1	0001	9	1101
2	0011	10	1111
3	0010	11	1110
4	0110	12	1010
5	0111	13	1011
6	0101	14	1001
7	0100	15	1000

在图 1-9 中,分别画出了三变量、四变量和五变量的卡诺图。

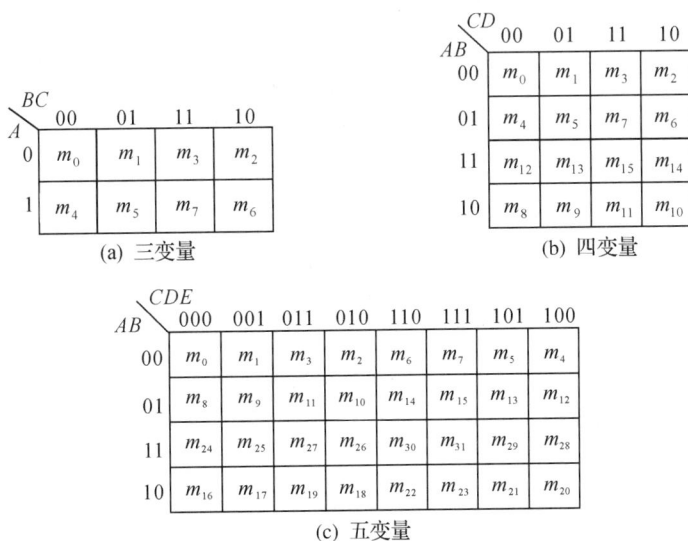

(a) 三变量　　(b) 四变量　　(c) 五变量

图 1-9　三到五变量的卡诺图

1.5.2 逻辑函数的卡诺图

上一节,我们曾讲到,任何一个逻辑函数都能表示为若干最小项之和的形式,那么我们也可以用卡诺图来表示任何一个逻辑函数。

1. 逻辑函数卡诺图的画法

在与或表达式的基础上,画逻辑函数的卡诺图,一般按下列步骤进行:

(1)用配项法将逻辑函数化成标准最小项之和的形式;

(2)画出函数变量的卡诺图;

(3)在卡诺图上,与逻辑函数中的最小项相对应的位置上填入 1,其余填入 0 或不填。这样就得到了逻辑函数的卡诺图。

在函数的与或表达式中,有些乘积项是由若干个最小项合并而成,例如 $AC=ABC+A\overline{B}C$。如果对卡诺图比较熟悉的,在画函数的卡诺图时,上述第一个步骤可以省略。

例 1-19 用卡诺图表示逻辑函数:$Y=\overline{A}\,\overline{B}\,\overline{C}+\overline{A}B+AC+\overline{B}C$。

解 (1)首先把 Y 化成最小项之和的形式

$$\begin{aligned} Y &=\overline{A}\,\overline{B}\,\overline{C}+\overline{A}B(C+\overline{C})+A(B+\overline{B})C+(A+\overline{A})\overline{B}C \\ &=\overline{A}\,\overline{B}\,\overline{C}+\overline{A}\,\overline{B}C+\overline{A}B\,\overline{C}+\overline{A}BC+A\,\overline{B}C+ABC \\ &=m_0+m_1+m_2+m_3+m_5+m_7 \end{aligned}$$

(2)画出三变量的卡诺图,在对应于函数式中各最小项的位置填入 1,其余填入 0 或不填,就得到如图 1-10 所示的逻辑函数的卡诺图。

A \ BC	00	01	11	10
0	1	1	1	1
1		1	1	

图 1-10 例 1-19 的卡诺图

例 1-20 已知逻辑函数 Y 的卡诺图如 1-11 所示,试求 Y 的逻辑函数表达式。

A \ BC	00	01	11	10
0			1	
1		1	1	1

图 1-11 例 1-20 的卡诺图

解 因为 Y 等于卡诺图中填入 1 的那些最小项之和,故可直接写出

$$\begin{aligned} Y &=m_3+m_5+m_6+m_7 \\ &=\overline{A}BC+A\,\overline{B}C+AB\,\overline{C}+ABC \end{aligned}$$

2. 逻辑函数卡诺图的特点

逻辑函数卡诺图最突出的优点就是用几何位置的相邻形象地表达了构成函数的各个最小项在逻辑上的相邻性,可以用来化简逻辑函数,求逻辑函数的最简与或式。

逻辑函数卡诺图最大的缺点是当函数变量多于 6 个时,不仅画起来麻烦,而且有些最小

项的相邻性很难判别,起不到化简的作用,也就没有了实用的价值。

1.5.3　用卡诺图化简逻辑函数

卡诺图化简法(也称为图形化简法)就是利用卡诺图化简逻辑函数。化简就是根据具有相邻性的最小项可以合并的基本原理,消去不同的因子。由于在卡诺图上几何位置相邻与逻辑上的相邻性是一致的,因而能从卡诺图上非常直观地找到那些具有相邻性的最小项,并将它们合并,从而达到化简的目的。

1. 合并最小项的规则

在逻辑函数的卡诺图中,可以按如下规则将相邻的最小项合并,并消去多余因子。

(1)若两个最小项相邻,可以合并为一项并消去一个因子。合并后的结果中只剩下公共因子;在图 1-10 中 $ABC(m_7)$ 和 $\overline{A}BC(m_3)$ 相邻,可以合并为 $ABC+\overline{A}BC=BC$,消去不同的因子 A 和 $\overline{A}$,只余下公共因子 BC。

(2)若四个最小项相邻并且排列成一个矩形组,则可合并为一项,并消去两个因子。合并后的结果只包含公共因子;在图 1-10 中 $ABC,\overline{A}\,\overline{B}C,\overline{A}BC,A\,\overline{B}C$ 相邻,可合并为一项。合并的结果只包含公共因子 C。

(3)若八个最小项相邻并且排列成一个矩形组,则可合并为一项,并消去三个因子。合并后的结果只包含公共因子。

如果有 2^n 个最小项相邻$(n=1,2,\cdots)$并排列成一个矩形组,则它们一定可以合并为一项,并消去 n 个因子。合并后的结果中仅包含这些最小项的公共因子。

2. 卡诺图化简的步骤

用卡诺图化简逻辑函数时一般按如下步骤进行:

(1)将函数化为最小项之和的形式;

(2)画出表示该逻辑函数的卡诺图;

(3)找出可以合并的最小项矩形组;

(4)选择化简后的乘积项。选择的原则是:

　　1)这些乘积项应包含函数的所有最小项;

　　2)所用的乘积项数目最少,亦即所取的矩形组数目应最少;

　　3)每个乘积项所包含的因子最少,亦即每个矩形组中应包含尽量多的最小项。

例 1-21　用卡诺图化简法将下式化为最简的与或函数式

$$Y=A\,\overline{C}+\overline{A}C+\overline{B}C+B\,\overline{C}$$

解　(1)将函数化为最小项之和的形式

$$Y=A\,\overline{C}+\overline{A}C+\overline{B}C+B\,\overline{C}$$
$$=AB\,\overline{C}+A\,\overline{B}\,\overline{C}+\overline{A}BC+\overline{A}\,\overline{B}C+A\,\overline{B}C+\overline{A}B\,\overline{C}$$

事实上,在填写卡诺图以前,并不一定要将函数化成最小项之和的形式,例如 $A\,\overline{C}$ 包含了所有含有 $A\,\overline{C}$ 因子的最小项,因此,可以直接在卡诺图上所有对应 $A=1,C=0$ 的空格里填上 1。按照这种方法,可以省略化成最小项之和这一步骤。

(2)画出卡诺图,并在相应的最小项所对应的位置填上 1,其余的空格不填,如图 1-12所示。

(3)找出可以合并的最小项。由图 1-13 可见,合并的方式并不是唯一的,可以有图(a)和

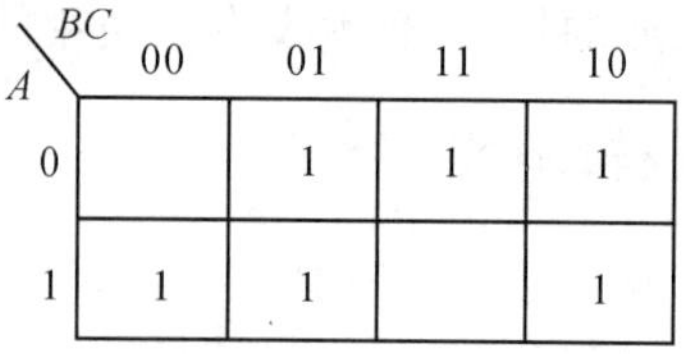

图 1-12 例 1-20 的卡诺图

（b）两种，将可能合并的最小项用线圈起来。

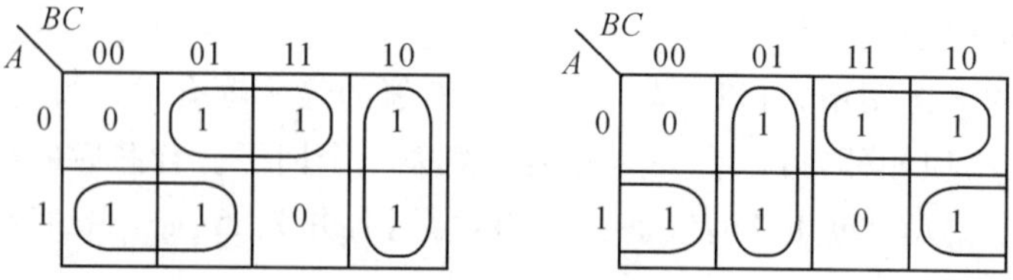

(a)   (b)

图 1-13 例 1-20 的卡诺图合并方法

（4）选择化简后的乘积项。

如果按图 1-13（a）的方式合并最小项，则得到

$$Y = A\,\overline{B} + \overline{A}C + B\,\overline{C}$$

而按图 1-13（b）的方式合并最小项，则得到

$$Y = \overline{A}B + A\,\overline{C} + \overline{B}C$$

这两个结果都符合最简与或式的标准。

这个例子说明，在很多情况下，如果选择进行合并的最小项的组合方式不同，同一个逻辑函数的最简函数式也不同。在利用逻辑函数的卡诺图合并最小项时，应注意下面几个问题：

1）圈越大越好。合并最小项时，圈的最小项越多，消去的变量就越多，因而得到的乘积项也就越简单。

2）每个圈至少包含一个新的最小项。合并时，任何一个最小项都可重复利用，但是每一个圈至少都应包含一个新的最小项——未被其他圈圈过的最小项，否则它就是多余的。

3）注意卡诺图中四个角上的最小项是可以合并的。

4）必须把组成函数的所有最小项圈完。每个圈中最小项的公因子就构成一个乘积项，把这些乘积项加起来，就是该函数的化简结果。

有时需要比较、检查才能写出最简与或表达式。有些情况下，最小项的圈法超过一种，因而得到的各个乘积项组成的与或表达式也会各不相同，虽然它们都同样包含了函数的全部最小项，哪个是最简式要经过比较、检查。有时还会出现几个表达式都同样是最简式的情况。

例 1-22 利用图形法化简函数 $Y = ABC + A\,\overline{B}C + ABD + \overline{A}C\,\overline{D} + A\,\overline{C}D + \overline{C}\,\overline{D}$。

解 省略将函数化成最小项之和这一步骤，直接画出的卡诺图，如图 1-14 所示。

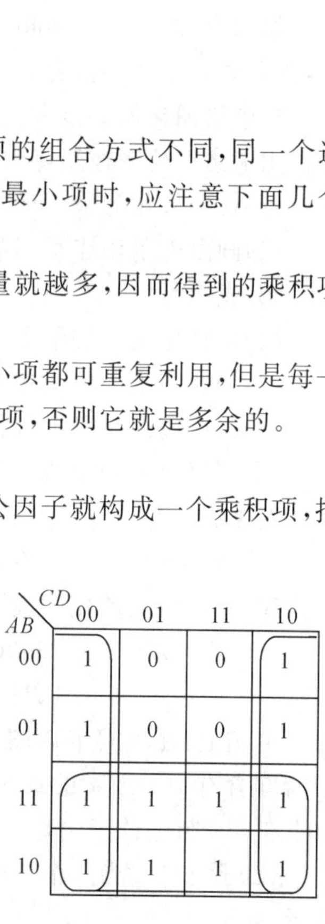

图 1-14 例 1-22 的卡诺图

　　然后找出能合并的最小项,并用线圈出。由图 1-14 可见,下边两行的 8 个最小项可以合并,左、右两列的 8 个最小项可以合并。

　　最后选择化简后的乘积项。根据前面讲过的原则,应取 $Y = A + \overline{D}$。

　　从图 1-14 中还可以看到,A 和 $\overline{D}$ 中重复包含了四个最小项($m_8, m_{10}, m_{12}, m_{14}$),但根据 $A + A = A$ 可知,化简时重复使用最小项不影响函数值,然而却有助于获得更简单的化简结果,这与公式法化简中的配项法是相同的道理。

　　在以上的例子中,我们都是通过合并卡诺图中的 1 来求得最简结果。有时也可以通过合并卡诺图中的 0 先求出 $\overline{Y}$ 的化简结果,然后再把 $\overline{Y}$ 求反得到 Y。因为 $Y + \overline{Y} = 1$,合并 0 的最小项之和一定为 $\overline{Y}$。在多变量的卡诺图中,当 0 的数目远小于 1 的数目时,采用合并 0 的方法化简比合并 1 要来得简单。例如,在图 1-14 中,如果将 0 合并,则能马上写出 $Y = \overline{\overline{Y}} = \overline{\overline{A}D} = A + \overline{D}$,这与合并 1 得到的结果是一样的,但是过程要简单些。

1.6　具有约束的逻辑函数及其化简

1.6.1　约束和约束条件

1. 约束

　　在分析某些具体的逻辑函数时,经常会遇到输入变量的取值不是任意的情况,这种对输入变量的取值所加的限制就称为约束,同时把这一组变量叫做具有约束的一组变量。约束是用来说明逻辑函数中各个变量之间互相制约关系的一个重要概念。

　　例 1-23　有三个逻辑变量 A, B, C,它们分别表示交通灯的红灯、绿灯、黄灯。变量取 1 表示灯亮,取 0 表示灯不亮,Y 表示汽车能否通过,$Y = 0$ 表示通车,$Y = 1$ 表示停车。正常情况下,某一时刻只有一个灯亮,不允许两个或两个以上的灯同时亮。三个灯都不亮时,允许车辆感到安全时通过。即变量取值只可能出现 000,001,010,100,而不允许出现 011,101,110,111 的。这说明 A, B, C 之间有着一定的制约关系,因此称这三个变量是有约束的变量。

　　不会出现的变量取值所对应的最小项叫做约束项。

　　由最小项的性质可知,只有对应变量取值出现时,其值才会为 1。而约束项对应的是不出现的变量取值,所以其值总等于 0。因此,在存在约束项的情况下,我们既可以把约束项写进逻辑函数式中,也可以把约束项从函数式中删掉,而不影响函数值。

　　2. 约束条件

　　由约束项加起来所构成的值为 0 的逻辑表达式,叫约束条件。因为约束项的值恒为 0。而无论多少个 0 加起来还是 0。所以约束条件是一个值恒为 0 的条件等式。

　　约束条件通常有以下几种表示方法:

　　(1)在真值表中,用叉号(×)表示。在对应于约束项的变量取值所决定的函数值处,记上"×"。例 1-23 真值表如表 1-13 所示。

　　(2)在逻辑表达式中,用等于 0 的条件等式表示,即

$$\overline{A}BC + A\,\overline{B}C + AB\,\overline{C} + ABC = 0$$

或　　　　　$\sum(3,5,6,7) = 0$ 或 $\sum d(3,5,6,7) = 0$

　　(3)在卡诺图中,用叉号(×)表示,即在约束项处记上"×"。例 1-23 的卡诺图,如图 1-15

所示。

　　由有约束的变量所决定的逻辑函数,叫做有约束的逻辑函数。

　　例 1-23 中带有约束条件的逻辑函数,就可以用逻辑表达式表示如下

$$\begin{cases} Y = \overline{A}\,\overline{B}C + A\,\overline{B}\,\overline{C} \\ \overline{A}BC + A\overline{B}C + AB\,\overline{C} + ABC = 0 \quad (约束条件) \end{cases}$$

也可以写为

$$Y = \sum m(1,4) + \sum d(3,5,6,7)$$

表 1-13　例 1-23 真值表

A	B	C	Y
0	0	0	0
0	0	1	1
0	1	0	0
0	1	1	×
1	0	0	1
1	0	1	×
1	1	0	×
1	1	1	×

1.6.2　具有约束项的逻辑函数的化简

　　化简带有约束项的逻辑函数时,如果能合理地利用这些约束项,经常可以得到更加简单的化简结果。

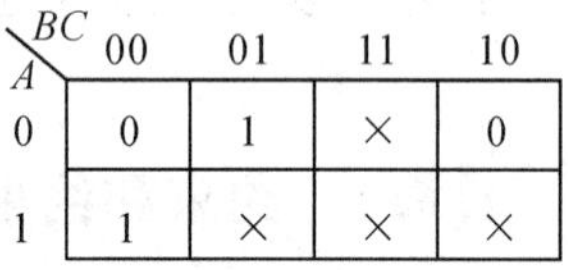

1. 公式法化简

　　利用约束项其值恒为 0 的特性,可以根据化简的需要,在逻辑函数式中我们既可以加入约束项,也可以把约束项从函数式中删掉。因为在逻辑表达式中加上或删去 0 是不会影响函数值的。

图 1-15　例 1-23 卡诺图

　　例 1-24　化简具有约束条件的逻辑函数

$$Y = \overline{A}\,\overline{B}\,\overline{C}D + \overline{A}BCD + A\,\overline{B}\,\overline{C}\,\overline{D}$$

已知约束条件为

$$\overline{A}\,\overline{B}CD + \overline{A}B\,\overline{C}D + AB\,\overline{C}\,\overline{D} + A\,\overline{B}CD + ABCD + A\overline{B}C\,\overline{D} + ABC\,\overline{D} = 0$$

　　解　如果不利用约束项,则 Y 已经无法再化简。但适当地写进一些约束项以后,可得

$$\begin{aligned} Y &= (\overline{A}\,\overline{B}\,\overline{C}D + \overline{A}\,\overline{B}CD) + (\overline{A}BCD + \overline{A}B\,\overline{C}D) + (A\,\overline{B}\,\overline{C}\,\overline{D} + AB\,\overline{C}\,\overline{D}) \\ &\quad + ABC\,\overline{D}) \\ &= (\overline{A}\,\overline{B}D + \overline{A}BD) + (A\,\overline{C}\,\overline{D} + AC\,\overline{D}) = \overline{A}D + A\,\overline{D} \end{aligned}$$

　　可见,利用了约束项以后能使逻辑函数进一步简化。但是用公式法化简时在确定应该加入哪些约束项时还不够直观。

2. 卡诺图化简

　　在利用函数的卡诺图合并最小项时,可根据化简的需要包含或去掉约束项。因在合并最小项时,如果圈中包含了约束项,则相当于在函数式中加入了该约束项(其值恒为 0),显然不会影响函数值。

　　例 1-25　利用卡诺图化简例 1-24 中的逻辑函数。

　　解　先画出例 1-24 中函数 Y 的卡诺图,如图 1-16 所示。

　　由图可见,利用约束项将 m_1, m_3, m_5, m_7 合并为

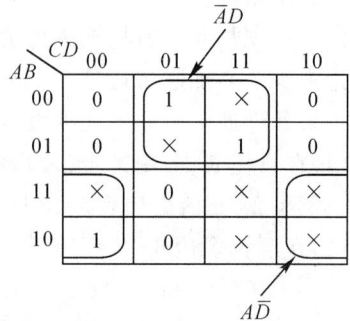

图 1-16　例 1-24 逻辑函数的卡诺图

$\overline{AD}$，将 m_8,m_{10},m_{12},m_{14} 合并为 $A\overline{D}$。于是得到 $Y=\overline{A}D+A\overline{D}$。

本章小结

　　本章主要介绍了逻辑代数的基本公式和定理，逻辑函数及其表示方法，逻辑函数的化简方法及具有约束的逻辑函数及其化简等方面的内容。本章是分析和设计数字电路的基础。

　　数制，编码及其各种表示方法以及相互转换关系是数字电子技术中最基础的内容。

　　与、或、非既是三种基本的逻辑关系，也是三种最基本的逻辑运算，逻辑代数中的公式和定理是逻辑运算的基础。要求熟练掌握其中的基本公式，而常用公式可以由基本公式推导得来。

　　逻辑函数主要有三种表示方法：真值表、函数表达式、逻辑图。这几种方法各有特点，可以相互转换。这是综合和分析数字电路的基础。

　　逻辑函数的公式化和卡诺图化简法是本章的一个重点。公式化简法的优点是没有局限性，但没有固定的模式可以遵循，要求使用者不仅能熟练运用各种公式和定理，还要掌握一定的运算经验和技巧。卡诺图的优点是简单、直观，而且有一定的化简步骤可循，不容易出错，初学者比较容易掌握；但当逻辑变量数超过 6 个时，图形复杂，没有实用价值。带有约束的逻辑函数的化简可以说是逻辑函数化简中的一种特例，它主要是利用约束项的值恒为 0 的特点，也是采用公式法和卡诺图法进行化简。

　　本章是数字电子技术入门的基础，学好本章对整门课程非常关键。

习　题

1-1　将下列二进制数转换为十进制数：

(1)$(11011)_2$；(2)$(01110110)_2$；(3)$(11100001)_2$；(4)$(01101001)_2$。

1-2　将下列十进制数转换为二进制数，再转换为十六进制数：

(1)73；(2)51；(3)100；(4)87；(5)13。

1-3　比较下列各数，找出最大数和最小数：

(1)$(F8)_{16}$；(2)$(10010101)_2$；(3)$(118)_{10}$

1-4　逻辑代数中的三种基本运算是什么？

1-5　利用公式和定理证明下列等式：

(1)$AB+BCD+\overline{A}C+\overline{B}C=AB+C$；

(2)$AB(C+D)+D+\overline{D}(A+B)(\overline{B}+\overline{C})=A+B\overline{C}+D$；

(3)$A+\overline{\overline{A}(B+C)}=A+\overline{B}\,\overline{C}$；

(4)$A\overline{B}+\overline{A}B+BC=A\overline{B}+AC+\overline{A}B$；

(5)$A\oplus B=\overline{A}\oplus\overline{B}$；

(6)$A(B\oplus C)=AB\oplus AC$。

1-6　利用逻辑代数的公式将下列逻辑函数化成最简与或式：

(1)$Y=\overline{A}\,\overline{B}+AC+\overline{B}C$；

(2)$Y=A\overline{B}+\overline{A}+B\overline{C}+ABC$；

　　(3)$Y=A\overline{B}\,\overline{C}+\overline{A}BC+A\overline{B}C+\overline{A}BC$；

　　(4)$Y=\overline{\overline{A}BC}+\overline{A}\,\overline{B}$；

　　(5)$Y=A\overline{C}+ABC+AC\overline{D}+CD$。

1-7　求下列函数的反函数并化成最简与或式：

　　(1)$Y=AB+C$；

　　(2)$Y=A\overline{D}+\overline{A}\,\overline{C}+\overline{B}CD+C$；

　　(3)$Y=AB+B\overline{D}+\overline{B}C+\overline{C}D$；

　　(4)$Y=A\oplus B\oplus C$。

1-8　列出函数 $F=AB+\overline{A}C$ 的真值表。

1-9　列出下列各函数的真值表，并说明 Y_1,Y_2 的关系。

　　(1)$Y_1=\overline{A}B+\overline{B}C+\overline{C}A$，$Y_2=A\overline{B}+B\overline{C}+C\overline{A}$；

　　(2)$Y_1=ABC+\overline{A}\,\overline{B}\,\overline{C}$，$Y_2=\overline{A\overline{B}+B\overline{C}+C\overline{A}}$。

1-10　在如题 1-10 图所示电路中，求输出 F 对输入 A,B,C 的最简与或式。

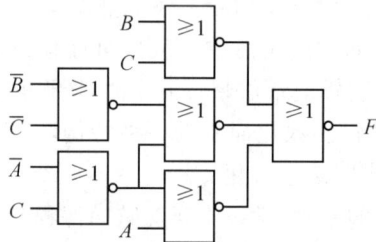

题 1-10 图

1-11　在如题 1-11 图(a),(b)所示的电路图中，求出 Z 表达式，并列出真值表。

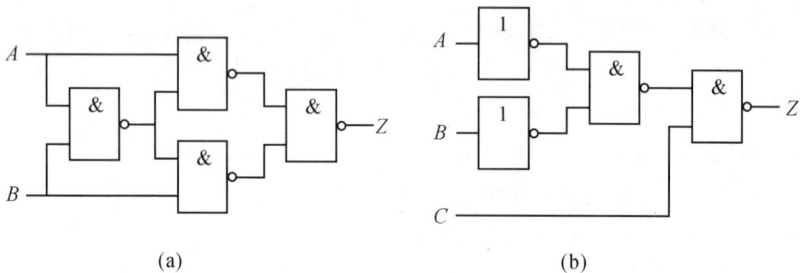

(a)　　　　　　　　　　　　　　(b)

题 1-11 图

1-12　设逻辑表达式 $G=(AB+CD)E+\overline{F}$，试画出其逻辑图。

1-13　真值表如题 1-13 表(a),(b)所示，试写出逻辑函数表达式。

题 1-13 表（a）			
A	B	C	Y
0	0	0	0
0	0	1	1
0	1	0	1
0	1	1	0
1	0	0	0
1	0	1	0
1	1	0	1
1	1	1	0

题 1-13 表（b）				
A	B	C	D	Y
0	0	0	0	1
0	0	0	1	0
0	0	1	0	0
0	0	1	1	1
0	1	0	0	0
0	1	0	1	0
0	1	1	0	1
0	1	1	1	0
1	0	0	0	1
1	0	0	1	0
1	0	1	0	0
1	0	1	1	0
1	1	0	0	0
1	1	0	1	0
1	1	1	0	0
1	1	1	1	0

1-14　电路如题 1-14 图所示，设开关闭合为 1，断开为 0，灯亮为 1，灯灭为 0。列出反映逻辑 L 和 A,B,C 关系的真值表，并写出逻辑函数 L 的表达式。

1-15　将题 1-15 图所示电路的逻辑函数化简成最简与或表达式。

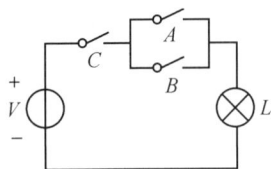

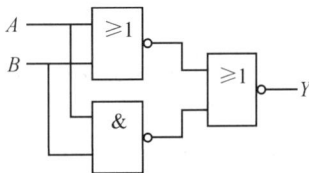

题 1-14 图　　　　　　　　　　　　　　　题 1-15 图

1-16　在如题 1-16 图所示的电路图中，求出函数表达式，并化简为最简与或式。

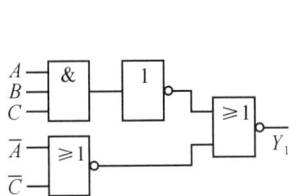　　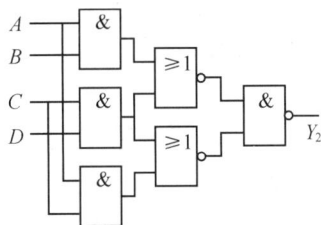　　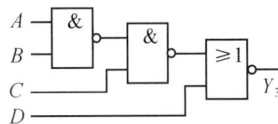

(a)　　　　　　　　　　　　　(b)　　　　　　　　　　　　(c)

题 1-16 图

1-17　一个三变量逻辑函数的真值表如题 1-17 表所示，写出其最小项表达式。

题 1-17 表			
A	B	C	Y
0	0	0	0
0	0	1	1
0	1	0	0
0	1	1	0
1	0	0	1
1	0	1	1
1	1	0	0
1	1	1	0

1-18 如题 1-18 图所示，写出逻辑函数 Y 的最简与或表达式，画出最简与非逻辑图。

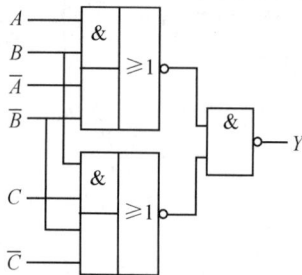

题 1-18 图

1-19 将下列各函数式化成最小项之和的形式：

(1)$Y = A + B + CD$；

(2)$Y = A\overline{B}C + BC + A\overline{C}$；

(3)$Y = AB + BC + CD$；

(4)$Y = J\overline{K} + R\overline{S} + \overline{J}R$。

1-20 将下列各式化为最大项之积的形式：

(1)$Y = (A + B)(\overline{A} + \overline{B} + \overline{C})$；

(2)$Y = \sum(m_1, m_4, m_7)$ （Y 为三变量逻辑函数）。

1-21 化简逻辑函数

$$Y = \overline{AC + \overline{A}BC + \overline{B}C} + AB\overline{C}$$

1-22 用卡诺图化简函数

$$F(A,B,C,D) = \overline{A}\,\overline{B}\,\overline{C} + \overline{A}C\overline{D} + A\overline{B}C\overline{D} + A\overline{B}\,\overline{C}$$

1-23 用卡诺图化简下列函数，并用与非门画出逻辑电路图：

$$F(A,B,C,D) = \sum(0,2,6,7,8,9,10,13,14,15)$$

1-24 根据要求完成下列各题：

(1)用代数法化简下列函数 $F_1 = \overline{\overline{A\,\overline{B} + ABC} + A(B + A\overline{B})}$

(2)用卡诺图法化简下列函数：

$$F_2(A,B,C,D) = \sum m(0,2,4,6,9,13) + \sum d(1,3,5,7,11,15)$$

1-25 利用卡诺图化简

$$Y = ABC + ABD + A\overline{C}D + \overline{C}\,\overline{D} + A\overline{B}C + \overline{A}C\overline{D}$$

1-26 试利用卡诺图化简下列逻辑函数：

$$Z = \overline{(A \oplus C) \cdot \overline{B}(A\overline{C}\,\overline{D} + \overline{A}C\,\overline{D})}$$

1-27 化简如题 1-27 图所示的电路，要求化简后的电路逻辑功能不变。

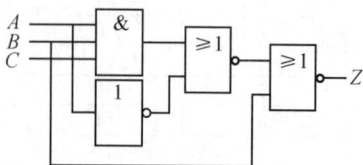

题 1-27 图

1-28   写出题 1-28 图(a),(b)所示函数的最简与或表达式。

AB\ CD	00	01	11	10
00	1	0	0	1
01	0	1	0	0
11	0	0	1	0
10	1	0	0	1

A\ BC	00	01	11	10
0	0	0	1	0
1	1	1	0	1

(a)

(b)

题 1-28 图

1-29   将函数 $\begin{cases} Y = \overline{B}\,\overline{C}D + \overline{A}C\,\overline{D} \\ AB + AC = 0 \end{cases}$ 化简为最简与或函数式。

1-30   对于互相排斥的一组变量 A,B,C,D,E(即任何情况下 A,B,C,D,E 不可能有两个同时取值为 1),试证明 $A\,\overline{B}\,\overline{C}\,\overline{D}\,\overline{E} = A$,$\overline{A}B\,\overline{C}\,\overline{D}\,\overline{E} = B$,$\overline{A}\,\overline{B}C\,\overline{D}\,\overline{E} = C$,$\overline{A}\,\overline{B}\,\overline{C}D\,\overline{E} = D$,$\overline{A}\,\overline{B}\,\overline{C}\,\overline{D}E = E$。

第 2 章　门 电 路

2.1　概　述

2.1.1　什么是门电路？

用以实现基本和常用复合逻辑运算的电子电路，称为逻辑门电路，简称为门电路。如果门电路制作在同一块半导体基片上，则称为集成逻辑门电路。基本门电路有与门、或门、非门。常用复合逻辑门电路有与非门、或非门、与或非门、异或门、同或门等。

2.1.2　高电平、低电平与正、负逻辑

高电平与低电平指两个可以区分的高电平、低电平的电压范围，它们代表两个不同的开关状态，这两个不同的开关状态对应两个不同的逻辑取值 0 或 1。如果 0 表示低电平，1 表示高电平，称为正逻辑，反之称为负逻辑。图 2-1 表示的是正逻辑时电平与逻辑取值关系的示意图。如果没有特别说明，本书默认使用的均为正逻辑。

图 2-1　正逻辑时电平与逻辑取值关系的示意图

2.1.3　数字集成电路的集成度及分类

数字集成电路中含有等效逻辑门的个数，或元器件的个数，称为数字集成电路的集成度。

按集成度分类,可以将数字集成电路分为四类,如表 2-1 所示。

表 2-1 数字集成电路按集成度分类

小规模集成电路 SSI	<10 门/片或<100 元器件/片
中规模集成电路 MSI	10~99 门/片或 100~999 元器件/片
大规模集成电路 LSI	100~9999 门/片或 1000~99999 元器件/片
超大规模集成电路 VLSI	>10000 门/片或>100000 元器件/片

注:SSI—Small Scale Integration

　　MSI—Medium Scale Integration

　　LSI—Large Scale Integration

　　VLSI—Very Large Scale Integration

2.2 半导体二极管、三极管和 MOS 管的开关特性

半导体二极管、三极管和 MOS 管是基本的开关元件,下面分别介绍这三种开关元件的开关特性。

2.2.1 理想开关的开关特性

理想开关具有下列开关特性。

1. 静态特性

静态特性反映开关稳定在某一状态时的特性。理想开关在开关断开时,开关两端等效电阻趋于无穷大,通过开关的电流为 0;当开关闭合时,开关两端等效电阻为 0,开关两端电压为 0。

2. 动态特性

动态特性反映开关在进行转换时转换速度的快慢。转换速度由开关时间来衡量,而开关时间等于开通时间和关断时间之和。

开通时间 t_{on}:指开关电路从断开状态转换为闭合状态所需的时间。

关断时间 t_{off}:指开关电路从闭合状态转换为断开状态所需的时间。

由于我们希望转换时间越短越好,所以,理想开关的开关时间为 0。

2.2.2 半导体二极管的开关特性

半导体二极管的开关特性主要取决于二极管两端的电压与通过二极管的电流的伏安关系曲线,即由二极管的单向导电性决定。下面以硅二极管为例进行讨论。

1. 半导体二极管伏安特性

伏安特性是指二极管两端电压 v_D 和流过其中的电流 i_D 之间关系的特性曲线。图2-2所示为二极管的符号及硅二极管的伏安特性曲线。

分析图 2-2,二极管可以工作在正向导通区、反向截止区、反向击穿区。

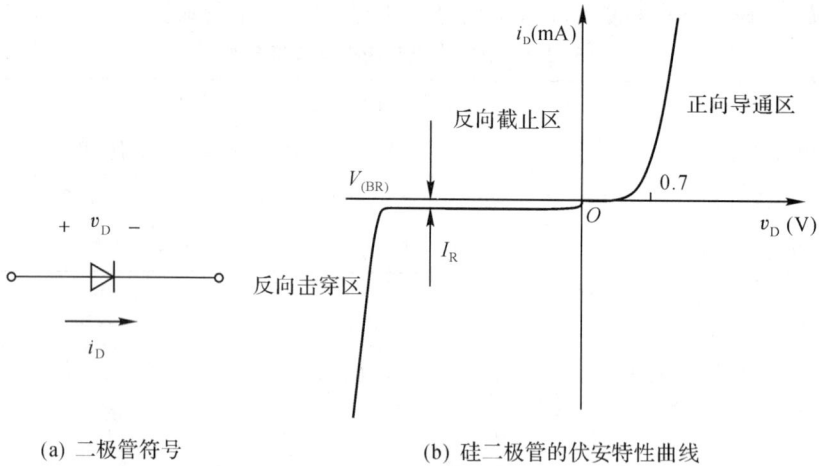

（a）二极管符号　　　　　　　（b）硅二极管的伏安特性曲线

图 2-2　二极管符号及硅二极管的伏安特性曲线

（1）正向导通区

当硅二极管两端电压 v_D 大于起始电压 0.5V 时,硅二极管刚刚导通,当硅二极管电压 v_D 达到导通电压 0.7V 时,v_D 基本不变,特性曲线接近于直线,硅二极管的这个工作区称为正向导通区。同理,当锗二极管导通起始电压 0.1～0.2V 时,导通电压为 0.3V。

（2）反向截止区

当二极管两端电压小于起始电压或二极管两端加反向电压,二极管工作在反向截止区,此时反向电流 I_R 很小。

（3）反向击穿区

当二极管两端反向电压继续增加达到反向击穿电压 $V_{(BR)}$ 时,二极管进入反向击穿区,此时反向电流 I_R 急剧增加,如果 I_R 继续增加,二极管就会因过热而损坏。

二极管的开关状态为正向导通状态和反向截止状态。

2. 二极管静态开关特性

从二极管伏安特性可知,二极管具有下列静态开关特性。

（1）正向导通条件及导通时特点

当硅二极管两端加正向电压使硅二极管正向电压 v_D 达到导通电压 0.7V 时,硅二极管处于正向导通状态,理想开关情况下,硅二极管如同一个具有 0.7V 压降的闭合开关。同理,锗二极管在外加正向电压时,相当于一个 0.3V 压降的闭合开关。

由于硅二极管温度稳定性好于锗二极管,一般情况下,选用硅二极管作为开关二极管。

（2）截止条件及截止时的特点

当外加电压 v_D 小于起始电压时,二极管处于截止状态。在截止状态时,通过二极管电流近似为 0,二极管如同一个断开的开关。

3. 二极管动态开关特性

二极管的开关时间是反映二极管动态开关特性的重要参数,而开关时间等于开通时间与关断时间之和。

(1)开关时间

1)开通时间 t_{on}

如图 2-3 所示,开通时间 t_{on} 等于导通延迟时间 t_d 及上升时间 t_r 之和。

导通延迟时间 t_d:当外加电压从反向电压变为正向电压,由于 PN 结内部必须建立足够的电荷梯度后才形成扩散电荷,因此在这段时间内,正向电流近似为 0。

上升时间 t_r:当二极管两端电压达到起始电压时,正向电流也增大,并逐步达到稳定电流的 90% 时(当外加正向电压为一定值时)的时间称为上升时间 t_r。

$$t_{on} = t_d + t_r \tag{2-2-1}$$

2)关断时间 t_{off}(反向恢复时间)

如图 2-3 所示,关断时间 t_{off} 等于电荷存储时间 t_s 与下降时间 t_f 之和。

电荷存储时间 t_s:当外加电压从正向电压变为反向电压时,由于 PN 结尚有一定的存储电荷,因而有较大瞬态反向电流。二极管存储电荷逐渐减少,当存储电荷全部消失的时间即为电荷存储时间。

下降时间 t_f:反向电压作用下,从存储电荷全部消失时刻起到二极管反向电流减小到最大反向电流的 10% 时,这段时间称为二极管的下降时间。

$$t_{off} = t_s + t_f \tag{2-2-2}$$

一般情况下,二极管的关断时间远大于开通时间,所以二极管的开关时间主要由关断时间决定。开关二极管的关断时间一般只有几个纳秒。

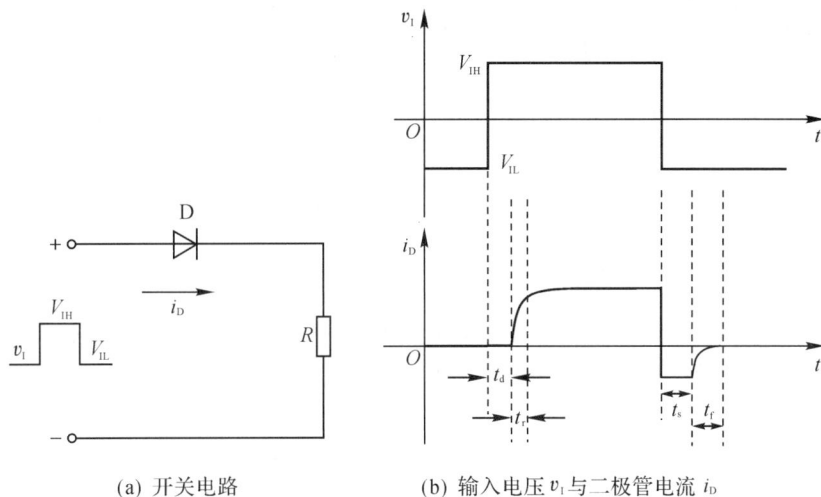

(a) 开关电路   (b) 输入电压 v_I 与二极管电流 i_D

图 2-3 二极管开关电路及波形图

2.2.3 二极管开关等效电路

以硅二极管为例,说明二极管开关在三种输入电压 v_I 及等效电阻 R_L 变化情况下的等效电路(如图 2-4 所示)。

(1)输入电压 v_I 及电路等效电阻 R_L 都很小(此时二极管正向导通压降和正向动态电阻不可忽略)。二极管的伏安特性可以用图 2-4(b)的折线近似表示。由于二极管正向导通压降和正向动态电阻不可忽略,因此,二极管等效电路为内阻为 r_D 的电压源。

（2）输入电压 v_I 很小（此时二极管正向导通压降不可忽略），电路等效电阻 R_L 较大（二极管的正向动态电阻可忽略）。二极管的伏安特性可以用图 2-4(c)的折线近似表示，由于二极管正向导通压降不可忽略，而正向动态电阻相对于等效电阻可以忽略，因此，二极管等效电路为一理想电压源，二极管等效电路两端的电压近似为 0.7V。

（3）输入电压 v_I 及等效电阻 R_L 都较大（此时二极管正向导通压降和正向电阻均可忽略）。二极管正向导通压降和正向动态电阻与输入电压 v_I 及等效电阻 R_L 相比均可忽略，此时二极管的伏安特性可以用图 2-4(d)的折线近似表示，因此，二极管等效电路相当于一个理想开关。

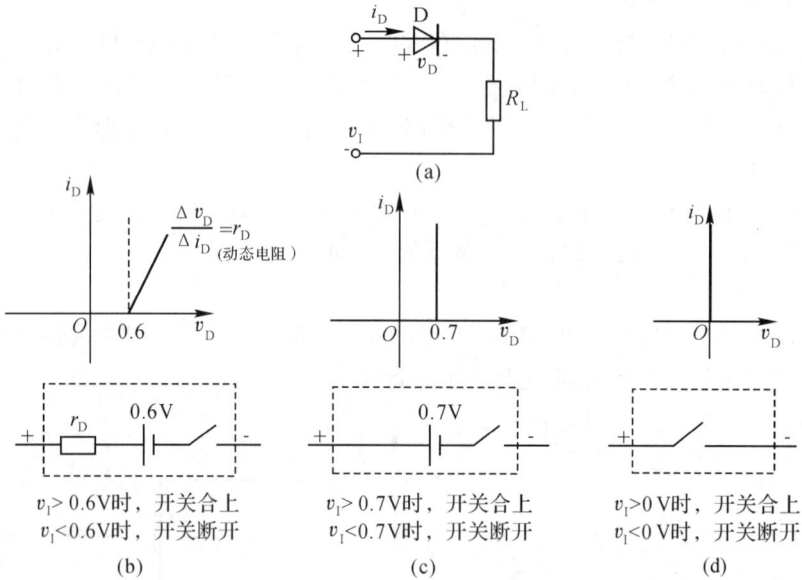

图 2-4 三种近似二极管伏安特性及等效电路

2.2.4 半导体三极管的开关特性

二极管的开关状态是由其两端的电压控制的，而三极管的开关电路则不然。以共射极电路为例，它是用集、射极作为开关两端接在电路中，由基极电流控制开关的通断。如图 2-5 所示。

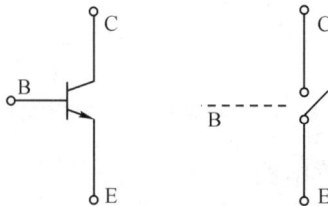

图 2-5 三极管开关的简单示意图

1. 三极管的工作区分类

以图 2-6(a)电路为例，分析三极管的三种工作状态。

截止区：集电结、发射结均反偏，此时，$i_B = 0$，$i_C \approx 0$。

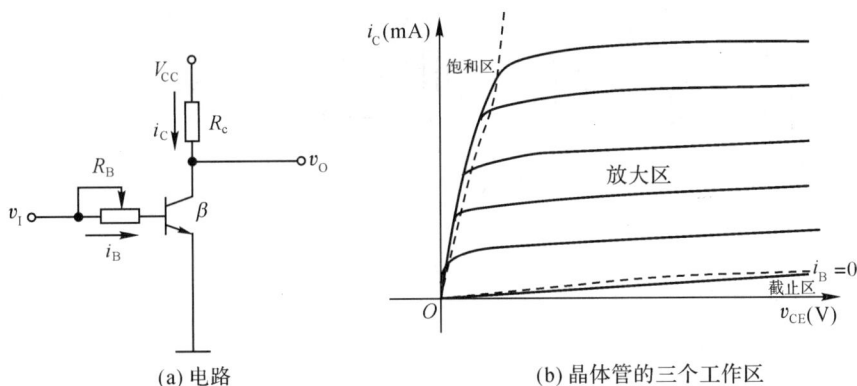

(a) 电路 　　　　　　　　　　(b) 晶体管的三个工作区

图 2-6　晶体管的三个工作区

放大区:发射结正偏,集电结反偏,此时,$i_B > 0$, $i_C = \beta i_B$。

饱和区:发射结正偏,集电结正偏,此时,$i_B > 0$, $i_{CS} \leqslant \beta i_B$, $V_{CES} < 0.7V$。

三极管的开关状态为截止状态及饱和状态,在截止状态,由于 $i_B = 0$, $i_C \approx 0$,C,E 两端近似为断开。在饱和状态,由于 $i_B \geqslant i_{CS}/\beta$, $v_O = V_{CES}$,C,E 两端等效为电压降为 V_{CES} 的闭合开关。因此,三极管的开关状态由基极电流决定。

2. 三极管工作状态判断方法

以图 2-7 三极管电路为例,说明三极管工作状态判断方法(图中三极管为硅三极管)。

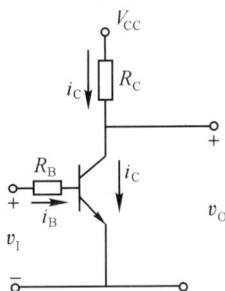

图 2-7　三极管电路

(1) 如果输入电压 $v_I < V_{ON}(0.7V)$, $i_B = 0$,此时三极管工作在截止状态;

(2) 如果 $v_I > V_{ON}(0.7V)$, $i_B > 0$,此时三极管可能是饱和也可能是放大,必须进一步分析。

求临界饱和基极电流 $i_{BS} = \dfrac{V_{CC} - V_{CES}}{\beta R_C}$,若 $i_B > i_{BS}$,则三极管处于饱和状态,否则处于放大状态。

例 2-1　试判断图 2-8 所示电路中硅三极管处在什么状态?

解　$v_I > V_{ON}(0.7V)$, $i_B > 0$,三极管可能饱和也可能放大;

求临界饱和基极电流

$$i_{BS} = \frac{V_{CC} - V_{CES}}{\beta R_C} \approx \frac{10}{50 \times 1} = 0.2(mA)$$

$$i_B = \frac{v_I - V_{ON}}{R_B} \approx \frac{6 - 0.7}{50} = 0.106(mA), i_B < i_{BS}$$

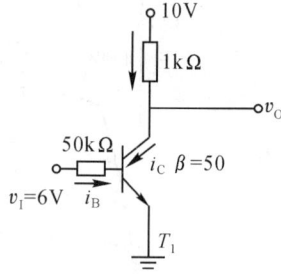

图 2-8　例 2-1 电路

所以三极管处于放大状态。

3. 三极管的开关特性

三极管截止和饱和状态相互转换时,三极管内部电荷的建立和消散都需一定时间,导致三极管的截止与饱和两种工作状态相互转换需要一定的转换时间,因此,输出信号与输入信号之间存在一定延时。对于图 2-9(a)所示电路,输出 v_O 相对于输入 v_I 有一定的时间延时。

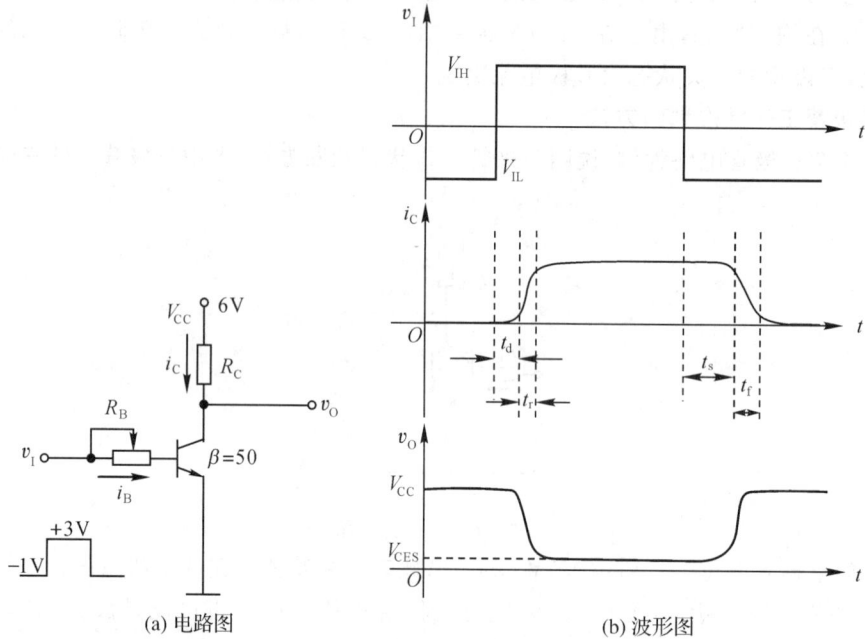

(a) 电路图　　　　　　　　　　　(b) 波形图

图 2-9　三极管的开关特性

2.2.5　MOS 管的开关特性

二极管、三极管均是双极型晶体管,主要是通过电流来控制管子的开关状态,而 MOS 管是金属—氧化物—半导体(Metal-Oxide-Semiconductor)场效应管,其通过电压来控制管子的工作状态。以微处理器、存储器和大规模可编程逻辑器件为代表的新型的 MOS 电路,无论从集成度、工作速度及功耗和抗干扰能力来看,都远远优于双极型逻辑器件。

1. N 沟道增强型 MOS 管结构

以 N 沟道增强型 MOS 管为例,来说明 MOS 管作为开关的电路原理。

图 2-10(a)所示是 N 沟道增强型 MOS 管的模型,实际结构如图 2-10(b)所示,N 沟道 MOS 管有两个高掺杂浓度的 N 型区,形成 MOS 管的源极 S 和漏极 D。第三个电极称为栅极 G,通常用金属铝等材料制作。栅极和 P 型半导体衬底之间事先用生长法制造了一层 SiO$_2$ 绝缘薄膜,厚度仅不到 $0.1\mu m$,而绝缘电阻却高达 $10^{12}\sim10^{15}\Omega$ 量级。

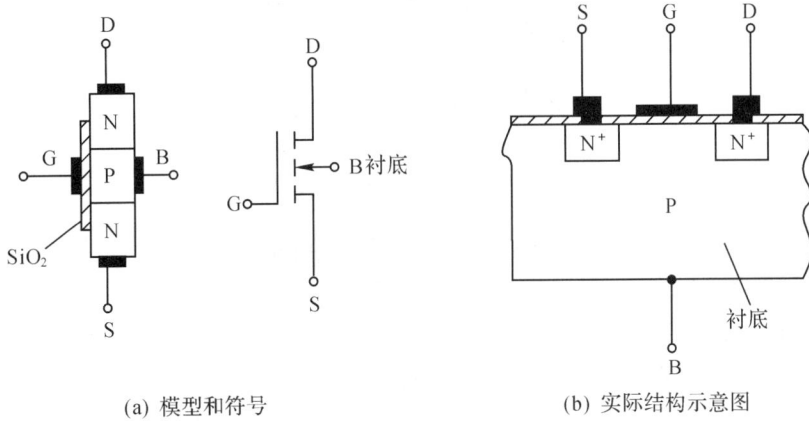

(a) 模型和符号　　　　　　　　(b) 实际结构示意图

图 2-10　N 沟道 MOS 管

2. N 沟道增强型 MOS 管工作原理

将 NMOS 管接成如图 2-11 所示的开关电路,$v_I=v_{GS}$,$v_O=v_{DS}$,且设 V_{TN} 为 N 沟道增强型 MOS 管的开启电压。

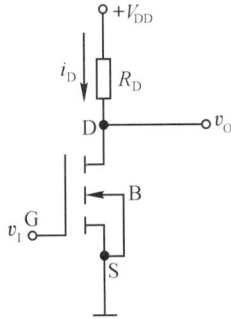

图 2-11　MOS 管开关电路

(1)当 $v_{DS}=0$,$v_{GS}>0$ 时,G 与 B 构成平板电容器,当 v_{GS} 增加到 $v_{GS}\geqslant V_{TN}$时,在 D 与 S 之间形成反型层导电沟道。

(2)当 $v_{GS}>V_{TN}$,$v_{DS}>0$ 时,将产生漏极电流 i_D,在导电沟道中产生压降,平板电容器近源极端电压最大为 v_{GS},沟道最深,近漏极端电压最小 $v_{GD}=v_{GS}-v_{DS}$;

当 v_{DS} 增加到 $v_{DS}=v_{GS}-V_{TN}$时,漏极端的沟道厚度减小到近似为 0,沟道预夹断;

当 v_{DS} 继续增加到 $v_{DS}>v_{GS}-V_{TN}$时,漏极端的沟道厚度近似为 0,沟道预夹断,且夹断点会略向漏极方向移动。

3. N 沟道增强型 MOS 管的特性

(1)输出特性

输出特性为漏极电流 i_D 随 v_{DS}的变化关系,如图 2-12 所示。

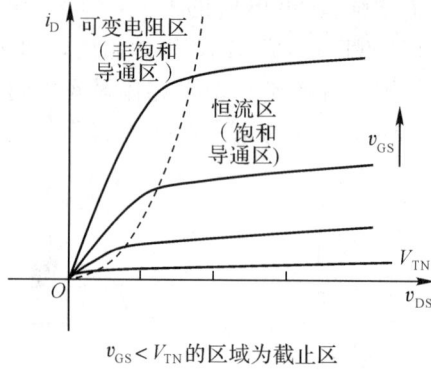

图 2-12　NMOS 管的输出特性曲线

从图 2-12 可以看出，NMOS 管分成三个工作区：

可变电阻区（非饱和导通区）：$v_{GS} > V_{TN}$，$v_{DS} < v_{GS} - V_{TN}$ 时，D 与 S 之间形成导电沟道，且沟道未夹断，D 与 S 之间可看作一个受 v_{GS} 控制的可变电阻。

恒流区（饱和导通区）：$v_{GS} > V_{TN}$，当 $v_{DS} = v_{GS} - V_{TN}$ 时，导电沟道预夹断，当 v_{DS} 继续增加，导致导电沟道夹断，i_D 仅受 v_{GS} 的影响，v_{GS} 增加使 i_D 也增加，类似晶体三极管的放大区。

截止区：$v_{GS} < V_{TN}$ 时，D 与 S 之间还未形成导电沟道，如同断开的开关。

（2）转移特性

转移特性指漏极电流（输出电流）i_D 随 v_{GS} 的变化关系，如图 2-13 所示。V_{TN} 与衬底电压和掺杂浓度等有关，从图中可看出，只有当 $v_{GS} > V_{TN}$ 时，$i_D > 0$。

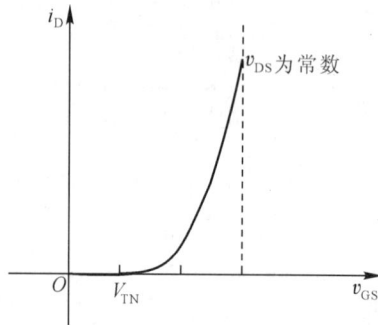

图 2-13　NMOS 管的转移特性曲线

（3）MOS 管的基本开关电路参数要求

如图 2-11 所示。R_D 取值要求为 $R_{on} \ll R_D \ll R_{off}$，其中：$R_{on}$ 为 MOS 管导通等效电阻，一般在 $1k\Omega$ 以内；R_{off} 为 MOS 管截止电阻，$R_{off} > 10^{10}\Omega$。

输入开关信号 v_I 取值要求：

1）v_I 低电平时，应使 MOS 管工作在截止状态（$v_I < V_{TN}$），此时 $v_O \approx V_{DD}$，为高电平；

2）v_I 高电平时，应使 MOS 管工作在可变电阻区（$v_{GS} > V_{TN}$ 且 $v_{DS} < V_{GS} - V_{TN}$），此时

$$v_O = \frac{R_{ON}}{R_{ON} + R_D} \cdot V_{DD} \ll V_{DD}$$，为低电平。

4. P 沟道增强型 MOS 管

P 沟道增强型 MOS 管，无论是结构、符号，还是特性曲线，与 N 沟道增强型 MOS 管都

有着对偶关系,如图 2-14 所示。其开关特性可以仿照 N 沟道增强型开关特性进行分析,这里就不赘述。

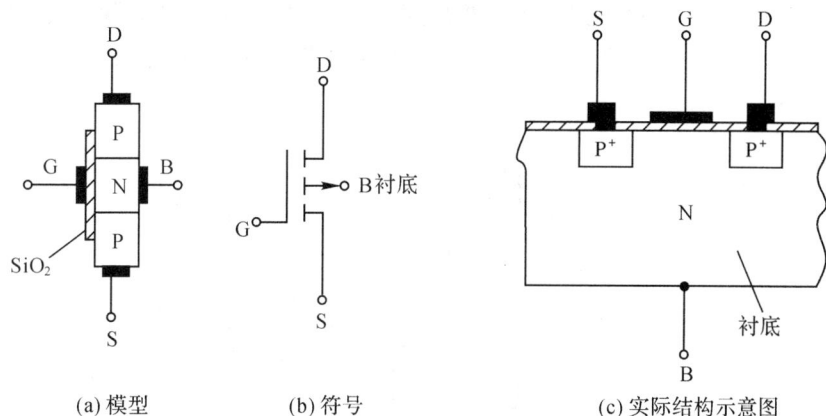

(a) 模型　　　　　(b) 符号　　　　　(c) 实际结构示意图

图 2-14　P 沟道 MOS 管

5. 两种类型 MOS 管的特点

表 2-2 所示为两种类型 MOS 管的特点。

表 2-2　两种类型 MOS 管的特点

	基片材料	漏源材料	导电沟道类型	开启电压 V_N	栅极工作电压 v_{GS}	漏源工作电压 v_{DS}	其他特点	符号
P 沟道增强型	N 型	P 型	空穴	负	负	负	易做,速度慢	
N 沟道增强型	P 型	N 型	电子	正	正	正	载流子为电子,电子迁移率高,速度快	

2.3　CMOS 门电路

2.3.1　CMOS 反相器

1. 电路形式

CMOS 反相器由一个 P 沟道增强型 MOS 管和一个 N 沟道增强型 MOS 管通过串联而成,通常用 P 沟道 MOS 管作为负载管,N 沟道 MOS 管作为开关管。如图 2-15 所示,PMOS 管的源极及衬底接电源 V_{DD},NMOS 管的源极及衬底接地,PMOS 管的漏极与 NMOS 管的漏极连在一起作为反相器的输出端,而 PMOS 管的栅极与 NMOS 管的栅极连在一起作为反相器的输入端。T_N,T_P 特性对称,为了使反相器正常工作,要求 $V_{DD} > |V_{TP}| + V_{TN}$,即要求电源电压要大于两管开启电压之和,其中 $V_{TN} = |V_{TP}| \approx 1V$,$V_{DD}$ 取值范围为 3～18V。

2. 工作原理

假设电源电压 $V_{DD} = 10V$,输入低电平为 0V,输入高电平为 10V。

(1)当 $v_I = 0V$,输入低电平时

此时 $v_{GSN} = v_I = 0V < V_{TN}$,NMOS 管截止,而 $v_{GSP} = v_I - V_{DD} = 0 - 10 = -10(V)$,由于 $|v_{GSP}| > |V_{TP}|$,所以 PMOS 管导通,因此输出端 Y 与地之间(NMOS 的漏源极之间)等效电阻 R_{DSN} 远远大于输出端与电源 V_{DD} 之间(PMOS 的漏源极之间)等效电阻 R_{SDP},如图 2-15(b) 所示,$v_O = \dfrac{R_{DSN}}{R_{SDP} + R_{DSN}} V_{DD} \approx V_{DD} = 10V$,输出高电平。

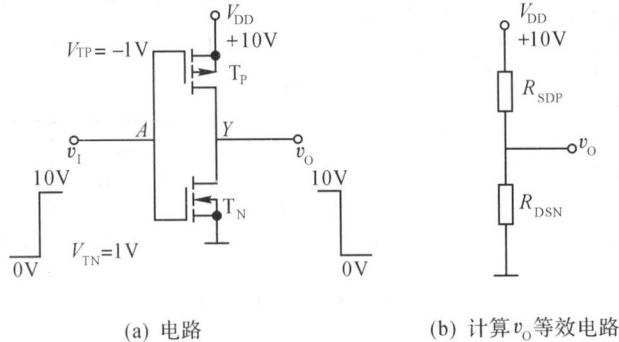

(a) 电路   (b) 计算v_O等效电路

图 2-15 CMOS 反相器

(2)当 $v_I = 10V$,输入高电平时

此时 $v_{GSN} = v_I = 10V > V_{TN}$,NMOS 管导通,而 $v_{GSP} = v_I - V_{DD} = 10 - 10 = 0(V)$,由于 $|v_{GSP}| < |V_{TP}|$,所以 PMOS 管截止,因此输出端 Y 与地之间(NMOS 的漏源极之间)等效电阻 R_{DSN} 远远小于输出端与电源 V_{DD} 之间(PMOS 的漏源极之间)等效电阻 R_{SDP},所以,$v_O = \dfrac{R_{DSN}}{R_{DSN} + R_{SDP}} V_{DD} \approx 0$,输出低电平。

由以上分析可知,图 2-15(a)输出端与输入端之间的逻辑关系为 $Y = \overline{A}$。

3. 电压传输特性和电流传输特性

反映输入电压与输出电压之间的关系曲线称为电压传输特性,反映输入电压与输出电流之间的关系曲线称为电流传输特性。

重画 CMOS 反相器于图 2-16(a),对应的电压传输特性、电流传输特性如图 2-16(b) 和图 2-16(c)所示。

(1)AB 段:T_P 处于导通状态,T_N 处于截止状态,$i_D = 0$;

(2)BC 段:T_P 处于非饱和导通状态,T_N 处于饱和导通状态;$i_D > 0$;

(3)CD 段:T_P 处于饱和导通状态,T_N 处于饱和导通状态;此时反相器为一反向放大器,有较大的 i_D 电流;

(4)DE 段:T_P 处于饱和导通状态,T_N 处于非饱和导通状态;$i_D > 0$;

(5)EF 段:T_P 处于截止状态,T_N 处于导通状态,$i_D = 0$。

AB,EF 段为反相器静态工作状态;BC,CD,DE 段为状态变化时所经过的过渡状态。

4. 保护电路与输入特性

由于 MOS 管栅极与衬底之间存在 SiO_2 为介质的输入电容,介质厚度在 $10^{-2}\mu m$ 左右,电阻很高,达 $10^{12}\Omega$,而其耐压大约 100V,极易被击穿,所以必须在输入端设置保护网络,图 2-17(a)所示为带有保护电路的 CMOS 反相器。

(a) CMOS反相器

(b) CMOS反相器电压传输特性

(c) CMOS反相器电流传输特性

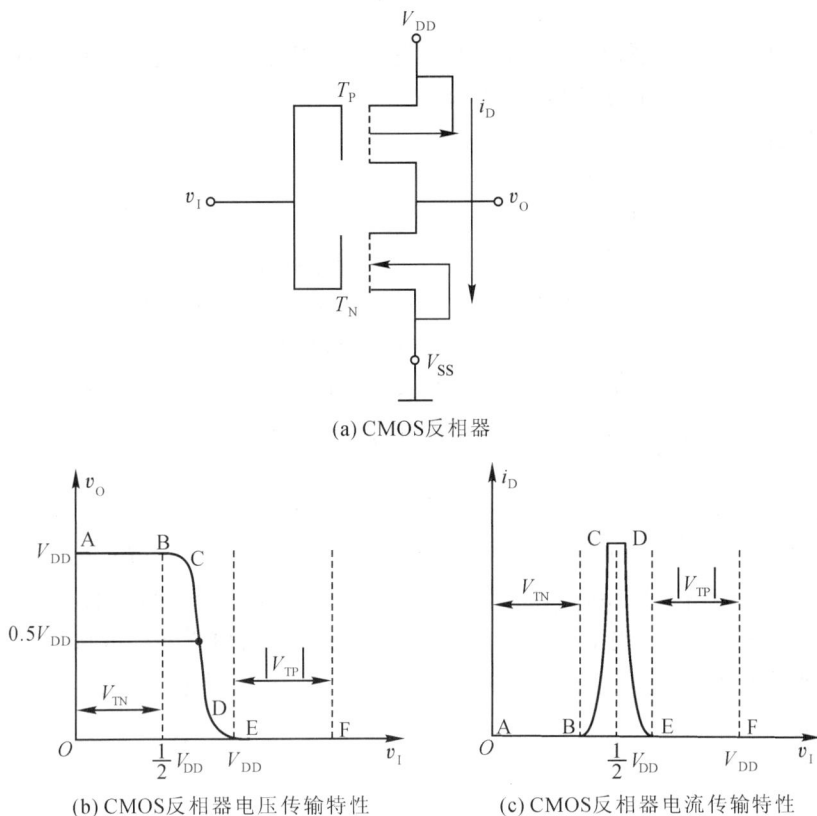

图 2-16 CMOS 反相器电压传输特性、电流传输特性

输入特性是指输入伏安特性,即如图 2-17(c)所示为 v_I 与 i_I 的伏安特性曲线。

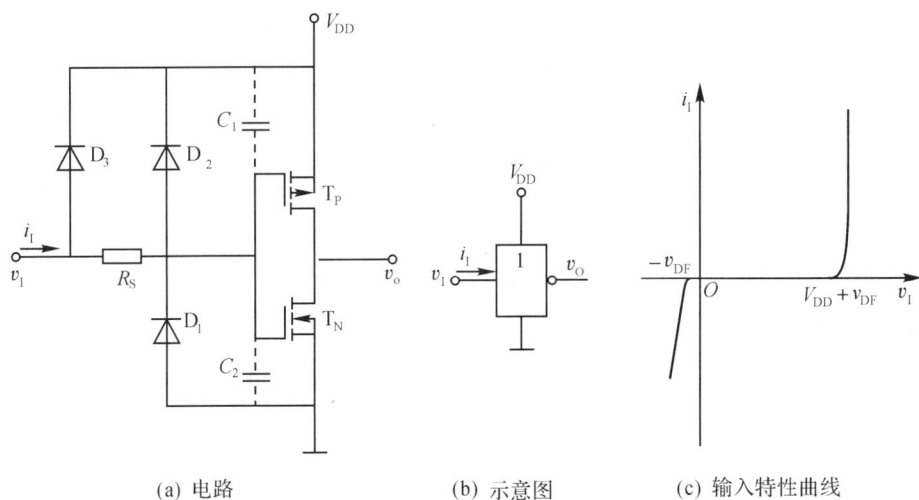

(a) 电路

(b) 示意图

(c) 输入特性曲线

图 2-17 CMOS 反相器

由于 MOS 管栅极与衬底之间有一个 SiO_2 介质形成的绝缘层,栅极输入电阻很高,栅极不取电流,所以当输入电压 v_I 在 $-v_{DF} \sim V_{DD} + v_{DF}$ 之间变化时,保护二极管均截止,输入电流 $i_I = 0$,当输入电压 $v_I < -v_{DF}$ 或 $v_I > V_{DD} + v_{DF}$ 时,由于相应保护二极管导通,所以输入电流

$i_I \neq 0$。

从输入特性我们可以看出，二极管保护电路有一定的承受限度，如果流过的正向导通电流过大，二极管将损坏，进而使 MOS 管栅极击穿。

5. 输出特性

输出特性是指输出端带负载时输出端电流与电压之间的伏安特性。

如图 2-18 所示，在反相器输出端加上负载。

当输入 v_I 为低电平时，输出端 v_O 为高电平时，反相器内 PMOS 管导通，NMOS 管截止，电源与 PMOS 管、负载和地之间形成一个低阻回路，此时流过负载的电流是由反相器流出的。这种情况下称负载为拉电流负载，流过负载的最大电流为带拉电流负载能力，如图 2-18(c) 左边所示。当 V_{DD} 越大，v_{GSP} 绝对值越大，栅极与衬底之间的电场越强，在衬底靠近绝缘层附近形成的导电沟道会越宽，导通电阻会越小，输出高电平随拉电流变化越缓慢，带负载能力越强。

当输入 v_I 为高电平时，输出端 v_O 为低电平时，反相器内 NMOS 管导通，PMOS 管截止，电源与负载、NMOS 管和地之间形成一个低阻回路，此时流过负载的电流是由电源通过负载流入反相器。这种情况下称负载为灌电流负载，流过负载的最大电流为带灌电流负载能力，如图 2-18(c) 右边所示，当 V_{DD} 越大，v_{GSN} 值越大，栅极与衬底之间的电场越强，在衬底靠近绝缘层附近形成的导电沟道会越宽，导通电阻会越小，输出低电平随拉电流变化越缓慢，带负载能力越强。

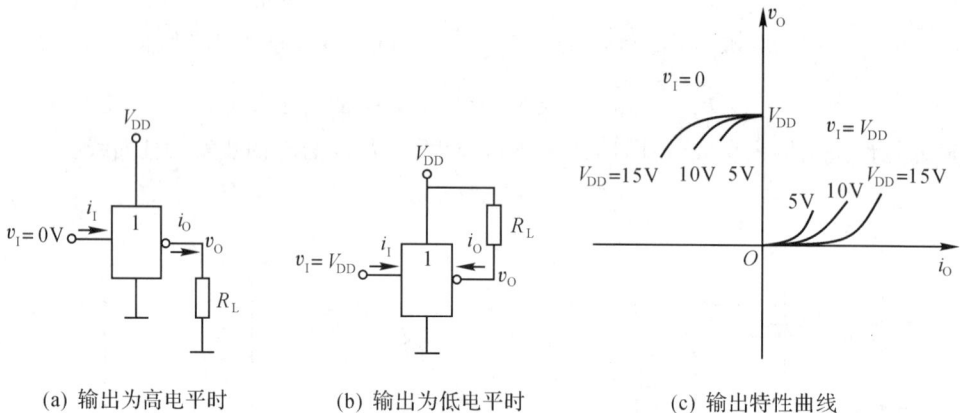

(a) 输出为高电平时　　　(b) 输出为低电平时　　　(c) 输出特性曲线

图 2-18　CMOS 反相器的输出特性

6. 动态特性

当 CMOS 反相器状态发生变化，由于存在负载电容(后级栅极和衬底之间等效输入电容)充放电，输出电压变化总是滞后输入电压变化，于是存在传输延迟时间。如图 2-19 所示，传输延迟时间为

$$t_{pd} = \frac{t_{PHL} + t_{PLH}}{2} \qquad (2\text{-}3\text{-}1)$$

CMOS 反相器在状态转换时，由于存在较大的瞬间电流，因此 CMOS 反相器的动态功耗不为 0，电源电压、状态转换频率和负载电容均会影响动态功耗大小，它们的数值越大，动态功耗也越大，与动态功耗相比，CMOS 静态功耗很小，静态功耗一般可以忽略不计。

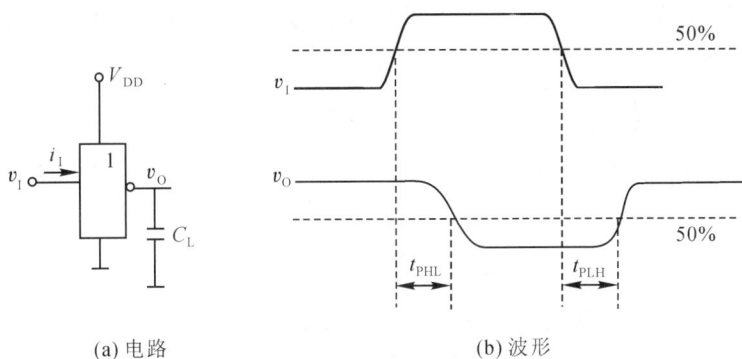

(a) 电路　　　　　　　　　　(b) 波形

图 2-19　CMOS 反相器的传输时间

2.3.2　CMOS 与非门、或非门、与门和或门

1. CMOS 与非门

在正逻辑中,串联开关的逻辑关系是与逻辑,并联开关的逻辑关系是或逻辑;在负逻辑中,串联开关的逻辑关系是或逻辑,并联开关的逻辑关系是与逻辑。由于 CMOS 电路是互补 MOS 电路,其包含的 NMOS 管组成的电路是正逻辑电路,而 PMOS 管组成的电路是负逻辑电路。

CMOS 与非门的电路组成和图形符号如图 2-20 所示,两个 P 沟道增强型 MOS 管 T_{P1},T_{P2} 并联,两个 N 沟道增强型 MOS 管 T_{N1},T_{N2} 串联,两个 PMOS 管 T_{P1},T_{P2} 的源极及衬底接电源,它们的漏极与 NMOS 管 T_{N1} 的漏极连在一起作为输出端 Y,两个 NMOS 管衬底及 T_{N2} 的源极连在一起接地,将 T_{P1} 与 T_{N1} 的栅极连在一起作为一个输入端 A,将 T_{P2} 与 T_{N2} 的栅极连在一起作为另一个输入端 B。

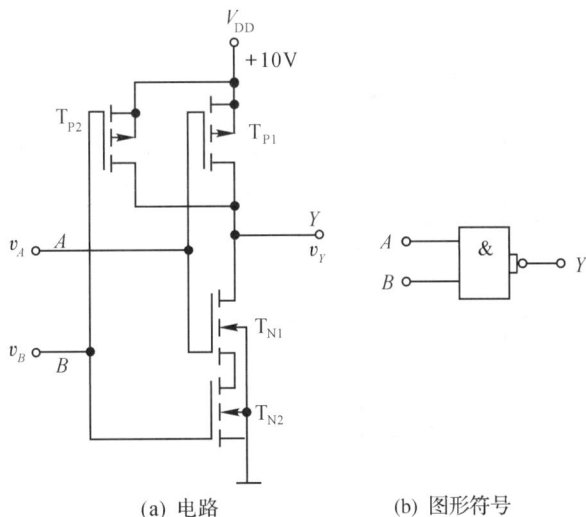

(a) 电路　　　　　　　　(b) 图形符号

图 2-20　CMOS 与非门

当 v_A,v_B 至少有一个为低电平,T_{P1},T_{P2} 至少有一个导通,相当于输出端 Y 经过一个很小的导通电阻与电源相连,由于 NMOS 两管是串联关系,当其中一个 NMOS 管截止,就会

迫使另一个 NMOS 管也截止,所以两个 NMOS 管均截止。相当于输出端 Y 经过一个很大的电阻与地相连,所以

$$v_Y = \frac{R_{\text{N等效}}}{R_{\text{N等效}} + R_{\text{P等效}}} \times V_{DD} \approx V_{DD},\text{输出高电平}$$

当 v_A, v_B 均为高电平,T_{P1}, T_{P2} 均截止,相当于输出端 Y 经过一个很大的电阻与电源相连,而 T_{N1}, T_{N2} 均导通,相当于输出端 Y 经过一个很小的导通电阻与地相连,所以

$$v_Y = \frac{R_{\text{N等效}}}{R_{\text{N等效}} + R_{\text{P等效}}} \times V_{DD} \approx 0,\text{输出低电平}$$

由输入电压与输出电压的电位关系作出相应的输入与输出的逻辑真值表,如表 2-3 所示,当 A, B 均为 1 时,输出 Y 才为 0,否则 Y 等于 1,是与非门结构,故 $Y = \overline{AB}$。

表 2-3　与非门逻辑真值表

A	B	Y
0	0	1
0	1	1
1	0	1
1	1	0

2. CMOS 或非门

CMOS 或非门的电路组成和图形符号如图 2-21 所示,两个 P 沟道增强型 MOS 管 T_{P1},T_{P2} 串联,两个 N 沟道增强型 MOS 管 T_{N1},T_{N2} 并联,两个 PMOS 管 T_{P1},T_{P2} 的衬底及 T_{P1} 的源极接电源,T_{P2} 的漏极与两个 NMOS 管 T_{N1},T_{N2} 的漏极连在一起作为输出端 Y,两个 NMOS 管衬底及源极连在一起接地,将 T_{P1} 与 T_{N1} 的栅极连在一起作为一个输入端 A,将 T_{P2} 与 T_{N2} 的栅极连在一起作为另一个输入端 B。

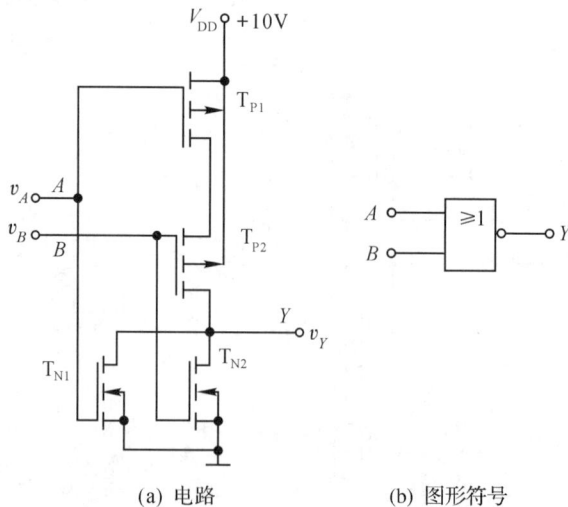

(a) 电路　　　　　(b) 图形符号

图 2-21　CMOS 或非门

当 v_A, v_B 至少有一个为高电平,T_{N1},T_{N2} 至少有一个导通,相当于输出端 Y 经过一个很小的导通电阻与地相连,由于 PMOS 两管是串联关系,当其中一个 PMOS 管截止,就会迫使另一个 PMOS 管也截止,所以两个 PMOS 管均截止。相当于输出端 Y 经过一个很大的电

阻与电源相连,所以

$$v_Y = \frac{R_{N等效}}{R_{N等效} + R_{P等效}} \times V_{DD} \approx 0,输出低电平$$

当 v_A, v_B 均为低电平,T_{N1}, T_{N2} 均截止,相当于输出端 Y 经过一个很大的电阻与地相连,而 T_{P1}, T_{P2} 均导通,相当于输出端 Y 经过一个很小的导通电阻与电源相连,所以

$$v_Y = \frac{R_{N等效}}{R_{N等效} + R_{P等效}} \times V_{DD} \approx V_{DD},输出高电平$$

由输入电压与输出电压的电位关系作出相应的输入与输出的逻辑真值表,如表 2-4 所示,当 A, B 均为 0 时,输出 Y 才为 1,否则 Y 等于 0,是或非门结构,故 $Y = \overline{A + B}$。

表 2-4　或非门逻辑真值表

A	B	Y
0	0	1
0	1	0
1	0	0
1	1	0

3. CMOS 与门和或门

由于 CMOS 各种门电路是在非门基础上发展出来的,当构成与门或者或门时,必须先构成与非门、或非门,然后加一级非门,即可构成与门和或门。

CMOS 与门构成如图 2-22 所示。

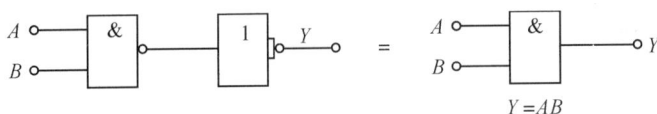

图 2-22　CMOS 与门

CMOS 或门构成如图 2-23 所示。

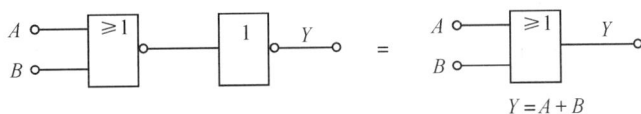

图 2-23　CMOS 或门

4. 带缓冲的 CMOS 与非门和或非门

由于前面介绍的基本 CMOS 与非门和或非门中均有两个同类管并联或串联,这样串联的两个管必须均导通时,两管才导通,导通的等效电阻等于两管的导通电阻之和;并联的两管只要有一管导通,就可以等效成导通状态,即输出端连接的导通管的等效电阻很小。这样,并联两管的导通状态有两种情况:一管导通和两管均导通。这两种情况的导通电阻不同(假设电路中每个管子参数对称),且它们与串联的两管导通电阻也不一样,这样会影响电路的动态特性。而反相器只有 PMOS 管和 NMOS 管两管,当两管参数对称时,反相器动态特性稳定,因此,将反相器加于与非门和或非门的输入和输出端时,整个电路的动态特性中输入特性和输出特性就会与反相器一样稳定,所以现在 C4000 系列 CMOS 与非门和或非门均加了反相器缓冲电路,这主要是为了改善电路的动态特性。

图 2-24 所示为用符号表示的带缓冲的与非门和或非门的构成。

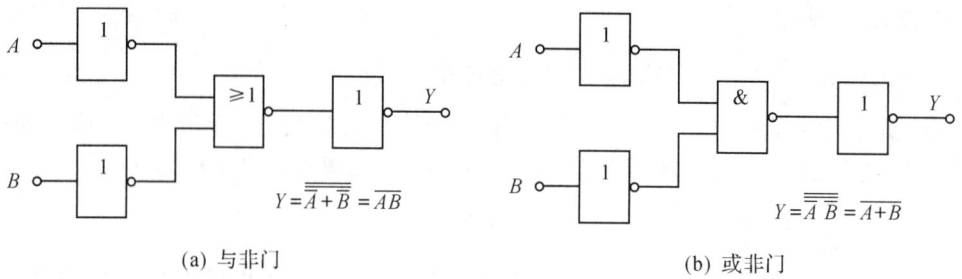

(a) 与非门

$$Y = \overline{\overline{\overline{A}} + \overline{\overline{B}}} = \overline{AB}$$

(b) 或非门

$$Y = \overline{\overline{A}\ \overline{B}} = \overline{A+B}$$

图 2-24　带缓冲的门电路

2.3.3　CMOS 与或非门

如果要用 CMOS 实现任意逻辑电路,可以利用 CMOS 反相器、与非门和或非门电路、与门和或门等电路组合实现。

现在构成 $Y = \overline{AB + CD}$ 与或非逻辑电路,可以将此式改写为 $Y = \overline{\overline{AB}\ \overline{CD}}$,只要实现两级与非门加一个非门即可,电路构成如图 2-25 所示。如果不改写,则可以用两个与门加一个或非门实现,电路构成如图 2-26 所示。

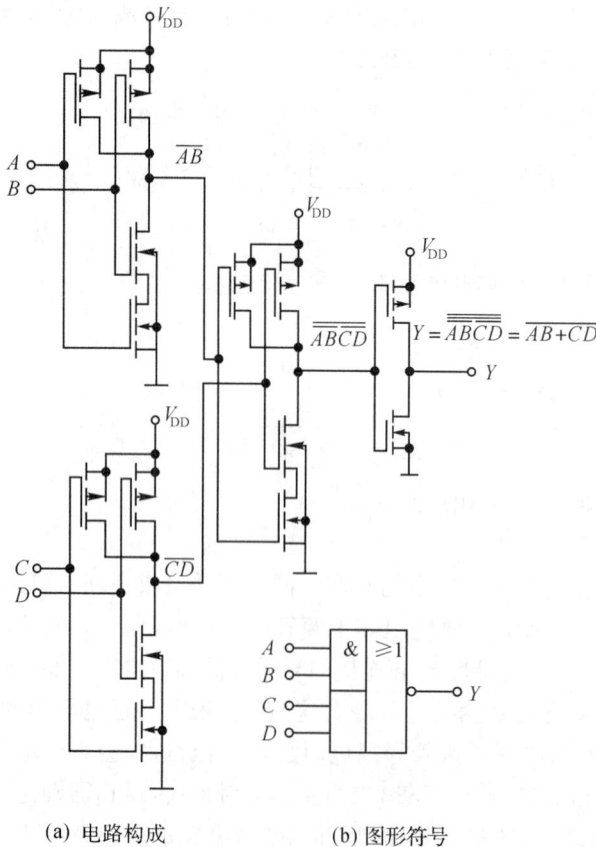

(a) 电路构成　　　　(b) 图形符号

图 2-25　CMOS 与或非门

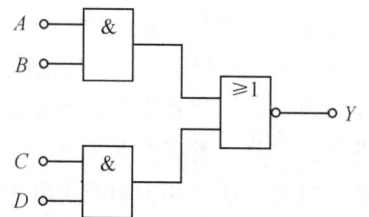

图 2-26　用与门和或非门构成的与
或非门

2.3.4　CMOS 传输门、三态门和漏极开路门

1. CMOS 传输门

传输门是传输双向模拟信号的电压控制开关。

如图 2-27 所示，T_N，T_P 分别是参数对称 N 沟道增强型 MOS 管、P 沟道增强型 MOS 管，$V_{TN} = |V_{TP}|$，PMOS 管的衬底接电源 $+V_{DD}$，NMOS 管的衬底接地。在这种情况下，两管的源极及漏极可以互换，电路结构对称，信号可以双向传输，两管的栅极电压接控制信号。

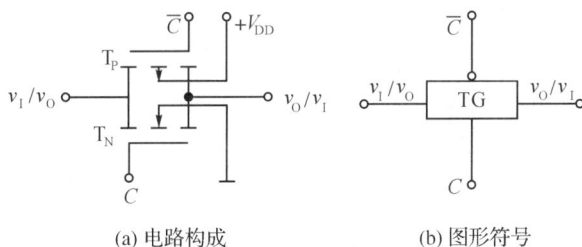

(a) 电路构成　　　　　　　(b) 图形符号

图 2-27　CMOS 传输门

当控制信号 $C = 1$，$\overline{C} = 0$，即 NMOS 栅极接高电平 V_{DD}，PMOS 栅极接低电平 0 时，当 $0 < v_I < V_{DD} - V_{TN}$ 时，NMOS 管导通，当 $|V_{TP}| < v_I < V_{DD}$，PMOS 管导通，由于 $V_{DD} > V_{TN} + |V_{TP}|$，所以两管在这种情况下至少有一个导通，相当于开关闭合，因此 $v_O = v_I$。

当控制信号 $C = 0$，$\overline{C} = 1$，即 PMOS 栅极接高电平 V_{DD}，NMOS 栅极接低电平 0 时，当 $0 < v_I < V_{DD}$ 时，两管均截止，相当于开关断开。

CMOS 传输门与反相器结合可以作双向模拟开关，用来传输连续变化的模拟电压信号，如图 2-28 所示。

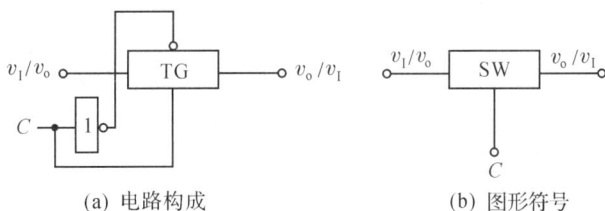

(a) 电路构成　　　　　　　(b) 图形符号

图 2-28　CMOS 双向模拟开关

2. CMOS 三态门

逻辑电路中输出信号的三态结构包括高电平、低电平、高阻三种状态，其中高阻状态表示输出端与电源之间为高阻连接，输出端与地之间也为高阻连接，即处于输出端与电源断开、与地也断开状态。

如图 2-29 所示，A 为信号输入端，Y 为信号输出端，$\overline{EN}$ 为使能控制信号端。

当 $\overline{EN} = 0$，即接 0V 时，如果 $A = 0$，T_{P1}，T_{P2} 导通，T_{N1}，T_{N2} 截止，输出 $Y = 1$；如果 $A = 1$，T_{P1}，T_{P2} 截止，T_{N1}，T_{N2} 导通，输出 $Y = 0$；所以 $Y = \overline{A}$，输入与输出的关系是反相的。

当 $\overline{EN} = 1$，即接 V_{DD} 时，T_{P1}，T_{N1} 均截止，不论 A 为高电平还是低电平，输出 Y 均处于高阻状态。

从上面分析，当使能控制信号端 $\overline{EN}$ 为低电平时，图 2-29 所示电路具有反相器功能，当

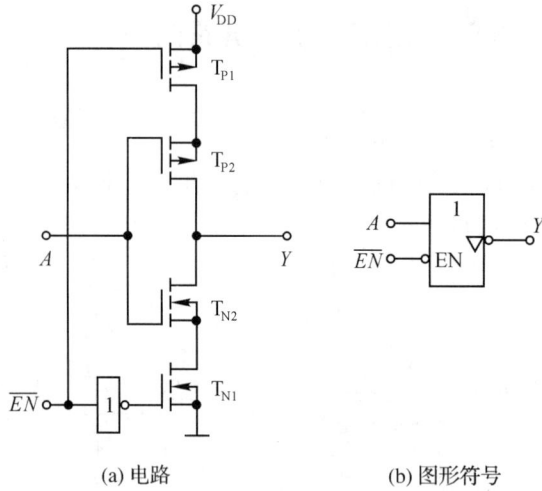

(a) 电路　　　　　(b) 图形符号

图 2-29　CMOS 三态门

使能信号端 $\overline{EN}$ 为高电平时，输出端 Y 处于高阻状态。这种情况称使能控制信号端低电平有效。

如果使能控制信号端为高电平有效的三态门，则图形符号如图 2-30 所示。

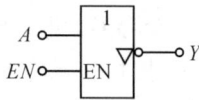

图 2-30　使能信号为高电平有效
的三态门图形符号

3. CMOS 漏极开路门（OD 门）

CMOS 漏极开路门是指 CMOS 电路输出 MOS 管漏极开路的电路，这种电路输出端与电源之间呈断开状态，必须加上拉电阻及电源才能实现相应的逻辑功能，如图 2-31（a）所示，虚线部分是需要外接的电阻及电源。图 2-31（b）所示是 OD 门图形符号。图中 OD 门实现的逻辑功能是与非逻辑功能。

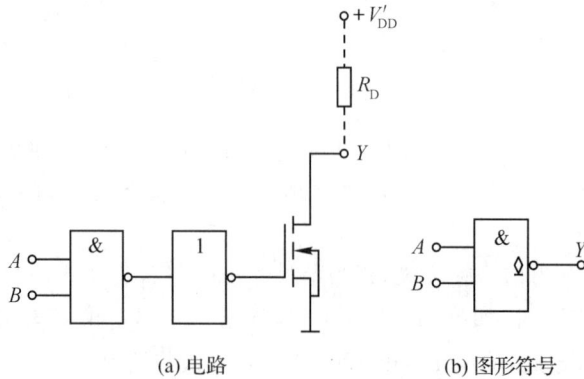

(a) 电路　　　　　(b) 图形符号

图 2-31　CMOS 漏极开路门

CMOS 漏极开路门的一个重要应用是可以实现线与功能,所谓"线与"是指多个 OD 门输出端连接起来实现输出信号的与运算。一般的 CMOS 门是不能实现线与功能的,这主要是因为一般 CMOS 的门漏极未开路,如果强行将一般的门输出端连在一起,当一个门输出为高电平,另一个门输出为低电平时,将在电源与地之间形成一个低阻回路,产生很大电流,可能使输出级管子烧坏,另外容易造成非 0 非 1 的电平,如图 2-32 所示,所以一般的门电路不能线与。

如果要实现线与,OD 门输出级应外加电阻,如图 2-33 所示。电阻及电源大小可以控制输出级电流的大小,所以 OD 门可以进行线与。外加电路中 R_D 大小与工作速度、功耗有关,若 R_D 取值过大,由于负载电容及接线电容的存在,工作速度低。但 R_D 取值不能太小,否则会造成输出低电平的上升。如果 OD 门电路的灌电流超过额定值,将损伤电路。

CMOS 漏极开路门可以实现输出逻辑电平转换,外接电源 V_{DD}' 可以不同于 CMOS 内部电源 V_{DD},输出端 Y 的高低电平分别变为 V_{DD}' 和 0。

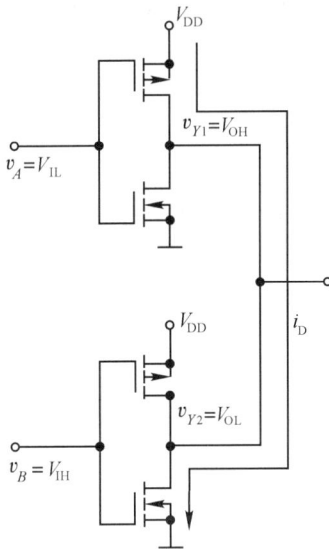

图 2-32 普通 CMOS 电路输出端线与出现的问题   图 2-33 OD 门线与连接

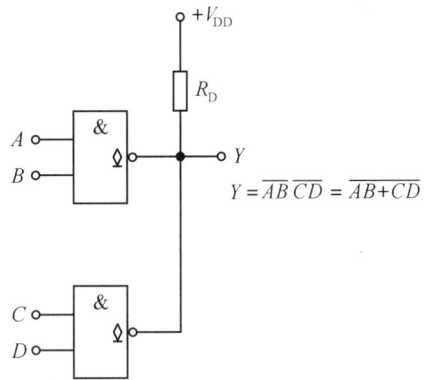

2.3.5 CMOS 电路产品简介及使用中应注意的问题

1. CC4000 系列集成电路

该系列 CMOS 集成电路符合国家标准,电源电压 V_{DD} 为 3～18V,输入、输出级均加反相器缓冲级,是当前应用最普遍的一种 CMOS 集成电路系列。

2. 高速 CMOS 系列集成电路

一般的门由于制作工艺等问题,传输延迟时间在 100ns 左右,而在高速 CMOS 集成电路中,由于制作工艺作了很大改进,因而传输延迟时间缩短到 9ns 左右。目前,高速 CMOS 系列有 74HC 系列、74HCU 系列和 74HCT 系列等。74HC 系列是带缓冲输出的高速 CMOS;74HCU 系列是不带缓冲输出的高速 CMOS;74HCT 系列是与大规模 TTL 集成电路完全兼容的高速 CMOS。

3. CMOS 集成电路应用中应注意的问题

(1)注意输入端的静电保护

在储存和运输 CMOS 器件时,应使用厂家提供的防静电塑料包装或金属屏蔽层包装,不要使用易产生高压静电的化工材料或化纤织物包装;组装、调试时,电烙铁、仪表、工作台面均应良好接地;所有不用的输入端绝不能悬空,根据输入要求接高电平或低电平。

(2)注意输入电路的过流保护

在可能出现大瞬态电流情况下,应串接过流保护电阻。

(3)注意电源电压极性,防止输出端短路

电源电压极性不能接反,输出端不能与电源短接,也不能与地短接。

2.4　TTL 集成门电路

TTL 集成电路因其输入级及输出级均采用晶体三极管,所以称为 TTL(Transistor-Transistor-Logic)电路。

2.4.1　TTL 反相器

1. 电路组成

图 2-34(a)所示为 TTL 反相器 7404 的电路,图 2-34(b)所示是反相器图形符号。

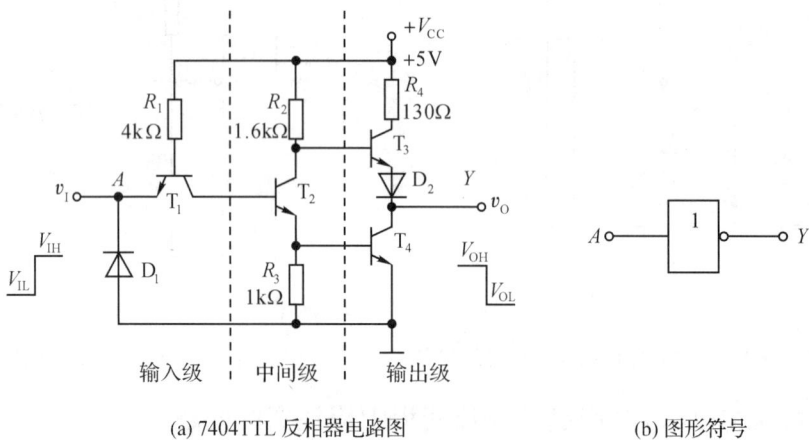

(a) 7404TTL 反相器电路图　　　　　　　　(b) 图形符号

图 2-34　TTL 反相器

TTL 反相器电路由三部分构成。这三部分分别为输入级、中间级和输出级。

(1)输入级

输入级由 T_1,R_1,D_1 构成。D_1 是保护二极管,它主要是为防止输入电压为负时,T_1 发射极电流过大而设置的。

(2)中间级

中间级由 T_2,R_2,R_3 构成。T_2 集电极驱动 T_3,T_2 发射极驱动 T_4。由于 T_2 集电极输出的电压信号与 T_2 发射极输出的电压信号方向相反,所以该级又称为倒相级。

（3）输出级

输出级由 T_3，T_4，R_4，D_2 构成。D_2 的作用是当输出高电平时，使输出高电平与输入高电平的值一致；当输出低电平时，使 T_3 管可靠截止。由于 T_3，T_4 管在稳定工作时总是一个管子导通、一个管子截止，所以输出级又称为推拉式输出电路。

2. 工作原理

设电源电压 $V_{CC}=5V$，输入高电平 $V_{IH}=3.4V$，输入低电平 $V_{IL}=0.2V$，PN 结的开启电压为 0.7V，三极管饱和时，$V_{CES}=0.3V$。

（1）当 $v_1=V_{IL}=0.2V$ 时，输入为低电平

T_1 的发射结导通，T_1 的基极电位 $V_{B1}=0.2+0.7=0.9(V)$。由于 T_1 的基极经过 T_1 的集电结、T_2 的发射结、T_4 的发射结到地，如果要使 T_2，T_4 同时导通，T_1 的基极电位必须满足 $V_{B1} \geq 2.1V$，如果 T_2 导通，T_4 截止，T_1 的基极电位必须满足 $1.4V < V_{B1} < 2.1V$。由于当前 $V_{B1} < 1.4V$，所以 T_2，T_4 同时截止。此时电源 V_{CC} 通过电阻 R_2 驱动三极管 T_3、二极管 D_2，由于流过电阻 R_2 的电流只有几十 μA，电阻 R_2 的电压降 $\leq 0.16mV$，因此 $v_o \approx 5-0.7-0.7 = 3.6(V)$，输出为高电平。

（2）当 $v_1=V_{IH}=3.4V$ 时，输入为高电平

假设 T_1 的发射结导通，T_1 的基极电位 $V_{B1}=3.4+0.7=4.1(V) > 2.1V$，这样迫使 T_2，T_4 同时导通并且饱和，T_1 的基极电位 V_{B1} 被钳位在 2.1V。由于 T_2 饱和，$V_{CES2} \approx 0.3V$，T_2 的集电极电位 $V_{C2}=0.7+0.3=1.0(V)$，如果 T_3，D_2 同时导通，应使集电极电位 $V_{C2} \geq 1.4V$，而现在 $V_{C2}=1.0V$，所以 T_3，D_2 截止，因此 $v_o=V_{CES4}=0.3V$，输出低电平，所以 $Y=\overline{A}$，该电路是一反相器。

3. 静态特性

（1）输入特性

1）输入端短路电流 I_{IS}

对于图 2-34 所示的 7404 反相器电路，作出电路示意图，如图 2-35 所示。当输入电压 $v_1=0$ 时的输入电流 i_1 的值，用 I_{IS} 表示，有

$$I_{IS} \approx -i_{B1} = -\frac{V_{CC}-V_{BE1}}{R_1} = -\frac{5-0.7}{4} = -1.075(mA)$$

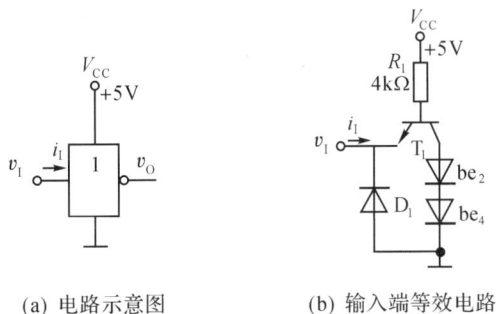

(a) 电路示意图　　　　(b) 输入端等效电路

图 2-35　输入短路电流、输入漏电流

2）输入端漏电流 I_{IH}

如图 2-35(b) 所示，当输入电压为 3.6V 时的输入电流 i_1 的值，用 I_{IH} 表示。此时，三极管 T_1 发射极截止，集电结导通，处于倒置工作状态，倒置工作状态时电流放大倍数极小，所以

$I_{IH}=\beta i_B$ 很小。

3）输入负载特性

如图 2-36 所示，在输入端接入电阻 R_i 的阻值及电阻两端电压值之间的关系称为输入负载特性。

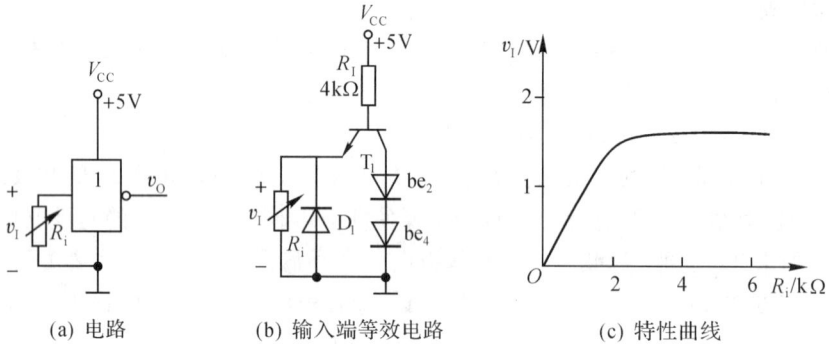

| (a) 电路 | (b) 输入端等效电路 | (c) 特性曲线 |

图 2-36　TTL 反相器输入端负载特性

4）开门电阻 R_{on}

开门电阻是使输出为低电平时的最小的输入电阻。我们知道，当输出低电平时，T_1 管的基极电位钳制在 2.1V，由于 T_1 发射结电压降为 0.7V，所以此时输入电压为 1.4V，当 R_i 大于一定值后，R_i 两端电压就为 1.4V，输出为低电平。实验证明，R_i 只须大于 2.5kΩ 时，输出就为低电平，所以开门电阻 $R_{on}=2.5$kΩ。

5）关门电阻 R_{off}

关门电阻是使输出为高电平时的最大的输入电阻。当输入电阻 $R_i=0$ 时，T_2，T_4 截止，输出高电平，此时 T_1 基极电流全部流入 T_1 发射极，随着输入电阻增大，只要电阻两端电压小于 1.4V，T_2，T_4 截止，输出高电平，实验证明，只要 $R_i<0.7$kΩ，T_2，T_4 截止，输出高电平，所以关门电阻 $R_{off}=0.7$kΩ。

综上所述，当 $R_i>R_{on}$ 时，相当于输入逻辑状态为 1，反相器导通，输出低电平；当 $0\leqslant R_i\leqslant R_{off}$ 时，相当于输入逻辑状态为 0，反相器截止，输出高电平。

（2）输出特性

1）灌电流负载

灌电流负载指输出为低电平时的负载。由于负载电流是由电源通过负载流入三极管 T_4 集电极，所以称为灌电流负载，如图 2-37 所示。i_O 为灌电流，灌电流应小于最大灌电流 I_{OL}，如果灌电流过大，将使输出级三极管 T_4 的集电极电流增加，使三极管 T_4 脱离饱和状态，从而使输出电平升高，所以灌电流不宜过大。根据最大灌电流可以确定灌电流负载情况下带同类负载门的最大个数。一般 $I_{OL}=16$mA。

2）拉电流负载

拉电流负载指输出为高电平时的负载。由于负载电流是由电源通过 T_3，D_2 流入负载到地，负载电流是从输出级流出，所以称为拉电流负载，如图 2-38 所示。i_O 为拉电流，拉电流绝对值 $|i_O|$ 应小于最大拉电流绝对值 $|I_{OH}|$。如果 $|i_O|$ 过大，将使输出级三极管 T_3 的基极电流增加，基极上偏置电阻 R_2 上的电压增加，使输出电压 v_O 降低，所以 $|i_O|$ 不宜过大。根据 $|I_{OH}|$ 可以确定拉电流负载情况下带同类负载门的最大个数。一般 $I_{OH}=-400\mu A$。

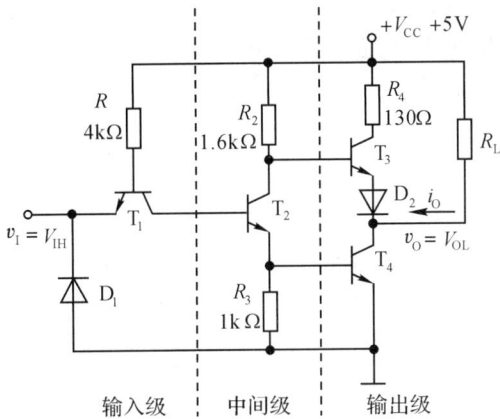

图 2-37 输出为低电平时灌电流负载   图 2-38 输出为高电平时拉电流负载

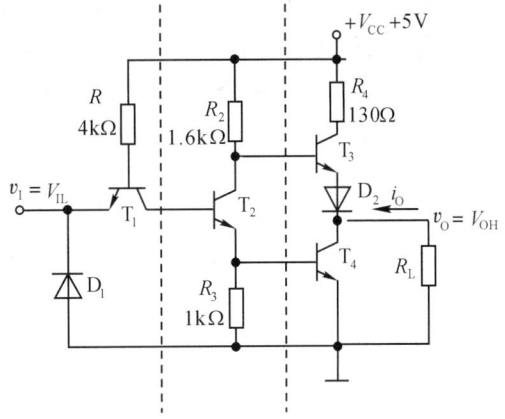

由于灌电流带同类负载门最大个数小于拉电流带同类负载门最大个数，所以，带同类负载门最大个数由灌电流带同类门最大个数决定。

（3）电压传输特性

输出电压 v_O 与输入电压 v_I 之间的关系曲线称为电压传输特性。

如图 2-39 所示，设各三极管发射结、集电结导通电压为 0.7V。当 $v_I < 0.7\text{V}$ 时，$v_{B1} < 1.4\text{V}$，$v_{B2} < 0.7\text{V}$，所以 T_2，T_4 同时截止，T_3，D_2 导通，输出高电平 $v_O \approx 5 - 0.7 - 0.7 = 3.6$（V），此时工作在 AB 段；当 $0.7\text{V} \leqslant v_I < 1.4\text{V}$ 时，$1.4\text{V} \leqslant v_{B1} < 2.1\text{V}$，$0.7\text{V} \leqslant v_{B2} < 1.4\text{V}$，此时 T_2 导通且处于放大状态，T_4 仍然处于截止状态，T_3，D_2 仍然导通，但由于 R_2 上的电流变大，迫使输出电压 v_O 下降，此时工作在 BC 段；当 $v_I \approx 1.4\text{V}$ 并继续增大，此时 T_3，D_2 开始截止，T_4 将导通，由于 T_2 集电极电压 v_{C2} 急剧下降，使输出电压 v_O 急剧下降，此时工作在 CD 段；当 $v_I > 1.4\text{V}$，T_2，T_4 均饱和导通，T_3，D_2 截止，$v_O = 0.3\text{V}$，输出低电平，此时工作在 DE 段。

(a) 电路   (b) 电压传输曲线

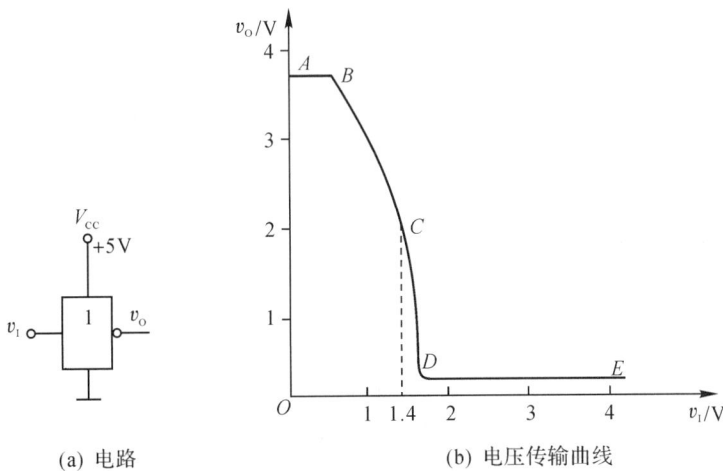

图 2-39 电压传输特性

通常将 $V_{th} = 1.4\text{V}$ 称为反相器的阈值电压或门槛电压。

在 TTL 电路中，标准低电平值为 0.3V，标准高电平值为 3.6V，当输入电平偏离标准值一定范围变化时,在输出端逻辑状态将不会受到影响,通常把输入电平不允许超过电路所规定的范围称为输入噪声容限。显然,输入噪声容限越大,电路抗干扰能力越强。

由于在若干级门电路组成中,前级门负载是后级门,因此,TTL 电路中,相关参数定义如下:

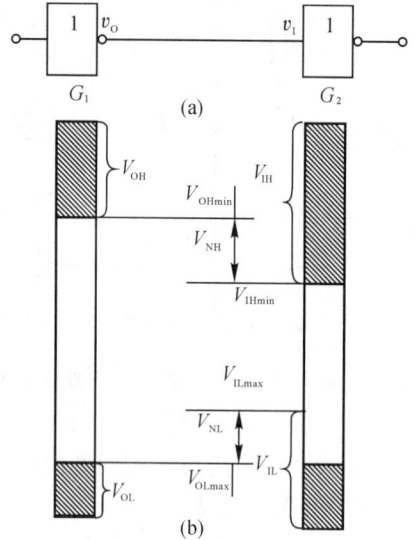

输出高电平 V_{OH},典型值 3.6V,最小值 $V_{OHmin}=$ 2.4V;

输出低电平 V_{OL},典型值 0.3V,最大值 $V_{OLmax}=$ 0.4V;

输入高电平 V_{IH},典型值 3.6V,最小值 $V_{IHmin}=$ 2.0V;

输入低电平 V_{IL},典型值 0.3V,最大值 $V_{ILmax}=$ 0.8V。

如图 2-40(a)所示,当前级门带同类后级门时,后级门输入信号是前级门输出信号,因此,后级门输入信号的噪声容限规定如下:

如图 2-40(b)所示,输入高电平的噪声容限为

$$V_{NH}=V_{OHmin}-V_{IHmin}=2.4-2.0=0.4(V)$$

输入低电平的噪声容限为

图 2-40　噪声容限示意图

$$V_{NL}=V_{ILmax}-V_{OLmax}=0.8-0.4=0.4(V)$$

V_{NH} 反映了前级门输出高电平最小值时,后级门允许叠加的负向噪声电压为 0.4V。实际上,由于一般前级门输出 3.6V 左右高电平,所以后级门允许叠加的负向噪声电压更大。

V_{NL} 反映了前级门输出低电平最大值时,后级门允许叠加的正向噪声电压为 0.4V。实际上,由于一般前级门输出 0.3V 左右低电平,所以后级门允许叠加的正向噪声电压更大。

4. 动态特性

(1)传输延迟时间

如图 2-41 所示,传输延迟时间定义如下:

t_{PHL} 指输出电平由高电平变为低电平的传输延迟时间,定义为从 v_I 波形上升沿的中点到 v_O 波形下降沿中点的延迟时间。

t_{PLH} 指输出电平由低电平变为高电平的传输延迟时间,定义为从 v_I 波形下降沿的中点到 v_O 波形上升沿中点的延迟时间。

t_{pd} 指平均传输延迟时间,有 $t_{pd}=\dfrac{t_{PHL}+t_{PLH}}{2}$。

(2)动态电源尖峰电流

如图 2-41(a)和 2-42 所示,当 v_I 从 V_{IL} 跳变到 V_{IH} 时,由于未有管子饱和,i_{CC} 略有过冲,而当 v_I 从 V_{IH} 跳变到 V_{IL} 时,会出现很大的动态电源尖峰电流。因为在这个过程中,T_2,T_4 开始处于饱和状态,当输入电平减小时,首先是 T_2 先退出饱和放大状态,只要 T_2 集电极电压升到 1.4V 左右,T_3,D_2 开始导通,而此时 T_4 还未截止,因此在很短的时间内,在输出级的电源到地之间形成一个低阻回路,电源电流出现一个很大的尖峰。最后 T_4 截止,尖峰消失,电源电流下降到一个很低的值。

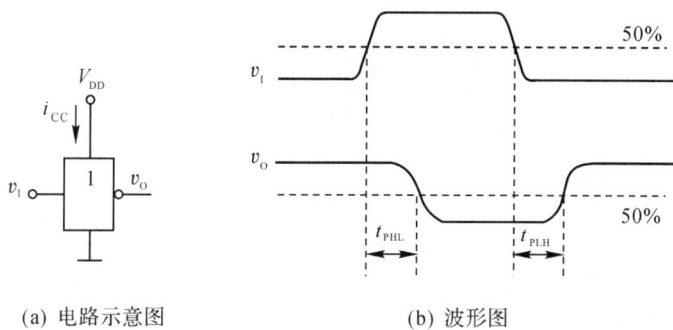

(a) 电路示意图　　　　　(b) 波形图

图 2-41　反相器的传输延迟时间

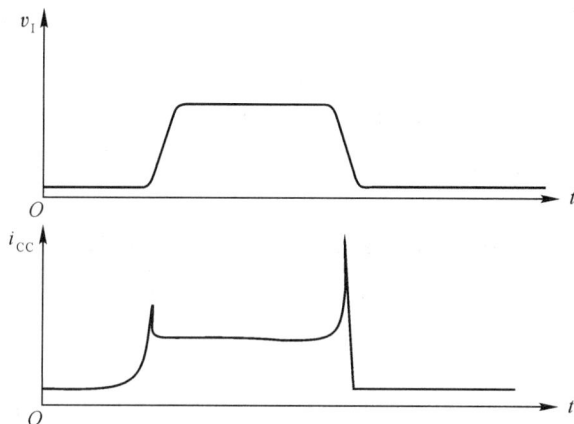

图 2-42　动态电源尖峰电流

2.4.2　TTL 与非门、或非门、与门、或门、与或非门和异或门

1. TTL 与非门

图 2-43(a)所示是双输入与非门,图 2-43(b)所示是相应的与非门图形符号。与 TTL 反相器相比,除了在输入级 T_1 采用了多发射极管外,其余部分均相同。假设电路中各三极管发射结、集电结导通电压为 0.7V,饱和状态 $v_{CES}=0.3V$。

当输入 A,B 至少有一个为低电平 0.3V 时,$v_{B1}=0.3+0.7=1.0(V)$。这个电压不至于使 T_2,T_4 导通,所以 T_2,T_4 截止,而 T_3,D_3 导通,所以输出高电平 $v_O=3.6V$。

当输入 A,B 均为高电平 3.6V 时,开始 $v_{B1}=3.6+0.7=4.3(V)$,迫使 T_2,T_4 导通,且饱和,v_B 被钳位在 2.1V,而 T_3,D_3 截止,所以输出低电平 $v_O=0.3V$。

根据输入电平与输出电平之间的关系,列出 TTL 与非门真值表,如表 2-5 所示。

表 2-5　TTL 与非门逻辑真值表

A	B	Y
0	0	1
0	1	1
1	0	1
1	1	0

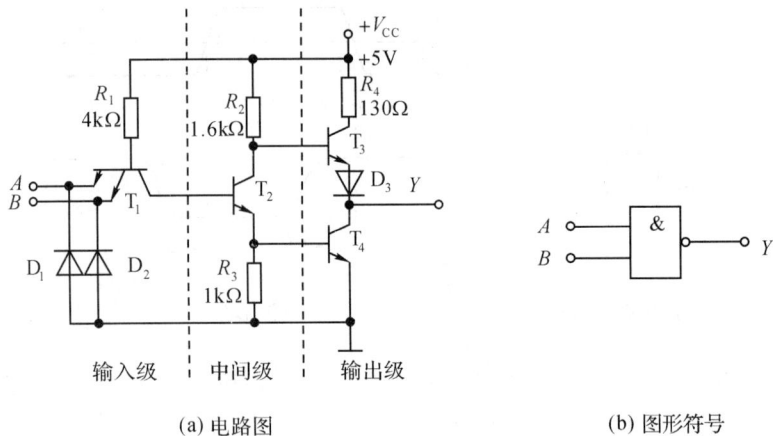

(a) 电路图　　　　　　(b) 图形符号

图 2-43　TTL 与非门

所以图 2-43(a)所示电路是与非门,有 $Y=\overline{AB}$。

为了说明与非门的外部特性,表 2-6 列出了 TTL 中速与非门参数规范值和测试条件,以备使用与非门时参考。

表 2-6　TTL 中速与非门参数规范值和测试条件

参数名称	符号	规范值			单位	测试条件
		7430	7420	7400		
输入低电平时电源电流	I_{CCL}	$\leqslant 6$	$\leqslant 11$	$\leqslant 22$	mA	$V_{CC}=5.5V$,输入端悬空,输出端空载
输入高电平时电源电流	I_{CCH}	$\leqslant 2$	$\leqslant 4$	$\leqslant 8$	mA	$V_{CC}=5.5V$,输入端接地,输出端空载
输出高电平电压	V_{OH}		$\geqslant 2.4$		V	$V_{CC}=4.5V$,被测输入端 $v_I=0.8V$,其他输入端悬空,$I_{OH}=400\mu A$
输出低电平电压	V_{OL}		$\leqslant 0.4$		V	$V_{CC}=4.5V$,各输入端并联,$v_I=2.0V$,$I_{OL}=16mA$
输入低电平电压	V_{IL}		$\leqslant 0.8$		V	
输入高电平电压	V_{IH}		$\geqslant 2.0$		V	
输入低电平电流	I_{IL}		$\leqslant 1.6$		mA	$V_{CC}=5.5V$,被测输入端 $v_I=0.4V$,其他输入端悬空,输出端空载
输入高电平电流	I_{IH}		$\leqslant 40$		μA	$V_{CC}=5.5V$,被测输入端 $v_I=2.4V$,其他输入端接地,输出端空载
输出高电平电流	I_{OH}		$\leqslant 400$		μA	
输出低电平电流	I_{OL}		$\leqslant 16$		mA	
传输延迟时间	t_{PLH}	$\leqslant 22$	$\leqslant 22$	$\leqslant 22$	ns	$V_{CC}=5.0V$,被测输入端接输入信号,$R_L=400\Omega$,$C_L=15pE$
	t_{PHL}	$\leqslant 15$	$\leqslant 15$	$\leqslant 15$		

注:7430 为八输入端单与非门,7420 为四输入端双与非门,7400 为二输入端四与非门。

2. TTL 或非门

图 2-44(a)所示是双输入或非门,图 2-44(b)是相应的或非门图形符号。

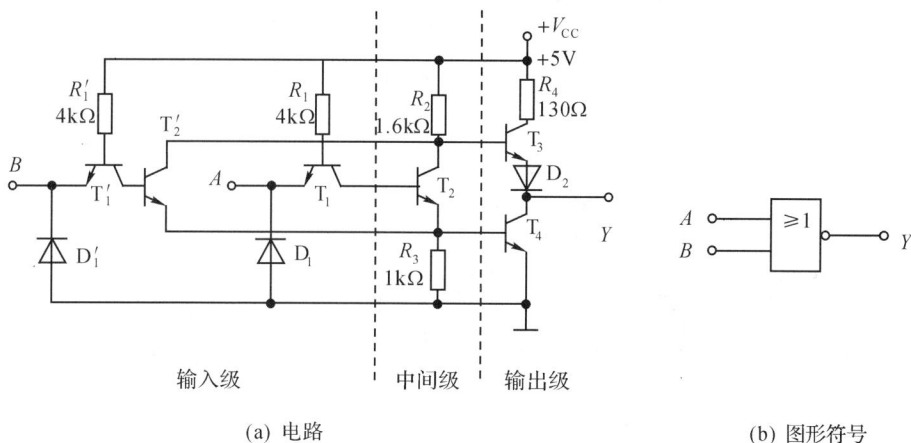

(a) 电路   (b) 图形符号

图 2-44 TTL 或非门

当输入端 A,B 至少有一个为高电平时,假设 A 为高电平 3.6V,T_1 处于倒置工作状态,$v_{B1}=2.1V$,T_2,T_4 导通且饱和,T_3,D_2 截止,输出 Y 为低电平。

当输入端 A,B 均为低电平 0.3V,T_1,T_1' 基极的电位 1.0V,所以 T_2,T_2' 均截止,故 T_4 也截止,此时 T_3,D_2 导通,所以 Y 输出高电平。

根据输入电平与输出电平的关系,列出相应的真值表,如表 2-7 所示。

表 2-7 或非门的真值表

A	B	Y
0	0	1
0	1	0
1	0	0
1	1	0

由表 2-7 可得 $Y=\overline{A+B}$。

3. TTL 与门、或门及与或非门

TTL 与门只要在 TTL 与非门后加一级 TTL 反相器即可,如图 2-45 所示。

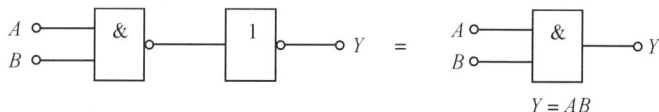

图 2-45 TTL 与门构成

TTL 或门只要在 TTL 或非门后加一级 TTL 反相器即可,如图 2-46 所示。

TTL 与或非门只要将或非门输入级的 T_1 改成多发射极输入的管子即可,如图 2-47 所示。

4. TTL 异或门

$$Y=\overline{\overline{A \cdot \overline{AB}} \quad \overline{B \cdot \overline{AB}}}=A\,\overline{AB}+B\,\overline{AB}=A\,\overline{B}+B\,\overline{A}=A\oplus B$$

由四个 TTL 与非门构成 TTL 异或门,如图 2-48 所示。

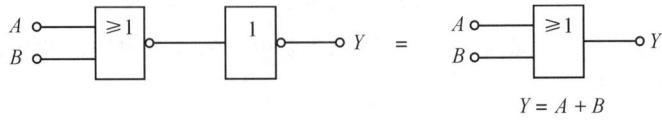

图 2-46 TTL 或门构成

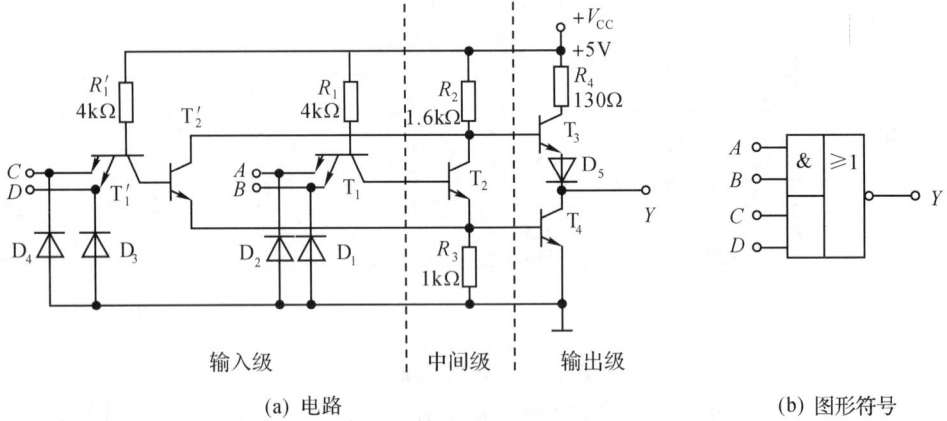

(a) 电路 (b) 图形符号

图 2-47 TTL 与或非门

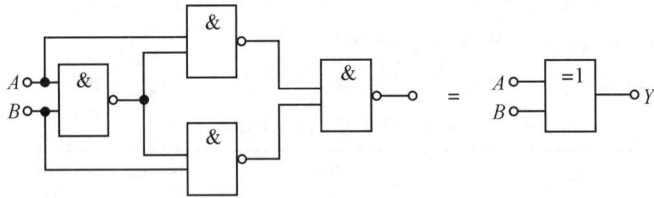

图 2-48 TTL 异或门构成

2.4.3 TTL 集电极开路门和三态门

1. TTL 集电极开路门(OC 门)

TTL 集电极开路门(Open Collector Gate,简称 OC 门)是指输出级三极管 T_4 的集电极开路,如图 2-49(a)电路所示,图 2-49(b)是 TTL 集电极开路门相应的图形符号。

TTL 集电极开路门必须外加电阻和电源才能正常工作,图 2-49 中集电极开路门完成的逻辑功能为与非逻辑功能,即

$$F = \overline{AB}$$

TTL 集电极开路门应用与 CMOS 电路中漏极开路门(OD 门)的应用相似,一个重要应用是可以将多个 OC 门输出端直接用线连起来,实现线与连接,如图2-50所示,有

$$Y = \overline{AB}\,\overline{CD} = \overline{AB + CD}$$

如果 n 个 OC 与非门线与之后,驱动 m 个普通与非门,每个普通与非门都有 k 个输入端,如图 2-51 所示,此时 R_C 有一定取值范围。

(1) R_C 最小值的估算

假设几个 OC 门中,只有一个导通时,输出也应为低电平且不得超过 V_{OLmax},R_C 中的电流 i_C 和负载门的输入低电平电流 I_{IL} 都流入该门,这是最不利情况,如图 2-51 所示,显然,它

们之和不得超过 OC 门带灌电流负载的能力 I_{OL},即

$$i_C + m|I_{IL}| \leqslant I_{OL}$$

$$i_C \leqslant I_{OL} - m|I_{IL}|$$

因为

$$i_C = \frac{V'_{CC} - V_{OLmax}}{R_C} \leqslant I_{OL} - m|I_{IL}|$$

则

$$R_{Cmin} \geqslant \frac{V'_{CC} - V_{OLmax}}{I_{OL} - m|I_{IL}|}$$

（2）R_C 最大值的估算

当线与的几个 OC 门全部截止时,输出电压 v_O 为高电平,如图 2-52 所示,如果 R_C 太大,则其上压降太大,从而导致 v_O 小于 V_{OHmin},这显然是不允许的,即

$$v_O = V'_{CC} - i_C R_C \geqslant V_{OHmin}$$

$$i_C R_C \leqslant V'_{CC} - V_{OHmin}$$

因为

$$i_C = i_O + i_1 = n I_{OH} + mk I_{IH}$$

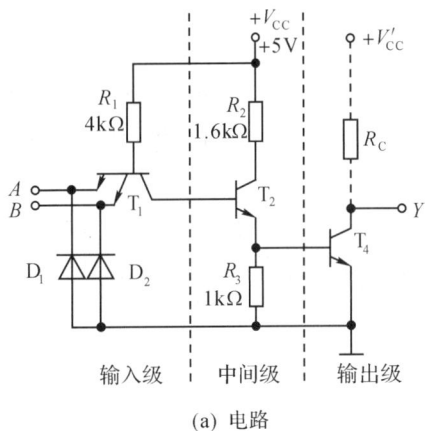

(a) 电路　　　　　　　(b) 图形符号

图 2-49　TTL 集电极开路门

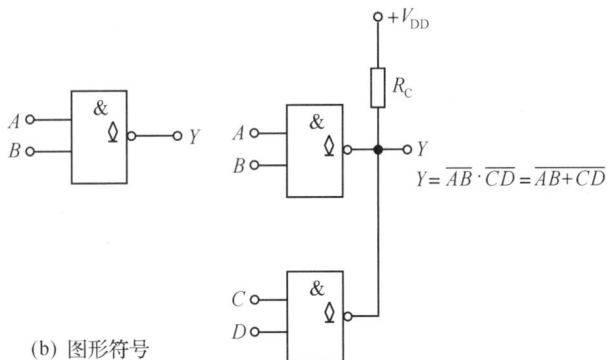

$Y = \overline{AB \cdot CD} = \overline{AB + CD}$

图 2-50　OC 门实现线与连接

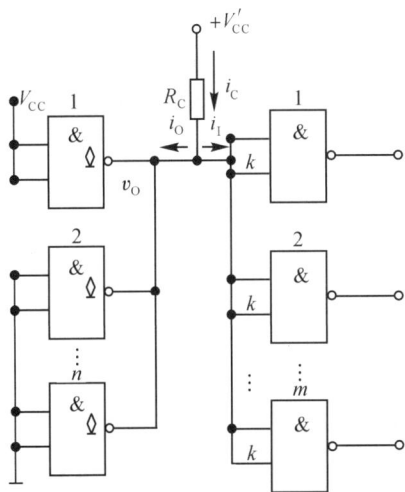

图 2-51　R_C 最小值的估算

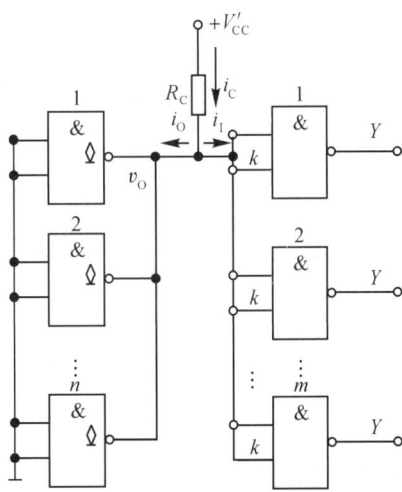

图 2-52　线与后带负载电路

则 $R_{\mathrm{C}} \leqslant \dfrac{V'_{\mathrm{CC}} - V_{\mathrm{OHmin}}}{n I_{\mathrm{OH}} + m k I_{\mathrm{IH}}}$

所以 $R_{\mathrm{Cmax}} \leqslant \dfrac{V'_{\mathrm{CC}} - V_{\mathrm{OHmin}}}{n I_{\mathrm{OH}} + m k I_{\mathrm{IH}}}$

因此 $\dfrac{V'_{\mathrm{CC}} - V_{\mathrm{OLmax}}}{I_{\mathrm{OL}} - m\,|I_{\mathrm{IL}}|} \leqslant R_{\mathrm{C}} \leqslant \dfrac{V'_{\mathrm{CC}} - V_{\mathrm{OHmin}}}{n I_{\mathrm{OH}} + m k I_{\mathrm{IH}}}$ (2-4-1)

当要求速度快一些时,选择 R_{C} 接近 R_{Cmin},当要求功耗低一些时,选择 R_{C} 接近 R_{Cmax}。

例 2-2 设电路如图 2-52 所示,假设 $n=2, m=3, k=2$,即两个 OC 门驱动三个普通与非门。假设 OC 门输出高电平时漏电流 $I_{\mathrm{OH}}=250\mu\mathrm{A}$,输出低电平时最大灌电流 $I_{\mathrm{OL}}=16\mathrm{mA}$,输出最大低电平 $V_{\mathrm{OLmax}}=0.4\mathrm{V}$,输出最小高电平 $V_{\mathrm{OHmin}}=2.4\mathrm{V}$,普通与非门输入低电平时电流 $I_{\mathrm{IL}}=-1.6\mathrm{mA}$,输入高电平时的电流 $I_{\mathrm{IH}}=40\mu\mathrm{A}$,选取 R_{C}。

解 根据公式 $R_{\mathrm{Cmin}}=\dfrac{V'_{\mathrm{CC}} - V_{\mathrm{OLmax}}}{I_{\mathrm{OL}} - m\,|I_{\mathrm{IL}}|}=\dfrac{5-0.4}{16-3\times1.6}\approx0.41(\mathrm{k\Omega})$

$R_{\mathrm{Cmax}}=\dfrac{V'_{\mathrm{CC}} - V_{\mathrm{OHmin}}}{n I_{\mathrm{OH}} + m k I_{\mathrm{IH}}}=\dfrac{5-2.4}{2\times0.25+3\times2\times0.04}=3.51(\mathrm{k\Omega})$

选取 $R_{\mathrm{C}}=2\mathrm{k\Omega}$。

OC 门的另一个应用是实现逻辑电平的转换,由于 V'_{CC} 可以改变,所以 OC 门在空载时输出高电平 $v_{\mathrm{O}}=V'_{\mathrm{CC}}$ 电平也可以改变,输出低电平 $v_{\mathrm{O}}=0.3\mathrm{V}$ 时与一般 TTL 输出电平一致。

2. TTL 三态门

TTL 三态门(Three-State Logic,简称 TSL),如同 CMOS 三态门一样,输出信号呈现高阻、高电平、低电平三态。在普通 TTL 电路中加上使能控制信号及相应的控制电路,就可以构成 TTL 三态门。图 2-53 所示是三态输出与非门。

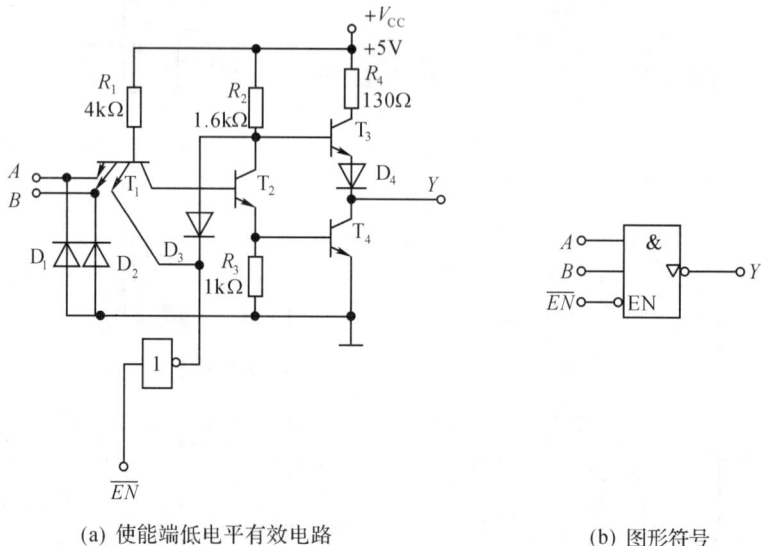

(a) 使能端低电平有效电路   (b) 图形符号

图 2-53 三态输出与非门

当使能控制端 $\overline{EN}=1$ 时,输入级多发射极三极管 T_1 有一个端输入低电平,三极管 T_2,T_4 截止,且三极管 T_2 的集电极电位钳制在 $v_{\mathrm{C2}}=0.3+0.7=1(\mathrm{V})$,这个电平不足以使 T_3,D_4 导通,故 T_3,D_4 截止,所以输出 Y 端呈现高阻状态。

当 $\overline{EN}=0$ 时，使能控制电路不影响原来与非门逻辑结构，输出 $Y=\overline{AB}$。所以该电路是一个使能控制端低电平有效的三态与非门。

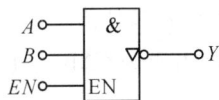

图 2-54　使能端为高电平有效的三态与非门图形符号

如果使能控制端是高电平有效的三态与非门，电路图形符号如图 2-54 所示。当 $EN=1$ 时，$Y=\overline{AB}$，$EN=0$ 时，输出 Y 呈现高阻状态。

TTL 三态门有许多应用，其中利用 TTL 三态反相器构成数据总线就是一个应用。如图 2-55 所示，n 个三态反相器输出端连接到一根信号传输线上，由于 n 个三态反相器输出信号在一条信号线上传输，这条线称为数据总线。为了使每个门输出信号能够在数据总线上单独传输，在任何时刻，最多只有一个三态反相器的使能控制端有效，例如 $\overline{EN_0}=0$，G_0 工作，此时 $\overline{EN_1}=\overline{EN_2}=\cdots=\overline{EN_{n-1}}=1$，也就是说，此时只有 G_0 门输出信号可以在数据总线上传输，其他门均处于高阻状态，此时 $Y=\overline{A_0}$。类似地，当 $\overline{EN_i}=0$ 时，$Y=\overline{A_i}$。

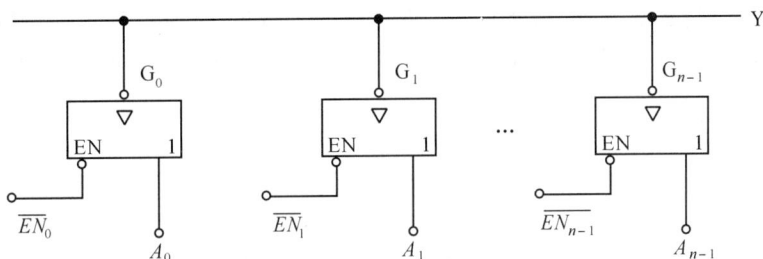

图 2-55　TTL 三态反相器总线应用

例 2-3　写出如图 2-56(a)，(b)，(c)，(d)所示的 $Y_1\sim Y_4$ 的表达式。

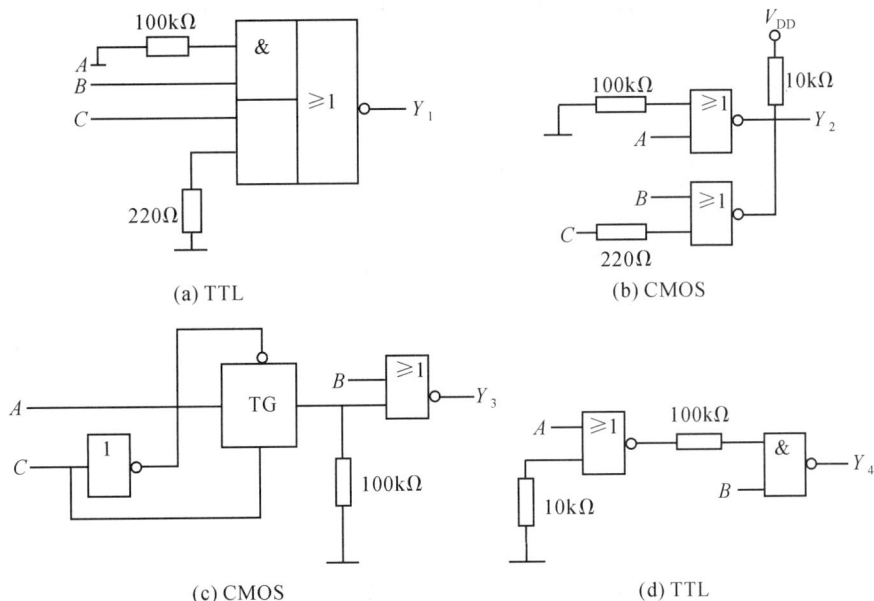

(a) TTL

(b) CMOS

(c) CMOS

(d) TTL

图 2-56　例 2-3 电路

解 (a)由于为 TTL 电路,且输入端$100\text{k}\Omega > R_{\text{on}}$,$220\Omega < R_{\text{off}}$,因此$Y_1 = \overline{1 \cdot B + C \cdot 0} = \overline{B}$。

(b)由于为 CMOS 电路,输入端电流为 0,因此$Y_2 = \overline{A} \cdot \overline{B + C}$。

(c)$Y_3 = \overline{AC + B}$。

(d)由于为 TTL 电路,且输入$100\text{k}\Omega > R_{\text{on}}$,因此,$Y_4 = \overline{1 \cdot B} = \overline{B}$。

2.4.4　TTL 集成电路

TTL 门电路是 TTL 集成电路的基本单元电路,TTL 集成电路功能、品种繁多,我国相继生产的产品有 74,74H,74S,74LS 四个系列。

1. 74 系列

这是标准系列,该系列典型与非门的平均传输延迟时间 $t_{\text{pd}} = 10\text{ns}$,平均功耗 $P/$每门$= 10\text{mW}$。

2. 74H 系列

这是高速系列,它是在 74 系列基础上改进电路形成的,内部增加了促进输出管快速脱离饱和的泄放回路,该系列典型与非门的平均传输延迟时间 $t_{\text{pd}} = 6\text{ns}$,平均功耗$P/$每门$= 22.5\text{mW}$。

3. 74S 系列

这是内部采用肖特基管的改进系列。由于中间级 T_2、输出级 T_4 采用了肖特基管,而肖特基管的导通电压只有 $0.3 \sim 0.4\text{V}$,当门处于导通状态时,这两个管不会处于深饱和状态,只处于微饱和状态,减小了电荷存储时间,加快了速度。该系列典型与非门的平均传输延迟时间 $t_{\text{pd}} = 3\text{ns}$,平均功耗$P/$每门$= 20\text{mW}$。

4. 74LS 系列

这是低功耗肖特基管改进型系列。它在 74S 基础上,增加了电路中电阻阻值,输入级采用肖特基二极管,大大减小了功耗。该系列典型与非门的平均传输延迟时间 $t_{\text{pd}} = 10\text{ns}$,平均功耗$P/$每门$= 2\text{mW}$。

2.5　TTL 电路与 CMOS 电路的接口

在数字电路或系统的设计中,由于工作速度、功耗等指标的要求,有时需要采用多种不同系列的器件混合使用,在不同系列的器件接口时,驱动电路必须能为负载电路提供相应符合要求的高、低电平和足够驱动电流,也就是说,必须满足下列关系:

驱动电路　负载电路

$$V_{\text{OHmin}} \geqslant V_{\text{IHmin}} \tag{2-5-1}$$

$$V_{\text{OLmax}} \leqslant V_{\text{ILmax}} \tag{2-5-2}$$

$$I_{\text{OHmax}} \geqslant I_{\text{IHtotal}} \tag{2-5-3}$$

$$I_{\text{OLmax}} \geqslant |I_{\text{ILtotal}}| \tag{2-5-4}$$

式(2-5-3)、式(2-5-4)中 I_{IHtotal},I_{ILtotal} 表示当驱动电路驱动负载中若干个门电路时应满足的输入电流的总和大小。

表 2-8 列出了 TTL,CMOS 电路的输入、输出特性参数表,以便 TTL 电路与 CMOS 电路之间接口时参考。

表 2-8 TTL,CMOS 电路的输入、输出特性参数表

电路种类 参数名称	TTL 74 系列	TTL 74LS 系列	CMOS* 4000 系列	高速 CMOS 74HC 系列	高速 CMOS 74HCT 系列
V_{OHmin}/V	2.4	2.7	4.6	4.4	4.4
V_{OLmax}/V	0.4	0.5	0.05	0.1	0.1
V_{OHmax}/mA	-0.4	-0.4	-0.51	-4	-4
V_{OLmax}/mA	16	8	0.51	4	4
V_{IHmin}/V	2	2	3.5	3.5	2
V_{ILmax}/V	0.8	0.8	1.5	1	0.8
$I_{IHmax}/\mu A$	40	20	0.1	0.1	0.1
I_{ILmax}/mA	-1.6	-0.4	-0.1×10^{-3}	-0.1×10^{-3}	-0.1×10^{-3}
t_{pd}/ns	10	10	250	8	8

* 系 CC4000 系列 CMOS 门电路在 $V_{DD}=5V$ 时的参数。

表中输入电流参考方向以流入输入端为正,输出电流参考方向以流入输出端为正。

2.5.1 用 TTL 电路驱动 CMOS 电路

1. 用 TTL 电路驱动 CMOS4000 系列和 74HC 系列 CMOS 电路

由于 CMOS 电路输入级电流很小,用 TTL 电路驱动 CMOS 电路,TTL 驱动电流不成问题,当用 TTL 电路 74 系列、74LS 系列驱动 CMOS4000 系列和 74HC 系列 CMOS 电路时,根据表 2-8,除了式(2-5-1)不能满足要求外,式(2-5-2)、式(2-5-3)和式(2-5-4)均能满足要求。也就是说,TTL 驱动电路输出高电平的最小值低于 CMOS 负载电路所要求的输入高电平的最小值,因此,必须拉高驱动电路输出高电平时的电平,使它的输出高电平最小值在 3.5V 以上。

其中一种方法是在 TTL 驱动电路的输出端与电源之间加一个电阻 R_P,如图 2-57 所示。当驱动电路输出高电平时

$$V_{OH}=V_{DD}-R_P(I_{OH}+I_{IHtotal}) \tag{2-5-5}$$

由于 I_{OH} 是驱动门输出高电平时输出级 T_4 管截止时的漏电流,其值很小,而 CMOS 的 I_{IH} 也很小,只要电阻 R_P 不是很大,驱动门输出电平 $V_{OH}\approx V_{DD}$。

当负载电路 CMOS 电源电压较高时,所要求的输入高电平最小值也要提高,而一般的 TTL 电路输出管的耐压有限。在这种情况下,TTL 电路可选用输出管耐压较高的 OC 门,OC 门耐压可达到 30V 左右,如图 2-58 所示。当电阻 R_P 满足一定条件式时,驱动门的输出高电平 $V_{OH}\approx V'_{CC}$。

2. 用 TTL 电路驱动 74HCT 系列 CMOS 门电路

由于 74HCT 系列 CMOS 电路降低了输入高电平,该系列不加任何接口电路就可与 TTL 电路连接。

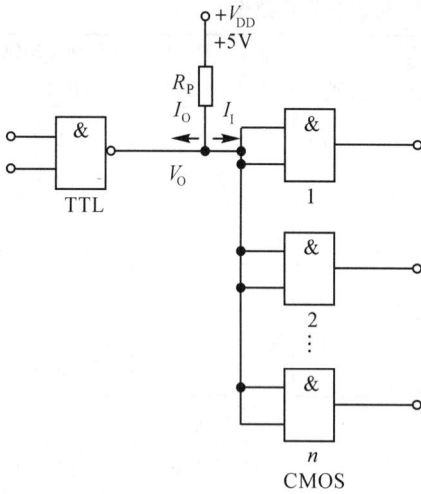

图 2-57 一般 TTL 电路用接入上拉电阻提高
TTL 电路输出的高电平

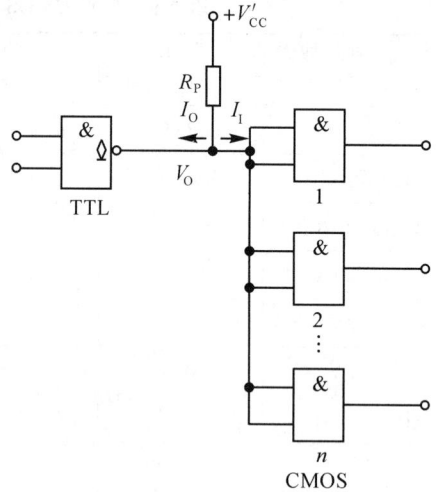

图 2-58 OC 门用接入上拉电阻提高 TTL 电路输
出的高电平

2.5.2 用 CMOS 电路驱动 TTL 电路

1. 用 4000 系列 CMOS 电路驱动 74 系列 TTL 电路

当用 4000 系列 CMOS 电路驱动 74 系列 TTL 电路时，
根据表 2-8，除了式(2-5-4)不能满足外，式(2-5-1)、(2-5-2)、
(2-5-3)均能满足，也就是说，CMOS 驱动电路的输出低电平
电流小于 TTL 负载电路的输入低电平电流，因此必须加大
驱动电路的低电平驱动电流。可采用将同类驱动门并联(注
意，并联不等于线与)，将同类门相应输入端连在一起，相应
输出端也连在一起。这样，每个门输入电平可以一致，输出
电平也可以一致，不会出现输出级低阻电流过大现象，如图
2-59 所示，由于驱动电路采取了并联，输出电流将增大，可
根据负载门的需要确定驱动电路同类门的并联个数。

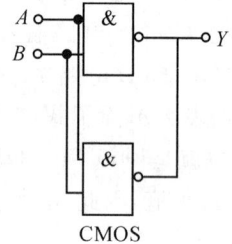

图 2-59 CMOS 驱动电路用并联
增加电流驱动能力

另一种方法是在 CMOS 驱动电路与 TTL 负载电路之间加电流驱动电路或相应的驱动
器以扩大驱动电流。如图 2-60 所示，用三极管共射极放大器放大电流以满足负载电路的
要求。

2. 用 4000 系列 CMOS 电路驱动 74LS 系列 TTL 电路

根据表 2-8，74LS 系列输入低电平电流小于 4000 系列 CMOS 电路输出低电平电流，所
以式(2-5-4)、(2-5-1)、(2-5-2)、(2-5-3)均能满足，可以直接相接。

3. 用 74HC/74HCT 系列 CMOS 电路驱动 TTL 电路

根据表 2-8，式(2-5-4)、式(2-5-1)、式(2-5-2)和式(2-5-3)均能满足，74HC/74HCT 系列
CMOS 电路可以直接驱动 74 系列和 74LS 系列 TTL 电路。

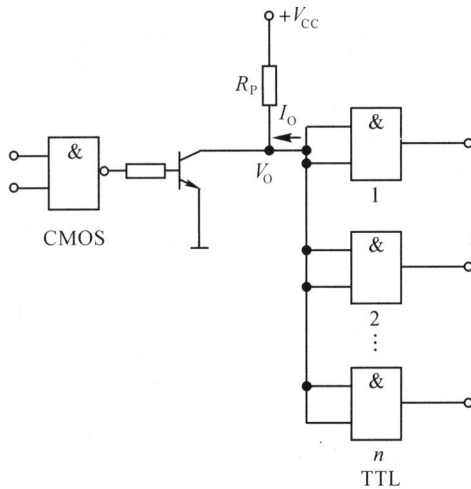

图 2-60 通过三极管共射极放大器增大驱动电流以便
驱动 TTL 电路

本章小结

组成数字电路的基本元件是"开关",半导体二极管、半导体三极管和 MOS 管是数字电路中基本开关元件。半导体二极管的开关特性是单向导电性,半导体三极管的开关特性是电流控制的开关特性,MOS 管开关特性是用电压控制的开关特性。

CMOS 集成电路与 TTL 集成电路是本章学习的重点。重点掌握这两种电路的外部特性,外部特性包括电路的逻辑特性及电气特性。

逻辑特性包括用这两种电路构成与门、或门、非门、与非门、或非门、与或非门和异或门以及三态门、OC 门、OD 门和传输门的逻辑功能。

电气特性包括这两种电路的静态特性及动态特性。静态特性指电路的输入特性和输出特性,动态特性主要指传输延迟时间概念。本章通过反相器来说明这两种电路的外部特性。

TTL 集成电路与 CMOS 集成电路接口必须解决驱动电路与负载电路之间电平兼容性问题;另外,驱动电流应满足负载电路电流要求,否则,在驱动电路与负载电路之间应加适当的接口电路。

习 题

2-1 二极管电路及输入电压 v_1 的波形如题 2-1 图(e)所示,试对应画出输出电压 v_{O1},v_{O2},v_{O3},v_{O4} 的波形,设二极管导通电压为 0.7V。

2-2 试说明如题 2-2 图所示各电路中半导体三极管的工作状态,并求输出电压 v_O 大小,设三极管发射结、集电结的导通电压为 0.7V,集电极与发射极之间的饱和压降 $v_{CES}=0.3V$。

2-3 N 沟道增强型 MOS 管导通和截止条件是什么?两种开关状态各有什么特点?

2-4 二极管门电路如题 2-4 图所示。

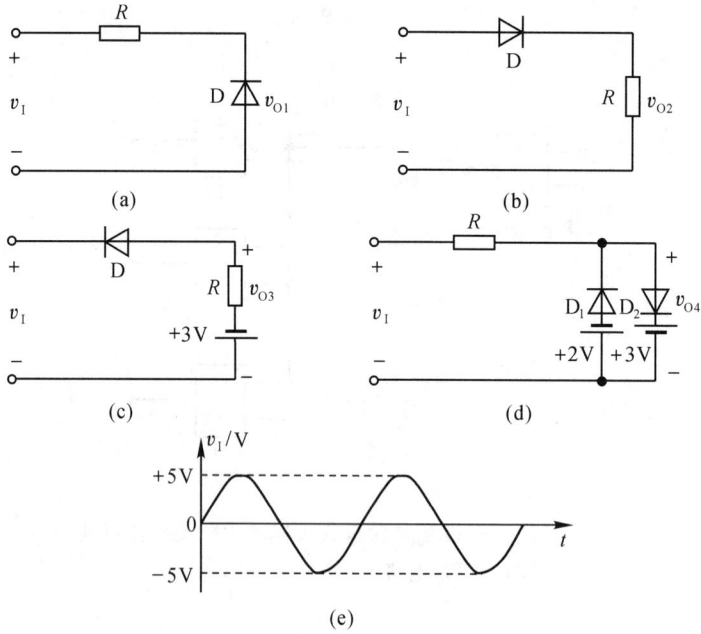

题 2-1 图

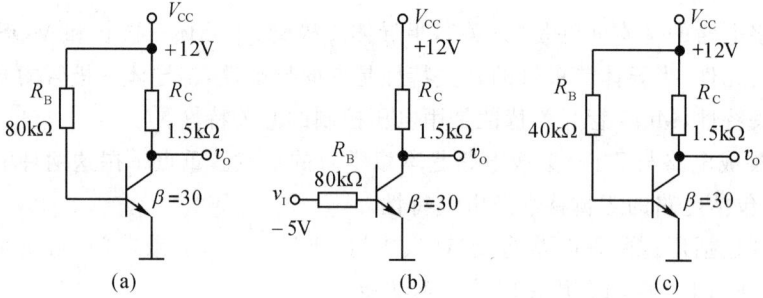

题 2-2 图

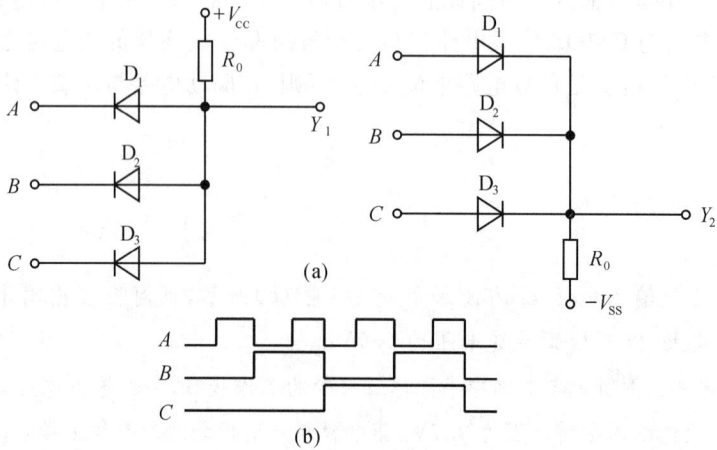

题 2-4 图

(1)分析输出信号 Y_1,Y_2 与输入信号 A,B,C 之间的逻辑关系；

(2)根据题 2-4 图(b)给出的 A,B,C 波形,对应画出 Y_1,Y_2 的波形,设输入信号频率较低,电压幅度满足逻辑要求。

2-5　在题 2-5 图中,硅二极管 D_1,D_2,D_3 的导通电压为 0.7V,在下列几种情况下,用内阻为 $20k\Omega/V$ 的万用表去测 C 和 Y 端电压,分别为多少？

(1)A 端接 0.3V,B 端接 10V,C 端悬空；

(2)A 端接 10V,B 端接 10V,C 端悬空；

(3)A 端接 5V,B 端接 $4k\Omega$,C 端悬空；

(4)A 端接 0.3V,B 端接 $4k\Omega$,C 端悬空；

(5)A 端接 5V,B 端接 $2k\Omega$,C 端悬空。

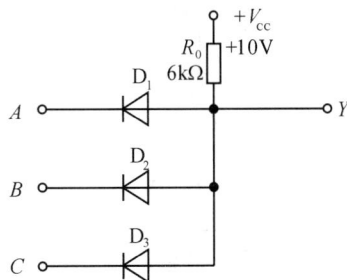

题 2-5 图

2-6　在题 2-6 图中,MOS 管导通电阻为 500Ω,计算当输入电压分别为 10V,0V 时输出电压 v_{O1},v_{O2} 的值,并比较 v_{O1},v_{O2} 幅值大小。

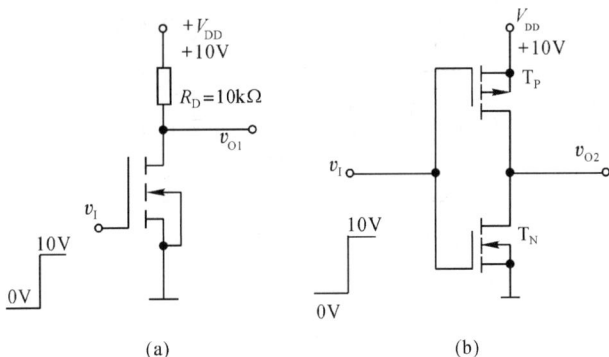

题 2-6 图

2-7　求出题 2-7 图中各电路分别为 CMOS 电路和 TTL 电路时输出端 $Y_1 \sim Y_{12}$ 的逻辑表达式。

2-8　试说明下列各种门电路中哪些输出端可以并联使用：

(1)普通 TTL 与非门；

(2)TTL 电路 OC 门；

(3)TTL 电路三态门；

(4)普通 CMOS 门；

(5)漏极开路的 CMOS 门；

(6)CMOS 电路三态门。

2-9　试画出 $F=\overline{AB}+C$ 的 CMOS 逻辑电路。

2-10　分析题 2-10 图中各 CMOS 电路能否正常工作,如果电路可以正常工作,写出相应输出端逻辑表达式。

2-11　根据题 2-11 图所示各电路,分别画出输入波形 A,B 作用下 $Y_1 \sim Y_6$ 的波形。

2-12　写出题 2-12 图所示各电路输出信号的逻辑表达式。

2-13　分析题 2-13 图所示各 CMOS 电路能否正常工作,如果电路可以正常工作,写出电路输出信号逻辑表达式。

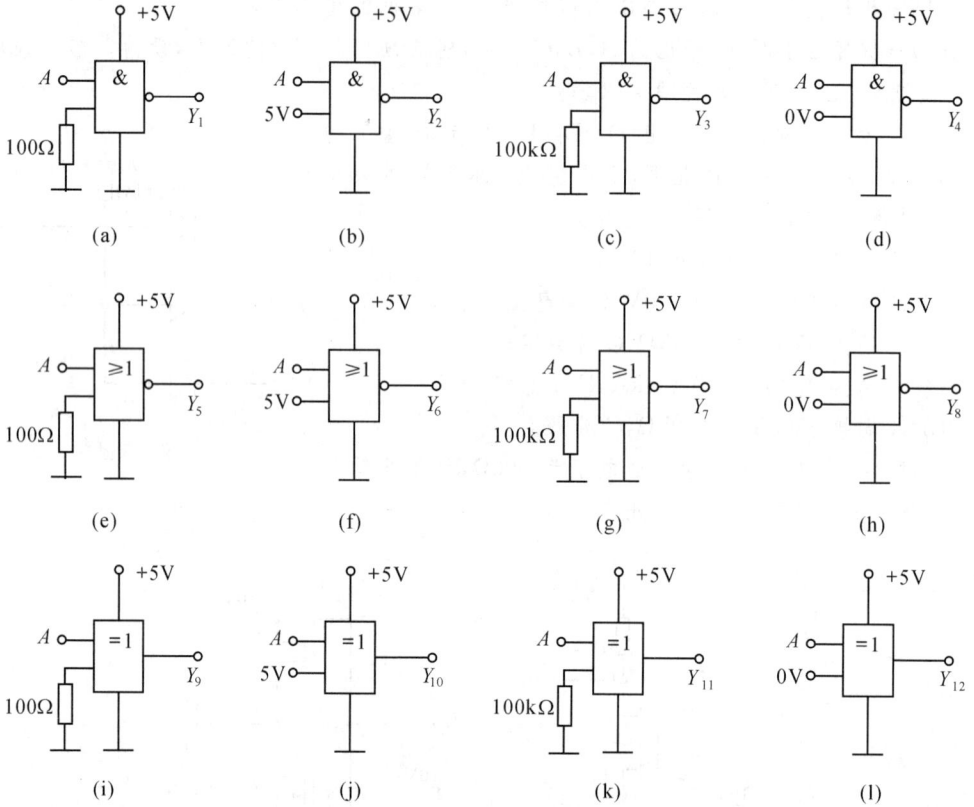

题 2-7 图

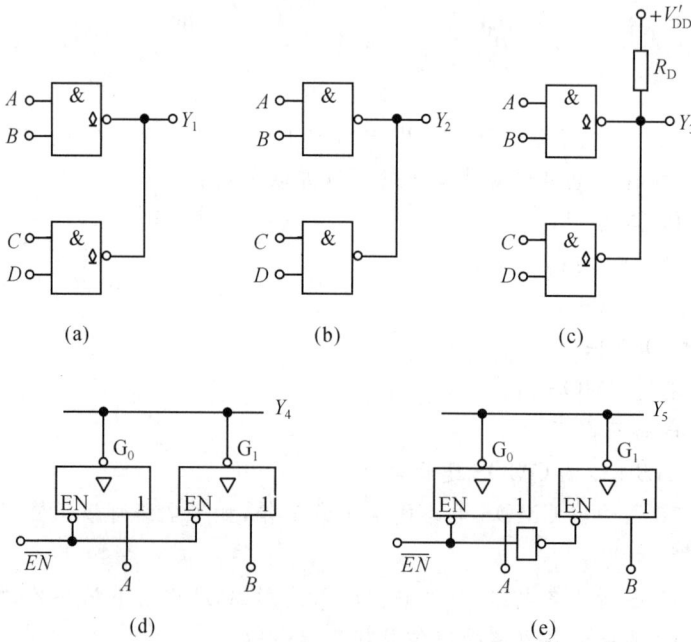

题 2-10 图

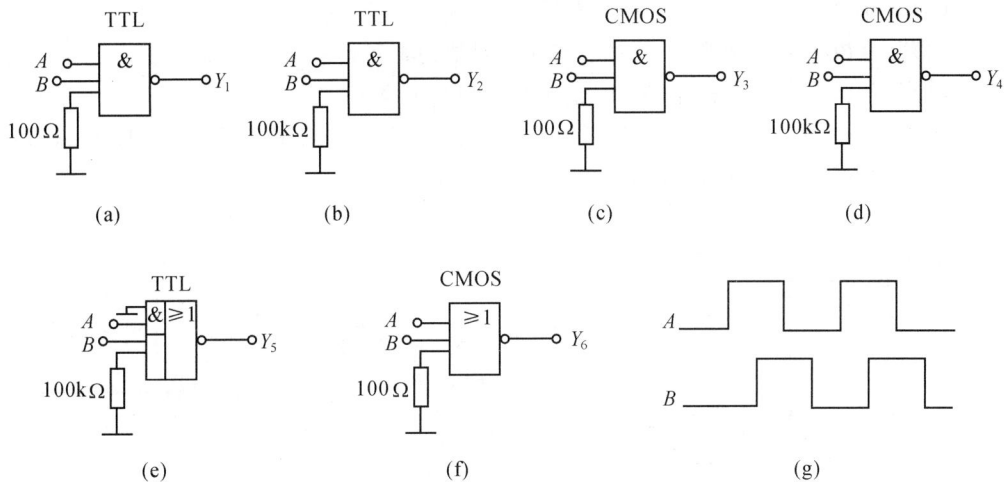

题 2-11 图

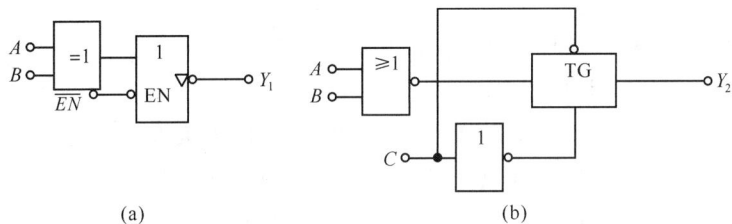

题 2-12 图

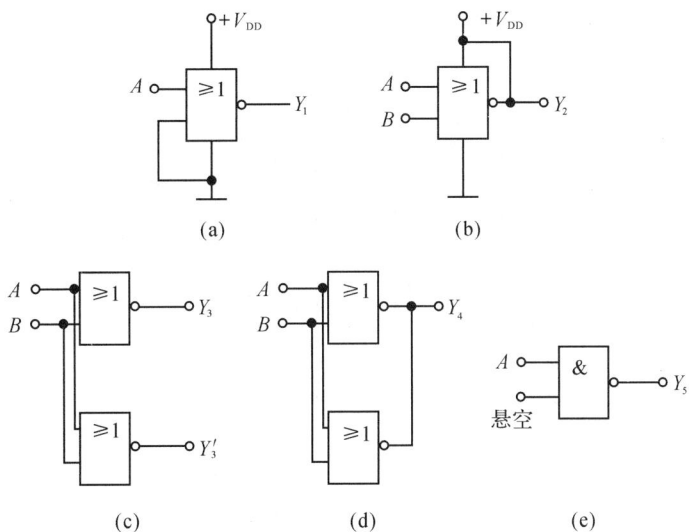

题 2-13 图

2-14　用内阻为 $20k\Omega/V$ 的万用表,测量三输入 TTL 与非门的一个悬空输入端电压,试问在下列情况下,万用表测得的值各为多少?

(1)其他输入端至少有一个接地,一个接 2V 电压;

(2)其他输入端接 3.6V 的电压;

(3)其他输入端一个悬空,一个接 2V 电压;

(4)其他输入端一个悬空,一个接 100Ω 到地的电阻;

(5)其他输入端一个悬空,一个接 100kΩ 到地的电阻。

2-15　如题 2-15 图所示的 TTL 电路,其中电路参数 $I_{IH}=35\mu A$, $I_{IL}=-1.2mA$, $I_{OH}=-350\mu A$, $I_{OL}=12mA$, $V_{OL}=0.3V$, $V_{OH}=3.6V$。

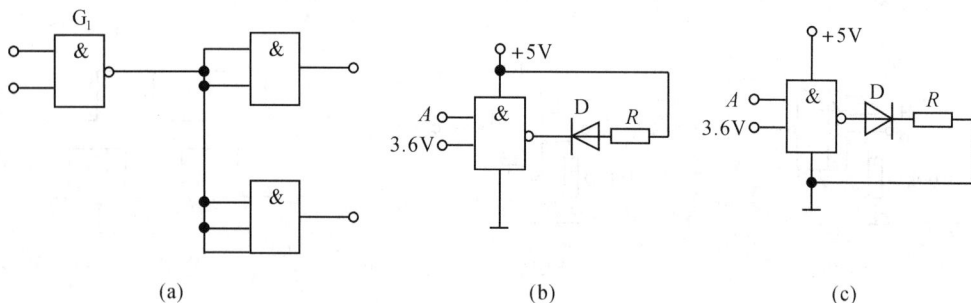

题 2-15 图

(1)计算 G_1 门输出端拉电流和灌电流的值;

(2)题 2-15 图(b)中 D 是发光二极管,其导通电压为 1.6V,发光二极管正常工作的电流范围 $6mA<i_D<14mA$,求 D 正常工作时,电阻 R 的取值范围;

(3)如果将题 2-15 图(b)中发光二极管 D 接入题 2-15 图(c)电路中,能否正常发光?

2-16　如题 2-16 图所示 TTL 电路,门 G_1,G_2 的参数为 $I_{OH}=-300\mu A$, $I_{OL}=12mA$, $V_{OHmin}=2.4V$, $V_{OLmax}=0.4V$;门 G_3,G_4 的参数为 $I_{IH}=50\mu A$, $I_{IL}=-1.6mA$, $V_{IHmin}=2.0V$, $V_{ILmax}=0.8V$,试求 R_C 的取值范围。

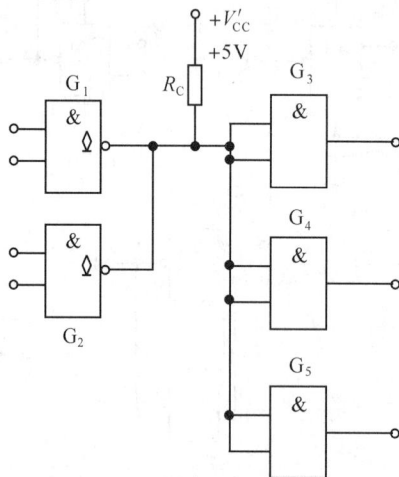

题 2-16 图

2-17　写出如题 2-17 图所示各 TTL 电路输出信号 Y_1,Y_2 逻辑表达式。

2-18　TTL 门电路和 CMOS 门电路的输入特性有何区别? 为什么 CMOS 电路的输入端不允许悬空,而 TTL 电路的输入端可以悬空?

2-19　如题 2-19 图所示电路中,要实现相应输出信号表达式所规定的逻辑功能,电路连接

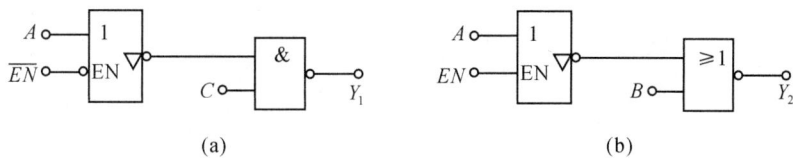

(a)

(b)

题 2-17 图

上有何错误？请改正之。

(1)各电路为 TTL 电路；

(2)各电路为 CMOS 电路。

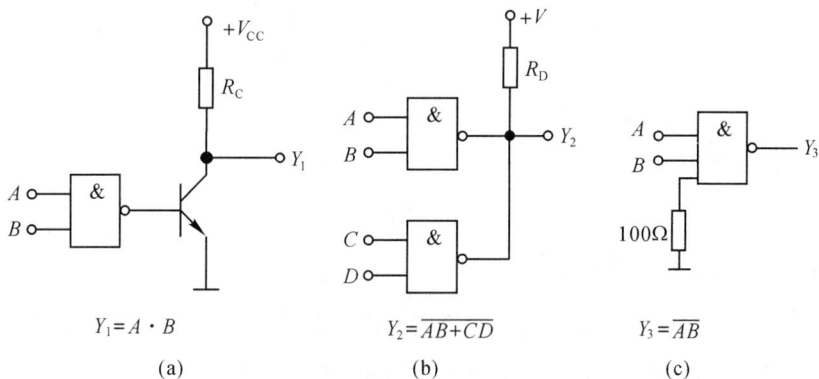

$Y_1 = A \cdot B$

$Y_2 = \overline{AB + CD}$

$Y_3 = \overline{AB}$

(a)

(b)

(c)

题 2-19 图

2-20　画出如题 2-20 图所示各电路输出信号波形图，输入信号 A, B, C 的波形图如题 2-20 图(d)所示。

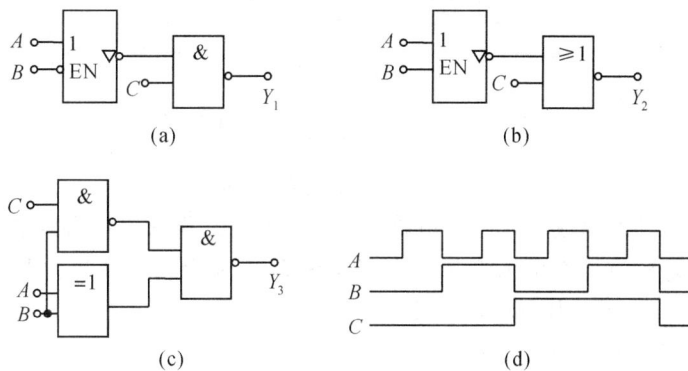

(a)

(b)

(c)

(d)

题 2-20 图

第 3 章 组合逻辑电路

3.1 概　述

3.1.1　组合逻辑电路概念

对于数字逻辑电路,当其任意时刻的稳定输出仅取决于该时刻的输入变量的取值,而与过去的输出状态无关,则称该电路为组合逻辑电路,简称组合电路。

3.1.2　组合逻辑电路的方框图及特点

组合逻辑电路示意框图如图 3-1 所示。

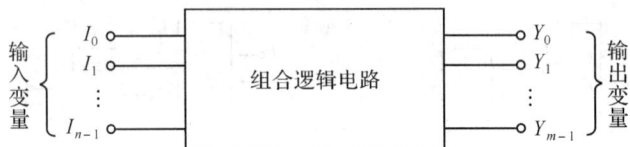

图 3-1　组合逻辑电路示意框图

组合逻辑电路基本构成单元为门电路。组合逻辑电路没有输出端到输入端的信号反馈网络。假设组合电路有 n 个输入变量为 $I_0, I_1, \cdots, I_{n-1}$,$m$ 个输出变量为 $Y_0, Y_1, \cdots, Y_{m-1}$,根据图 3-1 可以列出 m 个输出函数表达式:

$$
\left.
\begin{aligned}
Y_0 &= F_0(I_0, I_1, \cdots, I_{n-1}) \\
Y_1 &= F_1(I_0, I_1, \cdots, I_{n-1}) \\
&\vdots \\
Y_{m-1} &= F_{m-1}(I_0, I_1, \cdots, I_{n-1})
\end{aligned}
\right\}
\tag{3-1-1}
$$

从输出函数表达式可以看出,当前输出变量只与当前输入变量有关,也就是说,组合逻辑电路无记忆性。所以组合电路是无记忆性电路。

3.1.3　组合逻辑电路逻辑功能表示方法

组合逻辑电路逻辑功能是指输出变量与输入变量之间的函数关系,表示形式有输出函数表达式、逻辑电路图、真值表、卡诺图等。

3.1.4 组合逻辑电路分类

1. 按组合电路逻辑功能分类

常用的组合电路有加法器、数值比较器、编码器、译码器、数据选择器和数据分配器等。由于组合电路设计的功能可以是任意变化的,所以这里只给出基本功能分类。

2. 按照使用门电路类型分类

有 TTL、CMOS 等类型。

3. 按照门电路集成度分类

有小规模集成电路 SSI、中规模集成电路 MSI、大规模集成电路 LSI、超大规模集成电路 VLSI 等,具体分类方法见第 2 章。

3.2 组合逻辑电路的分析方法

由给定的组合逻辑电路图通过一定的步骤推导出其功能的过程,称为组合逻辑电路的分析。

1. 组合逻辑电路的分析步骤

这里所讨论的是小规模集成组合电路的分析步骤。

(1)根据给定的逻辑电路图分析电路有几个输入变量、输出变量,写出输出变量与输入变量的逻辑表达式,有若干个输出变量就要写若干个逻辑表达式;

(2)对所写出的逻辑表达式进行化简,求出最简逻辑表达式;

(3)根据最简的逻辑表达式列出真值表;

(4)根据真值表说明组合电路的逻辑功能。

2. 组合逻辑电路分析举例

例 3-1 试分析如图 3-2 所示组合电路的逻辑功能。

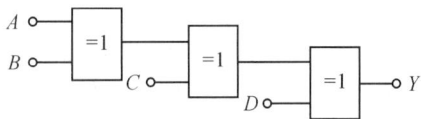

图 3-2 例 3-1 的组合逻辑电路图

解 根据组合逻辑电路分析步骤:

(1)图 3-2 所示有四个输入变量 A,B,C,D,一个输出变量 Y,根据图 3-2 写出 Y 的逻辑表达式为

$$Y = A \oplus B \oplus C \oplus D$$

(2)由于 Y 的逻辑表达式不能再化简,所以直接进入第三步骤,列出 Y 与 A,B,C,D 关系的真值表,如表 3-1 所示。

表 3-1 例 3-1 电路的真值表

A	B	C	D	Y
0	0	0	0	0
0	0	0	1	1
0	0	1	0	1
0	0	1	1	0
0	1	0	0	1
0	1	0	1	0
0	1	1	0	0
0	1	1	1	1
1	0	0	0	1
1	0	0	1	0
1	0	1	0	0
1	0	1	1	1
1	1	0	0	0
1	1	0	1	1
1	1	1	0	1
1	1	1	1	0

(3)根据真值表说明组合电路功能。从表 3-1 可以看出,当输入变量 A,B,C,D 中奇数个变量为逻辑 1 时,输出变量 Y 等于 1,否则 Y 输出为 0,所以图 3-2 所示电路是输入奇数个 1 检验器。

3.3　组合逻辑电路的设计方法

1. 组合逻辑电路设计概念

根据设计要求,设计出符合需要的组合逻辑电路,并画出组合逻辑电路图,这个过程称为组合逻辑电路的设计。下面从小规模组合逻辑电路出发,说明组合逻辑电路的设计步骤。

2. 组合逻辑电路设计步骤

(1)根据设计要求,确定组合电路输入变量个数及输出变量个数;

(2)确定输入变量、输出变量名,并将输入变量两种输入状态与逻辑 0 或逻辑 1 对应;将输出变量两种输出状态与逻辑 0 或逻辑 1 对应;

(3)根据设计要求,列真值表;

(4)根据真值表写出各输出变量的逻辑表达式;

(5)对逻辑表达式进行化简,写出符合要求的最简逻辑表达式;

(6)根据最简逻辑表达式,画出逻辑电路图。

3. 组合逻辑电路设计举例

例 3-2　某雷达站有 3 部雷达 A,B,C,其中 A 和 B 功率消耗相等,C 的消耗功率是 A 的两倍。这些雷达由两台发电机 X,Y 供电,发电机 X 的最大输出功率等于雷达 A 的功率消耗,发电机 Y 的最大输出功率是雷达 A 和 C 的功率消耗总和。要求设计一个组合逻辑电路,能够根据各雷达的启动、关闭信号,以最省电的方式开、停发电机。

解　根据组合逻辑电路的设计步骤:

(1)确定输入变量个数为 3 个,输出变量个数 2 个。

（2）输入变量为 A,B,C，设定雷达启动状态为逻辑 1，雷达关闭状态为逻辑 0；输出变量为 X,Y，设定电机开状态为逻辑 1，关状态为逻辑 0。

（3）根据输入与输出变量的逻辑关系，列真值表，如表 3-2 所示。

表 3-2　例 3-2 真值表

A	B	C	X	Y
0	0	0	0	0
0	0	1	0	1
0	1	0	1	0
0	1	1	0	1
1	0	0	1	0
1	0	1	0	1
1	1	0	1	1
1	1	1	1	1

（4）根据真值表，直接用卡诺图进行化简（如图 3-3 所示）。

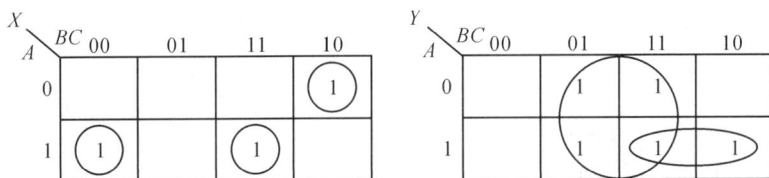

图 3-3　例 3-2 卡诺图

（5）写出最简逻辑表达式

$$X=\overline{A}B\,\overline{C}+A\,\overline{B}\,\overline{C}+ABC$$

$$Y=C+AB$$

（6）根据最简逻辑表达式画出逻辑电路图，如图 3-4 所示。

例 3-3　设计一个表决电路，该电路有 3 个输入信号，输入信号有同意及不同意两种状态；当多数同意时，输出信号处于通过的状态，否则处于不通过状态，试用与非门设计该逻辑电路。

解　根据组合逻辑电路的设计步骤：

（1）确定输入变量个数为 3 个，输出变量个数 1 个。

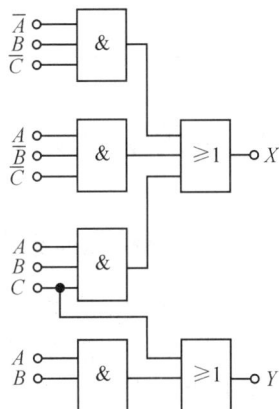

图 3-4　例 3-2 设计的逻辑电路图

（2）输入变量为 A,B,C，设定输入同意状态为逻辑 1，不同意为逻辑 0；输出变量为 Y，设定通过状态为逻辑 1，不通过状态为逻辑 0。

（3）根据输入与输出变量的逻辑关系，列真值表，如表 3-3 所示。

表 3-3 例 3-3 真值表

A	B	C	Y
0	0	0	0
0	0	1	0
0	1	0	0
0	1	1	1
1	0	0	0
1	0	1	1
1	1	0	1
1	1	1	1

（4）根据真值表，直接画卡诺图进行化简（如图 3-5 所示）。

（5）写出最简逻辑表达式

$$Y = AC + AB + BC = \overline{\overline{AB} \cdot \overline{BC} \cdot \overline{AC}}$$

（6）根据最简与非－与非表达式画出逻辑电路图，如图 3-6 所示。

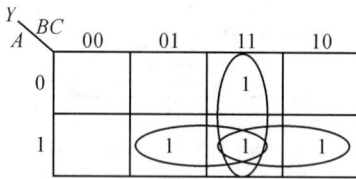

图 3-5　例 3-3 卡诺图

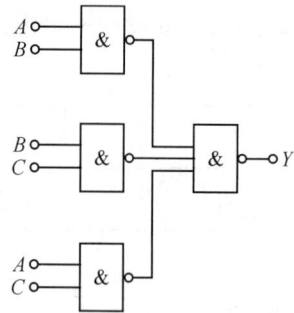

图 3-6　例 3-3 设计的逻辑电路图

3.4　常用中规模标准组合模块电路

3.4.1　中规模标准组合模块电路概念

在数字系统设计中有些组合逻辑电路经常出现在各种数字系统中，这些组合逻辑电路包含译码器、编码器、数据选择器、数据分配器、加法器、比较器、乘法器、码组变换器等。将这些组合逻辑电路制成中规模电路，称为中规模标准组合模块电路。下面分别介绍这些电路。

3.4.2　加法器

1. 半加器

两个 1 位二进制数相加的加法电路称为半加器。

半加器有两个输入变量 A 和 B，代表两个 1 位二进制数的输入；有两个输出变量 S 和 C，代表相加产生的和与进位输出。根据 1 位二进制加法原理，列出真值表，如表 3-4 所示。

表 3-4 半加器真值表

A	B	S	C
0	0	0	0
0	1	1	0
1	0	1	0
1	1	0	1

根据真值表直接写出输出逻辑表达式：

$$S = \overline{A}B + A\overline{B} = A \oplus B \tag{3-4-1}$$

$$C = AB \tag{3-4-2}$$

根据式(3-4-1)、式(3-4-2)画出逻辑电路图,如图 3-7(a)所示,图 3-7(b)为半加器的图形符号,图中 $\sum$ 表示加法运算。

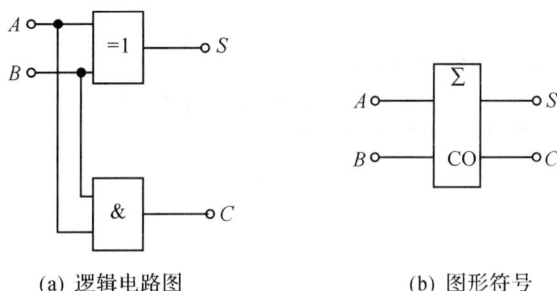

(a) 逻辑电路图 (b) 图形符号

图 3-7 半加器

例 3-4 用 3 个半加器构成下列 4 个函数：

(1) $F_1 = A \oplus B \oplus C$

(2) $F_2 = C(A \oplus B)$

(3) $F_3 = ABC$

(4) $F_4 = (AB) \oplus C$

解 由于半加器由异或门和与门构成,这 4 个逻辑函数也是由这两种逻辑运算构成,所设计的逻辑电路图如图 3-8 所示。

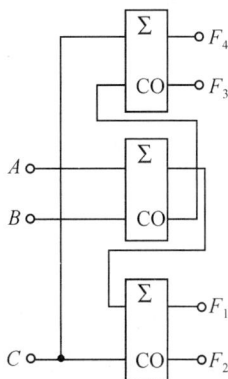

图 3-8 例 3-4 的逻辑电路图

2. 全加器

两个多位二进制数中的某一位的加法运算电路称为 1 位全加器。

1 位全加器第 i 位输入变量有 3 个：被加数 A_i、加数 B_i、低一位的进位输入 C_{i-1}；输出变量有两个：产生的和 S_i 和进位输出 C_i，如图 3-9 所示。

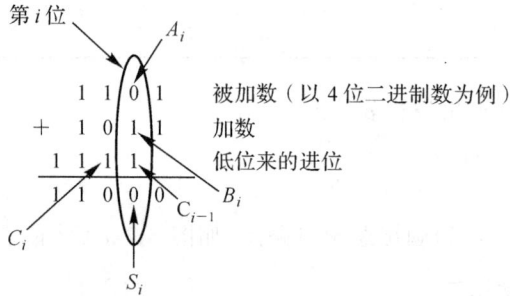

图 3-9　1 位全加器第 i 位加法示意图

根据图 3-9 列出 1 位全加器真值表，如表 3-5 所示。

表 3-5　1 位全加器真值表

A_i	B_i	C_{i-1}	S_i	C_i
0	0	0	0	0
0	0	1	1	0
0	1	0	1	0
0	1	1	0	1
1	0	0	1	0
1	0	1	0	1
1	1	0	0	1
1	1	1	1	1

根据表 3-5 所示的真值表，对输出变量用卡诺图化简，如图 3-10 所示。

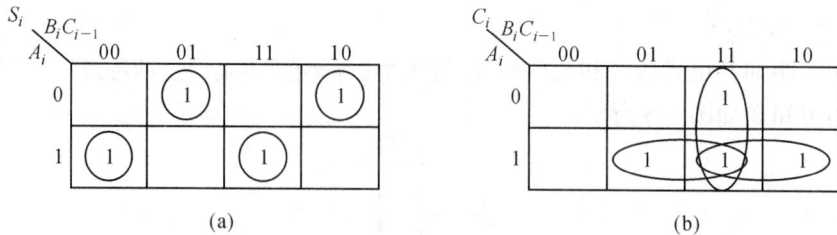

(a)　　　　　　　　　　　　　(b)

图 3-10　1 位全加器卡诺图

由图 3-10，写出输出逻辑表达式：

$$S_i = A_i \overline{B_i} \cdot \overline{C_{i-1}} + \overline{A_i} \cdot \overline{B_i} \cdot C_{i-1} + \overline{A_i} \cdot B_i \cdot \overline{C_{i-1}} + A_i \cdot B_i \cdot C_{i-1} = A_i \oplus B_i \oplus C_{i-1}$$

(3-4-3)

$$C_i = A_i B_i + \overline{A_i} B_i C_{i-1} + A_i \overline{B_i} C_{i-1} = A_i B_i + C_{i-1}(B_i \oplus A_i)$$

(3-4-4)

根据式(3-4-3)和式(3-4-4)画出 1 位全加器的逻辑电路图，如图 3-11(a)所示，图 3-11(b)为 1 位全加器的图形符号。

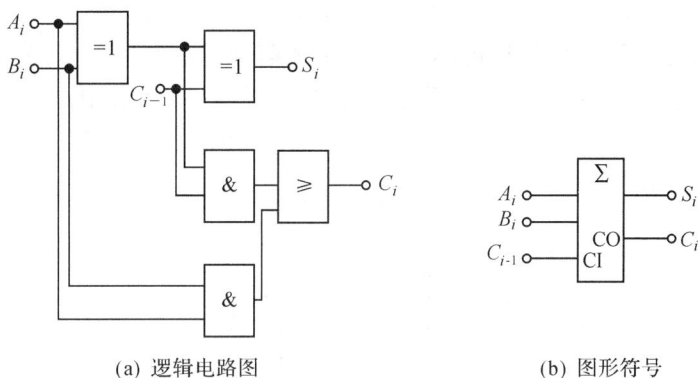

(a) 逻辑电路图　　　　(b) 图形符号

图 3-11　1 位全加器

3. 加法器

实现多位二进制数相加的电路称为加法器。根据加法器进位方式不同,加法器分为串行进位加法器和超前进位加法器。

(1)4 位串行进位加法器

串行进位加法器是指全加器进位输出端接到另一个全加器的进位输入端,其他以此类推所构成的多位加法器。以 4 位串行加法器为例,逻辑电路图如图 3-12 所示。

串行进位加法器虽然接法简单,但是由于后一位的加法运算必须在前面几位的加法运算完成产生进位后才能进行,所以这种加法器只适用于位数少的加法器,当加法器的位数较多时,为了提高运算速度,可以用超前进位加法器。

(2)超前进位加法器

所谓的超前进位加法器是指在做多位加法时,各位的进位输入信号直接由输入二进制数通过超前进位电路产生,由于该电路与每位加法运算无关,所以可以加快加法运算速度。以 4 位二进制加法器为例,说明超前进位加法器工作原理。

将 1 位全加器的进位重写为

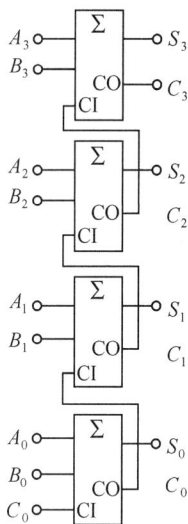

图 3-12　4 位串行进位加法器

$$C_i=A_iB_i+B_iC_{i-1}+A_iC_{i-1}=A_iB_i+C_{i-1}(B_i+A_i)\quad(3\text{-}4\text{-}5)$$

令 $P_i=B_i+A_i$ 称为第 i 位的进位传输项,$G_i=B_iA_i$ 称为第 i 位的进位产生项,4 位加法器中第 0 位的进位输出为

$$C_0=A_0B_0+B_0C_{-1}+A_0C_{-1}=A_0B_0+C_{-1}(B_0+A_0)=G_0+P_0C_{-1}\quad(3\text{-}4\text{-}6)$$

第 1 位的进位输出为

$$C_1=A_1B_1+C_0(B_1+A_1)=G_1+P_1C_0$$

将式(3-4-6)代入上式,消去 C_0 得

$$C_1=A_1B_1+C_0(B_1+A_1)=G_1+P_1(G_0+P_0C_{-1})\quad(3\text{-}4\text{-}7)$$

同理可得第 2 位、第 3 位的进位输出表达式为

$$C_2=A_2B_2+C_1(B_2+A_2)=G_2+P_2[G_1+P_1(G_0+P_0C_{-1})]\quad(3\text{-}4\text{-}8)$$

$$C_3=A_3B_3+C_2(B_3+A_3)=G_3+P_3\{G_2+P_2[G_1+P_1(G_0+P_0C_{-1})]\}\quad(3\text{-}4\text{-}9)$$

当两个 4 位二进制数 $A_3A_2A_1A_0$，$B_3B_2B_1B_0$ 及最低进位输入 C_{-1} 确定后，根据式 (3-4-6)、式(3-4-7)、式(3-4-8)和式(3-4-9)确定超前进位电路，产生每位全加器的进位输入，所构成的 4 位超前进位加法器逻辑电路结构图如图 3-13 所示，图 3-14 所示是 4 位加法器的图形符号。74 系列、CMOS 系列带有超前进位的 4 位加法器有 74LS283，CC4008 等。图中 $\sum$ 是加法器的限定符号；$A_0 \sim A_3$，$B_0 \sim B_3$ 为加数和被加数，CI 为进位输入；$S_0 \sim S_3$ 为相加之和，CO 为进位输出。

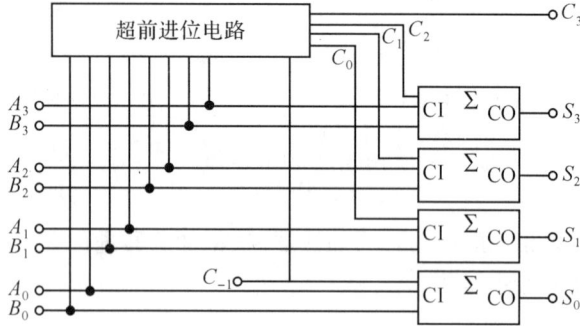

图 3-13　4 位二进制超前进位加法器

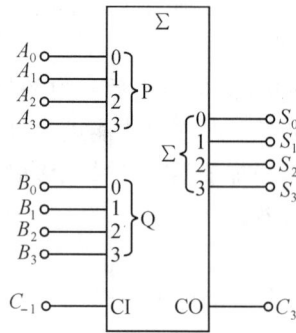

图 3-14　4 位加法器的图形符号

超前进位加法器由于采用了超前进位工作方式，可以用在高速加法电路中。

3.4.3　乘法器

二进制乘法器是指完成两个二进制数乘法运算的电路。

1. 4 位×4 位二进制乘法器

74 系列 4 位×4 位二进制乘法器 74S274 的图形符号如图 3-15 所示。图中 π 是乘法器的限定符号，▽表示三态输出；使能信号 $EN = \overline{E}_1 \cdot \overline{E}_2$。两个 4 位二进制数 $A_0 \sim A_3$ 和 $B_0 \sim B_3$ 分别加到输入端 P 和 Q，在输出端获得 8 位的乘积 $P_0 \sim P_7$。

2. 4 位×4 位并行二进制乘法器

利用芯片 74LS284 和 74LS285，可以组成集成 4 位×4 位并行二进制乘法器。74LS285 输出低 4 位积的结果，74LS284 输出高 4 位积的结果。图 3-16 所示是用两芯片逻辑符号构成的 4 位×4 位并行二进制乘法器。图中输出端"◇"是集电极开路门(OC 门)的符号。

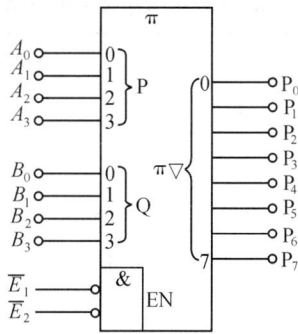

图 3-15 4 位×4 位二进制乘法器 74S274 的图形符号

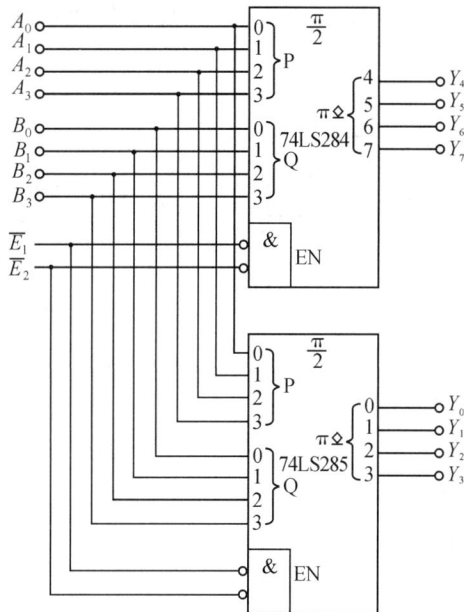

图 3-16 集成 4 位×4 位并行二进制乘法器外引线功能图

3.4.4 数值比较器

数值比较器是比较两个二进制数大小的电路。输入信号是两个要比较的二进制数,输出为比较结果大于、等于、小于。

1. 1 位数值比较器的设计原理

由于是 1 位数值比较器,两个参加比较的数是 1 位二进制数。设 A,B 为输入的 1 位二进制数,L,G,M 为 A 与 B 比较产生的大于、等于、小于三种结果的输出信号。根据二进制数的大小比较,列出真值表,如表 3-6 所示。

表 3-6　1 位数值比较器的真值表

A	B	M	G	L
0	0	0	1	0
0	1	1	0	0
1	0	0	0	1
1	1	0	1	0

根据表 3-6 所示的真值表,直接写出输出逻辑表达式:

$$L = A\,\overline{B} \tag{3-4-10}$$

$$G = \overline{A\,\overline{B} + \overline{A}B} \tag{3-4-11}$$

$$M = \overline{A}B \tag{3-4-12}$$

根据式(3-4-10)、式(3-4-11)和式(3-4-12)画出 1 位数值比较器的逻辑电路图,如图 3-17(a)所示。

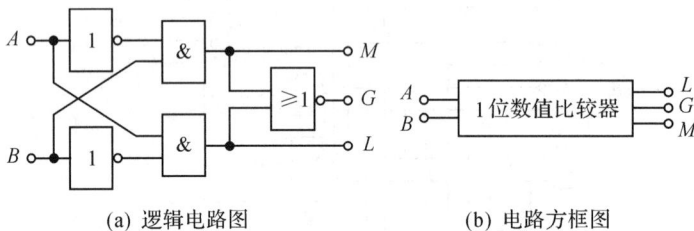

(a) 逻辑电路图　　　　　　　　(b) 电路方框图

图 3-17　一位数值比较器

2. 4 位数值比较器

如果是两个多位二进制数值比较器,其设计原理又如何?下面以 4 位数值比较器为例进行说明。

设两个 4 位二进制数为 $A = A_3A_2A_1A_0$,$B = B_3B_2B_1B_0$,因此 4 位数值比较器有 8 个数值输入信号;同样 A 与 B 比较有三种结果:大于、等于、小于,对应 3 个输出信号,分别为 L,G,M。

(1)$A > B$ 情况分析

如果要 $A > B$,必须 $A_3 > B_3$;或者 $A_3 = B_3$ 且 $A_2 > B_2$;或者 $A_3 = B_3$,$A_2 = B_2$ 且 $A_1 > B_1$;或者 $A_3 = B_3$,$A_2 = B_2$,$A_1 = B_1$ 且 $A_0 > B_0$。

设定 A,B 的第 i 位($i = 0,1,2,3$)二进制数比较结果的大于、等于、小于用 L_i,G_i,M_i 表示,则 L_i,G_i,M_i 的表达式由式(3-4-10)和式(3-4-11)、式(3-4-12)可得

$$L_i = A_i\,\overline{B_i}, G_i = \overline{A_i\,\overline{B_i} + \overline{A_i}B_i}, M_i = \overline{A_i}B_i$$

则　　　$$L = L_3 + G_3L_2 + G_3G_2L_1 + G_3G_2G_1L_0 \tag{3-4-13}$$

(2)$A = B$ 情况分析

如果要 $A = B$,必须 $A_3 = B_3$,$A_2 = B_2$,$A_1 = B_1$ 且 $A_0 = B_0$,所以

$$G = G_3G_2G_1G_0 \tag{3-4-14}$$

(3)$A < B$ 情况分析

如果要 $A < B$,必须 $A_3 < B_3$;或者 $A_3 = B_3$ 且 $A_2 < B_2$;或者 $A_3 = B_3$,$A_2 = B_2$ 且 $A_1 < B_1$;或者 $A_3 = B_3$,$A_2 = B_2$,$A_1 = B_1$ 且 $A_0 < B_0$,则

$$M = M_3 + G_3 M_2 + G_3 G_2 M_1 + G_3 G_2 G_1 M_0 \tag{3-4-15}$$

另外也可以由排除法推导出：如果 A 不大于且不等于 B，则 $A < B$。

由此得出 M 的表达式为

$$M = \overline{L}\,\overline{G} = \overline{L + G} \tag{3-4-16}$$

(4)4 位数值比较器逻辑方框图

根据式(3-4-13)、式(3-4-14)、式(3-4-16)和图 3-17 画出 4 位数值比较器的逻辑方框图，如图 3-18 所示。

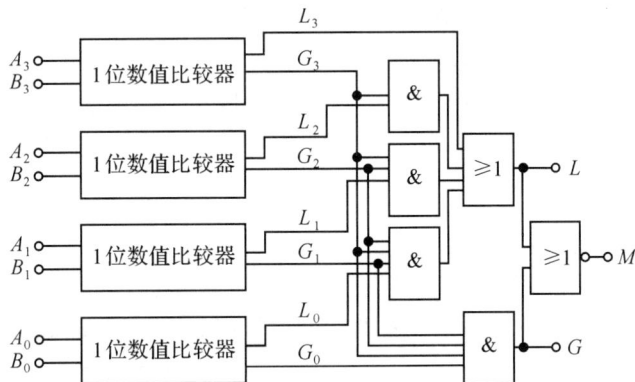

图 3-18　4 位数值比较器逻辑方框图

3. 集成数值比较器

将 4 位数值比较器电路封装在集成芯片中，便构成集成 4 位集成数值比较器。图 3-19 为 4 位集成数值比较器 74LS85，7485 的图形符号，图中 COMP 为数值比较器的限定符号。表 3-7 为对应的真值表。

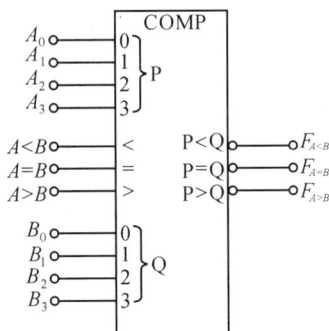

图 3-19　4 位集成数值比较器 74LS85，7485 的图形符号

由于集成数值比较器要考虑比较数值的位数扩展，因此增加了级联输入$(A < B)$，$(A = B)$，$(A > B)$ 三个端，当 4 位比较数值相等时，由级联输入的值决定输出结果。状态输出 $F_{A<B}$，$F_{A=B}$，$F_{A>B}$ 与 M，G，L 对应。

表 3-7 4 位集成数值比较器真值表

数值比较器数值输入				级联输入			状态输出		
$A_3 B_3$	$A_2 B_2$	$A_1 B_1$	$A_0 B_0$	$A<B$	$A=B$	$A>B$	$F_{A<B}$	$F_{A=B}$	$F_{A>B}$
$A_3>B_3$	$\times$	$\times$	$\times$	$\times$	$\times$	$\times$	0	0	1
$A_3=B_3$	$A_2>B_2$	$\times$	$\times$	$\times$	$\times$	$\times$	0	0	1
$A_3=B_3$	$A_2=B_2$	$A_1>B_1$	$\times$	$\times$	$\times$	$\times$	0	0	1
$A_3=B_3$	$A_2=B_2$	$A_1=B_1$	$A_0>B_0$	$\times$	$\times$	$\times$	0	0	1
$A_3=B_3$	$A_2=B_2$	$A_1=B_1$	$A_0=B_0$	0	0	1	0	0	1
$A_3=B_3$	$A_2=B_2$	$A_1=B_1$	$A_0=B_0$	0	1	0	0	1	0
$A_3=B_3$	$A_2=B_2$	$A_1=B_1$	$A_0=B_0$	1	0	0	1	0	0
$A_3<B_3$	$\times$	$\times$	$\times$	$\times$	$\times$	$\times$	1	0	0
$A_3=B_3$	$A_2<B_2$	$\times$	$\times$	$\times$	$\times$	$\times$	1	0	0
$A_3=B_3$	$A_2=B_2$	$A_1<B_1$	$\times$	$\times$	$\times$	$\times$	1	0	0
$A_3=B_3$	$A_2=B_2$	$A_1=B_1$	$A_0<B_0$	$\times$	$\times$	$\times$	1	0	0

74LS85 与 CC14585 的 8 位数值比较器扩展逻辑图如图 3-20(a)和(b)所示。

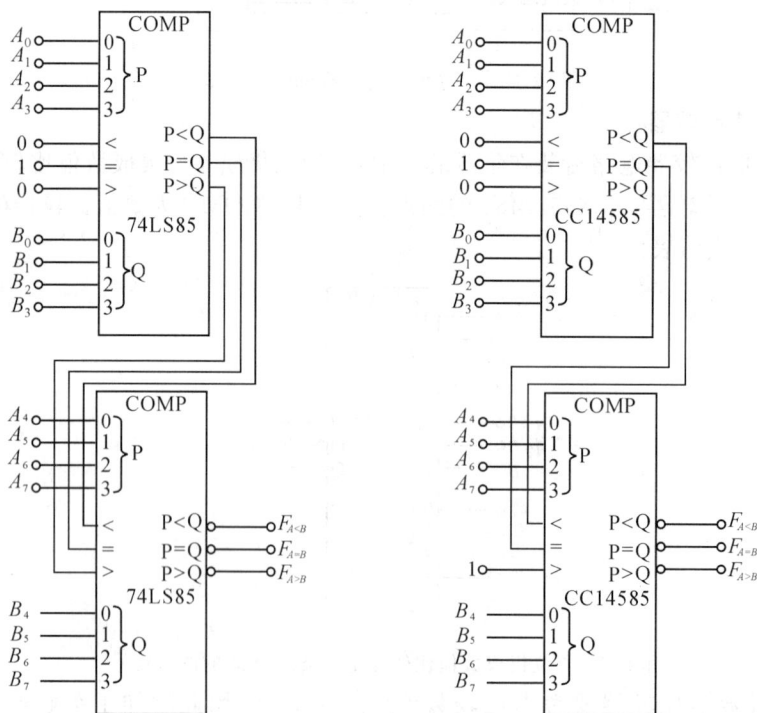

(a) 用 74LS85 扩展成 8 位数值比较器   (b) 用 CC14585 扩展成 8 位数值比较值

图 3-20 扩展为 8 位数值比较器

在用 74LS85 扩展时,由表 3-7 的真值表,低 4 位集成芯片比较状态输出接高 4 位级联输入,低 4 位集成芯片的级联输入$(A<B)$,$(A=B)$,$(A>B)$应接 0,1,0。

由于 CC14585 的状态输出端 $F_{A>B}=\overline{F_{A=B}+F_{A<B}}$,也就是说,$F_{A>B}$ 输出端由输出端 $F_{A=B}$ 与输出端 $F_{A<B}$ 通过或非门实现的。因此在用 CC14585 扩展时,只需将低位片的比较结

果 $F_{A=B}$，$F_{A<B}$ 接入高位比较输入 $(A=B)$，$(A<B)$ 即可，而 $(A>B)$ 端仅仅是控制信号，当 $(A>B)$ 端输入为高电平时，允许 $F_{A=B}$ 状态输出；否则 $F_{A>B}$ 状态锁定为低电平。因此两块集成芯片 CC14585 的 $(A>B)$ 输入端应接高电平。

3.4.5　编码器

在数字电路中，编码器是指将输入信号用二进制编码形式输出的器件。如图 3-21 所示，假设有 N 个输入信号要求编码，最少输出编码位数为 m，则应满足

$$2^{m-1}<N<2^m \tag{3-4-17}$$

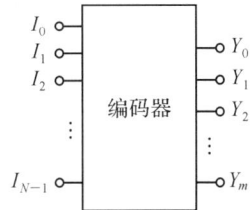

1. 二进制编码器

以 2 位输出编码为例，说明二进制编码器的设计原理。

图 3-21　编码器

2 位二进制编码器有 4 个要求编码的输入信号：I_0，I_1，I_2，I_3；两个输出信号：Y_1，Y_0；根据输入信号编码要求唯一性，即当输入某个信号要求编码时，其他 3 个输入信号不能有编码要求。并假设 I_0 为高电平时要求编码，其对应 Y_1，Y_0 为 00，同理，I_1 为高电平时对应 Y_1，Y_0 为 01，I_2 为高电平时对应 Y_1，Y_0 为 10，I_3 为高电平时对应 Y_1，Y_0 为 11，列出真值表如表 3-8 所示。

表 3-8　2 位二进制编码器真值表

输　入				输　出	
I_0	I_1	I_2	I_3	Y_1	Y_0
1	0	0	0	0	0
0	1	0	0	0	1
0	0	1	0	1	0
0	0	0	1	1	1

根据真值表写出逻辑表达式：

$$Y_1=I_2+I_3 \tag{3-4-18}$$
$$Y_0=I_1+I_3 \tag{3-4-19}$$

根据式(3-4-18)、式(3-4-19)画出 2 位二进制编码器逻辑图，如图 3-22 所示。

从表 3-8 二进制编码器真值表我们可以看出，当输入信号同时出现两个或两个以上信号要求编码时，该二进制编码器逻辑电路将出现编码错误，此时，应使用二进制优先编码器。下面以 3 位优先编码器为例说明优先编码器设计原理。

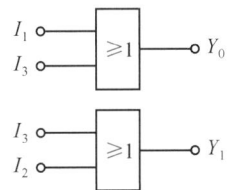

图 3-22　2 位二进制编码器

2. 3 位二进制优先编码器设计原理

优先编码器是指当输入信号同时出现几个编码要求时，编码器选择优先级最高的输入信号进行编码。假设 3 位二进制优先编码器有 8 个输入信号端：$\bar{I}_0$，$\bar{I}_1$，$\bar{I}_2$，$\bar{I}_3$，$\bar{I}_4$，$\bar{I}_5$，$\bar{I}_6$，$\bar{I}_7$，其中 $\bar{I}_i(i=0,1,2,\cdots,7)$ 的非号表示当 $\bar{I}_i$ 为低电平时该信号要求编码。3 位编码输出：$\bar{Y}_2$，$\bar{Y}_1$，$\bar{Y}_0$，其中 $\bar{Y}_i(i=0,1,2)$ 的非号表示对应二进制反码输出。假设 $\bar{I}_7$

的编码优先级最高，$\bar{I}_6$ 次之，依此类推。$\bar{I}_0$ 的编码优先级最低，则对应的 3 位二进制优先编码器真值表如表 3-9 所示。

表 3-9　3 位二进制优先编码器真值表

输　　入								输　　出		
$\bar{I}_0$	$\bar{I}_1$	$\bar{I}_2$	$\bar{I}_3$	$\bar{I}_4$	$\bar{I}_5$	$\bar{I}_6$	$\bar{I}_7$	$\bar{Y}_2$	$\bar{Y}_1$	$\bar{Y}_0$
×	×	×	×	×	×	×	0	0	0	0
×	×	×	×	×	×	0	1	0	0	1
×	×	×	×	×	0	1	1	0	1	0
×	×	×	×	0	1	1	1	0	1	1
×	×	×	0	1	1	1	1	1	0	0
×	×	0	1	1	1	1	1	1	0	1
×	0	1	1	1	1	1	1	1	1	0
0	1	1	1	1	1	1	1	1	1	1

表 3-9 中的×表示取值可以为 0 或 1。

根据表 3-9 所示逻辑功能，写出逻辑表达式：

$$\bar{Y}_2=\overline{\bar{\bar{I}}_0\bar{I}_1\bar{I}_2\bar{I}_3\bar{I}_4\bar{I}_5\bar{I}_6\bar{I}_7}+\overline{\bar{\bar{I}}_1\bar{I}_2\bar{I}_3\bar{I}_4\bar{I}_5\bar{I}_6\bar{I}_7}+\overline{\bar{\bar{I}}_2\bar{I}_3\bar{I}_4\bar{I}_5\bar{I}_6\bar{I}_7}+\overline{\bar{\bar{I}}_3\bar{I}_4\bar{I}_5\bar{I}_6\bar{I}_7} \qquad (3\text{-}4\text{-}20)$$

$$\bar{Y}_1=\overline{\bar{\bar{I}}_0\bar{I}_1\bar{I}_2\bar{I}_3\bar{I}_4\bar{I}_5\bar{I}_6\bar{I}_7}+\overline{\bar{\bar{I}}_1\bar{I}_2\bar{I}_3\bar{I}_4\bar{I}_5\bar{I}_6\bar{I}_7}+\overline{\bar{\bar{I}}_4\bar{I}_5\bar{I}_6\bar{I}_7}+\overline{\bar{\bar{I}}_5\bar{I}_6\bar{I}_7} \qquad (3\text{-}4\text{-}21)$$

$$\bar{Y}_0=\overline{\bar{\bar{I}}_0\bar{I}_1\bar{I}_2\bar{I}_3\bar{I}_4\bar{I}_5\bar{I}_6\bar{I}_7}+\overline{\bar{\bar{I}}_2\bar{I}_3\bar{I}_4\bar{I}_5\bar{I}_6\bar{I}_7}+\overline{\bar{\bar{I}}_4\bar{I}_5\bar{I}_6\bar{I}_7}+\overline{\bar{\bar{I}}_6\bar{I}_7} \qquad (3\text{-}4\text{-}22)$$

根据式(3-4-20)、式(3-4-21)和式(3-4-22)可以画出逻辑电路图，这里省略不画。

3. 集成 8 线－3 线优先编码器

图 3-23 是 8 线－3 线优先编码器 74LS148,74148 的图形符号，表 3-10 为其真值表。图中"HPRI/BIN"是优先编码器(高位优先/二进制)的限定符号。

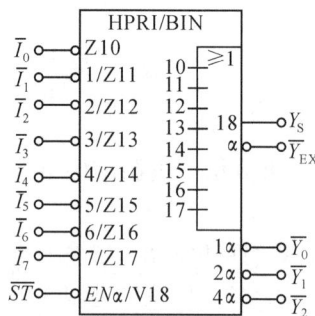

图 3-23　8 线－3 线优先编码器 74LS148,74148 的图形符号

学会看集成芯片的真值表，是正确使用芯片的首要条件。表中 $\overline{ST}$ 是优先编码器的选通输入端，$\bar{I}_7,\bar{I}_6,\bar{I}_5,\bar{I}_4,\bar{I}_3,\bar{I}_2,\bar{I}_1,\bar{I}_0$ 是 8 个输入信号端，输入低电平表示该信号有编码要求；$\bar{Y}_{EX}$ 为优先扩展输出端，Y_S 为选通输出端，$\bar{Y}_2,\bar{Y}_1,\bar{Y}_0$ 是 3 位二进制反码输出端。表 3-10 输入栏中第一行表示，当 $\overline{ST}=1$ 时，集成 8 线－3 线优先编码器禁止编码输出，此时 $\bar{Y}_{EX}Y_S=11$；第二行则说明当 $\overline{ST}=0$ 时，允许编码器编码，但由于输入信号 $\bar{I}_7,\bar{I}_6,\bar{I}_5,\bar{I}_4,\bar{I}_3,\bar{I}_2,\bar{I}_1,\bar{I}_0=$

11111111,8 个输入信号无一个信号有编码要求,此时状态输出端$\overline{Y}_{EX}Y_S=10$;从第三行开始到最后一行表示$\overline{ST}=0$有效时,且输入信号至少有一个有编码要求,则此时$\overline{Y}_{EX}Y_S=01$,$\overline{Y}_2$,$\overline{Y}_1$,$\overline{Y}_0$输出要求编码的输入信号中最高优先级的编码,$\overline{ST}$,$\overline{Y}_{EX}$,Y_S在芯片扩展时作为控制端使用。

表 3-10　集成 8 线－3 线优先编码器的真值表

输　　入									输　　出				
$\overline{ST}$	$\overline{I}_7$	$\overline{I}_6$	$\overline{I}_5$	$\overline{I}_4$	$\overline{I}_3$	$\overline{I}_2$	$\overline{I}_1$	$\overline{I}_0$	$\overline{Y}_2$	$\overline{Y}_1$	$\overline{Y}_0$	$\overline{Y}_{EX}$	Y_S
1	×	×	×	×	×	×	×	×	1	1	1	1	1
0	1	1	1	1	1	1	1	1	1	1	1	1	0
0	0	×	×	×	×	×	×	×	0	0	0	0	1
0	1	0	×	×	×	×	×	×	0	0	1	0	1
0	1	1	0	×	×	×	×	×	0	1	0	0	1
0	1	1	1	0	×	×	×	×	0	1	1	0	1
0	1	1	1	1	0	×	×	×	1	0	0	0	1
0	1	1	1	1	1	0	×	×	1	0	1	0	1
0	1	1	1	1	1	1	0	×	1	1	0	0	1
0	1	1	1	1	1	1	1	0	1	1	1	0	1

如果构成 16 线－4 线优先编码器,可以用两片 74LS148 优先编码器加少量的门电路构成。具体步骤为:

(1)确定$\overline{I}_{15}$的编码优先级最高,$\overline{I}_{14}$次之,依此类推,$\overline{I}_0$最低。

(2)用一片 74LS148 作为高位片,$\overline{I}_{15}$,$\overline{I}_{14}$,$\overline{I}_{13}$,$\overline{I}_{12}$,$\overline{I}_{11}$,$\overline{I}_{10}$,$\overline{I}_9$,$\overline{I}_8$作为该片的信号输入;另一片 74LS148 作为低位片,$\overline{I}_7$,$\overline{I}_6$,$\overline{I}_5$,$\overline{I}_4$,$\overline{I}_3$,$\overline{I}_2$,$\overline{I}_1$,$\overline{I}_0$作为该片的信号输入。

(3)根据编码优先级顺序,高位片的选通输入端作为总的选通输入端,低位片的选通输入端接高位片的选通输出端,高位片的$\overline{Y}_{EX}$端作为 4 位编码的最高位输出,低位片的Y_S作为总的选通输出端。两片的$\overline{Y}_{EX}$信号相与作为总的优先扩展输出端。具体逻辑电路如图 3-24 所示。

4. 集成 9 线－4 线优先编码器

根据 8 线－3 线优先编码器的设计方法,可以设计 9 线－4 线优先编码器,将它封装在一个芯片上,便构成 9 线－4 线集成优先编码器(有时也称为 10 线－4 线优先编码器)。图 3-25 所示为 74147,74LS147 的图形符号,表 3-11 所示为对应的真值表。

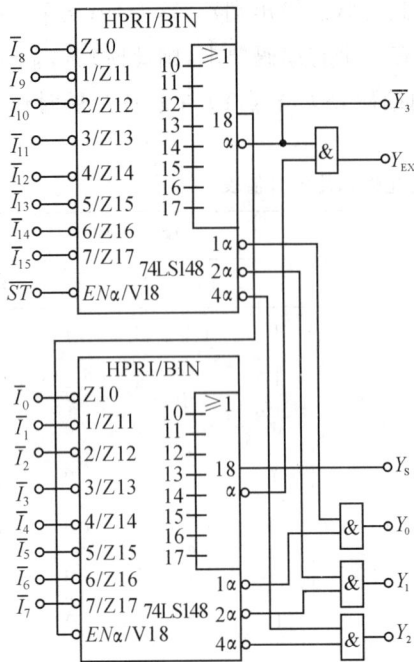

图 3-24 用 74LS148 构成 16 线－4 线优先编码器

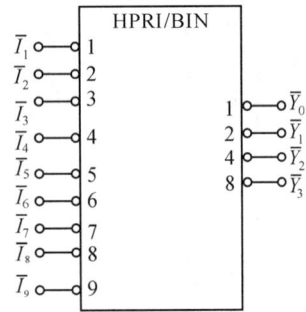

图 3-25 9 线 － 4 线 集 成 优 先 编 码 器 74LS147,74147 图形符号

表 3-11 9 线－4 线集成优先编码器真值表

输　　入									输　　出			
$\bar{I}_9$	$\bar{I}_8$	$\bar{I}_7$	$\bar{I}_6$	$\bar{I}_5$	$\bar{I}_4$	$\bar{I}_3$	$\bar{I}_2$	$\bar{I}_1$	$\bar{Y}_3$	$\bar{Y}_2$	$\bar{Y}_1$	$\bar{Y}_0$
0	×	×	×	×	×	×	×	×	0	1	1	0
1	0	×	×	×	×	×	×	×	0	1	1	1
1	1	0	×	×	×	×	×	×	1	0	0	0
1	1	1	0	×	×	×	×	×	1	0	0	1
1	1	1	1	0	×	×	×	×	1	0	1	0
1	1	1	1	1	0	×	×	×	1	0	1	1
1	1	1	1	1	1	0	×	×	1	1	0	0
1	1	1	1	1	1	1	0	×	1	1	0	1
1	1	1	1	1	1	1	1	0	1	1	1	0
1	1	1	1	1	1	1	1	1	1	1	1	1

5. 码组变换器

码组变换器是将输入的一种编码转换为另一种编码输出的电路。输入编码及输出编码的种类不同,则码组变换器的电路构成也不同。下面以 8421BCD 码与余 3 码的转换电路为例,说明码组变换器的构成原理。

例 3-5 用集成 4 位加法器及少量门电路构成 8421BCD 码与余 3 码的转换电路。

解 根据题意,该电路要进行 8421BCD 码与余 3 码的双向转换,设 C 为转换控制信号,$C=0$ 时进行 8421BCD 码到余 3 码的转换,否则进行余 3 码到 8421BCD 码的转换,列出

8421BCD 码与余 3 码的转换真值表,如表 3-12 所示。

表 3-12　8421BCD 码与余 3 码的转换真值表

输　　入					输　　出			
C	A_3	A_2	A_1	A_0	B_3	B_2	B_1	B_0
0	0	0	0	0	0	0	1	1
0	0	0	0	1	0	1	0	0
0	0	0	1	0	0	1	0	1
0	0	0	1	1	0	1	1	0
0	0	1	0	0	0	1	1	1
0	0	1	0	1	1	0	0	0
0	0	1	1	0	1	0	0	1
0	0	1	1	1	1	0	1	0
0	1	0	0	0	1	0	1	1
0	1	0	0	1	1	1	0	0
1	0	0	1	1	0	0	0	0
1	0	1	0	0	0	0	0	1
1	0	1	0	1	0	0	1	0
1	0	1	1	0	0	0	1	1
1	0	1	1	1	0	1	0	0
1	1	0	0	0	0	1	0	1
1	1	0	0	1	0	1	1	0
1	1	0	1	0	0	1	1	1
1	1	0	1	1	1	0	0	0
1	1	1	0	0	1	0	0	1

由真值表可以得到:

$C=0$ 时　　　$B_3 B_2 B_1 B_0 = A_3 A_2 A_1 A_0 + 0011$

$C=1$ 时　　　$B_3 B_2 B_1 B_0 = A_3 A_2 A_1 A_0 - 0011 = A_3 A_2 A_1 A_0 + 1101$

根据集成 4 位加法器的工作原理作出逻辑图,如图 3-26 所示。

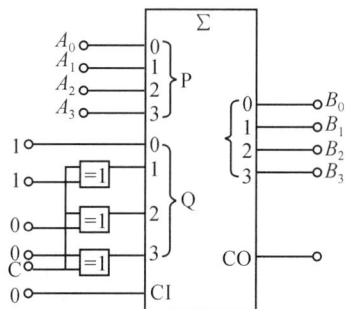

图 3-26　集成 4 位全加器构成 8421BCD 码与余 3 码的转换电路

3.4.6　译码器

译码是编码的逆过程,译码器是将输入的二进制代码转换成相应的十进制数输出的电路。下面以 3 线－8 线译码器为例,说明二进制译码器的设计原理。

1. 3 线－8 线二进制译码器

假设输入信号为二进制原码,输出信号为低电平有效,3 线－8 线二进制译码器输入的 3 位二进制代码为 A_2, A_1, A_0;2^3 个输出信号为 $\overline{Y}_0, \overline{Y}_1, \overline{Y}_2, \overline{Y}_3, \overline{Y}_4, \overline{Y}_5, \overline{Y}_6, \overline{Y}_7$。任何时刻二进制译码器的输出信号只允许一个输出信号有效。根据设计要求,列出真值表,如表 3-13 所示。

表 3-13　3 线－8 线二进制译码器真值表

输　入			输　　出							
A_2	A_1	A_0	$\overline{Y}_0$	$\overline{Y}_1$	$\overline{Y}_2$	$\overline{Y}_3$	$\overline{Y}_4$	$\overline{Y}_5$	$\overline{Y}_6$	$\overline{Y}_7$
0	0	0	0	1	1	1	1	1	1	1
0	0	1	1	0	1	1	1	1	1	1
0	1	0	1	1	0	1	1	1	1	1
0	1	1	1	1	1	0	1	1	1	1
1	0	0	1	1	1	1	0	1	1	1
1	0	1	1	1	1	1	1	0	1	1
1	1	0	1	1	1	1	1	1	0	1
1	1	1	1	1	1	1	1	1	1	0

根据真值表,直接写出输出信号的逻辑表达式:

$$\overline{Y}_0 = \overline{\overline{A}_2\, \overline{A}_1\, \overline{A}_0} \tag{3-4-23}$$

$$\overline{Y}_1 = \overline{\overline{A}_2\, \overline{A}_1\, A_0} \tag{3-4-24}$$

$$\overline{Y}_2 = \overline{\overline{A}_2\, A_1\, \overline{A}_0} \tag{3-4-25}$$

$$\overline{Y}_3 = \overline{\overline{A}_2\, A_1\, A_0} \tag{3-4-26}$$

$$\overline{Y}_4 = \overline{A_2\, \overline{A}_1\, \overline{A}_0} \tag{3-4-27}$$

$$\overline{Y}_5 = \overline{A_2\, \overline{A}_1\, A_0} \tag{3-4-28}$$

$$\overline{Y}_6 = \overline{A_2\, A_1\, \overline{A}_0} \tag{3-4-29}$$

$$\overline{Y}_7 = \overline{A_2\, A_1\, A_0} \tag{3-4-30}$$

从二进制译码器的逻辑表达式可以看到,输出为低电平有效时,输出表达式为以输入信号为自变量的最小项的非,这样,可以用译码器加与非门构成逻辑函数表达式。

2. 集成 3 线－8 线译码器

将设计好的 3 线－8 线译码器封装在一个集成芯片上,便成为集成 3 线－8 线译码器。图 3-27 为 74LS138,74138 的图形符号,相应的真值表如表 3-14 所示。图中 BIN/OCT(二进

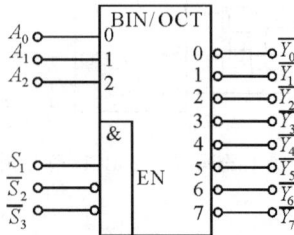

图 3-27　74LS138 集成 3 线－8 线译码器的图形符号

制/八进制)为 3 线－8 线译码器的限定符号。

表 3-14　集成 3 线－8 线二进制译码器真值表

输入					输出							
S_1	$\overline{S}_2+\overline{S}_3$	A_2	A_1	A_0	$\overline{Y}_0$	$\overline{Y}_1$	$\overline{Y}_2$	$\overline{Y}_3$	$\overline{Y}_4$	$\overline{Y}_5$	$\overline{Y}_6$	$\overline{Y}_7$
1	0	0	0	0	0	1	1	1	1	1	1	1
1	0	0	0	1	1	0	1	1	1	1	1	1
1	0	0	1	0	1	1	0	1	1	1	1	1
1	0	0	1	1	1	1	1	0	1	1	1	1
1	0	1	0	0	1	1	1	1	0	1	1	1
1	0	1	0	1	1	1	1	1	1	0	1	1
1	0	1	1	0	1	1	1	1	1	1	0	1
1	0	1	1	1	1	1	1	1	1	1	1	0
0	×	×	×	×	1	1	1	1	1	1	1	1
×	1	×	×	×	1	1	1	1	1	1	1	1

$S_1,\overline{S}_2,\overline{S}_3$ 为 3 个输入选通控制端,当 $S_1\overline{S}_2\overline{S}_3=100$ 时,才允许集成 3 线－8 线二进制译码器进行译码,这 3 个控制信号可以作为译码器的扩展端使用。

下面以集成 3 线－8 线二进制译码器构成 4 线－16 线译码器为例,说明译码器的扩展方法。

(1)确定译码器的个数:由于输出有 16 个信号,至少需要两个 3 线－8 线二进制译码器。

(2)扩展后输入的二进制代码有 4 个,除了使用芯片原有的 3 个二进制代码输入端作为低 3 位代码输入外,还需要在 3 个选通控制端中选择一个作为最高位代码输入端。

具体的逻辑电路如图 3-28 所示。

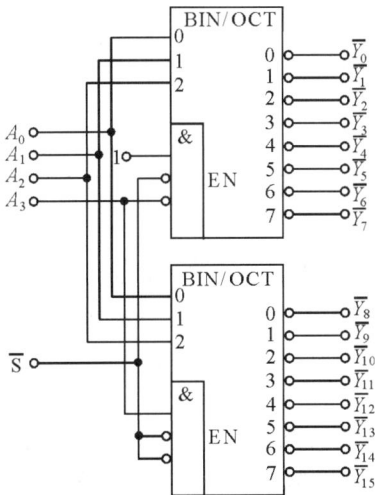

图 3-28　用 74LS138 构成的 4 线－16 线译码器

3. 集成 8421BCD 输入 4 线－10 线译码器

以前面介绍的 3 线－8 线译码器的设计方法设计 8421BCD 输入 4 线－10 线译码器,并将它封装在一个集成芯片中便构成集成 8421BCD 输入 4 线－10 线译码器。图 3-29 为

74LS42,7442 的图形符号,相应的真值表如表 3-15 所示。图中 BCD/DEC(二—十进制 BCD 码/十进制)为限定符号。

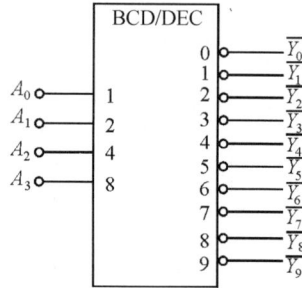

图 3-29　集成 8421BCD 输入 4 线－10 线译码器 74LS42,7442 的图形符号

表 3-15　集成 8421BCD 输入 4 线－10 线译码器真值表

输		入		输				出					
A_3	A_2	A_1	A_0	$\overline{Y}_0$	$\overline{Y}_1$	$\overline{Y}_2$	$\overline{Y}_3$	$\overline{Y}_4$	$\overline{Y}_5$	$\overline{Y}_6$	$\overline{Y}_7$	$\overline{Y}_8$	$\overline{Y}_9$
0	0	0	0	0	1	1	1	1	1	1	1	1	1
0	0	0	1	1	0	1	1	1	1	1	1	1	1
0	0	1	0	1	1	0	1	1	1	1	1	1	1
0	0	1	1	1	1	1	0	1	1	1	1	1	1
0	1	0	0	1	1	1	1	0	1	1	1	1	1
0	1	0	1	1	1	1	1	1	0	1	1	1	1
0	1	1	0	1	1	1	1	1	1	0	1	1	1
0	1	1	1	1	1	1	1	1	1	1	0	1	1
1	0	0	0	1	1	1	1	1	1	1	1	0	1
1	0	0	1	1	1	1	1	1	1	1	1	1	0
1	0	1	0	1	1	1	1	1	1	1	1	1	1
1	0	1	1	1	1	1	1	1	1	1	1	1	1
1	1	0	0	1	1	1	1	1	1	1	1	1	1
1	1	0	1	1	1	1	1	1	1	1	1	1	1
1	1	1	0	1	1	1	1	1	1	1	1	1	1
1	1	1	1	1	1	1	1	1	1	1	1	1	1

4. 显示译码器

与二进制译码器不同,显示译码器是用来驱动显示器件的译码器。而要分析显示译码器的原理,应先了解显示器件的类型及工作原理。下面先对常用的显示器件作一些介绍,然后对显示译码器的设计原理进行分析。

(1)半导体显示器件

某些特殊的半导体材料做成的 PN 结,在外加一定的电压时,具有能将电能转化成光能的特性,利用这种 PN 结发光特性制作成显示器件,称为半导体显示器件。常用半导体显示器件有单个的发光二极管及由多个发光二极管组成的 LED 数码管显示器件,如图 3-30 所示。

半导体显示器件工作时,发光二极管需要一定大小的工作电压及电流。一般地,发光二极管的工作电压为 1.5~3V,工作电流为几到十几毫安,视型号不同而有所不同。驱动电路可以由门电路构成,也可以由三极管电路构成,如图 3-31 所示,调整电阻 R(或 R_C)的大小,

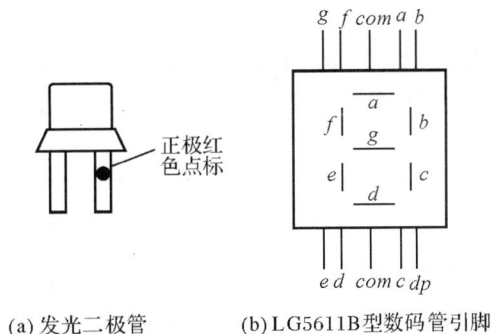

(a) 发光二极管   (b) LG5611B型数码管引脚

图 3-30 半导体显示器件

可以改变发光二极管 D 的亮度,使发光二极管正常工作。

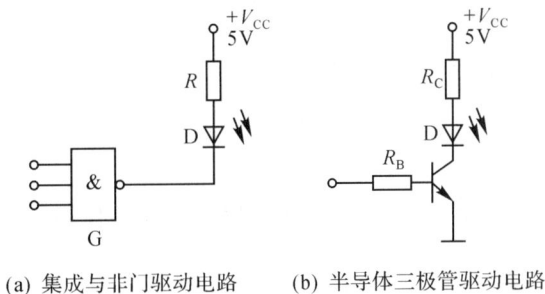

(a) 集成与非门驱动电路   (b) 半导体三极管驱动电路

图 3-31 半导体显示器件驱动电路

LED 数码管有共阴极数码管与共阳极数码管两种接法。如图 3-32 所示,在构成显示译码器时,对于 LED 共阳极数码管,要使某段发亮,该段应接低电平;对于 LED 共阴极数码管,要使某段发亮,该段应接高电平。

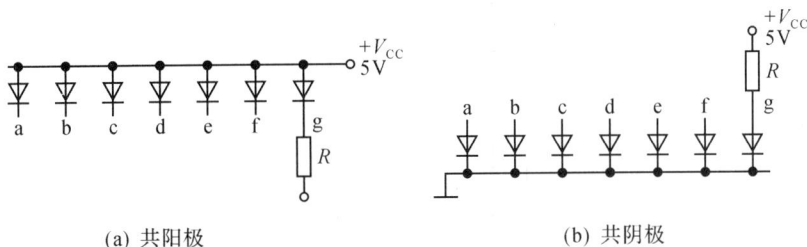

(a) 共阳极   (b) 共阴极

图 3-32 LED 数码管两种接法

半导体显示器件的优点是体积小、工作可靠、寿命长、响应速度快、颜色丰富,缺点是功耗较大。

(2)液晶显示器件

液晶显示器件(LCD)是一种平板薄型显示器件。由于它的驱动电压低,工作电流非常小,与 CMOS 电路结合可以构成微功耗系统,广泛应用在电子钟表、电子计算机、各种仪器和仪表中。

液晶是一种介于晶体和液体之间的化合物,其在常温下既具有液体的流动性和连续性,又具有晶体的某些光学特性。液晶显示器件本身不发光,但在外加电场作用下,产生光电效应,调制外界光线使不同的部位显现反差来达到显示目的。液晶显示器件由一个公共极和构成七段字形的 7 个电极构成。图 3-33(a)是字段 a 的液晶显示器件交流驱动电路,图 3-33(b)是产生交流电压的工作波形。当 a 为低电平时,液晶两端不形成电场,无光电效应,该段不发光;当 a 为高电平时,液晶两端形成电场,有光电效应,该段发光。

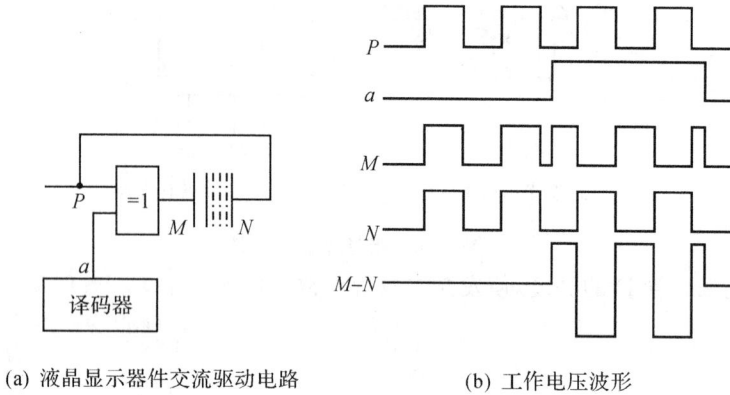

(a) 液晶显示器件交流驱动电路　　　　　(b) 工作电压波形

图 3-33　液晶显示器件驱动电路

（3）显示译码器

现以驱动共阳极 LED 数码管的 8421BCD 码七段显示译码器为例,说明显示译码器的工作原理。

图 3-34 所示为 74LS47,7447,74LS247,74247 集成 4 线－7 线译码器的图形符号。显示译码器的输入信号为 8421BCD 码,输出为对应的数码管七段控制信号。

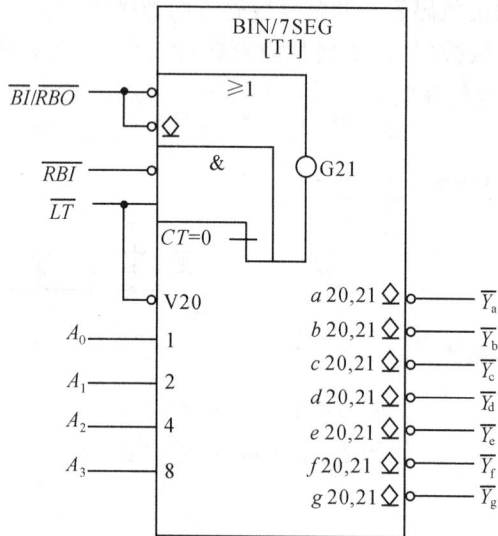

图 3-34　4 线－7 线译码器/驱动器 74LS47,7447 的图形符号

根据共阳极 LED 数码管特点,当某段控制信号为低电平时,该段发亮,否则该段不亮。由于显示译码器是将 8421BCD 码转换成显示控制信号,当输入不同的 BCD 码时,输出控制每段 LED 数码管按如图 3-35 所示字型发亮。

根据图 3-35,列出相应的真值表,如表 3-16 所示。

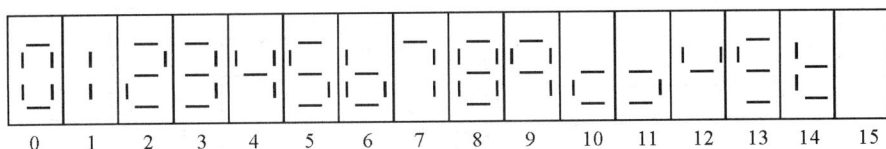

图 3-35 BCD 码所对应的十进制数显示形式

表 3-16 8421BCD 码七段显示译码器真值表

输 入				输 出							字形
A_3	A_2	A_1	A_0	Y_a	Y_b	Y_c	Y_d	Y_e	Y_f	Y_g	
0	0	0	0	0	0	0	0	0	0	1	0
0	0	0	1	1	0	0	1	1	1	1	1
0	0	1	0	0	0	1	0	0	1	0	2
0	0	1	1	0	0	0	0	1	1	0	3
0	1	0	0	1	0	0	1	1	0	0	4
0	1	0	1	0	1	0	0	1	0	0	5
0	1	1	0	1	1	0	0	0	0	0	6
0	1	1	1	0	0	0	1	1	1	1	7
1	0	0	0	0	0	0	0	0	0	0	8
1	0	0	1	0	0	0	0	1	0	0	9

图 3-34 中,附加控制端用于扩展电路功能。下面分别介绍如下。

灯测试输入 $\overline{LT}$:当令 $\overline{LT}=0$ 时,可使被驱动数码管的七段同时亮,用以检查该数码管各段能否正常发光。正常工作时应置 $\overline{LT}$ 为高电平。

灭零输入 $\overline{RBI}$:设置 $\overline{RBI}$ 的目的是为了能把不希望显示的零熄灭。例如有一个 8 位的数码显示电路,整数部分为 5 位,小数部分为 3 位,在显示 51.8 这个数时将呈现 00051.800 字样。如果将前、后多余的零熄灭,则显示结果 51.8 将更加醒目。因此如果需要将被驱动的零熄灭,则可加入 $\overline{RBI}=0$ 的输入信号,使本来应该显示的零熄灭。

灭灯输入/灭零输出 $\overline{BI}/\overline{RBO}$:这是一个双功能的输入/输出端。

当 $\overline{BI}/\overline{RBO}$ 作为输入端使用时,称为灭灯输入控制端。只要加入灭灯控制信号 $\overline{BI}=0$,无论 A_3,A_2,A_1,A_0 的状态是什么,都将使被驱动的数码管熄灭。

当 $\overline{BI}/\overline{RBO}$ 作为输出端使用时,称为灭零输出端。只有当输入为 $A_3=A_2=A_1=A_0=0$,且有灭零输入信号 $\overline{RBI}=0$ 时,$\overline{RBO}$ 才会输出低电平。因此,$\overline{RBO}=0$ 表示译码器已将本来应该显示的零熄灭了。

根据共阳极数码管发光原理,译码器输出信号为低电平时,才能使数码管发光。因此,LED 数码管的阳极接电源正极,阴极接译码器输出信号。由于 LED 数码管发光需要有一定的工作电流,显示译码器输出信号必须要有足够的带灌电流负载的能力,以驱动 LED 相应的段发光。在译码器的输出端需串联一个限流电阻 R。具体电路如图 3-36 所示。

如果要驱动共阴极 LED 数码管,则可采用输出高电平驱动的 7448,74LS48,74248,74LS248 等集式显示译码器。

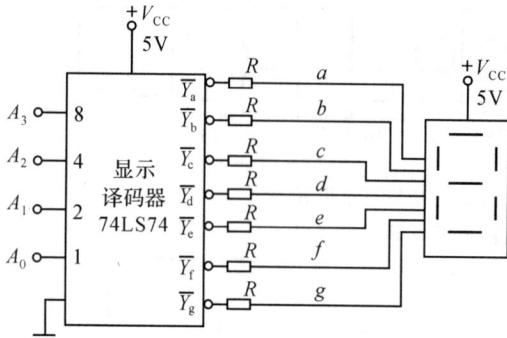

图 3-36　显示译码器与共阳极显示器的连接图

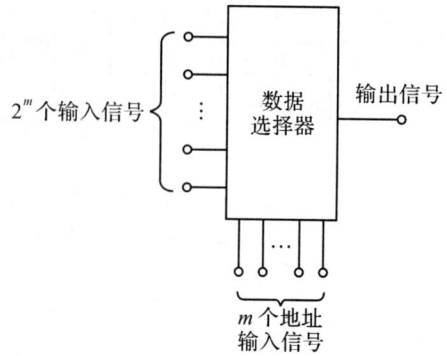

图 3-37　数据选择器方框图

3.4.7　数据选择器

如图 3-37 所示,数据选择器是指 2^m(m 为正整数)个输入信号,根据 m 个地址输入,选择一个输入信号传送到输出端的器件。数据选择器也称为多路选择器或多路开关。

下面以 4 选 1 数据选择器为例,说明数据选择器的工作原理。

1. 4 选 1 数据选择器

如图 3-38 所示,4 选 1 数据选择器有 4 个输入信号、2 个地址输入信号、1 个输出信号。根据数据选择器定义及图 3-38,列出真值表,如表 3-17 所示。

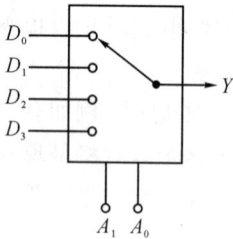

图 3-38　4 选 1 数据选择器示意图

表 3-17　4 选 1 数据选择器真值表

输　　入		输　　出
A_1	A_0	Y
0	0	D_0
0	1	D_1
1	0	D_2
1	1	D_3

根据真值表,写出逻辑表达式为

$$Y = D_0 \overline{A_1}\, \overline{A_0} + D_1 \overline{A_1} A_0 + D_2 A_1 \overline{A_0} + D_3 A_1 A_0 \qquad (3\text{-}4\text{-}31)$$

由于数据选择器的输出表达式是变量 A_1,A_0 的标准与一或式,因此,数据选择器可以作为函数发生器,这将在以后小节中介绍。

2. 8 选 1 数据选择器

8 选 1 数据选择器 74LS151 的图形符号如图 3-39 所示。相应的真值表如表 3-18 所示。图中 MUX 为数据选择器的限定符号。

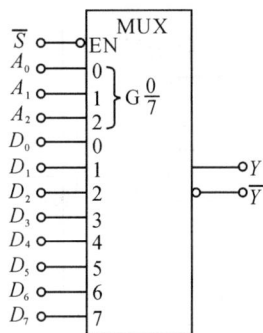

图 3-39　74LS151 集成 8 选 1 数据选择器图形符号

表 3-18　集成 8 选 1 数据选择器真值表

输　　入				输　　出	
$\overline{S}$	A_2	A_1	A_0	Y	$\overline{Y}$
1	×	×	×	0	1
0	0	0	0	D_0	$\overline{D_0}$
0	0	0	1	D_1	$\overline{D_1}$
0	0	1	0	D_2	$\overline{D_2}$
0	0	1	1	D_3	$\overline{D_3}$
0	1	0	0	D_4	$\overline{D_4}$
0	1	0	1	D_5	$\overline{D_5}$
0	1	1	0	D_6	$\overline{D_6}$
0	1	1	1	D_7	$\overline{D_7}$

当选通控制端 $\overline{S}=1$ 时,互补输出端 $Y\,\overline{Y}=01$,数据选择器被禁止;当选通控制端 $\overline{S}=0$ 时,数据选择器被选通,此时互补输出端逻辑表达式为

$$Y=D_0\,\overline{A_2}\,\overline{A_1}\,\overline{A_0}+D_1\,\overline{A_2}\,\overline{A_1}\,A_0+\cdots+D_7 A_2 A_1 A_0 \tag{3-4-32}$$

$$\overline{Y}=\overline{D_0}\,\overline{A_2}\,\overline{A_1}\,\overline{A_0}+\overline{D_1}\,\overline{A_2}\,\overline{A_1}\,A_0+\cdots+\overline{D_7}A_2 A_1 A_0 \tag{3-4-33}$$

3. 集成数据选择器的扩展

如果设计的数据选择器输入信号的个数多于所选数据选择器输入信号的个数,这时可以选择芯片的扩展。下面以两片 8 选 1 数据选择器扩展为 16 选 1 数据选择器为例说明数据选择器的扩展方法。

在芯片扩展时,选通控制端的使用至关重要。由于 16 选 1 数据选择器有 4 个地址输入信号,因此,必须借助选通控制端来作为新的地址输入信号 A_3。

用两片 74151 连接起来构成 16 选 1 数据选择器,如图 3-40 所示。

如图 3-40 所示,当 $A_3=0$ 时, $\overline{S_1}=0$, $\overline{S_2}=1$,74LS151(1)工作,74LS151(2)禁止,输出 $D_0 \sim D_7$ 中的一个数据。当 $A_3=1$ 时, $\overline{S_1}=1$, $\overline{S_2}=0$,74LS151(1)禁止,74LS151(2)工作,输出 $D_8 \sim D_{15}$ 中的一个数据。

由于每次在 Y_1, Y_2 中只有一个端有数据输出,另一个端为 0(芯片被禁止时),所以 Y_1, Y_2 经过一个或门后可作为总的输出端 Y。

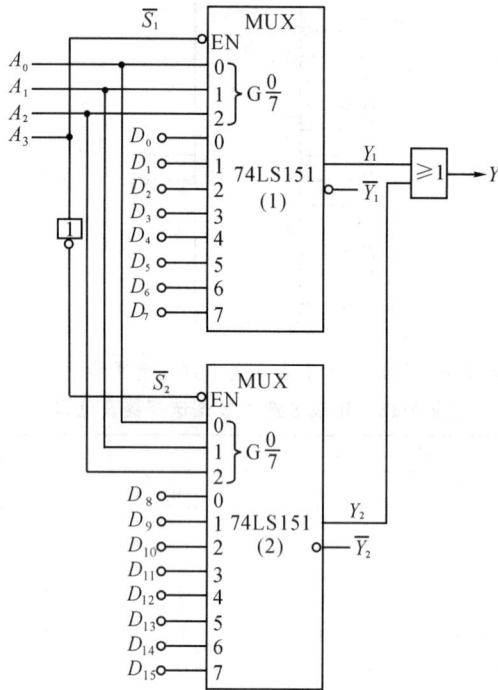

图 3-40　用 8 选 1 数据选择器扩展为 16 选 1 数据选择器

3.4.8　数据分配器

如图 3-41 所示，根据 m 个地址输入，将 1 个输入信号传送到 2^m 个输出端中的某 1 个的器件称为数据分配器。

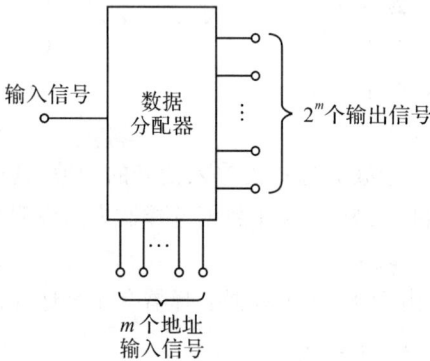

图 3-41　数据分配器方框图

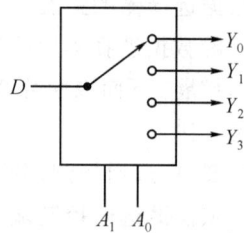

图 3-42　1 路－4 路数据分配器示意图

下面以 1 路－4 路数据分配器为例，说明数据分配器的工作原理。

1. 1 路－4 路数据分配器

如图 3-42 所示，1 路－4 路数据分配器有 1 个信号输入端 D，两个地址输入端 A_1, A_0，4 个信号输出端 Y_3, Y_2, Y_1, Y_0。

根据数据分配器定义及图 3-42，列出 1 路－4 路数据分配器真值表，如表 3-19 所示。

表 3-19 1 路－4 路数据分配器真值表

输　　入		输　　　　出			
A_1	A_0	Y_3	Y_2	Y_1	Y_0
0	0	0	0	0	D
0	1	0	0	D	0
1	0	0	D	0	0
1	1	D	0	0	0

根据真值表,写出输出信号逻辑表达式如下:

$$Y_0 = D\,\overline{A_1}\,\overline{A_0} \tag{3-4-34}$$

$$Y_1 = D\,\overline{A_1}A_0 \tag{3-4-35}$$

$$Y_2 = DA_1\,\overline{A_0} \tag{3-4-36}$$

$$Y_3 = DA_1A_0 \tag{3-4-37}$$

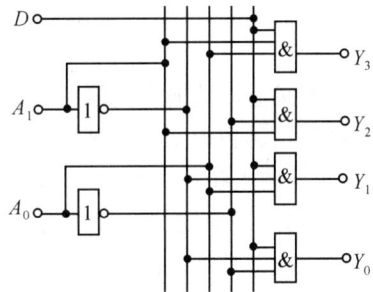

图 3-43 1 路－4 路数据分配器逻辑电路图

根据式(3-4-34)至式(3-4-37)画出 1 路－4 路数据分配器的逻辑电路图,如图 3-43 所示。

从图 3-43 可以看出,如果将地址输入 A_1, A_0 作为二进制编码输入,D 作为选通控制信号,则数据分配器就成为二进制译码器,所以数据分配器完全可以用二进制译码器代替。

2. 集成数据分配器

由于数据分配器可以用二进制译码器代替,所以集成二进制译码器也是集成数据分配器。如集成 2 线－4 线二进制译码器 74LS139 也是集成 1 路－4 路数据分配器;集成 3 线－8 线二进制译码器 74LS138 也是集成 1 路－8 路数据分配器。

例如:用 74LS138 作为 1 路－8 路数据分配器,如图 3-44 所示。图中 DX 是数据分配器的限定符号。

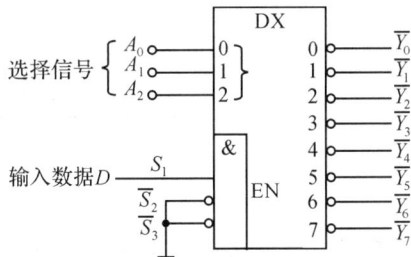

图 3-44 用 74LS138 作为 1 路－8 路数据分配器

输入数据 D 加于原使能端(例如 S_1 端),另外两个使能端接地(有效),选择信号(A_2, A_1, A_0)仍加于选择端。则

$$\text{EN} = S_1 \cdot S_2 \cdot S_3 = D \tag{3-4-38}$$

$$\overline{Y_i} = \overline{\text{EN} \cdot m_i} = \overline{D \cdot m_i} \tag{3-4-39}$$

例如:输入选择信号为 $A_2A_1A_0 = 111$,即 $m_7 = 1$,则

$$\overline{Y_7} = \overline{D \cdot m_7} = \overline{D}$$

数据 D 以反变量的形式从 $\overline{Y}_7$ 端输出。

3.5　用中规模集成电路实现组合逻辑函数

3.5.1　用集成数据选择器实现组合逻辑函数

用数据选择器加少量门电路可以实现任意逻辑函数,具体步骤如下:

(1)根据数据选择器的地址输入端的个数,确定逻辑函数变量与地址输入端的对应关系。

(2)写出对应地址输入变量的逻辑函数标准与一或式。

(3)将逻辑函数标准与一或式各最小项前的系数(该系数可能是一个逻辑表达式)与数据选择器数据输入端一一对应,写出数据选择器数据输入端的逻辑表达式(或逻辑值)。

(4)将步骤(1)确定的变量作为数据选择器地址输入,用少许门电路实现数据输入端的逻辑表达式,画出最终的逻辑电路图。

下面举例说明。

例 3-6　用数据选择器 74LS153 实现逻辑函数 $F = A\,\overline{B} + BC$。

解　74LS153 是一个双 4 选 1 数据选择器,其逻辑符号如图 3-45 所示,真值表如表 3-20 所示。

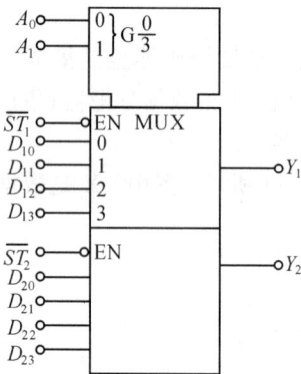

图 3-45　双 4 选 1 数据选择器图形符号

表 3-20　74LS153 的真值表

输　　　　入			输　　出	
$\overline{ST}_1(\overline{ST}_2)$	A_1	A_0	Y_1	(Y_2)
1	$\times$	$\times$	0	0
0	0	0	D_{10}	D_{20}
0	0	1	D_{11}	D_{21}
0	1	0	D_{12}	D_{22}
0	1	1	D_{13}	D_{23}

根据设计步骤,选定 B,C 变量与数据选择器输入地址 A_1,A_0 对应,将原表达式写为以 B,C 为自变量的标准与或式,即

$$F(B,C) = A\,\overline{B} + BC = A(\overline{B}C + \overline{B}\,\overline{C}) + BC$$

$$= Am_0 + Am_1 + 1 \cdot m_3 \tag{3-5-1}$$

根据式(3-5-1),并选择一个 4 选 1 数据选择器工作,则 $D_{10} = A$,$D_{11} = A$,$D_{12} = 0$,$D_{13} = 1$。

设计好的逻辑电路图如图 3-46 所示。

例 3-7　用数据选择器 74LS151 实现函数 $F(A,B,C,D) = \sum m(0,3,5,8,10,12,15)$。

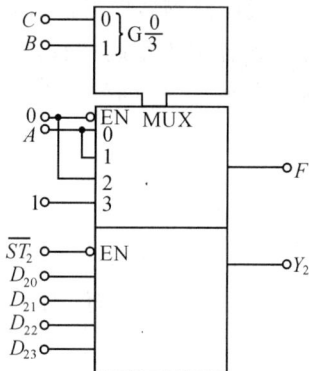

图 3-46　例 3-6 逻辑电路图

解　74LS151 是 8 选 1 数据选择器(如图 3-39 所示),选取 B,C,D 与数据选择器的地址输入端 A_2,A_1,A_0 相对应,画出卡诺图,如图 3-47 所示。

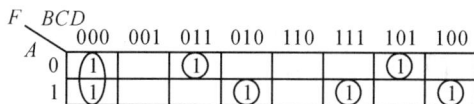

图 3-47　例 3-7 卡诺图

写出以 B,C,D 为自变量的标准与或式,即

$$F(B,C,D)=1 \cdot \overline{B}\,\overline{C}\,\overline{D}+\overline{A} \cdot \overline{B}CD+A \cdot \overline{B}C\overline{D}+A \cdot BCD+\overline{A} \cdot B\overline{C}D$$
$$+A \cdot B\overline{C}\,\overline{D}$$
$$=m_0+A \cdot m_2+\overline{A}m_3+A \cdot m_4$$
$$+\overline{A} \cdot m_5+A \cdot m_7$$

所以 $D_0=1,D_1=0,D_2=A,D_3=\overline{A},D_4=A,D_5=\overline{A},D_6=0,D_7=A$。

最后画出 74LS151 构成的逻辑电路图,如图 3-48 所示。

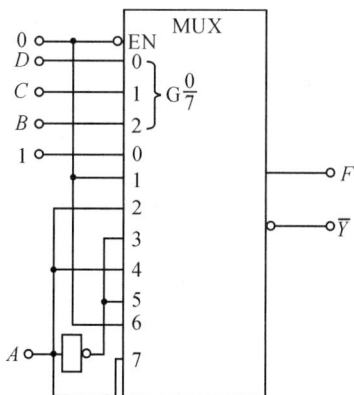

图 3-48　例 3-7 逻辑电路图

3.5.2　用译码器实现组合逻辑函数

集成译码器加少量逻辑门可以构成任意组合逻辑函数。以输出低电平有效的二进制译

码器 74LS138(如图 3-27 所示)为例说明译码器构成逻辑函数的步骤：

(1)根据函数自变量个数确定译码器输入编码位数；

(2)将函数自变量与译码器输入编码一一对应；

(3)写出函数的标准与或式；

(4)函数的标准与或式转换成与非—与非式；

(5)然后用译码器加与非门构成逻辑函数。

例 3-8　用 74LS138 及少量与非门构成 1 位全加器。

解　1 位全加器有 3 个输入变量 A_i,B_i,C_{i-1}，而 74LS138 有 3 位编码输入，因此可以采用 74LS138 译码器来实现。

1 位全加器的表达式重写如下：

$$S_i=A_i\,\overline{B_i}\,\overline{C_{i-1}}+\overline{A_i}\,\overline{B_i}C_{i-1}+\overline{A_i}B_i\,\overline{C_{i-1}}+A_iB_iC_{i-1}$$

$$C_i=A_iB_i+B_iC_{i-1}+A_iC_{i-1}$$

取 A_i,B_i,C_{i-1} 分别与译码器输入 A_2,A_1,A_0 对应，将 S_i,C_i 标准与或式表示为

$$S_i(A_i,B_i,C_{i-1})=m_1+m_2+m_4+m_7$$

$$C_i(A_i,B_i,C_{i-1})=\overline{A_i}B_iC_{i-1}+A_i\,\overline{B_i}C_{i-1}+A_iB_i\,\overline{C_{i-1}}+A_iB_iC_{i-1}$$

$$=m_3+m_5+m_6+m_7$$

然后用与非—与非式表示：

$$S_i(A_i,B_i,C_{i-1})=\overline{\overline{m_1}\cdot\overline{m_2}\cdot\overline{m_4}\cdot\overline{m_7}}$$

$$C_i(A_i,B_i,C_{i-1})=\overline{\overline{m_3}\cdot\overline{m_5}\cdot\overline{m_6}\cdot\overline{m_7}}$$

由于 74LS138 译码器的输出信号表达式为

$$\overline{Y_0}=\overline{\overline{A_2}\,\overline{A_1}\,\overline{A_0}}=\overline{m_0},\overline{Y_1}=\overline{\overline{A_2}\,\overline{A_1}A_0}=\overline{m_1},\cdots,\overline{Y_7}=\overline{\overline{A_2A_1A_0}}=\overline{m_7}$$

所以 S_i,C_i 表达式可以通过译码器加两个与非门实现，最终逻辑电路图如图 3-49 所示。

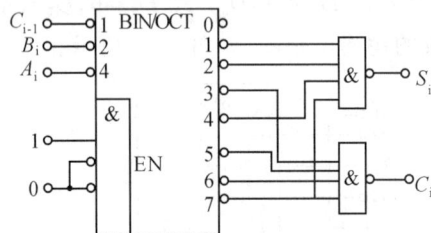

图 3-49　例 3-8 的逻辑电路图

3.5.3　用加法器实现组合逻辑函数

用加法器实现组合逻辑函数只适用于某些特殊情况，如逻辑函数有加、减、乘法等算术运算，或某些有加、减关系的码组变换等。否则用加法器实现逻辑函数失去加法器的优势，将使电路复杂。下面举两例加以说明。

例 3-9　用 4 位集成加法器 74LS283(如图 3-14 所示)实现 1 位 8421BCD 码加法电路。

解　1 位 8421BCD 码加法电路有两组数据输入：$A_3A_2A_1A_0$ 和 $B_3B_2B_1B_0$；产生的和及进位为：$S_3S_2S_1S_0$，C。由于 4 位加法器加法是逢 16 进 1，而 BCD 码加法是逢 10 进 1，因此当 4 位加法器的和大于 10 时，应加 6 进行校正，或者当 4 位加法器产生进位时，也应加 6 校正。

因此,BCD 码加法电路由三部分构成:

(1)加法电路,由 4 位加法器完成;

(2)校正判别电路,由门电路完成;

(3)校正电路,由 4 位加法器完成。

第一部分:将 $A_3A_2A_1A_0$ 和 $B_3B_2B_1B_0$ 输入 4 位加法器进行运算。

第二部分:根据第一部分运算结果进行校正判别,当和大于 10 或产生进位,校正判别函数为 1,需要进行校正;否则不需要校正,此时,第一部分的结果是最终结果。

第三部分:如果校正判别函数 $F=1$,校正电路需将第一部分产生的结果加 6,否则,不加 6。

根据题意,校正判别函数 F 与输入端 4 位加法器输出的和及进位关系为

$$F = CO' + S_3' \overline{S_2'} S_1' \overline{S_0'} + S_3' \overline{S_2'} S_1' S_0' + S_3' S_2' \overline{S_1'}\, \overline{S_0'} +$$
$$S_3' S_2' \overline{S_1'} S_0' + S_3' S_2' S_1' \overline{S_0'} + S_3' S_2' S_1' S_0'$$
$$= CO' + F_1$$

将函数 F_1 用卡诺图化简,如图 3-50 所示。

$$F_1 = S_3' S_2' + S_3' S_1'$$

所以　　　$F = CO' + S_3' S_2' + S_3' S_1'$

最终逻辑电路图如图 3-51 所示。

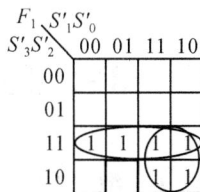

图 3-50　例 3-9 化简卡诺图

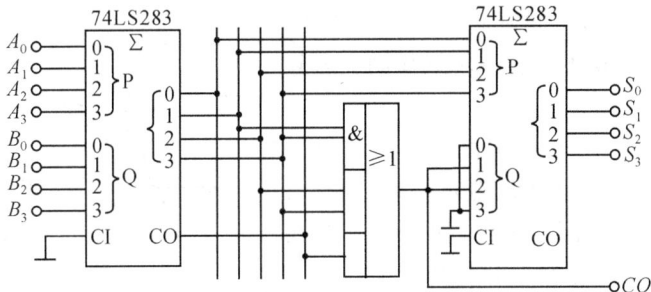

图 3-51　例 3-9 的逻辑电路图

例 3-10　用集成 4 位加法器 74LS283 构成二进制 4 位减法器。

解　4 位减法电路有两组数据输入:被减数 $A=A_3A_2A_1A_0$,减数 $B=B_3B_2B_1B_0$,输出差 $D=D_3D_2D_1D_0$,差的符号位为 $\overline{CO}$。用 4 位加法电路构成减法电路时需将减法转换成加法运算。原理如下:

$$A - B = A + (-B) = A + \overline{B} + 1$$

计算的结果有两种情况:

(1)$A > B$

如 $A=0100$,$B=0011$,则 $A-B = A + \overline{B} + 1 = 0100 + 1100 + 1 = 10001$,用 4 位加法器实现该运算,进位输出 $CO=1$;去除进位后即为实际结果 $D=0001$。

(2)$A < B$

如 $A=0100$,$B=0101$,则 $A-B = A + \overline{B} + 1 = 0100 + 1010 + 1 = 01111$,用 4 位加法器实现该运算,进位输出 $CO=0$;如果要恢复原码,必须要对结果低 4 位取补,处理后结果 $D=0001$。结果的符号位由 CO 取反后的 $\overline{CO}$ 标定。$\overline{CO}=0$ 时,结果为正数,否则为负数,用两

片 74LS283 及少量的门电路可以构成减法电路。具体逻辑电路如图 3-52 所示。

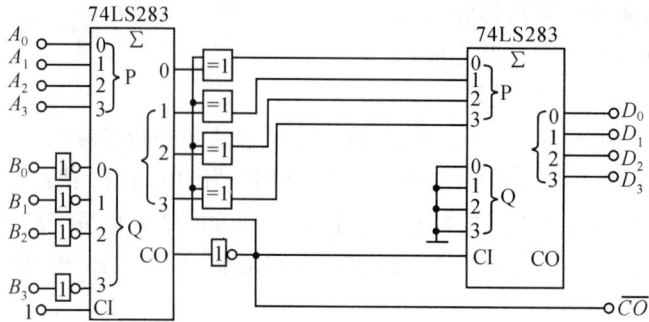

图 3-52 例 3-10 逻辑电路图

3.6 组合电路中的竞争冒险

3.6.1 组合电路中的竞争冒险现象

前面分析和设计组合逻辑电路时,是在输入、输出处于稳定的逻辑电平下进行的。实际上,如果输入到门电路的两个信号同时向相反方向跳变,则在输出端将可能出现不符合逻辑规律的尖峰脉冲,如图 3-53 所示。

图 3-53(a)中,A 及 B 分别由 1 变到 0、由 0 变到 1 时,如果通过与门不考虑延迟时间,则与门输出 $L=0$;如果通过与门考虑延迟时间,且 B 在 A 未下降到低于 V_{ILmax} 时就上升到高于 V_{ILmax},这时在输出端将出现不符合逻辑规律的正尖峰脉冲,如图 3-53(a)输出波形 L 所示,Δt 表示从一个稳态过渡到另一个稳态的过渡时间,图中考虑了

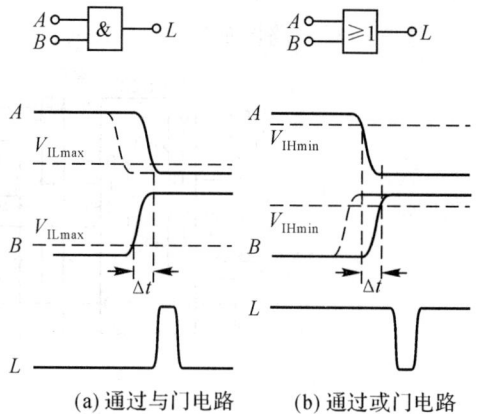

(a) 通过与门电路　　(b) 通过或门电路

图 3-53 由于竞争而产生的尖峰脉冲

与门的延迟时间;如果 B 在 A 下降到低于 V_{ILmax} 后上升到高于 V_{ILmax},这时在输出端将不出现正尖峰脉冲。

图 3-53(b)中,A 及 B 分别由 1 变到 0、由 0 变到 1 时,如果通过或门不考虑延迟时间,则或门输出 $L=1$;如果通过或门考虑延迟时间,且 B 在 A 下降到低于 V_{IHmin} 后才上升到高于 V_{IHmin},这时在输出端将出现不符合逻辑规律的负尖峰脉冲,如图 3-53(b)输出波形 L 所示,图中考虑了或门的延迟时间;如果 B 在 A 下降到低于 V_{IHmin} 之前上升到高于 V_{IHmin},这时在输出端将不出现负尖峰脉冲。

因此,所谓竞争是指当门电路两输入同时向相反的逻辑电平跳变时的现象。冒险是指由于竞争而在电路输出端可能产生不符合逻辑规律的尖峰脉冲的现象。

组合电路竞争冒险将使门电路产生错误的逻辑电平,在电路中应尽量消除。

3.6.2 组合电路中的竞争冒险判别方法

在输入变量每次只有一个状态发生改变的简单情况下,可以通过输出逻辑表达式或卡诺图来判断逻辑电路是否存在竞争冒险现象。

如果输出逻辑表达式在一定条件下能化简成 $L=A\overline{A}$ 或 $L=A+\overline{A}$,由于 A 和 $\overline{A}$ 是通过不同途径到达与门、或门的输入端,A 从 0 跳变到 1 或从 1 跳变到 0 时,$\overline{A}$ 必然要从相反方向同时跳变,因此可能产生竞争冒险。如图 3-54 所示。

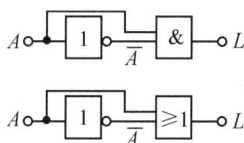

图 3-54　门电路输入将可能出现竞争冒险

例如逻辑表达式 $L=A\overline{B}+\overline{A}C$,当 $B=0$ 且 $C=1$ 时 $L=A+\overline{A}$,可能存在竞争冒险;又例如逻辑表达式 $L=(A+B)(\overline{A}+\overline{C})$,当 $B=0$ 且 $C=1$ 时 $L=A\overline{A}$,可能存在竞争冒险;如果逻辑表达式较复杂,可采用卡诺图的方法来进行判别。如逻辑表达式 $L=A\overline{B}+\overline{A}C+A\overline{C}$,作卡诺图,如图 3-55 所示。

图 3-55 卡诺图存在两个相邻但不相交的合并项 $A\overline{B}$ 和 $\overline{A}C$,这两合并项相加将变为 $A\overline{B}+\overline{A}C$,当 $B=0$,$C=1$ 时,将可能产生竞争冒险。

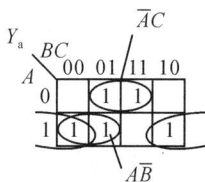

图 3-55　$L=A\overline{B}+\overline{A}C+A\overline{C}$ 卡诺图

因此,输入变量每次只有一个状态发生改变的简单情况下,判断逻辑表达式可能存在竞争冒险的方法如下:

(1)如果表达式在一定条件下能化简为 $L=A\overline{A}$ 或 $L=A+\overline{A}$,则可能存在竞争冒险;

(2)如果表达式用卡诺图表示,合并项存在相邻但不相交的情况,则可能存在竞争冒险。

3.6.3 组合电路中的竞争冒险消除方法

1. 封锁脉冲法

为了消除由于竞争冒险引起的尖峰脉冲,可以在可能引起竞争冒险的门电路输入端引入封锁脉冲,当输入信号在可能发生竞争冒险期间,封锁信号通过门电路,当输入信号稳定后,允许输入信号通过门电路。一般地,封锁脉冲宽度应大于输入信号从一个稳定状态过渡到新的稳定状态的时间,如图 3-56 所示。

2. 选通脉冲法

为了消除由于竞争冒险引起的尖峰脉冲,也可以在可能引起竞争冒险的门电路输入端引入选通脉冲,选通脉冲作用在输出状态已经从一个状态过渡到一个新的状态后,如图3-57所示。此时 L 输出信号变为脉冲形式,在选通脉冲作用期间输出时才有效。

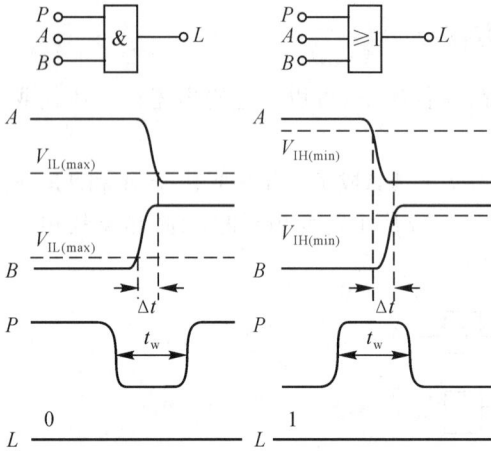

图 3-56　封锁脉冲法消除竞争冒险

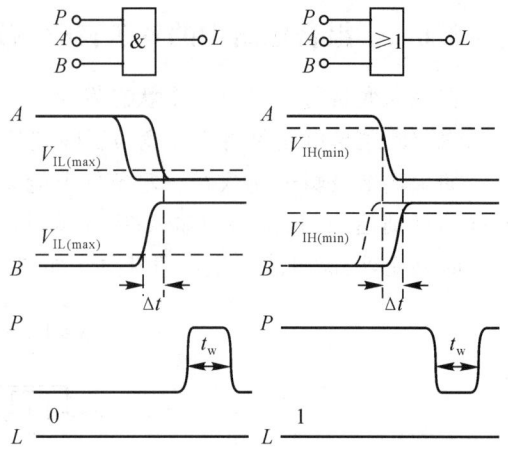

图 3-57　脉冲选通法消除竞争冒险

3. 接入滤波电容法

由于竞争冒险所引起的是尖峰脉冲,宽度很小,因此,可以在门电路的输出端加一个滤波电容,消除尖峰脉冲,如图 3-58 所示。一般地,在 TTL 门电路中,C_f 大小为几十或几百皮法即可。

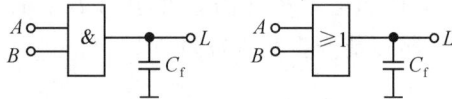

图 3-58　接入滤波电容消除竞争冒险

4. 增加冗余项方法

在输入变量每次只有一个状态发生改变的简单情况下,可以通过增加冗余项的方法消除竞争冒险。例如逻辑表达式 $L=A\overline{B}+\overline{A}C$,当 $B=0$ 且 $C=1$ 时 $L=A+\overline{A}$,可能存在竞争冒险;如果加上冗余项,使当 $B=0$ 且 $C=1$ 时 $L=A+\overline{A}+1=1$,则可以消除竞争冒险。由第 1 章逻辑代数相关定理 $L=A\overline{B}+\overline{A}C=A\overline{B}+\overline{A}C+\overline{B}C$ 可知,加上冗余项 $\overline{B}C$ 后,当 $B=0$ 且 $C=1$ 时 $L=A+\overline{A}+1=1$,消除竞争冒险。同理,表达式 $L=(A+B)(\overline{A}+\overline{C})=(A+B)(\overline{A}+\overline{C})(B+\overline{C})$,如果 $L=(A+B)(\overline{A}+\overline{C})$ 增加冗余项 $(B+\overline{C})$,当 $B=0$ 且 $C=1$ 时 $L=A\overline{A}\cdot 0=0$,消除了冒险。

如果表达式太复杂,可以利用卡诺图方法判断及消除竞争冒险。例如逻辑表达式 $L=A\overline{B}+\overline{A}C+A\overline{C}$,卡诺图如图 3-59 所示,由于存在两个相邻且不相交的合并项,因此存在竞争冒险。同样,可以在卡诺图上增加一个冗余的合并项 $\overline{B}C$,如图 3-59 所示,使卡诺图上每个相邻的合并项均相交,表达式变为 $L=A\overline{B}+\overline{A}C+\overline{B}C+A\overline{C}$,消除了竞争冒险。

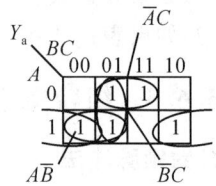

图 3-59　用卡诺图法消除竞争冒险

本章小结

本章首先介绍了以门电路和逻辑代数为基础的小规模组合逻辑电路分析方法和设计方

法。强调了设计步骤,并通过举例说明分析与设计过程。

　　然后介绍了中规模常用集成组合逻辑电路,比如半加器、全加器、数值比较器、编码器、译码器、数据选择器和数据分配器等,重点介绍了这些芯片的电路工作原理、图形符号、真值表及扩展方法,强调如何选用合适的芯片。

　　介绍了用中规模常用集成组合逻辑电路如数据选择器、译码器、加法器等实现组合函数,具体介绍了用集成芯片设计组合函数的步骤、注意事项等。

　　最后介绍了组合逻辑电路的竞争冒险,介绍了组合电路竞争冒险的判别方法及消除方法。

　　本章应重点掌握小规模组合电路的分析及设计方法,看懂中规模集成电路真值表,并能熟练运用中规模集成电路数据选择器、译码器、加法器等实现组合逻辑函数,了解组合电路竞争冒险的判别方法,掌握每次只有一个输入变量发生改变的简单情况下,通过增加冗余项消除竞争冒险的方法。

习　题

3-1　列出如题 3-1 图所示电路中 F_1,F_2 的真值表,并写出逻辑表达式。

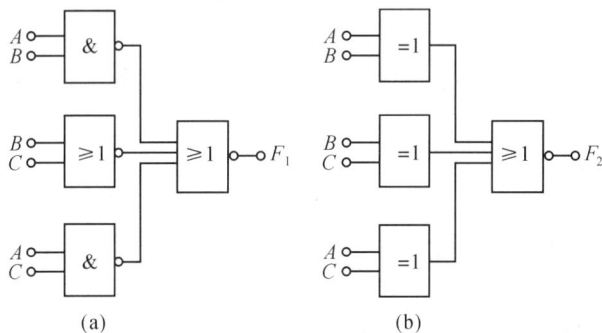

题 3-1 图

3-2　试分析如题 3-2 图所示逻辑电路的功能。

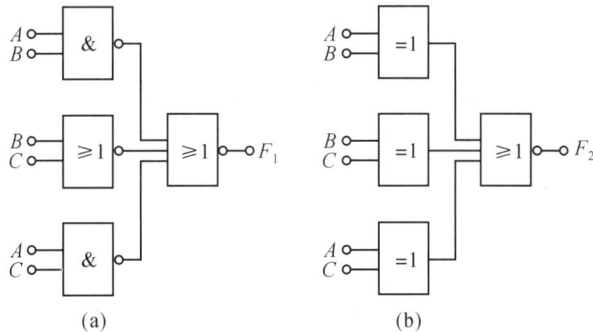

题 3-2 图

3-3　写出如题 3-3 图所示电路的逻辑表达式,并列出真值表,说明其功能。

3-4　试用 2 输入与非门和反相器设计一个 4 变量的奇偶校验器,即当 4 变量中有奇数个 1

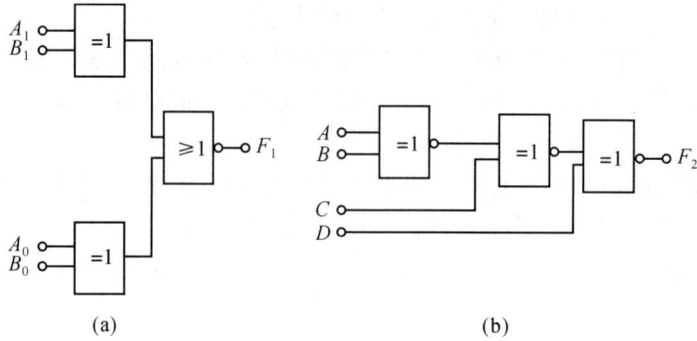

题 3-3 图

输入时,输出为 1,否则为 0。

3-5　试设计一个 3 输入、3 输出逻辑电路。当控制信号 $C=0$ 时,输出状态与输入状态相同,当 $C=1$ 时,输出状态与输入状态相反,尽可能做到门的种类少、数目少。

3-6　试设计一个组合电路,该电路有 3 个输入 A,B,C,1 个输出 F。当下面条件有任意一个成立时,F 都等于 1,否则为 0:

(1)所有输入为 0;

(2)没有一个输入为 0;

(3)有奇数个输入为 0。

3-7　设 $X=A_1A_0$ 代表一个两位二进制数,设计满足如下运算条件的逻辑电路,用与非门实现:

(1)$Y=X^2+X+1$;

(2)$Y=(X-1)^2$。

3-8　用门电路实现码组变换:当 $C=0$ 时,8421BCD 码转换成余三码;$C=1$ 时,8421BCD 码转换成 5421 码。

3-9　输入为 8421BCD 码 N,当 $7{\geqslant}N{\geqslant}2$ 时,输出为 1,否则为 0,试设计该组合电路。

3-10　用与非门和非门设计一个编码器,5 个输入信号与 3 位代码之间的对应关系如题 3-10 表所示。

题 3-10 表

输　　入					输　　出		
A_4	A_3	A_2	A_1	A_0	X	Y	Z
0	0	0	0	1	0	1	1
0	0	0	1	0	1	0	0
0	0	1	0	0	1	0	1
0	1	0	0	0	1	1	0
1	0	0	0	0	1	1	1

3-11　用与非门设计一个译码器,其 3 位编码与 6 个状态输出如题 3-11 表所示。

题 3-11 表

输　　入			输　　　　出					
A_2	A_1	A_0	Y_5	Y_4	Y_3	Y_2	Y_1	Y_0
0	0	1	0	0	0	0	0	1
0	1	0	0	0	0	0	1	0
0	1	1	0	0	0	1	0	0
1	0	0	0	0	1	0	0	0
1	0	1	0	1	0	0	0	0
1	1	0	1	0	0	0	0	0

3-12　如题 3-12 图所示,用与非门和非门实现 5421 码七段显示中 d 段显示译码电路(数码管为 LED 共阴极数码管)。

3-13　试用 3 线—8 线译码器 74LS138 设计 1 个地址译码器,要求地址范围是十进制 0～63。

3-14　用并行 4 位全加器 74LS283 实现下列代码转换:控制信号 $C=0$ 时,5421BCD 码转换成余 3 码;$C=1$ 时,余 3 码转换成 5421BCD 码。

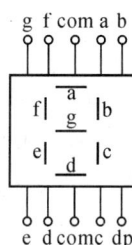

题 3-12 图

3-15　8 选 1 数据选择器 74LS151 的连接方式如题 3-15(a)图所示,对应题 3-15(b)图输入信号波形,画出输出端 Y 波形。

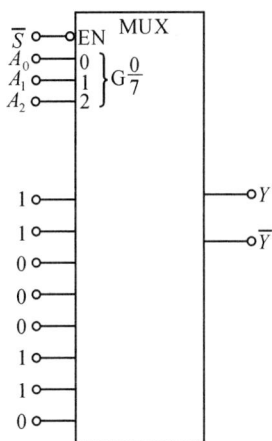

(a)

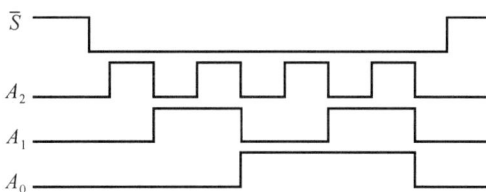

(b)

题 3-15 图

3-16　用 8 选 1 数据选择器 74LS151 实现如下逻辑函数:

(1)$F_1=AB\overline{C}+AC+\overline{B}CD$;

(2)$F_2(A,B,C,D)=\sum m(0,3,6,9,12,14)$。

3-17　用 4 选 1 数据选择器 74LS153 实现如下逻辑电路:

(1)$F_1(A,B,C)=\sum m(0,2,3,7)$;

(2)$F_2=B\overline{C}+AC+\overline{B}C$。

3-18 用 4 位数值比较器 74LS85 和 4 位加法器 74LS283 构成 4 位二进制数转换成 8421BCD 码的转换电路。

3-19 用 3 线—8 线译码器 74LS138 和与非门实现下列逻辑函数：

(1)$F_1(A,B,C) = \sum m(2,4,5,7)$；

(2)$F_2 = \overline{A}BC + \overline{B}\,\overline{C}$。

3-20 试用 3 片 4 位数值比较器组成 12 位数值比较器,画出逻辑电路图。

3-21 试用 3 片双 4 选 1 数据选择器组成一个 16 选 1 数据选择器,允许使用少量门电路, 画出逻辑电路图。

3-22 判断下列函数在任何一个变量改变状态时是否有竞争冒险,如有竞争冒险,设法消除 之：

(1)$F_1 = AB + \overline{A}C$；

(2)$F_2 = A\overline{B} + ABC$；

(3)$F_3 = (A + \overline{B} + \overline{C})(A + B + C)$；

(4)$F_4 = \overline{ACD + B\,\overline{\overline{D}}}$。

3-23 用卡诺图化简下列函数,并用与门、或门实现它们,化简后在任何一个变量改变状态 时表达式不得有竞争冒险：

(1)$F_1(A,B,C,D) = \sum m(1,2,4,5,7,8,10,13,15)$；

(2)$F_2(A,B,C,D) = \sum m(0,2,4,6,7,9,10,12,14,15)$；

(3)$F_3(A,B,C,D) = \sum m(0,1,3,4,6,7,8,9,11,13,14)$；

(4)$F_4(A,B,C,D) = \sum m(0,1,2,3,4,5,7,8,10,12,13,15)$。

第 4 章　集成触发器

能够存储一位二值信息的基本单元称为双稳态触发器,简称触发器。触发器是组成时序逻辑电路的基本单元。它的显著特点是具有记忆功能。一个触发器能记住 1 位二值信号(0 或 1),n 个触发器组合在一起就能记忆 n 位二值信号。

1. 触发器的特点

(1)它有两个能自行保持的稳定状态。

触发器有两个输出端,分别记作 Q 和 $\overline{Q}$,其状态是互补的:$Q=1,\overline{Q}=0$ 是一个稳定状态,称为 1 态;$Q=0,\overline{Q}=1$ 是另一个稳定状态,称为 0 态;其他情况如 $Q=\overline{Q}=0$ 或 $Q=\overline{Q}=1$,不满足互补的条件,称之为不定状态,它既不能算作 0 态,也不能算作 1 态。

(2)在适当的输入信号作用下,触发器能从原来所处的一个稳态翻转成另一个稳态。

(3)在输入信号取消后,能够将得到的新状态保存下来,即记忆住这一状态。

2. 触发器的类型

(1)按触发方式分,有电平触发方式、主从触发方式和边沿触发方式。

(2)按逻辑功能分,有 RS 触发器、JK 触发器、D 触发器和 T 触发器。

同一种触发方式可以实现不同逻辑功能的触发器;而同一种逻辑功能的触发器可以由不同的触发方式实现。

4.1　RS 触发器及锁存器

4.1.1　基本 RS 触发器

基本 RS 触发器是直接复位置位触发器的简称,由于它是构成各种功能触发器的基本部件,故称为基本 RS 触发器。

1. 用与非门构成的基本 RS 触发器

(1)电路结构和工作原理

图 4-1(a)所示为用两个与非门交叉连接起来构成的基本 RS 触发器,图 4-1(b)所示是基本 RS 触发器的图形符号。

$\overline{R}_{\text{D}}$ 和 $\overline{S}_{\text{D}}$ 为两个输入端;Q 和 $\overline{Q}$ 是两个输出端。在逻辑符号输入端加的小圆圈表示低电平或负脉冲有效,这与 $\overline{S}_{\text{D}}$、$\overline{R}_{\text{D}}$ 符号上的非号表示的是同一个概念,即仅当低电平或负脉冲作用于输入端时,触发器状态才能发生变化(常称为翻转),有时称这种情况为低电平或负脉冲

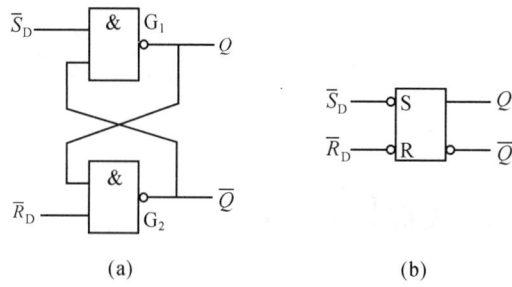

图 4-1　与非门构成的基本 RS 触发器

触发。

与非门 G_1 的输入端 $\overline{S}_D$ 叫置 1 端或置位端,输出端为 Q 端;与非门 G_2 的输入端 $\overline{R}_D$ 叫置 0 端或复位端,输出端为 $\overline{Q}$ 端。

正常工作时,触发器的两个输出端 Q 和 $\overline{Q}$ 应保持相反,因而触发器具有两个稳定状态:

1)$Q=1$,$\overline{Q}=0$。通常将 Q 端作为触发器的状态,若 Q 端处于高电平状态,称触发器是 1 状态;

2)$Q=0$,$\overline{Q}=1$。Q 端处于低电平状态,称触发器是 0 状态。

Q 端称为触发器的原端,$\overline{Q}$ 端称为非端。

由图 4-1 可知:如果 $\overline{R}_D$ 和 $\overline{S}_D$ 状态不变,则 Q 和 $\overline{Q}$ 状态也不会变,这是一个稳定状态;如果 Q 端的初始状态为 1,$\overline{R}_D$ 和 $\overline{S}_D$ 端都作用于高电平,则 $\overline{Q}$ 一定为 0。

同理,若触发器的初始状态 Q 为 0,而 $\overline{Q}$ 为 1,在 $\overline{R}_D$ 和 $\overline{S}_D$ 为 1 的情况下,这种状态也不会改变,这又是一个稳定状态。

可见,图 4-1 所示的基本 RS 触发器具有两个稳定状态。

(2)基本 RS 触发器的逻辑功能

1)真值表

RS 触发器的逻辑功能,可以用输入、输出间的逻辑关系构成一个真值表来描述。

①若 $\overline{R}_D=1$,$\overline{S}_D=1$,则触发器保持原来状态不变。

假定触发器原来的状态为 $Q=1$,$\overline{Q}=0$。由于与非门 G_2 的输出为 0,反馈到与非门 G_1 的输入端,使 Q 保持 1 不变,Q 为 1 又反馈到与非门 G_2 的输入端,使与非门 G_2 的两个输入均维持 1,从而保证输出 $\overline{Q}$ 为 0。

假定触发器原来的状态为 $Q=0$,$\overline{Q}=1$。那么 Q 为 0 反馈到与非门 G_2 的输入端,使 $\overline{Q}$ 保持 1 不变,此时与非门 G_1 的两个输入端均为 1,所以 Q 保持 0。

②若 $\overline{R}_D=1$,$\overline{S}_D=0$,则触发器置为 1 状态。

无论触发器原来处于何状态,由 $\overline{S}_D$ 为 0,必然使门 G_1 的输出 Q 为 1,且反馈到门 G_2 的输入端,而此时门 G_2 的另一个输入 $\overline{R}_D$ 也为 1,故门 G_2 输出 $\overline{Q}$ 为 0,使触发器状态为 1。该过程称为触发器置 1。现假设触发器的原状态为 $Q=0$,$\overline{Q}=1$,因为 G_1 门的另一个输入 $\overline{Q}=1$,则当置 1 端负脉冲到达时,经过一级"与非"门的延迟时间 t_{pd} 后,G_1 门的输出由 0 变成 1,由于 G_2 门的一个输入 $\overline{R}_D$ 保持在高电平,再经过一级"与非"门的延迟时间 t_{pd} 后,G_2 门的输出由 1 变成 0。这样,经过两级"与非"门的延迟时间 t_{pd} 后,G_2 门和 G_1 门的输出将保持不变,即 $Q=1$,$\overline{Q}=0$,如图 4-2 所示。

由此可见,只要置 1 负脉冲的宽度大于 $2t_{pd}$,触发器将建立稳定的新状态 $Q=1$。

③若 $\overline{R}_D=0,\overline{S}_D=1$,则触发器置为 0 状态。

与②的过程类似,不论触发器原来处于 0 状态还是 1 状态,在 $\overline{R}_D$ 端的负脉冲或低电平作用下,触发器的状态肯定为 0,这个过程称为触发器置 0。

④不允许出现 $\overline{R}_D=0,\overline{S}_D=0$。

当触发器的置 0 端和置 1 端同时加上宽度相等的负脉冲时(假定上升和下降时间均为 0),在两个负脉冲作用期间,将使两个与非门的输出 Q 和 $\overline{Q}$ 均为高电平,破坏了触发器两个输出端的状态应该互补的逻辑关系。此外,当两个负脉冲同时被撤销时,触发器的状态取决于两个门电路的延迟时间。若 G_2 的时延大于 G_1,则 Q 端先变为 0,使触发器处于 0 状态;反之,若 G_1 的时延大于 G_2,则 $\overline{Q}$ 端先变为 0,从而使触发器处于 1 状态。通常,两个门电路的延迟时间是难以预测的,因而在将 $\overline{R}_D$ 和 $\overline{S}_D$ 的低电平同时撤去后,触发器的状态不确定,这是不允许的。因此,规定 $\overline{R}_D$ 和 $\overline{S}_D$ 不能同时为 0。图 4-3 中,虚线表示不确定状态。

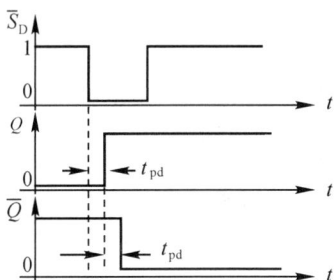

图 4-2　RS 触发器置 1　　　　　　　　　图 4-3　同时加入置 0、置 1 信号

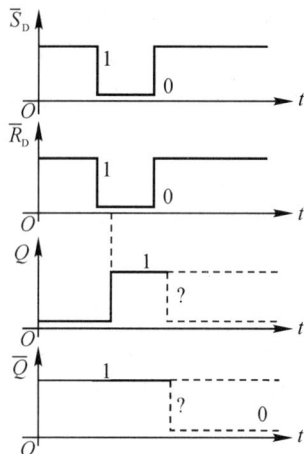

综合以上四种情况,可建立 RS 触发器的真值表或称为功能表,如表 4-1 所示。

表 4-1　基本 RS 触发器真值表

$\overline{R}_D$	$\overline{S}_D$	Q	$\overline{Q}$
0	0	$\varnothing$	$\varnothing$
0	1	0	1
1	0	1	0
1	1	不变	不变

表 4-1 中 $\varnothing$ 表示当 $\overline{R}_D$ 和 $\overline{S}_D$ 端同时由 0 变为 1 以后,Q 和 $\overline{Q}$ 的状态是不确定的。

2)状态转换真值表和特征方程

由上述讨论可知,触发器的输出不仅仅与输入信号有关,还与原状态有关。为了表达触发器在不同信号输入下,触发器的新状态(也称为次态),用 Q^{n+1} 表示,它与原状态(也称为现态)Q^n 之间的关系,可以根据真值表建立起 $\overline{R}_D,\overline{S}_D,Q^n,Q^{n+1}$ 之间的关系表,这种表称为触发器的状态转换真值表。

表 4-2　基本 RS 触发器的状态转换真值表

输	入	现 态	次 态
$\overline{R}_D$	$\overline{S}_D$	Q^n	Q^{n+1}
0	0	0	$\varnothing$
0	0	1	$\varnothing$
0	1	0	0
0	1	1	0
1	0	0	1
1	0	1	1
1	1	0	0
1	1	1	1

若把触发器的次态表示成现态 Q^n 和输入 $\overline{R}_D, \overline{S}_D$ 的函数,则可得到次态卡诺图,如图 4-4 所示。

以 $\overline{R}_D, \overline{S}_D$ 及 Q^n 为自变量,Q^{n+1} 为相应的函数,经卡诺图化简后,可得到 RS 触发器的特征方程为

$$\begin{cases} Q^{n+1}=S_D+\overline{R}_D \cdot Q^n \\ \overline{R}_D+\overline{S}_D=1 \end{cases}$$

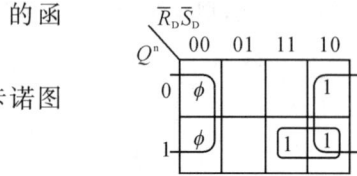

图 4-4　RS 触发器的次态卡诺图

其中 $\overline{R}_D+\overline{S}_D=1$ 称为约束条件,它限制 $\overline{R}_D$ 与 $\overline{S}_D$ 不能同时为 0。

3)状态转换图

触发器的状态转换也可以用状态转换图来表示,如图 4-5 所示。图中用两个圆表示触发器的两个状态(0 态和 1 态),用箭头表示状态转换方向,而在箭头旁边标注出实现转换所需要的输入条件,它与表 4-2 所反映的情况是完全相同的。

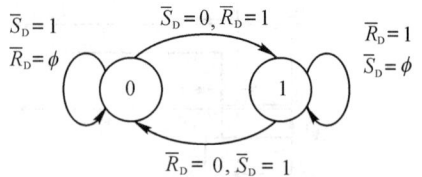

图 4-5　基本 RS 触发器的状态转换图

4)激励表

如果已经知道触发器的现态 Q^n 及其次态 Q^{n+1},则此时对输入信号(激励)$\overline{R}_D, \overline{S}_D$ 必有一定的要求,列成表格可得激励表,如表 4-3 所示。

表 4-3　基本 RS 触发器的激励表

Q^n	Q^{n+1}	$\overline{R}_D$	$\overline{S}_D$
0	0	$\varnothing$	1
0	1	1	0
1	0	0	1
1	1	1	$\varnothing$

它反映的内容与图 4-5 完全一致。

由于输入信号直接加在输出门的输入端,所以在输入信号的全部作用时间内都能直接改变输出端 Q 和 $\overline{Q}$ 的状态。所以称 $\overline{S}_D$ 为直接置位端,$\overline{R}_D$ 为直接复位端,并用下标 D 表示之。

在上述讨论中,在分析触发器的功能中采用了以下的方法:

①状态转换真值表

用真值表表示的触发器的次态与现态以及输入信号间的逻辑关系,称为状态转换真值表,或简称为状态转换表或特性表。

②特征(特性)方程

它是触发器的输出函数表达式。不同逻辑功能的触发器有不同的特征方程。

③状态转换图

以图形的形式表示触发器从一种状态转换到另一种状态及其与输入信号间的关系。

④激励表

用表格的形式表示触发器状态转换与输入信号(激励)间的关系。

上述方法实质上是对同一问题的不同描述,只是侧重点各有不同。它们具有各自的特点:状态转换图形象直观;状态转换真值表完整清楚;而特征方程则便于记忆。

2. 用或非门构成的基本 RS 触发器

(1)电路组成

这种 RS 触发器由两个或非门交叉耦合组成,其逻辑图和图形符号分别如图 4-6(a)和(b)所示。该电路的输入是正脉冲或高电平有效,故逻辑符号的输入端未加小圆圈。

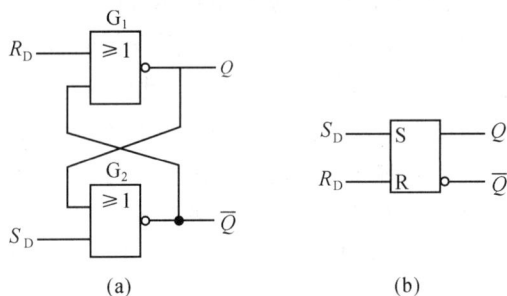

图 4-6　或非门构成的基本 RS 触发器

(2)逻辑功能

或非门构成的 RS 触发器的逻辑功能如表 4-4 所示。

表 4-4　或非门构成的基本 RS 触发器功能表

R_D	S_D	Q^{n+1}	功能说明
0	0	Q^n	不变
0	1	1	置 1
1	0	0	置 0
1	1	$\varnothing$	不确定

或非门构成的 RS 触发器的特征方程如下:

$$\begin{cases} Q^{n+1} = S_D + \overline{R}_D \cdot Q^n \\ R_D \cdot S_D = 0 \end{cases}$$

基本 RS 触发器的优点是结构简单。它不仅可作为记忆元件独立使用,而且由于它具有直接复位、置位功能,因而被作为各种性能完善的触发器的基本组成部分。其缺点是 R 和 S 之间存在约束,并且无法进行定时控制。

4.1.2　锁存器

为了利用 RS 触发器存储数据(0 或 1),常常将 RS 触发器加以扩展而构成锁存器。图 4-7(a)所示是利用或非门构成的基本 RS 触发器组成的锁存器电路图,图 4-7(b)是它的图形符号。

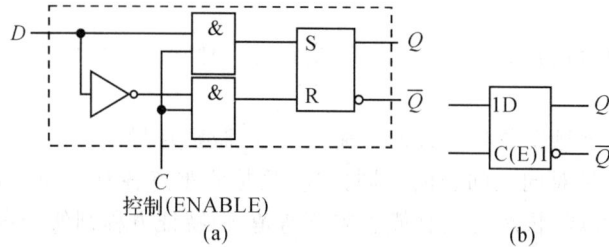

图 4-7　用或非门构成的基本 RS 触发器组成的锁存器(D 锁存器)电路图及图形符号

由图 4-7 可以看出,RS 触发器的置位信号由 D 端引入,一路经过反相器,另一路不经过反相器,分别加到两个与门的输入端,两个与门的另外一个输入端由控制信号 C(使能信号)控制,两个与门的输出分别加到基本 RS 触发器的 R 和 S 端。

若控制信号 C 为 1($C=1$):当 $D=1$ 时,基本 RS 触发器的 $R=0,S=1$,使 $Q=1,\overline{Q}=0$;若 $D=0$,则基本触发器的 $R=1,S=0$,使 $Q=0,\overline{Q}=1$。此时锁存器的功能与基本 RS 触发器的功能完全相同,锁存器的输出随输入置位信号 D 的变化而变化,两者相差一个延迟时间。

若控制信号 C 为 0($C=0$):此时两个与门的输出始终为 0,即 RS 触发器的 R 和 S 端信号始终为 0,不随输入的置位信号 D 而变化,那么基本 RS 触发器的状态将保持不变,即锁存器处于锁存状态,它的输出始终维持原来的数据不变。因此,我们可以利用控制信号使锁存器处于锁存状态或触发器工作状态。

4.1.3　时钟控制 RS 触发器

由于基本 RS 触发器的输入信号是直接加在输出门的输入端上的,在其存在期间直接控制着 $Q,\overline{Q}$ 端的状态,并因此被叫做直接置位、复位触发器,这使得电路的抗干扰能力下降,而且在实际应用中,也往往要求触发器按一定的时间节拍动作,即让触发器状态的变化由时钟脉冲和输入信号共同决定。这就需要在基本 RS 触发器上增加一个控制端,只有在控制端作用有效脉冲时触发器才能动作。至于触发器输出变为什么状态,仍由输入端 R 及 S 的信号决定,这种触发器叫做时钟控制电平触发 RS 触发器,简称为时钟 RS 触发器或钟控 RS 触发器。

1. 电路组成

图 4-8(a)所示是由四个与非门构成的时钟控制 RS 触发器,图 4-8(b)所示是其图形符号。

它由四个与非门构成。其中,与非门 G_1,G_2 构成基本 RS 触发器;与非门 G_3,G_4 组成控制电路,通常称为控制门。

2. 工作原理

(1)当 $CP=0$ 时,控制门 G_3,G_4 被封锁。此时,不管 R,S 端的输入为何值,两个控制门

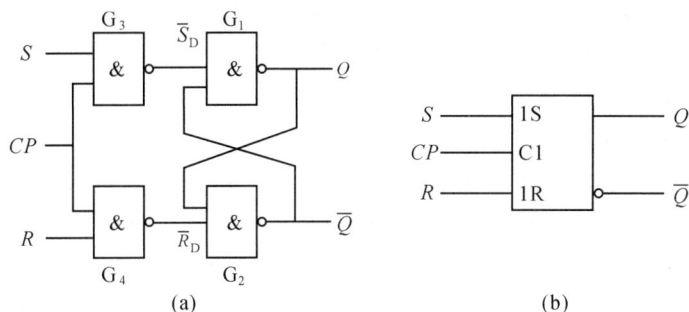

图 4-8　时钟控制 RS 触发器

的输出 $\overline{S}_D,\overline{R}_D$ 均为 1,触发器保持原状态不变。

(2)当 $CP=1$,也即有时钟脉冲作用时,控制门 G_3,G_4 被打开,这时输入端 S 和 R 信号通过控制门 G_3 和 G_4 反相后加到 G_1,G_2 构成的基本 RS 触发器上,使 Q 和 $\overline{Q}$ 的状态随 S,R 的变化而改变。

为了便于讨论,我们称时钟脉冲到达之前触发器的状态为原状态,并记为 Q^n;称时钟脉冲作用后触发器的状态为新状态,并记为 Q^{n+1}。并且约定,在时钟脉冲持续期内($CP=1$),其控制输入是恒定不变的。其真值表如表 4-5 所示。

表 4-5　时钟控制 RS 触发器真值表

S	R	Q^{n+1}
0	0	Q^n
0	1	0
1	0	1
1	1	$\varnothing$

表中 $\varnothing$ 表示当 S 和 R 端同时由 1 变为 0 以后,Q^{n+1} 的状态是不确定的。

根据时钟控制 RS 触发器的真值表可以导出其状态转换真值表及 Q^{n+1} 的卡诺图,如图 4-9 所示,图中 $\varnothing$ 表示约束项。

Q^n	S	R	Q^{n+1}
0	0	0	0
0	0	1	0
0	1	0	1
0	1	1	ϕ
1	0	0	1
1	0	1	0
1	1	0	1
1	1	1	ϕ

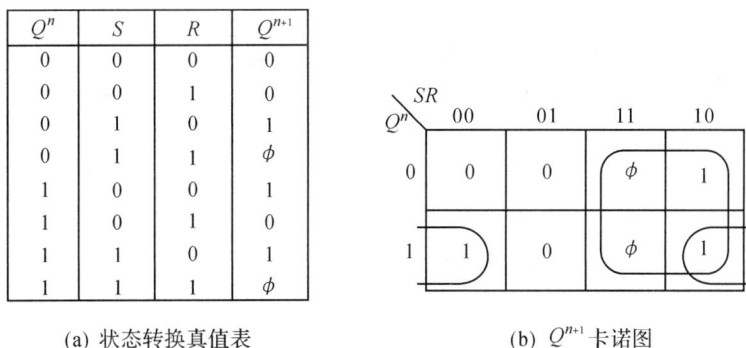

(a) 状态转换真值表　　　　　　　(b) Q^{n+1} 卡诺图

图 4-9　时钟控制 RS 触发器的状态转换真值表及卡诺图

由图 4-9(a)所示的状态转换真值表或者如图 4-9(b)所示的 Q^{n+1} 卡诺图,不难得到时钟控制 RS 触发器的特征方程为

$$\begin{cases} Q^{n+1}=S+\overline{R} \cdot Q^n \\ S \cdot R=0 \end{cases} \qquad (CP=1 \text{ 时有效})$$

其中 $S \cdot R=0$ 是约束项,要求 S 与 R 不能同时为 1。

3. 时钟控制 RS 触发器的工作波形

画出 Q 端波形的方法:将在 CP 为高电平期间的 R,S 信号代入特征方程或状态转换真值表以确定次态;在 CP 为低电平期间 Q 的状态保持不变。

设时钟 RS 触发器初态为 1,其输入端 R,S 及 CP 的电压波形已知,可画出 Q 的波形,如图 4-10 所示。

值得注意的是,时钟控制 RS 触发器虽然解决了对触发器工作进行定时控制的问题,而且具有结构简单等优点,但依然存在如下两点不足:一是输入信号不能同时为 1,即 R,S 不能同时为 1;二是可能出现"空翻"现象。

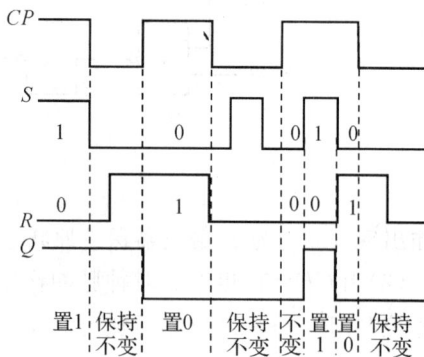

图 4-10　时钟控制 RS 触发器的工作波形图

所谓"空翻"是指在同一个时钟脉冲作用期间触发器状态发生两次或两次以上变化的现象。引起空翻的原因是在时钟脉冲作用期间,输入信号依然直接控制着触发器状态的变化。具体地说,就是当时钟 CP 为 1 时,如果输入信号 R,S 发生变化,则触发器状态会跟着变化,从而使得一个时钟脉冲作用期间引起多次翻转。"空翻"将造成状态的不确定和系统工作的混乱,这是不允许的。因此,时钟控制 RS 触发器要求在时钟脉冲作用期间输入信号保持不变。

由于时钟控制 RS 触发器的上述缺点,使它的应用受到很大限制。一般只用它作为数码寄存器而不宜用来构成具有移位和计数功能的逻辑部件。

4.2　JK 触发器

为了既解决时钟控制 RS 触发器对输入信号的约束问题,又能使触发器保持有两个输入端的作用,可将时钟控制 RS 触发器改进成如图 4-11(a)所示的形式。即增加两条反馈线,将触发器的输出 Q 和 $\overline{Q}$ 交叉反馈到两个控制门的输入端,利用触发器两个输出端信号始终互补的特点,有效地解决了在时钟脉冲作用期间两个输入同时为 1 将导致触发器状态不确定的问题。修改后,把原来的输入端 S 改成 J,R 改成 K,称为 JK 触发器,它是功能较全的一种器件。它可以方便地转换以完成其他触发器功能,是目前应用较多的一种。其图形符号如图 4-11(b)所示。

工作原理如下:

(1) 在时钟脉冲未到来($CP=0$)时,无论输入端 J 和 K 怎样变化,控制门 G_3 和 G_4 的输出均为 1,触发器保持原来状态不变;

(2) 在时钟脉冲作用($CP=1$)时,可分为 4 种情况。

1) 当输入 $J=0$,$K=0$ 时,不管触发器原来处于何种状态,控制门 G_3 和 G_4 的输出均为

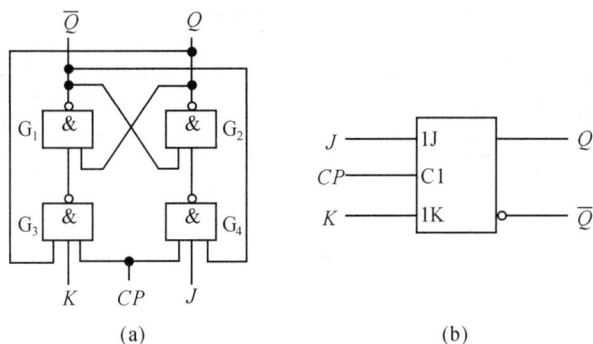

图 4-11　时钟控制 JK 触发器

1,触发器状态保持不变。

　　2）当输入 $J=0$，$K=1$ 时，若原来处于 0 状态，则控制门 G_3 和 G_4 输出均为 1 状态，触发器保持 0 状态不变；若原来处于 1 状态，则门 G_3 输出为 0，门 G_4 输出为 1，触发器状态置成 0。即输入 $JK=01$ 时，触发器次态一定为 0 状态。

　　3）当输入 $J=1$，$K=0$ 时，若原来处于 0 状态，则控制门 G_3 输出为 1，门 G_4 输出为 0，触发器状态置成 1；若原来处于 1 状态，则门 G_3 和 G_4 输出均为 1，触发器保持 1 状态不变。即输入 $JK=10$ 时，触发器次态一定为 1 状态。

　　4）当输入 $J=1$，$K=1$ 时，若原来处于 0 状态，则门 G_3 输出为 1，门 G_4 输出为 0，触发器置成 1 状态；若原来处于 1 状态，则门 G_3 输出为 0，门 G_4 输出为 1，触发器置成 0 状态。即输入 $JK=11$ 时，触发器的次态与现态相反。

　　归纳起来，JK 触发器的功能表如表 4-6 所示。

表 4-6　JK 触发器功能表

J	K	Q^{n+1}	功能说明
0	0	Q^n	不变
0	1	0	置 0
1	0	1	置 1
1	1	$\overline{Q^n}$	翻转

根据功能表，可知其特征方程为 $Q^{n+1}=J\overline{Q^n}+\overline{K}Q^n$。

4.2.1　主从 JK 触发器

　　上述 JK 触发器结构简单，且具有较强的逻辑功能，但依然存在"空翻"现象。为了进一步解决"空翻"问题，实际电路中广泛采用主从 JK 触发器。

1.电路组成

　　主从 JK 触发器的逻辑电路图及图形符号如图 4-12(a)和(b)所示。

　　主从 JK 触发器由两个时钟控制 RS 触发器串接而成，左边的触发器叫做主触发器(M)，右边的触发器叫做从触发器(S)。时钟脉冲 CP 直接加在主触发器的时钟脉冲输入端，而从触发器的时钟脉冲由 CP 经过反相器之后加入，主、从两个触发器的时钟脉冲反相。主触发器的输出是从触发器的输入，而从触发器的输出又反馈到主触发器的输入。

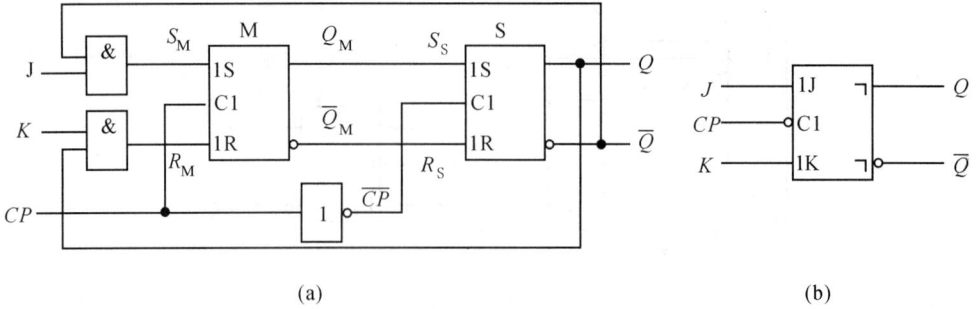

图 4-12　主从 JK 触发器

主从 JK 触发器的置 1 信号为 J，置 0 信号为 K。主触发器 M 的置 1 信号为 S_M，等于主从 JK 触发器的置 1 信号 J 与主从 JK 触发器的输出 $\overline{Q}$ 的与，$S_M = J\overline{Q}$；主触发器的置 0 信号 R_M 等于主从 JK 触发器的置 0 信号 K 和主从 JK 触发器的输出 Q 的与，$R_M = KQ$。从触发器的置位信号就是主触发器的输出，即 $S_S = Q_M$，$R_S = \overline{Q}_M$，主从 JK 触发器的输出由从触发器的输出提供。

图 4-12(b) 中 CP 端的小圆圈表示只有当 CP 下降沿到来时，触发器的 Q 端和 $\overline{Q}$ 端才会改变状态。方框内的符号 "⌐" 为延迟输出符号，表示触发器在 $CP = 1$ 时就把输入信号接收进去，但要推迟到 CP 从其外部 1 状态变为外部 0 状态时，输出才会发生动作。

2. 工作原理

主从 JK 触发器由时钟下降沿所触发，置位信号的功能取决于主触发器，即取决于主时钟 RS 触发器的功能。

已知时钟控制 RS 触发器的工作原理是：当 $CP = 0$ 时，时钟 RS 触发器保持原状态不变；当 $CP = 1$ 时，时钟 RS 的 Q 和 $\overline{Q}$ 的状态随 S 和 R 的变化而改变。

(1) 在 CP 高电平期间，即当 $CP = 1$ 时，从触发器的 $CP = 0$，其状态保持不变。有 $S_M = J\overline{Q}^n$，$R_M = KQ^n$，主触发器状态翻转 $Q_M^{n+1} = S_M + \overline{R}_M \cdot Q_M^n$。

(2) 当 CP 的低电平到来时，JK 信号不再对电路产生影响，触发器根据 Q_M、$\overline{Q}_M$ 在上一次 $CP = 1$ 时所存状态而发生相应转换。从触发器的置位信号 $S_S = Q_M^{n+1}$，$R_S = \overline{Q}_M^{n+1}$，得到触发器的新状态

$$Q^{n+1} = S_S + \overline{R}_S \cdot Q^n = Q_M^{n+1} + \overline{\overline{Q}_M^{n+1}} \cdot Q^n$$
$$= Q_M^{n+1}$$

则　　　　$Q^{n+1} = Q_M^{n+1} = J\overline{Q}^n + \overline{KQ^n} \cdot Q^n = J\overline{Q}^n + \overline{K}Q^n$

得到主从 JK 触发器的特征方程为

$$Q^{n+1} = J\overline{Q}^n + \overline{K}Q^n$$

而主从 JK 触发器的约束条件为 $S_M \cdot R_M = J\overline{Q}^n \cdot KQ^n \equiv 0$，说明主从 JK 触发器没有约束条件。实际上，当 $J = K = 1$ 时，主从 JK 触发器有确定的状态：$Q^n = 0$ 时，$Q^{n+1} = 1$，即 $Q^{n+1} = \overline{Q}^n$。这说明主从 JK 触发器消除了时钟 RS 触发器的缺点之一——不允许置位信号同时为 1 的问题。此外，由于主从 JK 触发器的状态转换时刻对应于时钟脉冲下降沿，而每个时钟脉冲只有一个下降沿，因此加一个时钟脉冲，主从 JK 触发器只可能翻转一次，从而消除了时钟 RS 触发器的第二个缺点：可能发生的触发器空翻。

表 4-7 所示为主从 JK 触发器的真值表。

表 4-7　主从 JK 触发器的真值表

J	K	Q^{n+1}	功能说明
0	0	Q^n	保持不变
0	1	0	置 0
1	0	1	置 1
1	1	$\overline{Q^n}$	翻转

根据主从 JK 触发器的真值表可以导出其激励表，如表 4-8 所示。

表 4-8　主从 JK 触发器的激励表

Q^n	Q^{n+1}	J	K
0	0	0	$\varnothing$
0	1	1	$\varnothing$
1	0	$\varnothing$	1
1	1	$\varnothing$	0

同时，触发器的状态转换也可以用状态转换图来表示，如图 4-13 所示。

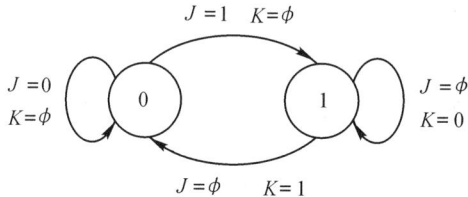

图 4-13　主从 JK 触发器的状态转换图

3. 主从 JK 触发器的动作特点和工作波形

通过上面的分析我们可以知道，主从结构的触发器有两个动作特点：

（1）触发器的翻转分两步走。第一步，在 CP 高电平期间主触发器接收输入端的信号，被置成相应的状态，而从触发器不动；第二步，CP 下降沿到来时从触发器按照主触发器的状态翻转，所以 Q、$\overline{Q}$ 端状态的改变发生在 CP 的下降沿。

（2）主触发器本身是一个时钟 RS 触发器，所以在 CP＝1 的全部时间里输入信号都将对主触发器起控制作用。

由于存在这样两个动作特点，在使用主从 JK 触发器的时候经常会遇到这样一种情况，就是在 CP＝1 期间输入信号发生过变化后，CP 下降沿到达时从触发器的状态不一定能按此刻输入信号的状态来确定，而必须考虑整个 CP＝1 期间输入信号的变化过程才能确定触发器的次态。

在主从 JK 触发器中，当 $Q^n＝0$ 时，如果有 $J＝1$ 的干扰，会使 $Q^{n+1}＝1$；同理，当 $Q^n＝1$ 时，如果有 $K＝1$ 的干扰，会使 $Q^{n+1}＝0$。这种现象称为一次翻转（一次变化）现象。而当 $Q^n＝0$ 时，$K＝1$ 的干扰不会引起一次翻转；同理，$Q^n＝1$ 时，$J＝1$ 的干扰也不会引起一次翻转。值得注意的是在 CP＝1 期间，由于反馈信号的作用，不管 J、K 端的状态有多少次跳变，主触发器只能变化一次。

为使主从 JK 触发器按其特性表正常工作,在 $CP=1$ 期间,必须使 JK 端的状态保持不变。否则,由干扰信号引起的一次翻转会在 CP 下降沿到来时被送入从触发器,从而造成触发器工作的错误。

设主从 JK 触发器的时钟 CP,以及 J,K 信号波形已知,触发器的初始状态为 0,根据主从 JK 触发器的触发方式和逻辑功能,可画出输出端的工作波形,如图 4-14 所示。

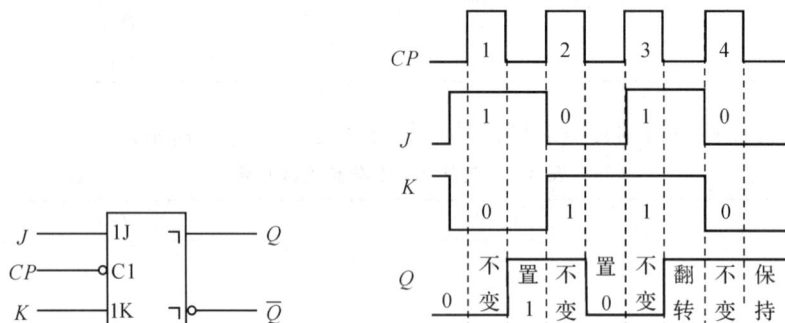

图 4-14　主从 JK 触发器的工作波形图

与前面所述的时钟控制 JK 触发器相比,主从 JK 触发器仅进行了性能上的改进,而逻辑功能完全相同。由于该触发器具有输入信号 J 和 K 无约束、无空翻、功能较全等优点,因此,使用方便,应用广泛。

4. 集成主从 JK 触发器

TTL 集成主从 JK 触发器 7472 是一个具有多个 J,K 输入端的触发器(如图 4-15 所示)。触发器的输入 $J=J_1 \cdot J_2 \cdot J_3$,$K=K_1 \cdot K_2 \cdot K_3$。$\overline{R}_D$ 为异步清零输入端,$\overline{S}_D$ 为异步置数输入端,均为低电平有效。C1 为时钟脉冲输入端,且为高电平起作用。符号"⌐"为延迟输出符号。

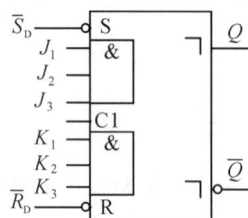

图 4-15　7472 的图形符号

异步清零:当 $\overline{R}_D=0$,$\overline{S}_D=1$ 时,不管 CP 及 J,K 信号处于何种状态,触发器将被直接置 0,这种仅与清零信号的有效电平有关的清零过程称为异步清零。

异步置数:当 $\overline{S}_D=0$,$\overline{R}_D=1$ 时,不管 CP 及 J,K 信号处于何种状态,触发器被直接置 1。

4.2.2　边沿 JK 触发器

由主从 JK 触发器的工作原理可以知道,主从 JK 触发器在 $CP=1$ 的全部时间内接收信号。如果在 $CP=1$ 期间有干扰信号叠加在输入信号上,主从 JK 触发器就可能得到错误的结果。

为了减少接收干扰的时间,导出了边沿触发 JK 触发器。边沿触发 JK 触发器在 CP 的边沿接收输入信号并转换状态。

边沿型触发器有正边沿和负边沿两种触发方式。利用时钟脉冲上升沿触发的叫正边沿触发器;利用时钟脉冲下降沿触发的叫负边沿触发器。

边沿型触发器的特点:在时钟脉冲作用下,触发器的状态取决于 CP 上升沿或下降沿时的输入信号,而在 $CP=1$ 或 $CP=0$ 期间,输入信号 J,K 发生的任何变化对触发器的状态没有影响,如图 4-16 所示。

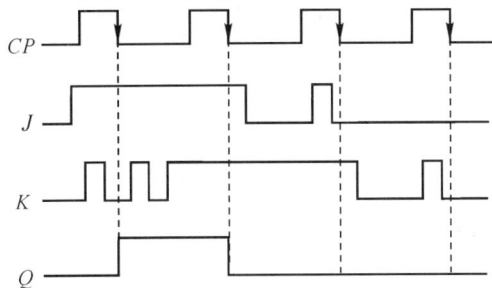

图 4-16　负边沿触发的 JK 触发器工作波形图　　　图 4-17　74LS73A 的图形符号

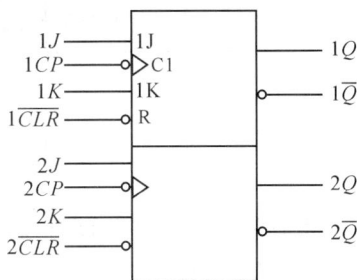

例如,负边沿触发器在下降沿触发后的状态取决于下降沿之前 J,K 的情况。

主从 JK 触发器的特征方程完全适用于边沿型 JK 触发器,即

$$Q^{n+1} = J\,\overline{Q}^n + \overline{K}Q^n$$

相对应地,我们也把主从 JK 触发器叫做电平触发 JK 触发器。

常用的集成负边沿型 JK 触发器如 74LS73A。如图4-17所示为 74LS73A 的图形符号。它具有以下的特点:

(1)时钟脉冲输入由动态输入符号指示,它表示仅当 CP 从其外部 1 状态变为外部 0 状态时,触发器的 J,K 输入端才接受数据。由 C1 和 1J 及 1K 这一对“影响输入”和“受影响输入”来描述,当“影响输入”跳变为 0(CP 下降边)时允许“受影响输入”动作;当“影响输入”为 1(CP 无下降边)时禁止“受影响输入”动作。图中 C1 端的小圆圈表示 CP 的下降沿触发;反之,如果没有小圆圈就表示上升沿触发。方框内的“＞”表示该触发器为边沿触发器。

(2)输出端无延迟输出符号,说明边沿触发 JK 触发器状态转换和接收输入信号同时动作。

4.3　D 触发器和 T 触发器

4.3.1　D 触发器

另一种边沿触发器是 D 触发器,图 4-18 所示为带有异步输入端的边沿 D 触发器图形符号。D 触发器的置位信号输入端只有一个 D;此外 D 触发器还有两个异步输入端,即直接置 0 端 $\overline{R}_D$ 和直接置 1 端 $\overline{S}_D$。在图形符号中,异步输入端的小圆圈表示低电平有效,若无小圆圈则表示高电平有效;CP 端无小圆圈表示上升沿触发,若有小圆圈则表示下降沿触发。

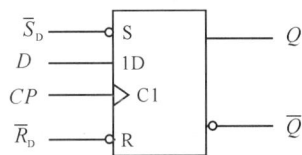

图 4-18　带异步输入端的边沿
D 触发器逻辑符号

当异步输入端都无效($\overline{R}_D = \overline{S}_D = 1$)时,D 触发器的特性表和激励表,如表 4-9 和表 4-10 所示。由真值表及逻辑符号可知,不论 D 触发器的原状态如何,若 $D=1$,则 CP 上升沿把 $D=1$ 置入 D 触发器,$Q=1$,$\overline{Q}=0$;若 $D=0$,则 CP 上升沿把 $D=0$ 置入 D 触发器,使 $Q=0$,$\overline{Q}=1$。决定 D 触发器状态转换的时刻是 CP 的上升沿,置位信号 D 只控制 D 触发器状态转换的方向,它不能直接控制 D 触发器的状态转换。

表 4-9　D 触发器特性表

CP	输入 D	输出 Q^{n+1}
↑	0	0
↑	1	1

表 4-10　D 触发器激励表

Q^n	Q^{n+1}	D
0	0	0
0	1	1
1	0	0
1	1	1

由真值表不难得出 D 触发器的特征方程

$$Q^{n+1}=D$$

设已知边沿 D 触发器的时钟 $CP,D,\overline{R}_D,\overline{S}_D$ 信号的波形,触发器的初始状态为 0。根据边沿 D 触发器的触发方式和逻辑功能,可画出输出端 Q 的工作波形,如图 4-19 所示。

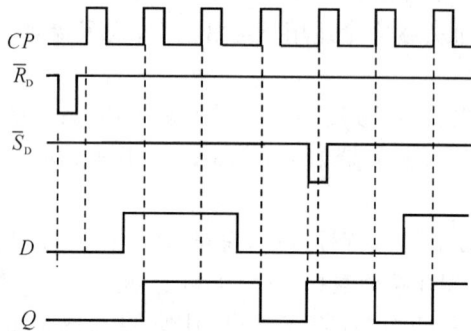

图 4-19　D 触发器的工作波形图

4.3.2　T 触发器

T 触发器又叫反转触发器,它是逻辑设计中常遇到的另一种触发器。它只有一个置位信号端 T。其逻辑功能是:$T=0$ 时,时钟脉冲加入后(有效边沿到来时刻)触发器状态不转换,即 $Q^{n+1}=Q^n$;$T=1$ 时,时钟脉冲加入后触发器状态反转,即 $Q^{n+1}=\overline{Q}^n$。可以写出 T 触发器的真值表和激励表,如表 4-11 及表 4-12 所示。

表 4-11　T 触发器真值表

输入 T	输出 Q^{n+1}
0	Q^n
1	$\overline{Q}^n$

表 4-12　T 触发器激励表

Q^n	Q^{n+1}	T
0	0	0
0	1	1
1	0	1
1	1	0

由真值表可以得出 T 触发器的特征方程为

$$Q^{n+1}=\overline{T}Q^n+T\,\overline{Q}^n=T\oplus Q^n$$

T 触发器的逻辑符号如图 4-20(a)所示(边沿触发型),状态转换图如图 4-20(b)所示。

应该指出的是,当前 T 触发器没有产品,如果需要使用该功能的触发器,必须利用已有的 JK 触发器或 D 触发器转换成 T 触发器。

在 T 触发器中,若令 $T=1$,则电路便成了 T' 触发器。图 4-21 所示为 T' 触发器的逻辑符号(边沿触发型)。

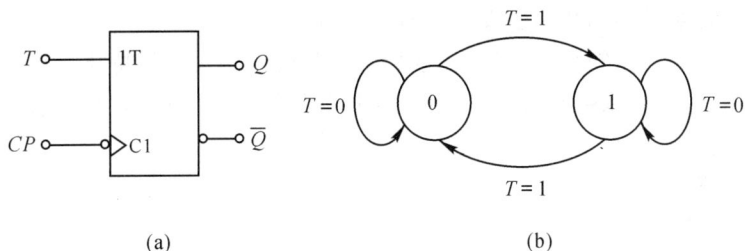

(a)　　　　　　　　　　(b)

图 4-20　T 触发器

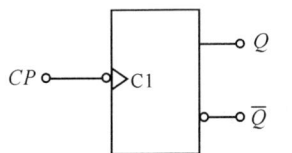

图 4-21　T′触发器的逻辑符号

表 4-13　T′触发器的特性表

Q^n	CP	Q^{n+1}	注
0	↓	1	翻转
1	↓	0	

表 4-13 是它的特性表,显然,由特性表可直接写出它的特征方程为

$$Q^{n+1}=\overline{Q^n} \quad (CP 下降沿时刻有效)$$

4.3.3　触发器之间的转换

1. 转换方法

由于目前实际生产的集成触发器只有 D 型和 JK 型两种,如果需要使用其他逻辑功能的触发器,可以利用转换逻辑功能的方法,将 D 或 JK 触发器转换成所需功能的触发器。所谓触发器之间的转换,就是用一个已有的触发器和适当的逻辑门电路配合,实现另一类型触发器的功能。

转换时,可根据已有触发器和待求触发器的逻辑功能,寻找相互联系的规律。图 4-22 是反映转换要求的示意图。所谓已有触发器,就是 JK 型或 D 型触发器,而目标即待求触发器,就是 T 或 T′触发器,当然也可以是 D 或 JK 型触发器。值得注意的是,待求触发器(新触发器)具有已有触发器的触发特性。

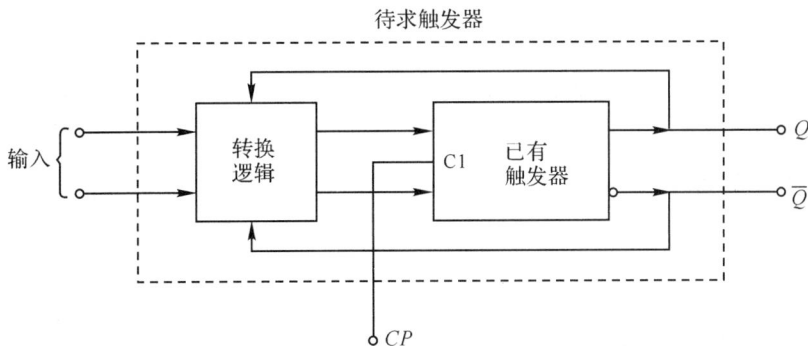

图 4-22　转换要求示意图

转换的方法就是令待求触发器特征方程与已有触发器特征方程相等,从而导出已有触发器的置位信号 X 与待求触发器各变量 Y 之间的关系,即导出 $X=F(Y)$ 表达式,然后用电路实现这一逻辑表达式。具体的转换步骤如下:

（1）写出已有触发器和待求触发器的特征方程；

（2）变换待求触发器的特征方程，使其形式上与已有触发器的特征方程一致；

（3）根据变量相同、系数相等，则方程一定相等的原则，比较已有和待求触发器的特征方程，求出转换逻辑；

（4）画出电路图。

2. JK 触发器到 D,T,T′和 RS 触发器的转换

已知 JK 触发器的特征方程为

$$Q^{n+1}=J\,\overline{Q^n}+\overline{K}Q^n \tag{4-3-1}$$

式(4-3-1)表示了已有器件——JK 触发器的逻辑功能。

（1）JK 触发器到 D 触发器的转换

D 触发器的特征方程为 $Q^{n+1}=D$，变换该表达式，使之形式上与式(4-3-1)相同，即

$$Q^{n+1}=D(Q^n+\overline{Q^n})=DQ^n+D\,\overline{Q^n} \tag{4-3-2}$$

把 $Q^n,\overline{Q^n}$ 视为变量，余下部分视为系数，根据变量相同、系数相等，则方程一定相等的原则，比较式(4-3-1)、式(4-3-2)即可得 $J=D,\overline{K}=D$（即 $K=\overline{D}$），画电路图，如图 4-23 所示。

此时 D 触发器是在时钟 CP 的下降沿翻转。

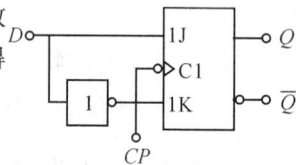

（2）JK 触发器到 T 触发器的转换

T 触发器的特征方程为

$$Q^{n+1}=T\,\overline{Q^n}+\overline{T}Q^n \tag{4-3-3}$$

直接比较式(4-3-1)和式(4-3-3)，可得 $J=K=T$。画电路图，如图 4-24 所示。

同理，由 JK 触发器转换而成的 T 触发器是在时钟 CP 的下降沿翻转的。

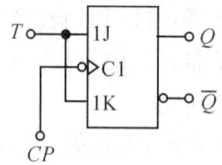

（3）JK 触发器到 T′触发器的转换

T′触发器的特征方程为

$$Q^{n+1}=\overline{Q^n}=1\cdot\overline{Q^n}+0\cdot Q^n$$

与式(4-3-1)比较，可知只要使 $J=K=1$，即可完成转换，如图 4-25 所示。

（4）JK 触发器到 RS 触发器的转换

RS 触发器的特征方程为

$$\begin{cases}Q^{n+1}=S+\overline{R}Q^n\\SR=0\end{cases}$$

变换表达式，使之具有式(4-3-1)的形式：

$$\begin{aligned}Q^{n+1}&=S+\overline{R}Q^n\\&=S(Q^n+\overline{Q^n})+\overline{R}Q^n\\&=S\,\overline{Q^n}+\overline{R}Q^n+SQ^n(R+\overline{R})\\&=S\,\overline{Q^n}+\overline{R}Q^n+S\,\overline{R}Q^n+SRQ^n\\&=S\,\overline{Q^n}+\overline{R}Q^n+SRQ^n\end{aligned}$$

时钟 RS 触发器的约束项为 $SR=0$，从而得到

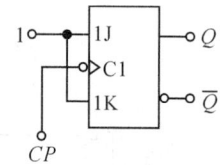

图 4-23 JK 触发器转换成的 D 触发器

图 4-24 JK 触发器转换成的 T 触发器

图 4-25 JK 触发器转换成的 T′触发器

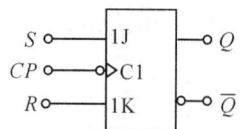

图 4-26 JK 触发器转换成的 RS 触发器

$$Q^{n+1}=S\,\overline{Q}^n+\overline{R}Q^n \tag{4-3-4}$$

比较式(4-3-1)和式(4-3-4),可得 $J=S,K=R$。画电路图,如图 4-26 所示。

3. D 触发器到 JK,T 和 RS 触发器的转换

D 触发器的特征方程为

$$Q^{n+1}=D \tag{4-3-5}$$

(1)D 触发器到 JK 触发器的转换

JK 触发器的特征方程为

$$Q^{n+1}=J\,\overline{Q}^n+\overline{K}Q^n \tag{4-3-6}$$

比较式(4-3-5)和式(4-3-6),不难理解,若令 $D=J\,\overline{Q}^n+\overline{K}Q^n$,则两式必定相等。画电路图,如图 4-27 所示。

(2)D 触发器到 T 触发器的转换

T 触发器的特征方程为

$$Q^{n+1}=T\bigoplus Q^n \tag{4-3-7}$$

比较式(4-3-5)和式(4-3-7),显然,当 $D=T\bigoplus Q^n$ 时,两式必然相等。因此可用异或门构成转换电路,如图 4-28 所示。

同样道理,由 D 型构成的 T 型触发器是在时钟脉冲 CP 的上升沿翻转。

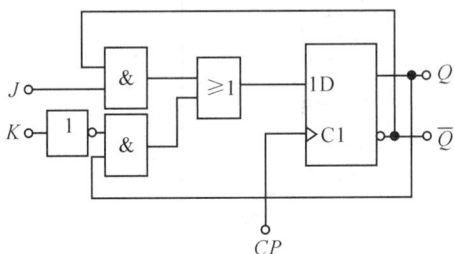

图 4-27　D 触发器转换成的 JK 触发器　　　　图 4-28　D 触发器转换成的 T 触发器

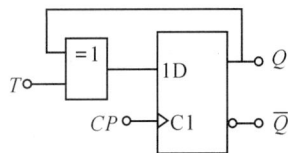

(3)D 触发器到 T′ 触发器的转换

T′ 触发器的特征方程为

$$Q^{n+1}=\overline{Q}^n \tag{4-3-8}$$

比较式(4-3-5)和式(4-3-8),若令 $D=\overline{Q}_n$,则两式必然相等。画电路图,如图 4-29 所示。

(4)D 触发器到 RS 触发器的转换

RS 触发器的特征方程为

$$\begin{cases} Q^{n+1}=S+\overline{R}Q^n \\ SR=0 \end{cases} \tag{4-3-9}$$

比较式(4-3-5)和式(4-3-9),若令 $D=S+\overline{R}Q^n$,则两式必然相等。画电路图,如图 4-30 所示。

4.3.4　触发器的实用电路

1. 触发器异步置 1 及异步置 0

由于触发器的双稳态特性,通电后,触发器将任意处于 0 和 1 两个稳定状态之一。触发

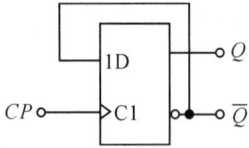

图 4-29　D 触发器转换成的 T′ 触发器　　　图 4-30　D 触发器转换成的 RS 触发器

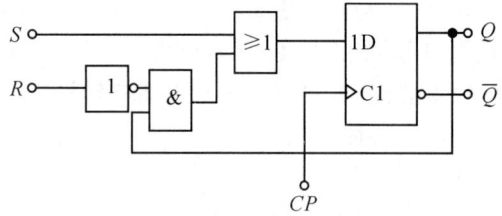

器在应用于数字电路时,通常要求其处于特定的起始状态。为了便于将触发器置于所需状态,实际的时钟触发器除了时钟脉冲控制端、输入信号端和输出端之外,绝大多数的触发器还具有异步置 1 或异步置 0 的功能端。如图 4-31(a)中双边沿 JK 触发器 74LS73 的异步置 0 端 $\overline{R}$;图 4-31(b)中双 D 触发器 74LS74 的异步置 1 端 $\overline{S}$ 及异步置 0 端 $\overline{R}$。这些异步置 1 或异步置 0 电路的结构类似于基本 RS 触发器的置 1 端和置 0 端。利用异步置位端可以直接控制触发器的状态,而不需要时钟脉冲。如果异步置位信号与时钟控制的置位信号相矛盾,触发器将按照异步置位信号进行直接置位,同时使时钟控制的置位信号失效。因此,在使用时钟脉冲来控制触发器状态转换时,必须保证异步置位信号无效。

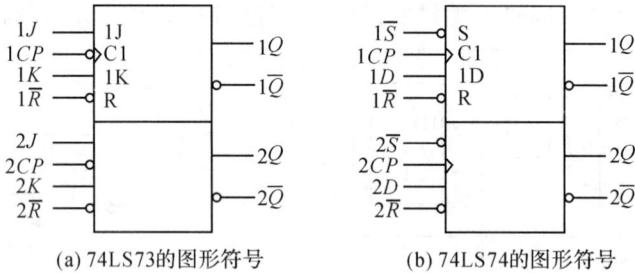

(a) 74LS73 的图形符号　　　　　(b) 74LS74 的图形符号

图 4-31　74LS73 和 74LS74 的图形符号

2. 多置位输入触发器

为了在构成数字电路时,可以获得更加灵活的控制功能,某些触发器具有多个置位信号输入端。图 4-32 所示是 74H101 的图形符号。由 74H101 的图形符号可以看出,它是一个下降沿触发的边沿触发 JK 触发器,有一个异步置 1 端 $\overline{S}_D$ 和两个多置位输入的置位端 J,K,其中

图 4-32　74H101 的图形符号

$$J = (J_{1A} \cdot J_{1B}) + (J_{2A} \cdot J_{2B})$$
$$K = (K_{1A} \cdot K_{1B}) + (K_{2A} \cdot K_{2B})$$

74H 系列是高速 TTL 系列,它的特点是电路速度快。

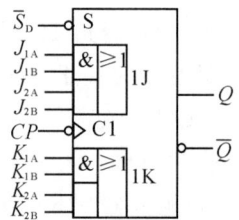

4.4　触发器的应用

4.4.1　寄存器

在计算机或其他数字系统中,经常需要将一些数码暂时存放起来。我们把能暂时存放数码的逻辑部件称为寄存器。

寄存器通常由具有记忆功能的触发器构成，一个触发器可以寄存一位二进制数，因此能存储 n 位二进制数的寄存器需要 n 个触发器。同时，寄存器要存放数码，必须具备以下三方面的功能：数码要存得进、数码要记得住、数码要取得出。因此寄存器中除触发器外，通常还有一些起控制作用的门电路相配合。

寄存器按功能可分为多种，但运用得较多的是数码寄存器和移位寄存器这两种，特别是不仅能寄存数码，而且能使数码移位的移位寄存器使用更广泛，是数字系统中进行算术运算的必需部件。

1. 数码寄存器

图 4-33 所示的逻辑电路是一个由 D 触发器组成的 4 位数码寄存器。它由 4 个 D 触发器组成，时钟脉冲端 CP 在这里作为存数指令端，$D_0 \sim D_3$ 为 4 位数码输入端，$Q_0 \sim Q_3$ 为 4 位数码的原码输出端，$\overline{Q}_0 \sim \overline{Q}_3$ 为 4 位数码的反码输出端，$\overline{R}_D$ 为清零输入端。

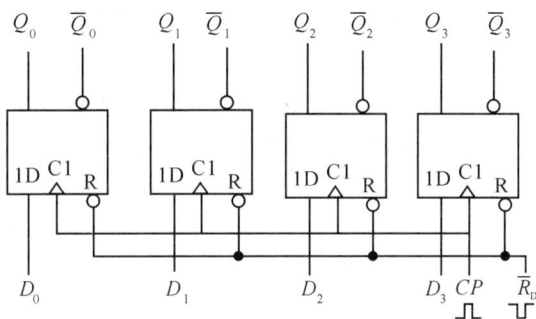

图 4-33　D 触发器组成的 4 位数码寄存器

当要存入 4 位数码时，先将欲寄存的数码分别加在各 D 触发器的输入端 $D_0 \sim D_3$，在存数指令（CP 上升沿）的作用下，有 $Q^{n+1}=D$，数码便被存入了寄存器，一直保存到下一次存数指令到达前。该电路的数码输出端未加控制电路，数码可直接从 $Q_0 \sim Q_3$ 端或 $\overline{Q}_0 \sim \overline{Q}_3$ 端取出，若加入输出控制门电路后，则需要等到取数指令到达后，才能取数。这种将数码一并存入又一并取出的方式称为并入并出方式。这种寄存器的特点是在存入新的数码时自动清除寄存器的原始数码，即只需要一个存数脉冲就可将数码存入寄存器，称为单拍接收方式的寄存器。

数码寄存器有专门的集成器件，TTL 中规模集成数码寄存器有 4 位的 74175 和 74LS175 等，另外还有 6 位、8 位等集成器件。

2. 移位寄存器

寄存器中存放的各种数据，有时需要依次移位（或由低位向相邻高位移动，或由高位向相邻低位移动）以满足数据处理的需求。具有移位功能的寄存器称为移位寄存器。

移位寄存器是在移位脉冲作用下将寄存器中的数码依次向左移或向右移。按移动方式不同可分为单向（左移或右移）移位寄存器和双向移位寄存器。按数码输入输出方式不同可分为串行输入、并行输入、串行输出、并行输出等。

在移位脉冲的控制下所存数码只能向某一方向移动的寄存器叫单向移位寄存器。单向移位寄存器有左移寄存器和右移寄存器之分。

图 4-34 所示是由 4 个 D 触发器构成的 4 位移位寄存器，其中的触发器只绘出了所需的输入输出端，这是为了简化电路的缘故。图中各位触发器的 CP 端连在一起作为移位脉冲的

控制端;各触发器的 R 端连在一起作为复位端 $\overline{R}_D$,当此端加入一个负脉冲时,各触发器的状态均复位成 0。串行数码从最左边的 D 触发器 FF1 的 D 端逐个输入,最右边的 D 触发器 FF4 的输出端 Q_4 作为串行输出端。由 D 触发器的输出状态 Q^{n+1} 仅决定于 CP 脉冲到来之前瞬时的输入 D 的状态,所以,每来一个移位脉冲,上一触发器的输出状态就移入到下一触发器中,即数码向右移了一位。

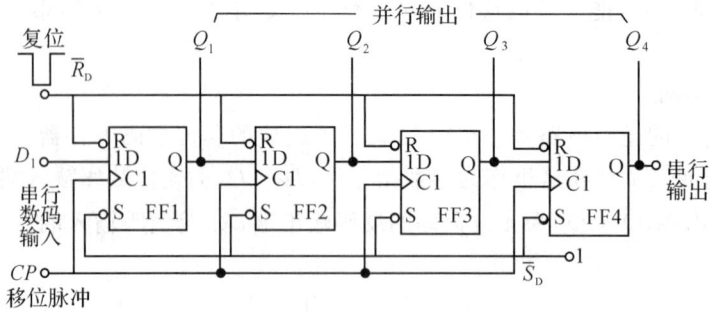

图 4-34 由 D 触发器构成的移位寄存器

在输入数码之前,首先对所有 D 触发器进行清零处理。图 4-35 给出了输入数码为 "1011"(按时间的先后排列)的一个波形图。当第一个移位脉冲 CP 到来后,串行输入信号的第一个数码"1"移入 FF1;FF1,FF2,FF3 的"0"分别移入 FF2,FF3,FF4,此时 4 个触发器的输出状态为 $Q_1 Q_2 Q_3 Q_4 = 1000$。第二个移位脉冲 CP 到来后,串行输入信号的第二个数码"0"移入 FF1,同时 FF1 的"1"移入 FF2,此时 $Q_1 Q_2 Q_3 Q_4 = 0100$。同样,依次分析可知,第三个移位脉冲到来后,$Q_1 Q_2 Q_3 Q_4 = 1010$;第四个移位脉冲到来后,$Q_1 Q_2 Q_3 Q_4 = 1101$。可见,串行输入的 4 位数码在 4 个 CP 移位脉冲的作用下,全部移入寄存器中。

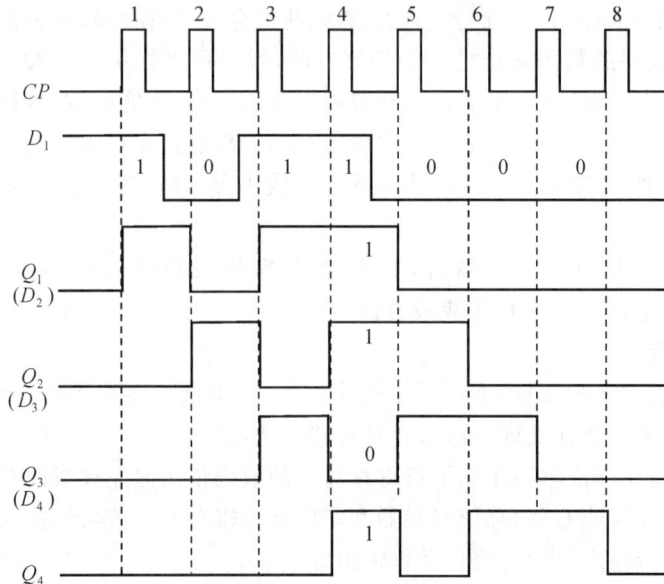

图 4-35 移位寄存器的工作波形图

若需要输出这四位数码,一种方法是并行输出,即通过 4 个触发器的输出端 Q_4,Q_3,Q_2,Q_1 直接取出数码;另一种方法是串行输出,即继续输入 3 个 CP 移位脉冲,就可在触发器

FF4 的输出端 Q_4 串行取出被寄存的数码。表 4-14 所示为上述数码的移位过程。

表 4-14　4 位右移移位寄存器状态表

CP	D_1	Q_1	Q_2	Q_3	Q_4
1	1	1	0	0	0
2	0	0	1	0	0
3	1	1	0	1	0
4	1	1	1	0	1
5	0	0	1	1	0
6	0	0	0	1	1
7	0	0	0	0	1

图 4-34 所示是右移移位寄存器,如果输入信号由触发器 FF4 的 D 端输入,FF4 的输出作为 FF3 的置位输入,FF3 的输出作为 FF2 的置位输入,依此类推,则可以构成左移移位寄存器。如果将左移和右移移位寄存器合在一起,并用一个信号控制(方向控制),则构成了双向移位寄存器。

移位寄存器按数码输入输出方式可分为串行输入、并行输入、串行输出、并行输出四种方式,为了实现这四种数据传送方式,可以利用如图 4-36 所示电路来实现。

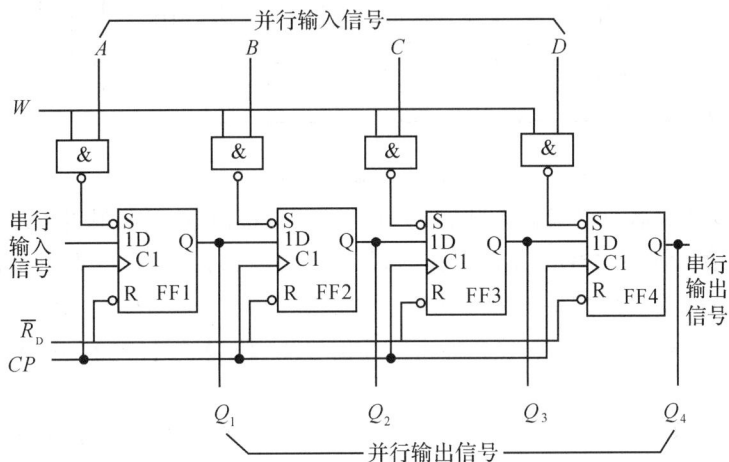

图 4-36　具有串、并行数据输入、输出功能的移位寄存器

图 4-36 所示电路利用 D 触发器的异步置 1 端实现置数(并行输入),A,B,C,D 为并行输入信号,W 为写信号,当 W 为 1 时,$\overline{A},\overline{B},\overline{C},\overline{D}$ 作为异步置 1 信号加到各触发器的 S 端。并行输入的方法是:先将各触发器异步置 0($\overline{R}_D=0$),然后加入写信号($W=1$)。例如,若 $A=1$,$B=0,C=1,D=0$,那么在 $W=1$ 时,$S_1=\overline{A}=0$,$S_2=\overline{B}=1$,$S_3=\overline{C}=0$,$S_4=\overline{D}=1$,经过延迟时间后 Q_1,Q_3 变为 1;Q_2,Q_4 不变,仍为 0。则 A,B,C,D 被置入到各触发器中,此时由 Q_1,Q_2,Q_3,Q_4 即可获得并行输出信号(并行输出)。并行输入后也可利用串行输出的方法输出(并入串出)。当然,也可以先串行输入,当输入信号已移至各个触发器后,即可并行输出(串入并出)。实际上,移位寄存器是典型的标准模块,已有通用集成电路可以使用,我们不必用触发器及与非门来构成。有关通用移位寄存器的情况将在第 5 章中介绍。

4.4.2 异步计数器

1. 2^n 进制异步计数器

计数器是触发器的另一种典型应用。所谓计数器就是能计算外加时钟脉冲数目的电路。除了计数,计数器还可用来定时、分频和进行数字运算等。

计数器的种类很多,按时钟脉冲作用方式可分为同步计数器和异步计数器;按进位制可分为二进制计数器、十进制计数器和任意进制计数器;按计数功能可分为加法计数器、减法计数器和可加可减的可逆计数器。

从二进制加法的 $0+1=1,1+1=0$ 和二进制减法 $1-1=0,0-1=1$ 可知,计数器要求触发器处于计数状态,即每来一个 CP,触发器反转一次。图 4-37 所示为计数状态的 D 触发器,这个触发器的特征方程是 $Q^{n+1}=\overline{Q}^n$。

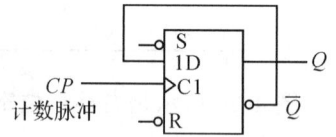

利用计数状态的 D 触发器构成的 2^3 进制异步计数器电路如图 4-38 所示。

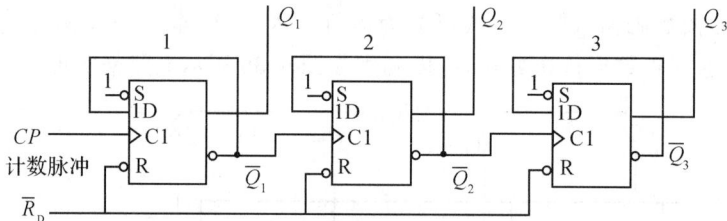

图 4-37 计数状态的 D 触发器

图 4-38 2^3 进制异步计数器

2^3 进制异步计数器由三级计数状态的 D 触发器串接而成,计数脉冲 CP 加到第一级触发器的 CP 端,第一级触发器的输出 $\overline{Q}_1$ 作为第二级触发器的 CP,第二级触发器的输出 $\overline{Q}_2$ 作为第三级触发器的 CP,计数器的输出由三级触发器的输出 Q_1,Q_2,Q_3 取出,三级触发器接有公共的清零信号 $\overline{R}_D$。在计数以前先加入清零信号 $\overline{R}_D$,使 $Q_1=Q_2=Q_3=0$,然后加入计数脉冲开始计数。

在加入第 1 个 CP 以前,$D_1=\overline{Q}_1=1,D_2=\overline{Q}_2=1,D_3=\overline{Q}_3=1$,所以加入第 1 个 CP 时,触发器 1 的状态反转,$Q_1=1,\overline{Q}_1=0$。此时触发器 2 和触发器 3 的状态是否变化要根据加入第 1 个 CP 后,触发器 2 和 3 的 CP 端,即 $\overline{Q}_1$ 和 $\overline{Q}_2$ 有无上升沿来决定。如图 4-39 所示,在第 1 个 CP 加入后,$\overline{Q}_1$ 由 1 跳变成 0,即加在触发器 2 上的时钟脉冲 $\overline{Q}_1$ 是下降沿,因此触发器 2 保持状态不变,即 Q_2 保持为 0;同样道理,Q_3 也保持 0 不变。由此可知,第 1 个 CP 之后 $Q_3Q_2Q_1=001$。第 2 个 CP 加入后,Q_1 从 1 跳变为 0,$\overline{Q}_1$ 由 0 跳变成 1,这个 $\overline{Q}_1$ 的上升沿使触发器 2 的状态反转,Q_2 由 0 跳变为 1,$\overline{Q}_2$ 由 1 到 0,而触发器 3 仍没有有效的时钟脉冲边沿,所以 Q_3 继续保持为 0。也即第 2 个 CP 后,$Q_3Q_2Q_1=010$。依次可画出 8 个 CP 作用后的计数器波形。

根据图 4-39 的波形,可以列出如表 4-15 所示的计数器的状态表。由表 4-15 可知,可以用计数器的状态作为二进制数来表示计数脉冲的个数。计数器的状态随计数脉冲个数的增加由初态的 $Q_3Q_2Q_1=000$ 变为 $001,010,\cdots$当第 7 个计数脉冲到达后,计数器的状态变为

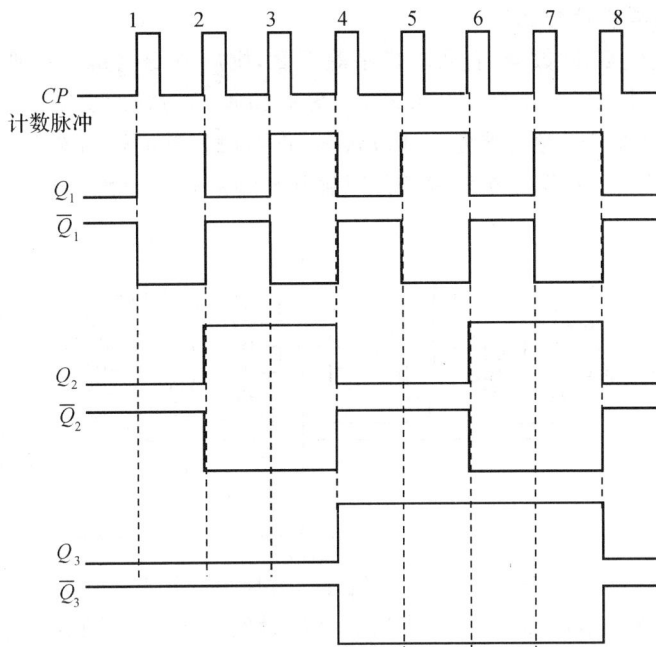

图 4-39　2^3 进制异步计数器工作波形

$Q_3Q_2Q_1=111$，当第 8 个计数脉冲到达后，计数器的状态回到初态 000。该计数器随计数脉冲个数的增加，其计数器的值是递增的，因而该计数器是一个加法计数器。而该计数器由 3 个触发器组成，每个触发器表示 1 位二进制数，因此该计数器是 3 位二进制加法计数器，3 位计数器有 $2^3=8$ 个状态，电路状态逢 2^3(8)循环 1 次，所以这是一个模 8 的加法计数器。之所以把这个计数器称为异步计数器，是因为电路中没有用统一的时钟脉冲控制所有触发器的状态转换。

　　从上面的分析中还可以看到：对计数脉冲而言，每经过一级触发器，输出脉冲周期增加 1 倍，频率降为原来的 $\frac{1}{2}$。于是从 Q_1 端引出的波形为输入计数脉冲频率的 2 分频，从 Q_2 端引出的波形为 4 分频，该计数器也可称 8 分频器。依此类推，若要构成 2^n 进制计数器，只要采用 n 级计数状态的 D 触发器串接起来即可。而 n 位二进制加法计数器可实现 2^n 分频。

表 4-15　2^3 进制异步计数器状态表

计数脉冲数	Q_3	Q_2	Q_1
清零	0	0	0
1	0	0	1
2	0	1	0
3	0	1	1
4	1	0	0
5	1	0	1
6	1	1	0
7	1	1	1
8	0	0	0

2. 脉冲反馈型异步计数器

上面讨论的是模 2^n 计数器,若要求模不等于 2^n,则应改变电路。实现非 2^n 进制异步计数器的典型方法是脉冲反馈型异步计数器。如图 4-40 所示为脉冲反馈型十进制加法计数器的逻辑电路图。图中的 JK 触发器处于计数状态。前级触发器的输出作为下一级触发器的时钟脉冲,计数脉冲 CP 加在第一级触发器的时钟脉冲端。开始计数前先清零。

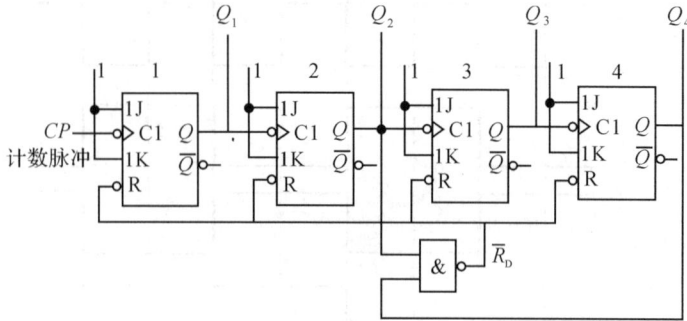

图 4-40　脉冲反馈型十进制加法计数器

第 1 个 CP 的下降沿使 Q_1 由 0 上跳到 1,此时触发器 2 的时钟脉冲不是下降沿,因此触发器 2 不被触发,触发器 3 和 4 的情形同理,第 1 个 CP 下降沿结束后 $Q_1=1$,$Q_2=Q_3=Q_4=0$。第 2 个 CP 的下降沿使 Q_1 由 1 下跳到 0,触发器 2 被 Q_1 的下降沿所触发,$Q_2=1$,而 $Q_3=Q_4=0$。第 3 个 CP 的下降沿又使 Q_1 由 0 上跳到 1,$Q_2=1$ 不变,$Q_3=Q_4=0$。第 4 个 CP 使 Q_1 由 1 下跳到 0,Q_2 也由 1 下跳到 0,触发器 3 被 Q_2 的这个下降沿触发,Q_3 由 0 上跳变成 1,$Q_4=0$。依次加入 CP,可以画出 Q_1,Q_2,Q_3,Q_4 的波形,如图 4-41 所示。

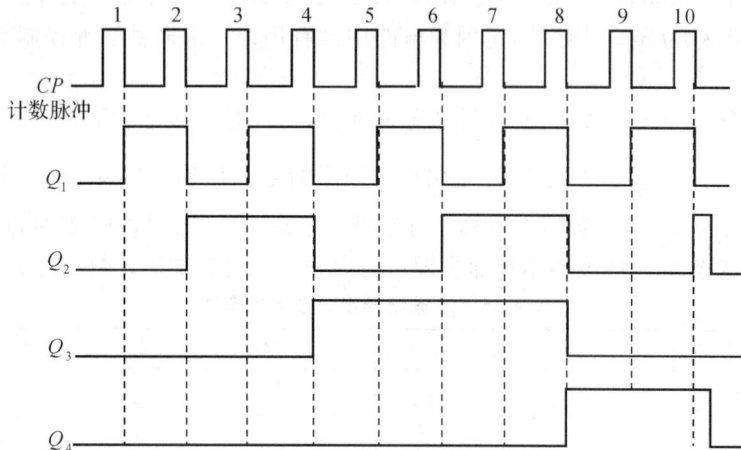

图 4-41　脉冲反馈型十进制加法计数器工作波形图

值得注意的是,在第 1 到第 9 个 CP 期间,与非门的输出 $\overline{R}_D=\overline{Q_2 Q_4}$ 始终为高电平,因而触发器不会被异步清零,计数器正常计数。当第 10 个 CP 加入后,$Q_4 Q_3 Q_2 Q_1=1010$,$\overline{R}_D=\overline{Q_2 Q_4}=0$,四个触发器的异步清零信号有效,迫使各触发器异步置 0,所以第 10 个 CP 作用后,计数器的状态先变化到 $Q_4 Q_3 Q_2 Q_1=1010$,经过$(2\sim3)t_{pd}$的时间延迟后,计数器的状态变化到 $Q_4 Q_3 Q_2 Q_1=0000$,即计数器返回到计数 0 的初始状态,重新开始计数。从图 4-41 的波形图可以看出,这是一个模 10 的加法计数器,它有一个明显的缺点就是输出有个毛刺。

4.4.3　触发器的动态特性

从概念上讲,虽然门电路中动态特性分析对触发器也适用,但是触发器有着和门电路截然不同的一些特点。因此,对触发器的一些独具特色的动态参数,还是需要介绍的。

1. 输入信号的建立时间和保持时间

(1)建立时间 t_{set}

在有些时钟触发器中,输入信号必须先于 CP 信号建立起来,电路才能可靠地翻转,而输入信号必须提前建立的这段时间就称为建立时间 t_{set} 表示。如图 4-42 所示。

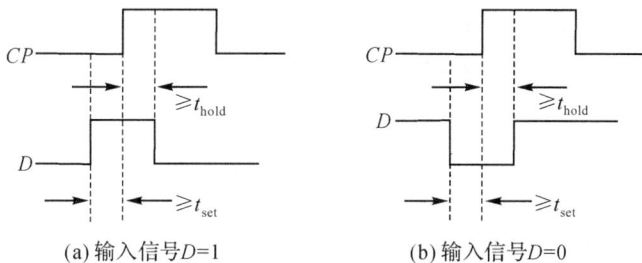

(a)输入信号$D=1$　　　　　　(b)输入信号$D=0$

图 4-42　边沿 D 触发器的建立时间和保持时间

(2)保持时间 t_{hold}

为了保证触发器可靠翻转,输入信号的状态在 CP 信号到来后还必须保持足够长的时间不变,这段时间叫做保持时间,用 t_{hold} 表示。如图 4-42 所示。

图 4-42(a)所示是接收 1 信号时的情况,D 信号先于 CP 上升沿建立起来(由 0 跳变到 1)时的时间不得小于建立时间 t_{set},而在 CP 上升沿到来后 D 仍保持 1 的时间不得小于保持时间 t_{hold}。图 4-42(b)所示是接收 0 信号时的情况。只有这样,边沿 D 触发器才能可靠地翻转。实际的边沿 D 触发器,其 t_{set},t_{hold} 均在 10ns 左右,极短。

2. 时钟触发器的传输延迟时间

从 CP 触发沿到达开始,到输出端 Q,$\overline{Q}$ 完成状态改变为止,所经历的时间叫做传输延迟时间。

(1)t_{PHL}

定义 t_{PHL} 为输出端由高电平变为低电平的传输延迟时间。TTL 边沿 D 触发器 7474,其 $t_{PHL} \leqslant 40ns$。

(2)t_{PLH}

定义 t_{PLH} 为输出端由低电平变为高电平的传输延迟时间。7474 的 $t_{PLH} \leqslant 25ns$。

3. 时钟触发器的最高时钟频率

由于时钟触发器中每一级门电路都有传输延迟,因此电路状态改变总是需要一定时间才能完成。当时钟信号频率升高到一定程度之后,触发器就来不及翻转了。显然,在保证触发器正常翻转条件下,时钟信号的频率有一个上限值,该上限值就是触发器的最高时钟频率,用 f_{max} 表示。7474 的 $f_{max} \geqslant 15MHz$。

本章小结

和门电路一样,触发器也是构成各种复杂数字系统的一种基本逻辑单元。

触发器逻辑功能的基本特点是可以保存 1 位二值信息。因此,又将触发器称为半导体存储单元或记忆单元。

由于输入方式以及触发器状态随输入信号变化的规律不同,各种触发器在具体的逻辑功能上又有所差别。根据这些差异,将触发器分成了 RS,JK,T,D 等几种逻辑功能的类型。这些逻辑功能可以用特征方程、状态转换真值表、状态转换图和工作波形图等来描述。

各类触发器的特征方程如下:

(1)RS 触发器 $\begin{cases} Q^{n+1}=S+\overline{R}Q^n \\ SR=0(约束条件) \end{cases}$

(2)JK 触发器　$Q^{n+1}=J\,\overline{Q^n}+\overline{K}Q^n$

(3)D 触发器　$Q^{n+1}=D$

(4)T 触发器　$Q^{n+1}=T\oplus Q^n$

(5)T′触发器　$Q^{n+1}=\overline{Q^n}$

此外,由于电路的结构形式不同,触发器的触发方式也不一样,有电平触发、主从触发和边沿触发之分。不同触发方式的触发器在状态的翻转过程中具有不同的动作特点。因此,在选择触发器电路时不仅需要知道它的逻辑功能类型,还必须了解它的触发方式,这样才能掌握它的动作特点,做出正确的设计。我们介绍各种触发器内部电路结构的目的是为了帮助读者更好地理解和掌握各种触发方式的动作特点,这些触发器的内部电路不是本章的学习重点。

特别需要指出的是,触发器的电路结构形式和逻辑功能之间不存在固定的对应关系。同一种逻辑功能的触发器可以用不同的电路结构实现;同一种电路结构的触发器可以实现不同的逻辑功能。

在 TTL 电路触发器中,因为输入、输出端的电路结构和 TTL 反相器相同,所以第 2 章里所讲的 TTL 反相器的输入特性和输出特性对触发器仍然适用。每个输入端、输出端具体的电气参数可以从手册上查到。

在 CMOS 电路触发器中,通常每个输入端、输出端均在器件内部设置了缓冲器,因而它们的输入特性和输出特性和 CMOS 反相器的输入特性和输出特性具有相同的形式,这里不再重复。

为了保证触发器在动态工作时能可靠地翻转,输入信号、时钟信号以及它们在时间上的相互配合应满足一定的要求。这些要求体现在对建立时间、保持时间、时钟信号的宽度和最高工作频率的限制上。对于每一个具体型号的集成触发器,可以从手册上查到这些动态参数,在工作时应符合这些参数及规定的条件。

由于目前实际生产的集成时钟触发器只有 D 型和 JK 型两种,如果需要使用其他逻辑功能的触发器,可以利用转换逻辑功能的方法,将 D 或 JK 触发器转换成所需功能的触发器,新的触发器具有已有触发器的触发特性。

习　题

4-1　画出题 4-1 图所示由或非门组成的基本 RS 触发器输出端 $Q,\overline{Q}$ 的电压波形,输入端 S, R 的电压波形如题 4-1 图所示。

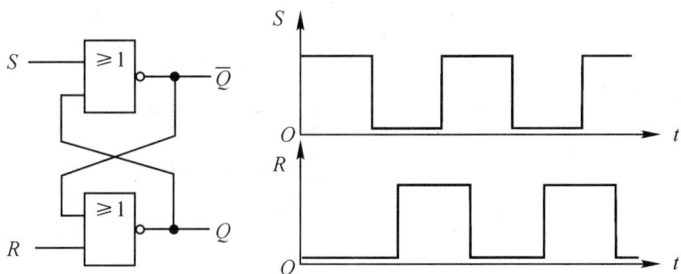

题 4-1 图

4-2　在题 4-2 图所示电路中,若 CP,S,R 电压波形如图所示,试画出 $Q,\overline{Q}$ 端与之对应的电压波形。假定触发器的初始状态为 $Q=0$。

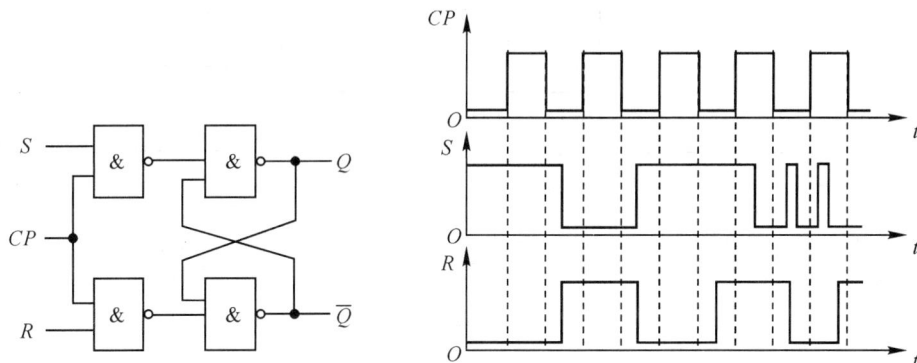

题 4-2 图

4-3　一种特殊的 RS 触发器如题 4-3 图所示。

(1)试列出状态转换真值表;

(2)写出特征方程;

(3)R 与 S 是否需要约束条件?

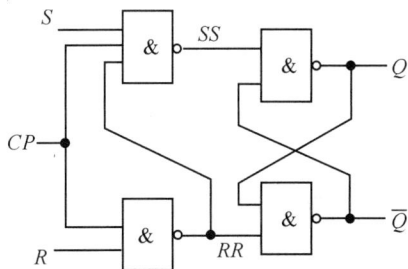

题 4-3 图

4-4　已知主从结构 JK 触发器 J,K 和 CP 的电压波形如题 4-4 图所示,试画出 $Q,\overline{Q}$ 端对应的电压波形。设触发器的初始状态为 $Q=0$。

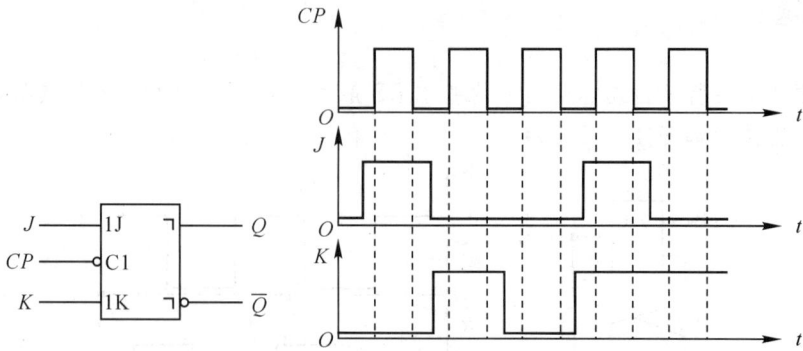

题 4-4 图

4-5 如题 4-5 图所示是主从 JK 触发器 CP 和 J,K 的电压波形,试画出主触发器 Q_M 端和从触发器 Q 端的工作波形。设 Q 初始状态为 0。

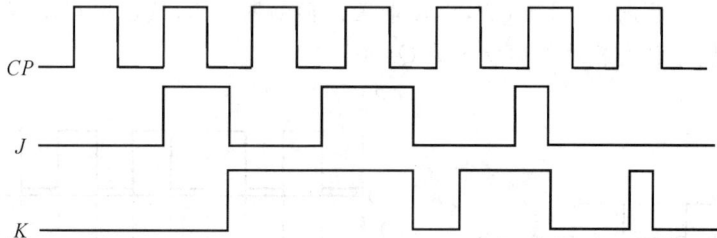

题 4-5 图

4-6 如题 4-6 图所示电路,设该 TTL 触发器的初态为 0,试画出在 CP 作用下的 Q 端波形图。

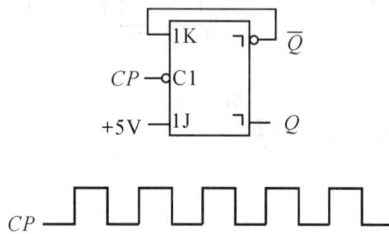

题 4-6 图

4-7 已知主从 JK 触发器 CP,J,K 和 $\overline{R}_D,\overline{S}_D$ 的波形如题 4-7 图所示,画出输出端 Q 的波形,设触发器初始状态为 1。

4-8 根据题 4-8 图所示电路,试画出在连续 4 个时钟脉冲 CP 的作用下,各 TTL 触发器 Q 端的输出波形图。设各触发器初始状态均为 0。

4-9 试画出题 4-9 图所示电路输出端 Y,Z 的电压波形。输入信号 A 和 CP 的电压波形如题 4-9 图所示。设触发器的初始状态均为 $Q=0$。

4-10 试画出时钟 RS 触发器转换成 D,T,T′ 及 JK 触发器的逻辑电路图。

4-11 如图 4-11 所示各电路中,FF1 和 FF2 均为边沿触发器:
   (1)写出各个触发器次态输出的函数表达式;

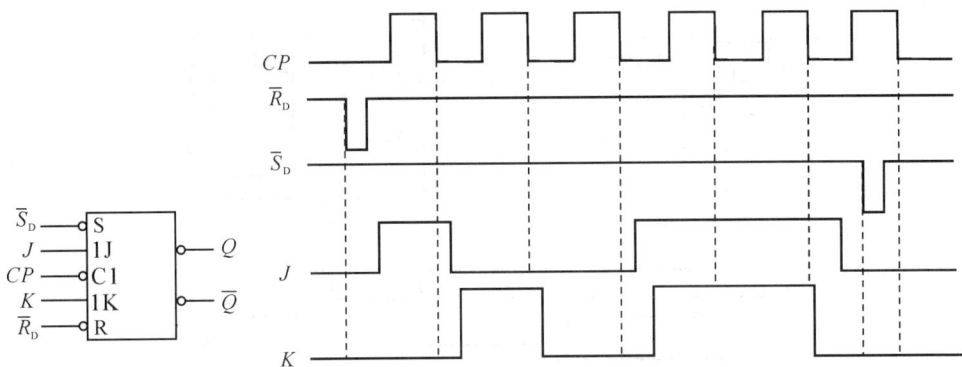

题 4-7 图

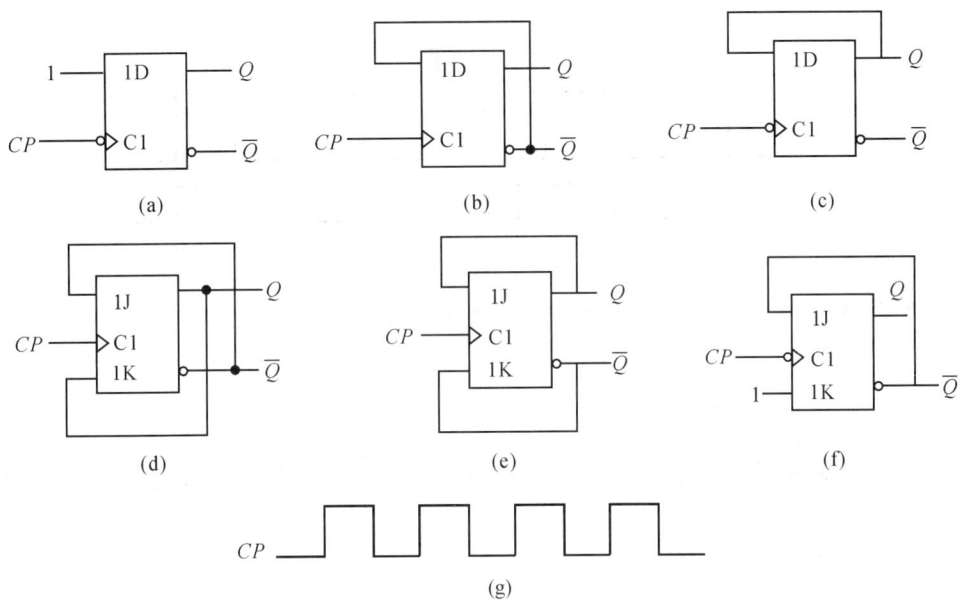

题 4-8 图

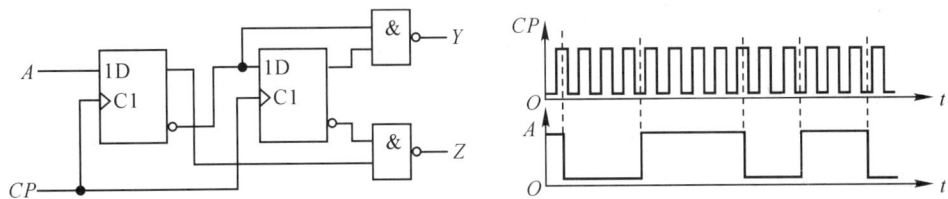

题 4-9 图

(2)CP 及 A,B 的波形如题 4-11 图(b)所示,试对应画出各电路 Q 端的波形图。设各触发器初始状态均为 0。

4-12 时钟下降沿触发的 T 触发器中,CP 和 T 的信号波形如题 4-12 图所示,试画出 Q 端的输出波形(初态为 0)。

4-13 双相时钟电路如题 4-13 图(a)所示,在 D 触发器的时钟输入端加上 CP 信号时,在两个与门的输出端 A,B 有相位错开的时钟信号。已知 CP 信号如题 4-13 图(b)所示,试

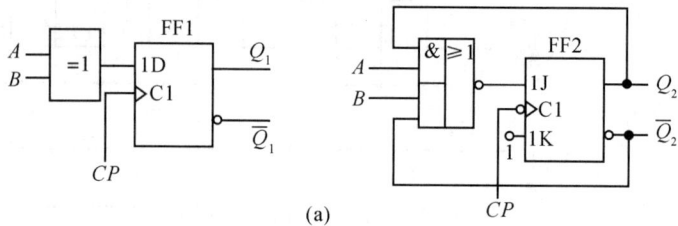

(a)

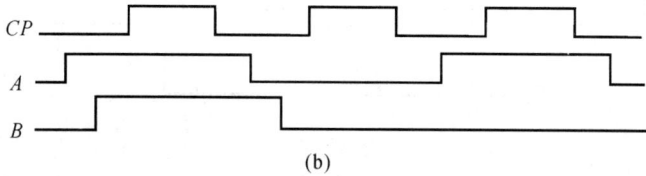

(b)

题 4-11 图

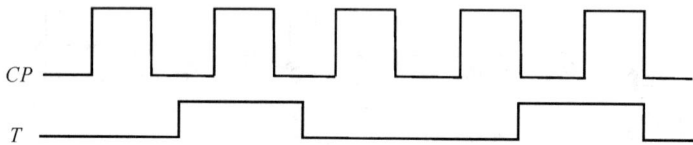

题 4-12 图

画出 A,B 端的输出波形(设触发器初态为 0)。

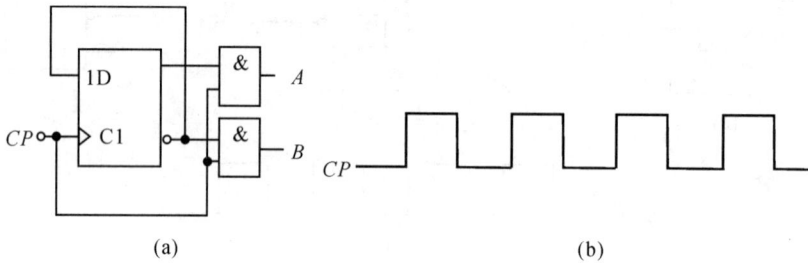

(a)　　　　　　　　　　　　　　(b)

题 4-13 图

4-14　什么是触发器的空翻现象？造成空翻的原因是什么？

4-15　什么是主从 JK 触发器的"一次变化"问题？造成"一次变化"的原因是什么？如何避免"一次变化"现象？

4-16　已知题 4-16 图所示的逻辑电路,试分析其是否具有两个稳定状态？并用真值表来说明电路的逻辑功能。

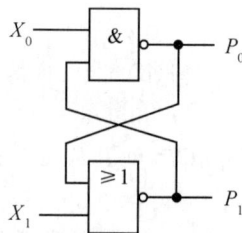

题 4-16 图

4-17 题 4-17 图所示是一个环形计数器。如果电路的初始状态为 $Q_3Q_2Q_1Q_0 = 1000$，试画出在一系列 CP 作用下 Q_3，Q_2，Q_1，Q_0 的波形。

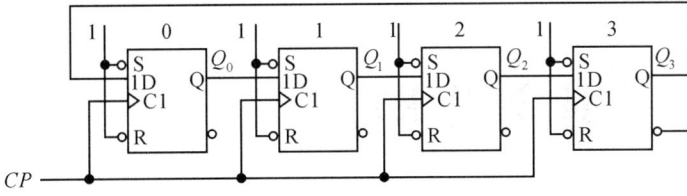

题 4-17 图

4-18 题 4-18 图所示是一个扭环计数器，如果电路的初始状态为 $Q_3Q_2Q_1Q_0 = 0000$，试画出在一系列 CP 作用下的 Q_3，Q_2，Q_1，Q_0 波形（CP 数目多于 8）。

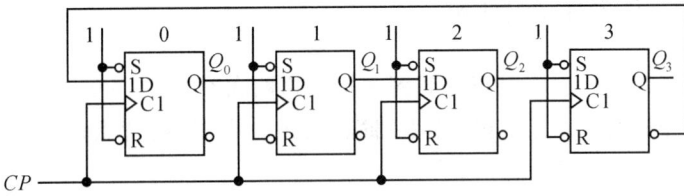

题 4-18 图

4-19 根据题 4-19 图所示的电路，试画出在 8 个 CP 作用下 Q_3，Q_2，Q_1 的波形，假设电路的初始状态为 $Q_3Q_2Q_1 = 000$。

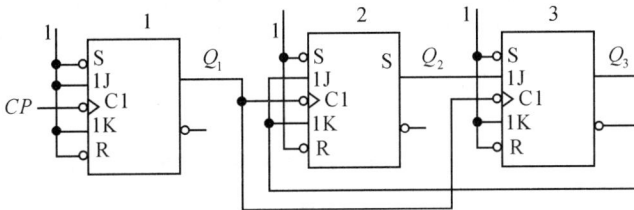

题 4-19 图

4-20 试画出题 4-20 图所示电路在一系列 CP 信号作用下 Q_1，Q_2，Q_3 的输出电压波形。触发器均为边沿触发结构，初始状态均为 $Q = 0$。

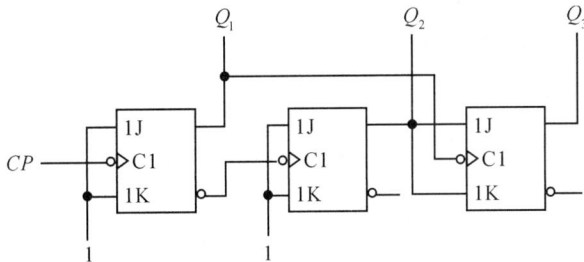

题 4-20 图

第 5 章　时序逻辑电路

5.1　同步时序电路分析

数字电路可分为组合逻辑电路和时序逻辑电路两大类。

由第 3 章的分析可见,组合逻辑电路(简称为组合电路)的特点是电路的当前输出值唯一地由电路的当前输入值所决定,可表示为

$$Y(t) = F[X(t)] \tag{5-1-1}$$

式中:$X(t)$为时间 t 时刻电路的输入信号;$Y(t)$为时间 t 时刻电路的输出信号;F 为电路的逻辑函数。

时序逻辑电路则与组合逻辑电路不同。任意一个时刻的输出信号不但取决于当时的输入信号,而且还取决于电路原来的状态,或者说,还与以前的输入有关。这种电路称为时序逻辑电路,简称为时序电路,可表示为

$$Y(t) = F[X(-\infty, t)] \tag{5-1-2}$$

式中:$X(-\infty, t)$表示从 $-\infty$ 到 t 时刻的时间间隔内电路的输入。因此时序逻辑电路必须具有记忆功能,能存储电路以前的输入所产生的状态。

5.1.1　时序电路的结构和分类

1. 时序电路的结构

时序电路的结构示意框图如图 5-1 所示。图中:$X(x_1, x_2, \cdots, x_i)$为现在输入信号向量;$Y(y_1, y_2, \cdots, y_j)$为现在输出信号向量;$W(w_1, w_2, \cdots, w_k)$为存储电路的现在输入信号向量;

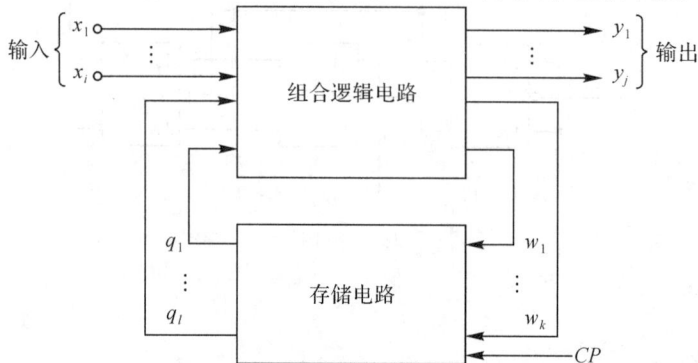

图 5-1　时序逻辑电路结构示意框图

$Q(q_1,q_2,\cdots,q_l)$ 为存储电路的现在输出信号向量。

这些信号之间的逻辑关系可以用向量函数表示为

$$Y(t_n)=F[X(t_n),Q(t_n)] \quad （输出方程） \tag{5-1-3}$$

$$W(t_n)=G[X(t_n),Q(t_n)] \quad （激励或驱动方程） \tag{5-1-4}$$

$$Q(t_{n+1})=H[W(t_n),Q(t_n)] （状态方程） \tag{5-1-5}$$

式中：t_n,t_{n+1} 是两个相邻的离散时间。由于 $y_1,y_2,\cdots,y_j$ 是电路的输出信号,故把式(5-1-3)称为输出方程；$w_1,w_2,\cdots,w_k$ 是存储电路的激励或驱动信号,所以把式(5-1-4)称为激励或驱动方程；又由于 $q_1,q_2,\cdots,q_l$ 表示的是存储电路的状态,并称为状态变量,故把式(5-1-5)称为状态方程。

2. 时序电路分类

(1)按 CP 作用分

按 CP 作用分类,时序电路可分为同步时序电路和异步时序电路。

同步时序电路:所有存储单元状态的变化都在同一时钟信号操作下同时发生。

异步时序电路:存储单元状态的变化不是同时发生的。

(2)按电路输出信号的特性分

按电路输出信号的特性分类,时序电路可分为摩尔型和米里型。

摩尔型(Moore):$Y(t_n)=F[Q(t_n)]$,输出信号 Y 仅取决于存储电路的状态。

米里型(Mealy):$Y(t_n)=F[X(t_n),Q(t_n)]$,输出信号 Y 不仅取决于存储电路的状态,而且还取决于输入变量。

(3)按逻辑功能分

按逻辑功能分类,时序电路可分为计数器、寄存器、移位寄存器、读/写存储器、顺序脉冲发生器等。

5.1.2　时序电路的基本分析方法

分析一个时序电路,就是要找出给定时序电路的逻辑功能。图 5-2 给出了分析时序电路的一般过程。

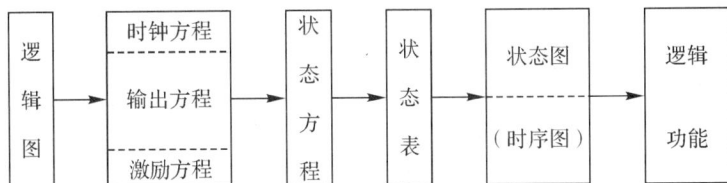

图 5-2　时序电路分析步骤示意图

1. 写方程式

仔细观察、分析给定的时序电路,然后逐一写出：

(1)时钟方程,即各个触发器时钟信号的逻辑表达式,对于明确的同步时序电路,这一步可以省略；

(2)输出方程,即时序电路各个输出信号的逻辑表达式；

(3)激励方程(或称为驱动方程),即各个触发器同步输入端信号的逻辑表达式。

2. 求状态方程

把激励方程代入相应触发器的特征方程,即可求出时序电路的状态方程,也就是各个触发器次态输出的逻辑表达式,这是因为任何时序电路的状态都是由组成该时序电路的各个触发器来记忆和表示的。

3. 列状态表

把电路输入和现态的各种可能取值代入状态方程和输出方程进行计算,求出相应的次态和输出,列成状态表。但要注意:

(1)状态方程必须具有有效的时钟条件,凡不具备时钟条件者,方程式无效,也就是说触发器将保持原来的状态不变;

(2)电路的现态就是组成该电路的各个触发器现态的组合;

(3)注意不要漏掉任何可能出现的现态和输入的取值;

(4)现态的起始值如果给定了,则可以从给定值开始依次进行分析计算,如果没有给定,则可从自己设定的起始值开始依次分析计算。

4. 画状态图和时序图

画状态图和时序图时应注意以下几点:

(1)状态转换是由现态转换到次态,不是由现态转换到现态,也不是由次态转换到次态;

(2)输出信号是现态和输入信号的函数,不是次态和输入信号的函数;

(3)画时序图时要注意,只有当 CP 触发沿(不同触发器 CP 起作用的时候不同)到来时相应的触发器才会更新状态,否则只会保持原状态不变。

5. 电路的逻辑功能说明

一般情况下,用状态表或状态图就可以反映电路的工作特性。但是,在实际应用中,各个输入、输出信号都有确定的物理含义,常常需要结合这些信号的物理含义,进一步说明电路的具体功能,或者结合时序图说明时钟脉冲与输入、输出及内部变量之间的时间关系。

5.1.3 时序电路的分析举例

例 5-1 试画出如图 5-3 所示时序电路的状态表、状态图和时序图。

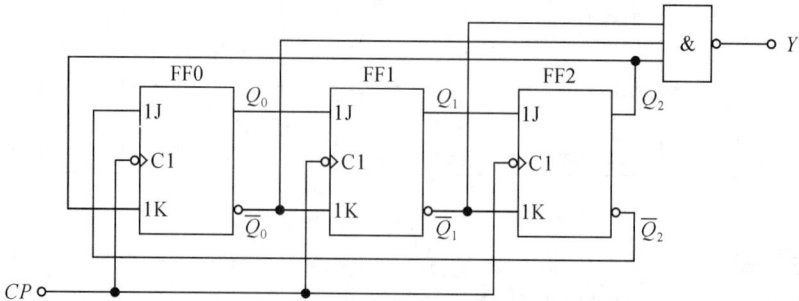

图 5-3 例 5-1 的时序电路

解 (1)写出三个方程组

1)时钟方程为

$$CP_0 = CP_1 = CP_2 = CP \tag{5-1-6}$$

可见图 5-3 所示是一个同步时序电路。对于同步时序电路,由于各个触发器的时钟信号是相同的,都是输入 CP 脉冲,所以时钟方程可以省去不写。

2)输出方程

$$Y = \overline{Q_2^n \, \overline{Q_1^n} \, \overline{Q_0^n}} \tag{5-1-7}$$

显然,图 5-3 所示是一个摩尔型(Moore)时序电路,其输出信号仅与电路的现态有关。

3)激励方程组为

$$\begin{cases} J_0 = \overline{Q_2^n} & K_0 = Q_2^n \\ J_1 = Q_0^n & K_1 = \overline{Q_0^n} \\ J_2 = Q_1^n & K_2 = \overline{Q_1^n} \end{cases} \tag{5-1-8}$$

(2)求状态方程

根据 JK 触发器的特征方程 $Q^{n+1} = J\overline{Q^n} + \overline{K}Q^n$ 可得

$$\begin{cases} Q_0^{n+1} = J_0\overline{Q_0^n} + \overline{K_0}Q_0^n = \overline{Q_2^n}\,\overline{Q_0^n} + \overline{Q_2^n}Q_0^n = \overline{Q_2^n} \\ Q_1^{n+1} = J_1\overline{Q_1^n} + \overline{K_1}Q_1^n = Q_0^n\,\overline{Q_1^n} + \overline{\overline{Q_0^n}}Q_1^n = Q_0^n \\ Q_2^{n+1} = J_2\overline{Q_2^n} + \overline{K_2}Q_2^n = Q_1^n\,\overline{Q_2^n} + \overline{\overline{Q_1^n}}Q_2^n = Q_1^n \end{cases} \tag{5-1-9}$$

(3)列状态表

将电路的现态 $Q_2^n Q_1^n Q_0^n$ 分别代入状态方程组和输出方程,求出相应的次态和输出,列成状态表,如表 5-1 所示。

表 5-1 例 5-1 的状态表

现 态			次 态			输 出
Q_2^n	Q_1^n	Q_0^n	Q_2^{n+1}	Q_1^{n+1}	Q_0^{n+1}	Y
0	0	0	0	0	1	1
0	0	1	0	1	1	1
0	1	0	1	0	1	1
0	1	1	1	1	1	1
1	0	0	0	0	0	0
1	0	1	0	1	0	1
1	1	0	1	0	0	1
1	1	1	1	1	0	1

(4)画状态图和时序图

状态图就是将状态表图形化。在状态图中一般用小圆圈表示时序电路的状态,有时为了方便,把小圆圈也省掉了。如果时序电路有 n 个触发器,则该时序电路就有 2^n 个状态,状态转换图中就有 2^n 个小圆圈(有时把小圆圈省掉,则直接写状态)。

状态图中的箭头表示状态转换方向,箭头旁边的斜线左上方标注的是输入信号的值——转换条件,右下方标注的是输出。

由表 5-1 可以画出例 5-1 的状态图,如图 5-4 所示。

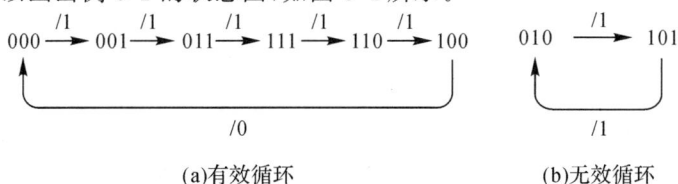

(a)有效循环 (b)无效循环

图 5-4 例 5-1 的状态图

时序图是反映时钟脉冲 CP、输入信号取值和触发器状态之间在时间上对应关系的波形图。

根据表 5-1 或图 5-4 可以画出例 5-1 的时序图,如图 5-5 所示。

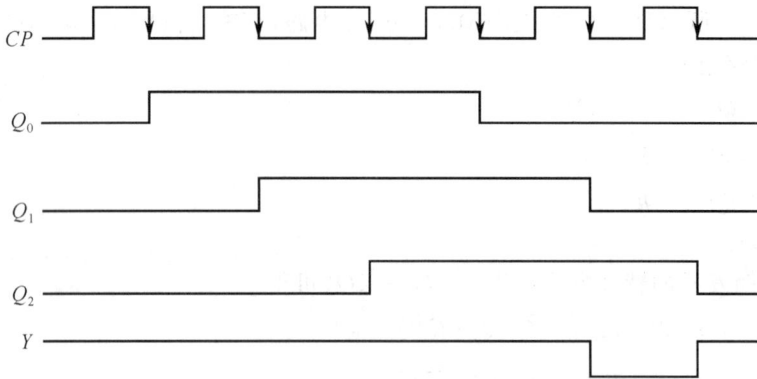

图 5-5　例 5-1 的时序图

（5）功能分析

功能分析就是用文字说明电路的逻辑功能。根据对状态表、状态图和时序图的分析可知,主循环为六进制计数器。

（6）几个概念

1）有效状态与有效循环

● 有效状态:在时序电路中,凡是被利用了的状态,称为有效状态。

● 有效循环:在时序电路中,凡是有效状态形成的循环称为有效循环。

例如在图 5-4 所示状态图中,（a）中的 6 个状态被利用了,故都是有效状态;同时图 5-4（a）所示的循环就是有效循环。

2）无效状态与无效循环

● 无效状态:在时序电路中,凡是没有被利用的状态,都称为无效状态。

● 无效循环:如果无效状态形成了循环,这种循环就称为无效循环。

例如在图 5-4 所示状态图中,（b）中的两个状态就是无效状态;同时图 5-4（b）所示的循环就是无效循环。

3）能自启动与不能自启动

● 能自启动:在时序电路中,如果不存在无效状态,或者虽然存在无效状态,但它们没有形成无效循环,则为能够自启动的时序电路。

● 不能自启动:存在无效循环的时序电路称为不能自启动的时序电路。

例如在图 5-4 所示状态图中,由于存在无效循环（b）,因此,例 5-1 中的时序电路为不能自启动的时序电路。因为在这种电路中,一旦因某种原因,例如干扰而使状态进入无效循环,就再也回不到有效状态了,当然再要正常工作也就不可能了。

例 5-2　试分析如图 5-6 所示同步时序电路。

解　（1）写出三个方程组

由图 5-6 可知,电路由一个与门、两个接成 T 触发器的 JK 触发器组成。由于是同步时序电路,时钟方程可以省去不写。

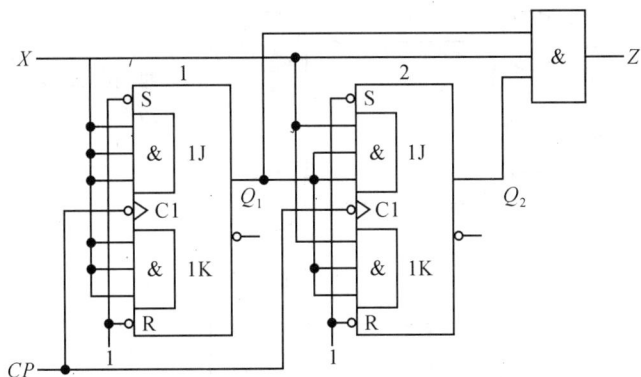

图 5-6　例 5-2 的电路图

1)输出方程为

$$Z = XQ_1^n Q_2^n \tag{5-1-10}$$

显然,图 5-6 所示是一个米里型(Mealy)时序电路,其输出信号与存储电路的状态和输入变量都有关。

2)激励(或称驱动)方程组为

$$\begin{cases} T_1 = X \\ T_2 = X \cdot Q_1^n \end{cases} \tag{5-1-11}$$

(2)求状态方程

根据 T 触发器的特征方程 $Q^{n+1} = T \oplus Q^n$ 可得

$$\begin{cases} Q_1^{n+1} = T_1 \oplus Q_1^n = X \oplus Q_1^n \\ Q_2^{n+1} = T_2 \oplus Q_2^n = XQ_1^n \oplus Q_2^n \end{cases} \tag{5-1-12}$$

(3)列状态表

根据电路的现态 $Q_2^n Q_1^n$,分别代入状态方程组和输出方程,求出相应的次态和输出,列成状态表,如表 5-2 所示。

表 5-2　例 5-2 的状态表

输　入	现　　态		次　　态		输　出
X	Q_2^n	Q_1^n	Q_2^{n+1}	Q_1^{n+1}	Z
0	0	0	0	0	0
0	0	1	0	1	0
0	1	0	1	0	0
0	1	1	1	1	0
1	0	0	0	1	0
1	0	1	1	0	0
1	1	0	1	1	0
1	1	1	0	0	1

(4)画状态图和时序图

根据表 5-2 可以画出例 5-2 的状态图和时序图,分别如图 5-7 和图 5-8 所示。

对于已给定的输入信号 X 及时钟脉冲 CP,图 5-8(a)为对应于电路初始状态 $Q_2^n Q_1^n = 00$

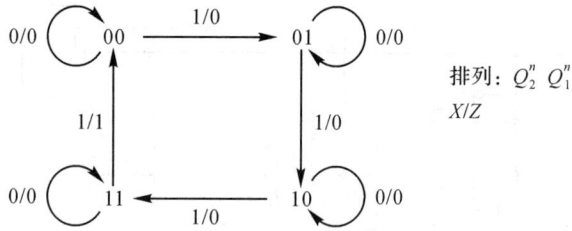

图 5-7　例 5-2 的状态图

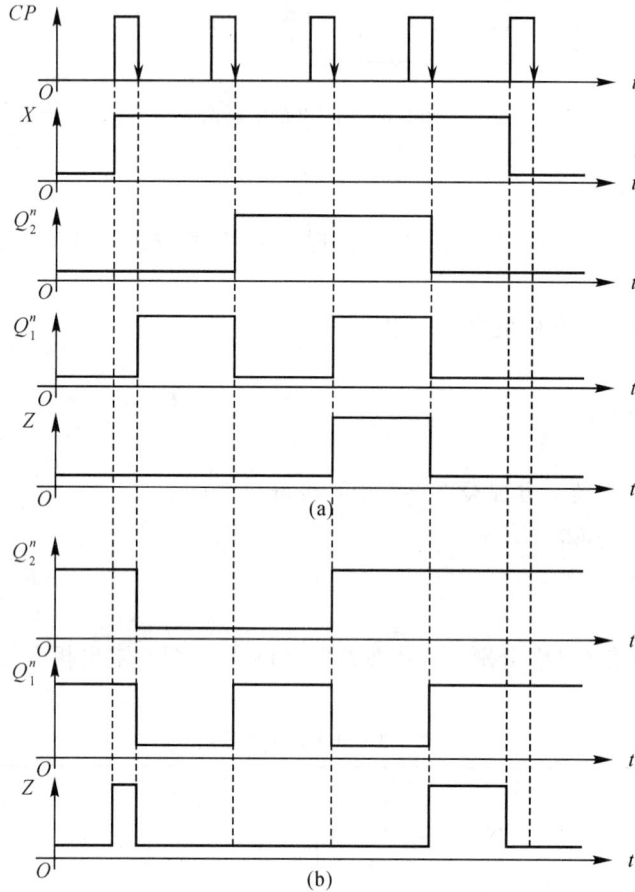

图 5-8　例 5-2 的时序图

时的时序图,图 5-8(b)为对应于电路初始状态 $Q_2^n Q_1^n = 11$ 时的时序图。

(5)功能分析

由状态表或状态图可见,本例为一个可控模 4 计数器。当 $X=0$ 时,计数器不工作;当 $X=1$ 时,计数器计数,逢 4 进 1。输出 Z 为进位信号。

5.2　同步时序电路的设计

给定的是设计要求,例如一段文字描述,或者状态图;待求的是满足要求的时序电路。

5.2.1　同步时序电路设计的一般步骤

图 5-9 所示是同步时序电路设计的一般步骤。

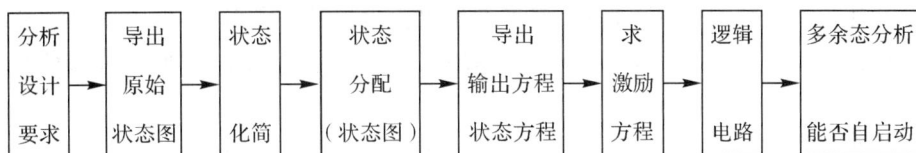

分析 设计 要求	→	导出 原始 状态图	→	状态 化简	→	状态 分配 (状态图)	→	导出 输出方程 状态方程	→	求 激励 方程	→	逻辑 电路	→	多余态分析 能否自启动

图 5-9　时序电路设计步骤示意图

1. 分析设计要求,进行逻辑抽象,建立原始状态图

(1)分析设计要求,确定输入变量、输出变量、电路内部状态间的关系及状态数;

(2)定义输入变量、输出变量逻辑状态的含义,进行状态赋值,对电路的各个状态进行编号;

(3)按照题意建立原始状态图。

2. 进行状态化简,求最简状态图

(1)确定等价状态。在原始状态图中,凡是在输入相同时,输出相同、要转换到的次态也相同的状态,都是等价状态。

(2)合并等价状态,画最简状态图。对电路外部特性来说,等价状态是可以合并的,多个等价状态合并成一个状态,即可画出最简状态图。

3. 进行状态分配,画出用二进制数进行编码后的状态图

(1)确定二进制代码的位数

如果用 M 表示电路的状态数,用 n 表示要使用的二进制代码的位数,那么根据编码原理,应根据下列不等式来确定 n:

$$2^{n-1} \leqslant M \leqslant 2^n \tag{5-2-1}$$

(2)对电路状态进行编码(状态分配)

n 位二进制代码有 2^n 种不同取值,用来对 M 个状态进行编码,方案有很多种。如果选择恰当,则可得到比较简单的设计结果;反之,如果方案选择不好,则设计出来的电路就会复杂。至于如何才能获得最佳方案,目前尚无普遍有效的方法,常常要经过仔细研究,反复比较才会得到较好的方案,这里既有技巧问题,也与设计经验有关。

(3)画出编码后的状态图

状态编码方案确定之后,就可画出用二进制代码表示电路状态的状态图。在这种状态图中,电路次态、输出与现态及输入间的函数关系都完全被确定了。

4. 选择触发器,求时钟方程、输出方程和状态方程

(1)选择触发器

在设计时可供选择的是 JK 触发器和 D 触发器,前者功能齐全且使用灵活,后者控制简单且设计容易,在中、大规模集成电路中应用广泛。至于触发器的个数,就是用于对电路状态进行编码的二进制代码的位数,即为 n。

(2)求时钟方程

对于同步时序电路,各个触发器的时钟信号都选用输入 CP 脉冲即可。本章中以后如无特别说明,都采用同步时序电路。

(3)求输出方程

可以从状态图中规定的输出与现态和输入的逻辑关系写出输出信号的标准与或表达式,用公式法求其最简表达式;或者由状态图画出输出信号的卡诺图,再用图形法求最简表达式当然更好。要注意的是,无效状态对应的最小项应该当作约束项处理,因为在电路正常工作时,这些状态是不会出现的。

(4)求状态方程

既可以由状态图直接写出次态的标准与或表达式,再用公式法求最简与或式;也可以画出卡诺图,用图形法求次态的最简与或式。注意不管使用哪种方法,都要尽量使用约束项——无效状态所对应的最小项进行化简。

5. 求激励方程

(1)变换状态方程,使之具有和触发器特征方程相一致的表达形式。

(2)与特征方程进行比较,按照变量相同、系数相等,两个方程必等的原则,求出激励方程,即各个触发器激励端信号的逻辑表达式。

6. 画出逻辑电路图

(1)先画触发器,并进行必要的编号,标出有关的输入端和输出端。

(2)按照时钟方程、激励方程和输出方程连线。有时还需要对激励方程和输出方程作适当变换,以便利用规定的或已有的门电路。

7. 检查设计的电路能否自启动

(1)将电路无效状态依次代入状态方程进行计算,观察在输入 CP 信号操作下能否回到有效状态。如果无效状态形成了循环,则所设计的电路不能自启动,反之则能自启动。注意计算时所使用的应该是与特征方程作比较的状态方程,该方程就自身来说不一定是最简的。

(2)若电路不能自启动,则应采取措施予以解决。例如,可以修改设计重新进行状态分配,也可以利用触发器的异步输入端强行预置到有效状态,也可以增加辅助电路消灭死循环等。

5.2.2 同步时序电路设计举例

例 5-3 设计一个时序电路,要求实现如图 5-10 所示状态图。

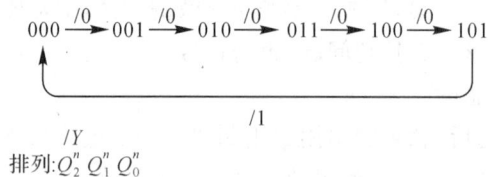

$$000 \xrightarrow{/0} 001 \xrightarrow{/0} 010 \xrightarrow{/0} 011 \xrightarrow{/0} 100 \xrightarrow{/0} 101$$

$$/1$$

$$/Y$$
$$排列: Q_2^n Q_1^n Q_0^n$$

图 5-10 例 5-3 的状态图

解 由于题中已给定了二进制编码的状态图,所以时序电路设计一般步骤中的前 3 步可以省去,直接从第 4 步开始。

(1)选择触发器,求时钟方程、输出方程和状态方程

1)选择触发器

可供选择的是 JK 触发器和 D 触发器,这里选择功能齐全、使用灵活的 3 个 CP 下降沿触发的 JK 触发器。

2)求时钟方程

采用同步时序电路,则各个触发器的时钟信号都选用输入 CP 脉冲,即 $CP_0 = CP_1 = CP_2 = CP$。

3)求输出方程

①确定约束项

无效状态对应的最小项应该当成约束项处理,因为在电路正常工作时,这些状态是不会出现的。

这里 110,111 两个状态没有出现,为无效状态,对应的最小项作为约束项。

②用卡诺图求输出信号 Y

根据状态图规定的输出与现态之间的逻辑关系,画出输出 Y 的卡诺图。

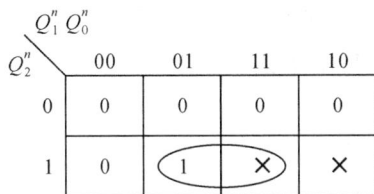

Q_2^n \ $Q_1^n Q_0^n$	00	01	11	10
0	0	0	0	0
1	0	1	×	×

图 5-11 例 5-3 输出 Y 的卡诺图

所以 $\quad Y = Q_2^n Q_0^n$ (5-2-2)

4)求状态方程

根据状态图可直接画出如图 5-12 所示的电路次态 $Q_2^{n+1} Q_1^{n+1} Q_0^{n+1}$ 的卡诺图。

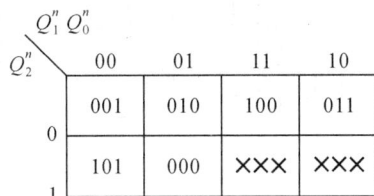

Q_2^n \ $Q_1^n Q_0^n$	00	01	11	10
0	001	010	100	011
1	101	000	×××	×××

图 5-12 例 5-3 次态 $Q_2^{n+1} Q_1^{n+1} Q_0^{n+1}$ 的卡诺图

再将图 5-12 分解成每个触发器的次态卡诺图,如图 5-13 所示。

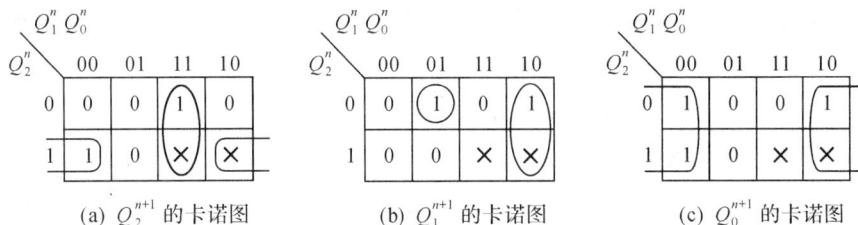

Q_2^n \ $Q_1^n Q_0^n$	00	01	11	10
0	0	0	1	0
1	1	0	×	×

(a) Q_2^{n+1} 的卡诺图

Q_2^n \ $Q_1^n Q_0^n$	00	01	11	10
0	0	1	0	1
1	0	0	×	×

(b) Q_1^{n+1} 的卡诺图

Q_2^n \ $Q_1^n Q_0^n$	00	01	11	10
0	1	0	0	1
1	1	0	×	×

(c) Q_0^{n+1} 的卡诺图

图 5-13 例 5-3 各触发器的次态卡诺图

由如图 5-13 所示的各卡诺图可求得状态方程为

$$\begin{cases} Q_0^{n+1} = \overline{Q_0^n} \\ Q_1^{n+1} = \overline{Q_2^n}\, \overline{Q_1^n} Q_0^n + Q_1^n\, \overline{Q_0^n} \\ Q_2^{n+1} = Q_1^n Q_0^n + Q_2^n\, \overline{Q_0^n} \end{cases} \quad (5\text{-}2\text{-}3)$$

（2）求激励方程

JK 触发器的特征方程为

$$Q^{n+1}=J\,\overline{Q^n}+\overline{K}Q^n \tag{5-2-4}$$

1）变换状态方程，使之与式（5-2-4）所示的特征方程的形式一致

$$\begin{cases}Q_0^{n+1}=\overline{Q_0^n}=1\cdot\overline{Q_0^n}+\overline{1}\cdot Q_0^n\\[2mm] Q_1^{n+1}=\overline{Q_2^n}\,\overline{Q_1^n}Q_0^n+Q_1^n\,\overline{Q_0^n}=\overline{Q_2^n}Q_0^n\cdot\overline{Q_1^n}+\overline{Q_0^n}\cdot Q_1^n\\[2mm] Q_2^{n+1}=Q_1^nQ_0^n+Q_2^n\,\overline{Q_0^n}\\[2mm] \qquad\;\;=Q_1^nQ_0^n(\overline{Q_2^n}+Q_2^n)+\overline{Q_0^n}Q_2^n\\[2mm] \qquad\;\;=Q_1^nQ_0^n\cdot\overline{Q_2^n}+\overline{Q_0^n}\cdot Q_2^n+\underline{Q_2^nQ_1^nQ_0^n}\;\longleftarrow\\[2mm] \qquad\;\;=Q_1^nQ_0^n\cdot\overline{Q_2^n}+\overline{Q_0^n}\cdot Q_2^n\end{cases} \tag{5-2-5}$$

约束项应去掉，意味着这个最小项
当作"0"处理

2）上式与特征方程比较求激励方程

$$\begin{cases}J_0=1 & K_0=1\\[2mm] J_1=\overline{Q_2^n}Q_0^n & K_1=Q_0^n\\[2mm] J_2=Q_1^nQ_0^n & K_2=Q_0^n\end{cases} \tag{5-2-6}$$

（3）画出逻辑电路图

根据所选用的触发器和时钟方程、输出方程、激励方程画出逻辑电路图，如图 5-14 所示。

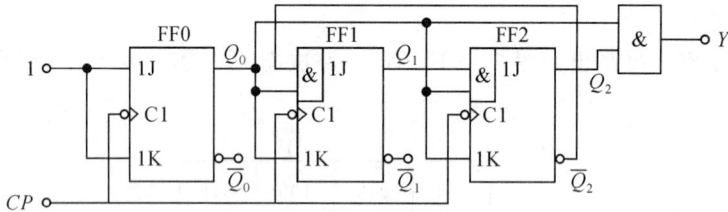

图 5-14　例 5-3 的逻辑电路图

（4）检查电路能否自启动

将无效状态 110,111 代入状态方程式（5-2-5）（而不是式（5-2-3））和输出方程进行计算，求得次态。或者，直接检查化简时的卡诺图，在相应的现态时，"×"被当作"1"还是"0"处理，即可知其"次态"（要注意，在 Q_2^{n+1} 卡诺图中已把约束项 $Q_2^nQ_1^nQ_0^n$ 去掉，即当作"0"处理）。同样方法可查出无效状态（现态）时的输出 Y。

$$110\xrightarrow{\;/0\;}111\xrightarrow{\;/1\;}000\quad（有效状态）$$

可见，所设计的时序电路能够自启动。

例 5-4　设计一个 111 序列检测器，要求是：连续输入 3 个或 3 个以上 1 时输出为 1，其他情况下输出为 0。

解　按设计要求，电路应该包括串行输入信号 $X(t)$，串行输出信号 $Y(t)$，有一个时钟脉冲 CP，如图 5-15 所示。

假定 111 序列可以重叠，则输入、输出之间的关系可举例如下：

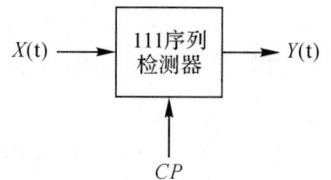

图 5-15　111 序列检测器方框图

表 5-3　111 序列的输入、输出之间的关系

CP	1	2	3	4	5	6	7	8	9	10	11	12	13	14	15	16
$X(t)$	0	1	1	1	0	1	0	1	1	0	1	1	1	1	0	0
$Y(t)$	0	0	0	1	0	0	0	0	0	0	0	0	1	1	0	0

（1）进行逻辑抽象，建立原始状态图

原始状态图是根据题意分析得出的待设计电路的状态转换图。这里，把初始状态设为 S_0；

　　输入一个 1 信号时的状态为 S_1；

　　输入两个 1 信号时的状态为 S_2；

　　输入三个 1 信号时的状态为 S_3。

　　得原始状态图，如图 5-16 所示。

（2）进行状态化简，画最简状态图

1）确定等价状态

凡在输入相同时，输出相同，要转换到的次态也相同的状态，都是等价状态。

2）合并等价状态

等价状态是可以合并的，多个等价状态合并成一个状态，多余的状态去掉。

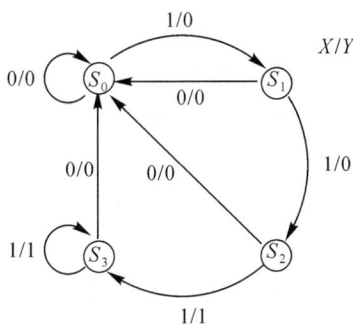

图 5-16　例 5-4 的原始状态图

这里 S_2 和 S_3 是等价的。把 S_2 和 S_3 合并起来，且用 S_2 表示，得到简化后的状态图如图 5-17 所示。

（3）进行状态分配，画出用二进制数编码后的状态图

状态分配就是对简化后的状态图中的每个状态分配一个适当的二进制码，以便根据这些二进制码确定电路中各个触发器的状态。

1）因状态数 $M=3$，应取 $n=2$。

2）进行状态编码，本例中取 $S_0=00,S_1=01,S_2=11$

得编码后的状态图如图 5-18 所示。

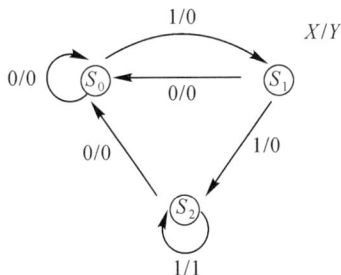

图 5-17　例 5-4 的简化状态图

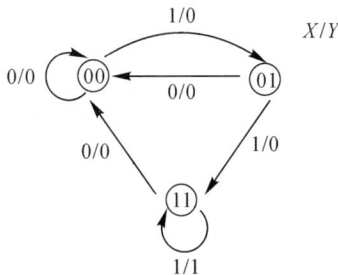

图 5-18　例 5-4 编码后的状态图

（4）选择触发器，求（可以采用不同于本例中的状态编码，请同学们课后练习）输出方程和状态方程

1）选用两个 CP 上升沿触发的边沿型 JK 触发器

2)求输出方程

根据状态图画出输出信号 Y 的卡诺图,如图 5-19 所示,化简得

$$Y=X\cdot Q_1^n \tag{5-2-7}$$

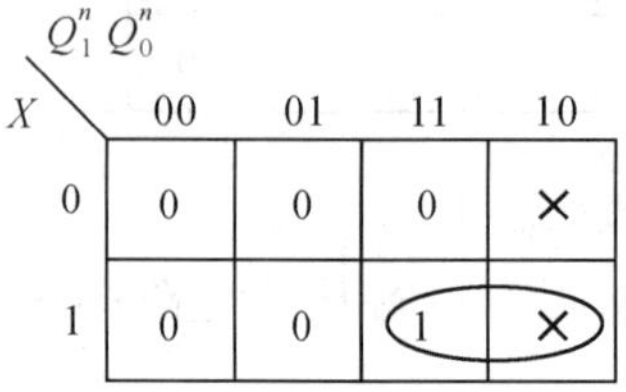

图 5-19　例 5-4 输出 Y 的卡诺图

3)求状态方程

根据编码后的状态图可画出电路的次态卡诺图如图 5-20 所示,再将图 5-20 分解成每个触发器的次态卡诺图,如图 5-21 所示。

X \ $Q_1^n Q_0^n$	00	01	11	10
0	00	00	00	××
1	01	11	11	××

图 5-20　例 5-4 电路的次态卡诺图

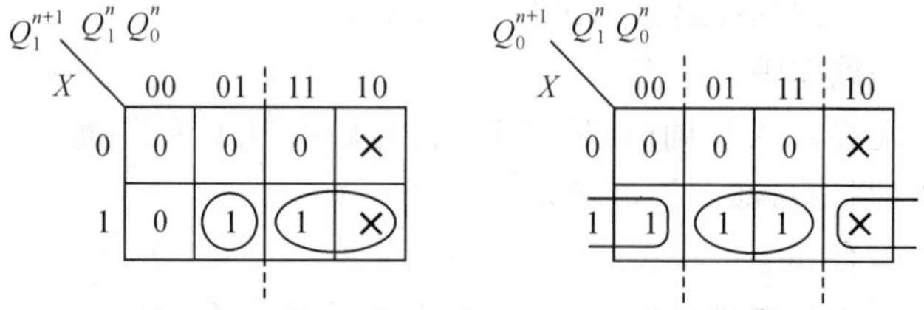

(a) Q_1^{n+1}的卡诺图　　(b) Q_0^{n+1}的卡诺图

图 5-21　例 5-4 各触发器的次态卡诺图

化简图 5-21 的次态卡诺图,注意在图 5-21(a)中,以 $Q_1^n=0$ 与 $Q_1^n=1$ 为分界线分别进行化简;在图 5-21(b)中,以 $Q_0^n=0$ 与 $Q_0^n=1$ 为分界线分别进行化简,得到化简后的状态方程为

$$\begin{cases}Q_1^{n+1}=X\,\overline{Q_1^n}Q_0^n+XQ_1^n\\ Q_0^{n+1}=X\,\overline{Q_0^n}+XQ_0^n\end{cases} \tag{5-2-8}$$

(5)求激励方程

JK 触发器的特征方程为 $Q^{n+1}=J\,\overline{Q^n}+\overline{K}Q^n$,将式(5-2-8)中的次态方程变换成特征方程的形式,如式(5-2-9):

$$\begin{cases}Q_1^{n+1}=XQ_0^n\cdot\overline{Q_1^n}+X\cdot Q_1^n\\ Q_0^{n+1}=X\cdot\overline{Q_0^n}+X\cdot Q_0^n\end{cases} \tag{5-2-9}$$

将式(5-2-9)与特征方程相比较,求得激励方程为

$$\begin{cases}J_1=XQ_0^n \qquad K_1=\overline{X}\\ J_0=X \qquad K_0=\overline{X}\end{cases} \tag{5-2-10}$$

(6)画出逻辑电路图

根据所选用的触发器和输出方程、激励方程,画出逻辑电路图,如图 5-22 所示。

(7)检查电路能否自启动

①将无效状态 10 代入状态方程和输出方程进行计算,求得次态和输出。

②或者直接检查化简时的卡诺图,在相应的现态时,"×"被当作"1"还是"0"处理,即可

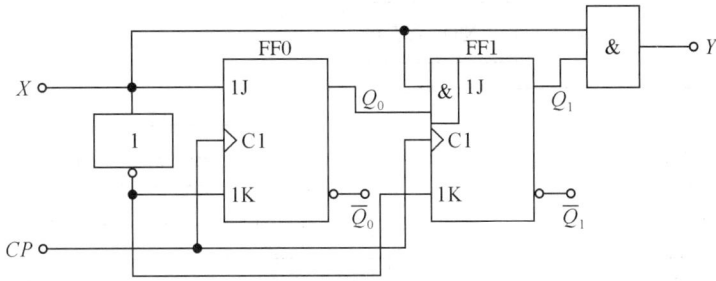

图 5-22　例 5-4 的逻辑电路图

知其"次态"和输出 Y。本例中检查结果为

$$00 \xleftarrow{0/0} 10 \xrightarrow{1/1} 11$$

可见无效状态 10 的次态分别为 00 或 11，所以设计的电路能够自启动。

5.3　中规模标准时序模块电路

本节将集中介绍各种中规模标准时序模块电路的功能，然后在下一节中介绍应用这些标准模块电路构成时序电路及简单的时序系统的方法。

5.3.1　寄存器和移位寄存器

1. 寄存器

寄存就是把二进制数据或代码暂时存储起来的操作，寄存器是具有寄存功能的电路，由具有存储功能的触发器组合起来构成。按功能区分，寄存器可分为基本寄存器和移位寄存器。按照器件内部使用的开关元件不同主要可分为 TTL 寄存器和 CMOS 寄存器，分别如图 5-23 和图 5-24 所示。

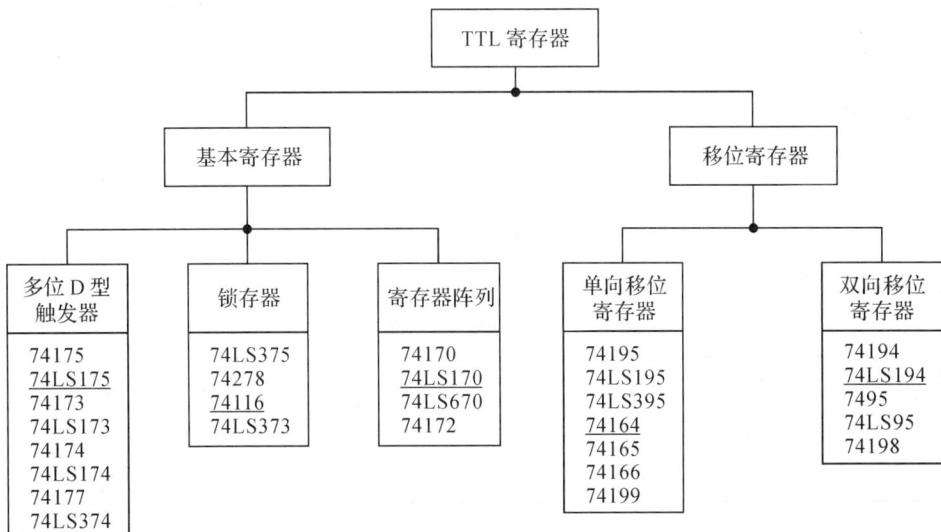

图 5-23　TTL 寄存器

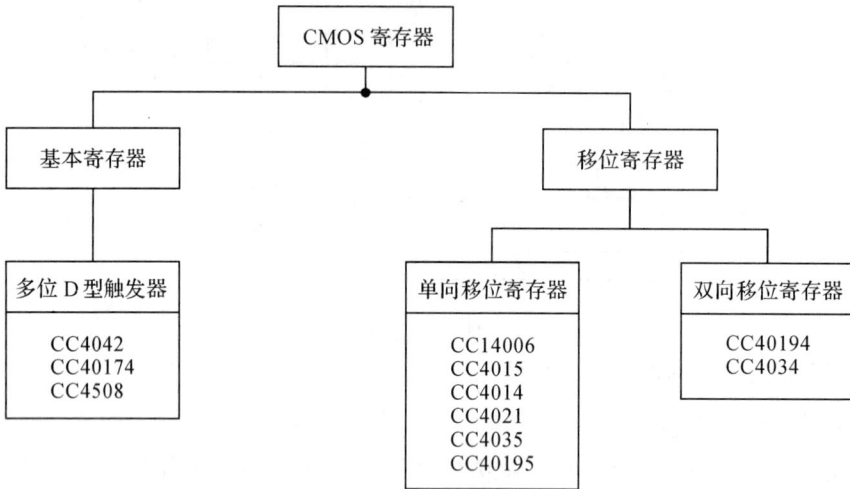

图 5-24　CMOS 寄存器

一个触发器可以存储 1 位二进制数码,寄存 n 位二进制数码,需要 n 个触发器。

(1)4D 触发器 74175,74LS175

如图 5-25(a)所示是 4 边沿 D 触发器 74175,74LS175 的逻辑电路图。$D_0 \sim D_3$ 是并行数据输入端,$\overline{CR}$ 是异步清零端(或异步置 0 端),CP 为时钟脉冲,上升沿有效,$Q_0 \sim Q_3$ 是并行数据输出端。如图 5-25(b)所示是 74175,74LS175 的图形符号。

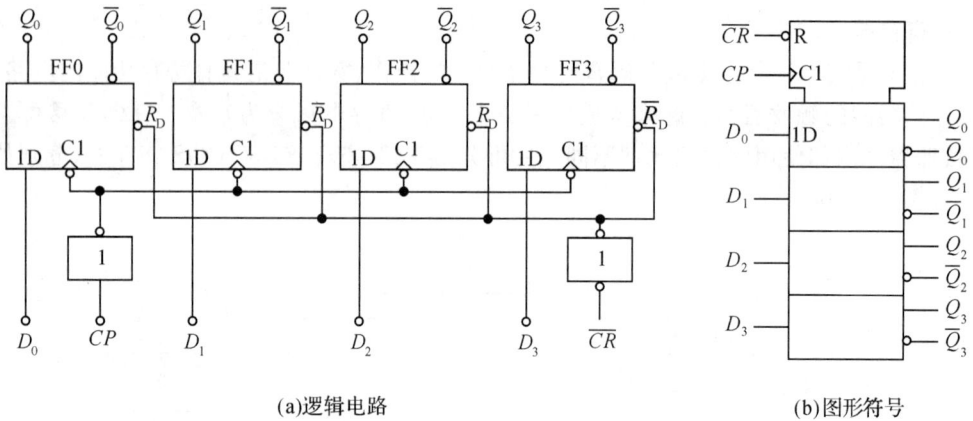

(a)逻辑电路　　　　　　　　　(b)图形符号

图 5-25　4D 触发器 74175,74LS175

表 5-4 所示是 4 边沿 D 触发器 74175,74LS175 的状态表。它的工作模式有以下三种。

表 5-4　74175,74LS175 的状态表

输　　　入						输　　出				备　注
$\overline{CR}$	CP	D_0	D_1	D_2	D_3	Q_0^{n+1}	Q_1^{n+1}	Q_2^{n+1}	Q_3^{n+1}	
0	$\times$	$\times$	$\times$	$\times$	$\times$	0	0	0	0	异步清零
1	$\uparrow$	d_0	d_1	d_2	d_3	d_0	d_1	d_2	d_3	同步置数

1)清零

$\overline{CR}=0$,异步清零。无论寄存器中原来的内容是什么,只要 $\overline{CR}=0$,就立即通过异步输入

端将 4 个边沿 D 触发器都复位到 0 状态。

2)同步置数

当 $\overline{CR}=1$ 时,CP 上升沿到来时,4 个 D 触发器同步置数。无论寄存器中原来存储的数码是什么,在 $\overline{CR}=1$ 时,只要置数控制时钟脉冲 CP 上升沿到来,加在并行数据输入端的数码 $d_0 \sim d_3$,马上被送进寄存器中,即

$$\begin{cases} Q_0^{n+1}=d_0 \\ Q_1^{n+1}=d_1 \\ Q_2^{n+1}=d_2 \\ Q_3^{n+1}=d_3 \end{cases} \quad (CP \text{ 上升沿时刻有效}) \tag{5-3-1}$$

3)保持

当 $\overline{CR}=1$,在 CP 上升沿以外时间,寄存器保持内容不变,即各个输出端 Q,$\overline{Q}$ 的状态与 d 无关,都将保持不变。

(2)4JK 触发器 74LS276

74LS276 是 4JK 触发器,如图 5-26 所示。由图可见,74LS276 的 4 个 JK 触发器都有独立的时钟脉冲,但它们有共用的异步置 1 端和异步置 0 端,$\overline{LD}$ 是异步置 1 端,$\overline{CR}$ 是异步清零端,图中的"$\varPi$"符号是输入限定符号,表示该输入端具有施密特特性,可以用缓慢变化的信号进行控制。

(3)双 4 位锁存器 74116

如图 5-27 所示是双 4 位锁存器 74116 的方框图(器件中有两个这样的锁存器,所以用 $\frac{1}{2}$ 表示)。

74116 器件中集成了两组彼此独立的 4 位 D 锁存器,$\overline{CR}$ 是清零端,$\overline{LE_A}+\overline{LE_B}$ 是置数控制端,低电平有效;$D_0 \sim D_3$ 是数码并行输入端,$Q_0 \sim Q_3$ 是并行输出端。当 $\overline{CR}$ 和 $\overline{LE_A}+\overline{LE_B}$ 都无效时,寄存器保持(内容不变)。

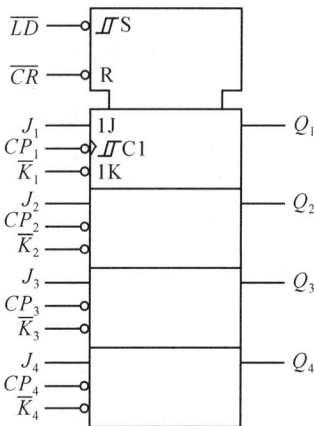

图 5-26 74LS276 的图形符号

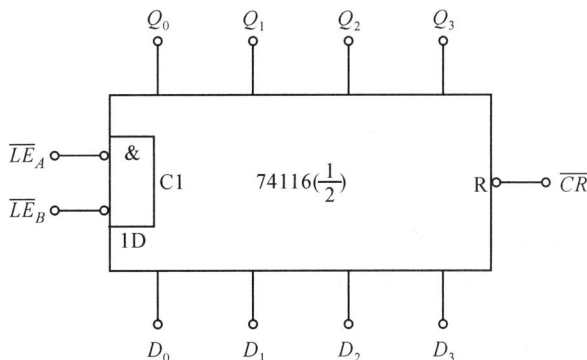

图 5-27 74116$\left(\dfrac{1}{2}\right)$ 的方框图

(4)4×4 寄存器阵列 74170,74LS170

图 5-28(a)所示是 4×4 寄存器阵列 74170,74LS170 的方框图,(b)为其内部结构示意图。

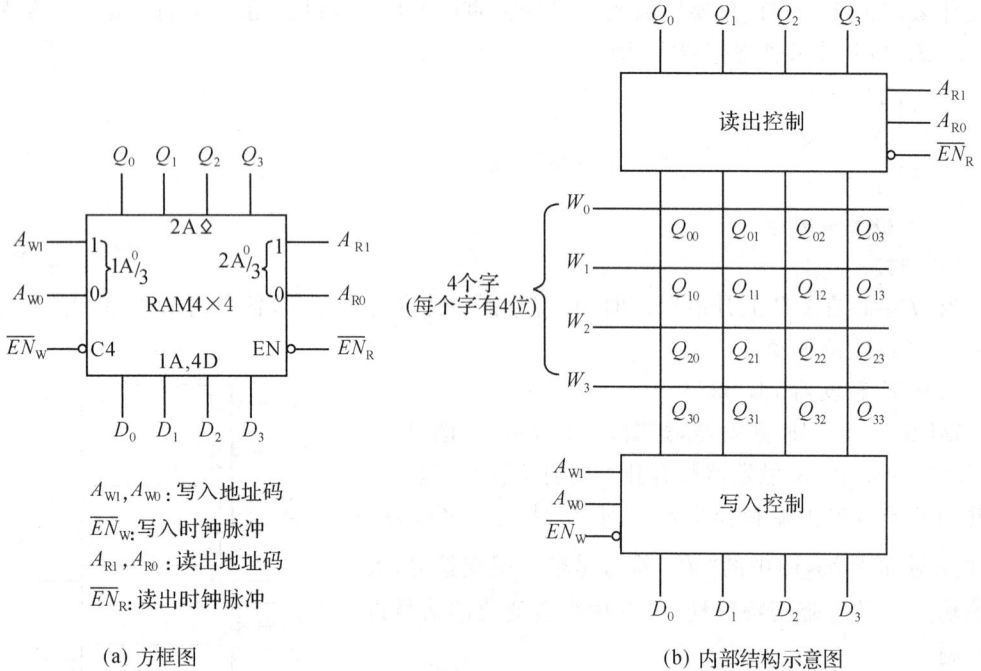

A_{W1},A_{W0}:写入地址码

$\overline{EN}_W$:写入时钟脉冲

A_{R1},A_{R0}:读出地址码

$\overline{EN}_R$:读出时钟脉冲

(a) 方框图　　　　　　　　　　　　(b) 内部结构示意图

图 5-28　4×4 寄存器阵列 74170,74LS170

74170,74LS170 的写入控制和读出控制的状态表分别如表 5-5 和表 5-6 所示,由于读写地址及时钟脉冲信号都是分开的,因此允许同时进行读和写的操作。存取时间的典型值为 20ns;组成 4 位 4 字,可扩展到 n 位 1024 字,集电极开路输出(输出端用符号"◇"表示)。

表 5-5　74170,74LS170 写操作状态表

写控制			功　能
$\overline{EN}_W$	A_{W1}	A_{W0}	
0	0	0	写入 W_0
0	0	1	写入 W_1
0	1	0	写入 W_2
0	1	1	写入 W_3
1	×	×	保持(写入被禁止)

表 5-6　74170,74LS170 读操作状态表

读控制			功　能
$\overline{EN}_R$	A_{R1}	A_{R0}	
0	0	0	读出 W_0
0	0	1	读出 W_1
0	1	0	读出 W_2
0	1	1	读出 W_3
1	×	×	读出被禁止

2. 移位寄存器

移位寄存器按照在移位命令操作下,移位情况的不同,分为单向移位寄存器和双向移位寄存器两大类。移位寄存器的通用符号如图 5-29 所示,图中 SRG 为移位寄存器的总限定符号,m 为移位的位数。

(1)D 触发器构成的 4 位移位寄存器

如图 5-30 所示电路是由边沿触发结构的 D 触发器组成的 4 位移位寄存器。

图中第一个触发器 FF0 的输入端接收输入信号,其余的每个触发器输入端均与前边一

个触发器的 Q 端相连。

因为从 CP 上升沿到达开始到输出端新状态的建立需要经过一段传输延迟时间,所以当 CP 的上升沿同时作用于所有的触发器时,它们输入端(D 端)的状态还没有改变,于是 FF1 按 Q_0 原来的状态翻转,FF2 按 Q_1 原来的状态翻转,FF3 按 Q_2 原来的状态翻转。同时,加到寄存器输入端 D_i 的代码存入 FF0。总的效果相当于移位寄

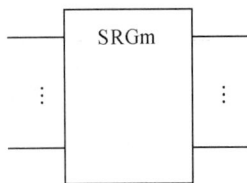

图 5-29　移位寄存器的通用符号

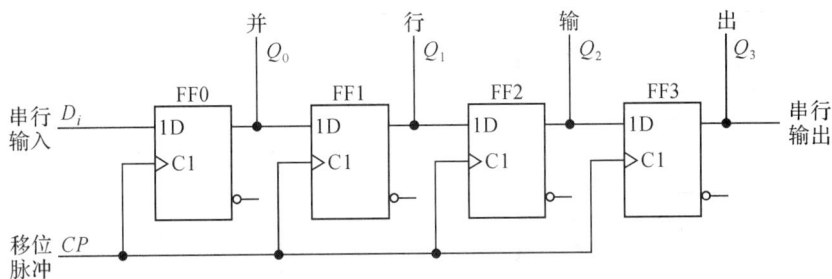

图 5-30　D 触发器构成的 4 位移位寄存器

存器原有的代码依次右移了一位。

例如,在 4 个时钟周期内输入代码依次为 1011,而移位寄存器的初始状态为 $Q_0Q_1Q_2Q_3$ =0000,那么在移位脉冲(也就是触发器的时钟脉冲)的作用下,移位寄存器里代码的移动情况将如表 5-7 所示。

表 5-7　移位寄存器中代码的移动情况

CP 的顺序	输入 D_i	Q_0	Q_1	Q_2	Q_3
0	0	0	0	0	0
1	1	1	0	0	0
2	0	0	1	0	0
3	1	1	0	1	0
4	1	1	1	0	1

由表 5-7 可见,经过 4 个 CP 脉冲以后,串行输入的 4 位代码全部移入了移位寄存器中,同时在 4 个触发器的输出端得到了并行输出的代码。因此,利用移位寄存器可实现代码的串行/并行转换。

如果首先将 4 位数码并行地置入移位寄存器的 4 个触发器中,然后连续加入 4 个移位脉冲,则移位寄存器里的 4 位代码将从串行输出端 Q_3 依次输出,从而实现了代码的并行/串行转换。

(2)集成 8 位单向移位寄存器 74164

图 5-31 所示是 8 位单向移位寄存器 74164 的方框图。$D_S = D_{SA} \cdot D_{SB}$ 是串行数据输入端,$\overline{CR}$ 是异步清零端,$Q_0 \sim Q_7$ 是数据输出端(串行或并行),CP 是时钟脉冲,或称为移位脉冲。

表 5-8 所示是 8 位移位寄存器 74164 的状态表。

表 5-8　8 位移位寄存器 74164 的状态表

输　　入			输　　出		功　　能
$\overline{CR}$	CP	$D_{SA} \cdot D_{SB}$	Q_0^{n+1}	$Q_1^{n+1} \sim Q_7^{n+1}$	
0	×	×	0	$0 \sim 0$	异步清零
1	无 ⊿	×	Q_0^n	$Q_1^n \sim Q_7^n$	保持
1	⊿	0	0	$Q_0^n \sim Q_6^n$	右移一位,输入一个 0
1	⊿	1	1	$Q_0^n \sim Q_6^n$	右移一位,输入一个 1

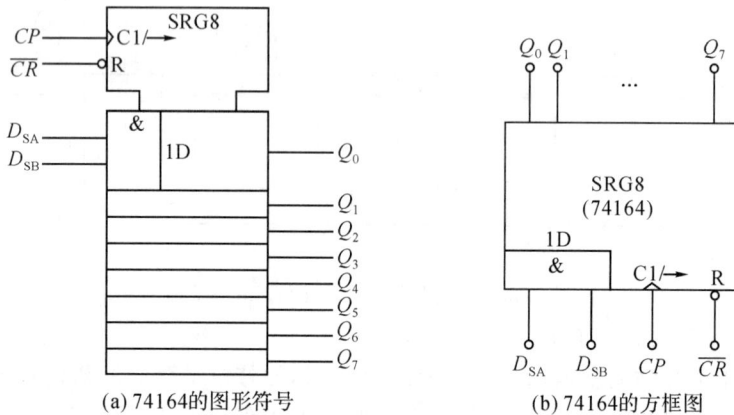

(a) 74164 的图形符号　　　　(b) 74164 的方框图

图 5-31　集成 8 位单向移位寄存器 74164

(3)集成 4 位双向移位寄存器 74LS194

如图 5-32(a)所示是 4 位双向移位寄存器 74LS194 的图形符号,(b)为它的方框图。图中,$\overline{CR}$ 是异步清零端;M_1,M_0 为工作状态控制端;D_{SR} 和 D_{SL} 分别为右移和左移串行数码输入端;$D_0 \sim D_3$ 是并行数码输入端;$Q_0 \sim Q_3$ 是并行数码输出端;CP 是时钟脉冲——移位脉冲信号。表 5-9 所示是 74LS194 的状态表。

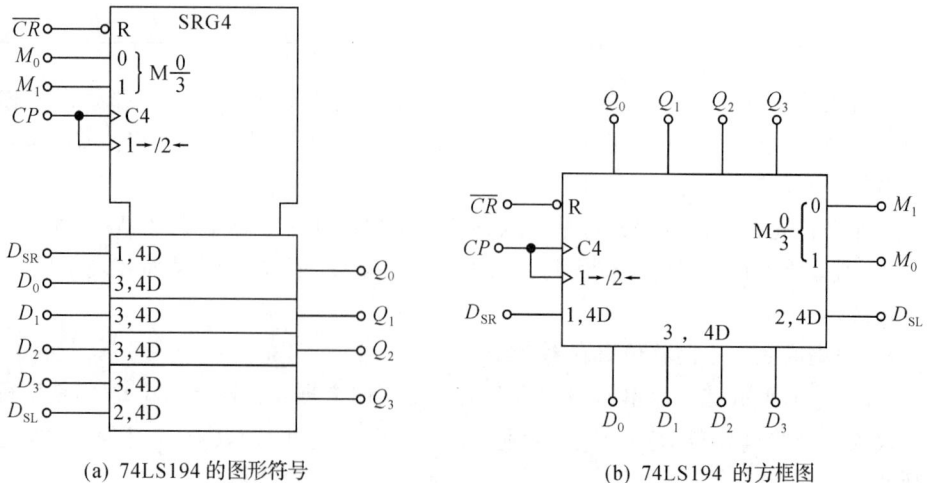

(a) 74LS194 的图形符号　　　　(b) 74LS194 的方框图

图 5-32　集成 4 位双向移位寄存器 74LS194

表 5-9　4 位双向移位寄存器 74LS194 的状态表

输　入									输　出				功　能
$\overline{CR}$	M_1	M_0	D_{SR}	D_{SL}	CP	D_0	D_1	D_2	Q_0^{n+1}	Q_1^{n+1}	Q_2^{n+1}	Q_3^{n+1}	
0	$\times$	$\times$	$\times$	$\times$	$\times$	$\times$	$\times$	$\times$	$\times$	0	0	0	0	清　零
1	$\times$	$\times$	$\times$	$\times$	0	$\times$	$\times$	$\times$	$\times$	Q_0^n	Q_1^n	Q_2^n	Q_3^n	保　持
1	1	1	$\times$	$\times$	↑	d_0	d_1	d_2	d_3	d_0	d_1	d_2	d_3	并行输入
1	0	1	1	$\times$	↑	$\times$	$\times$	$\times$	$\times$	1	Q_0^n	Q_1^n	Q_2^n	右移输入 1
1	0	1	0	$\times$	↑	$\times$	$\times$	$\times$	$\times$	0	Q_0^n	Q_1^n	Q_2^n	右移输入 0
1	1	0	$\times$	1	↑	$\times$	$\times$	$\times$	$\times$	Q_1^n	Q_2^n	Q_3^n	1	左移输入 1
1	1	0	$\times$	0	↑	$\times$	$\times$	$\times$	$\times$	Q_1^n	Q_2^n	Q_3^n	0	左移输入 0
1	0	0	$\times$	$\times$	$\times$	$\times$	$\times$	$\times$	$\times$	Q_0^n	Q_1^n	Q_2^n	Q_3^n	保　持

5.3.2　同步计数器

在数字电路中,把记忆输入 CP 脉冲个数的操作称为计数,能实现计数操作的电子电路称为计数器。实际上,计数器不仅能用于对时钟脉冲计数,还可以用于分频、定时、产生节拍脉冲和脉冲序列以及进行数字运算等。

1. 计数器的分类

(1)按时钟作用方式分,有同步计数器、异步计数器;

(2)按计数方式分,有加法、减法、可逆;

(3)按计数进制分,有二进制、十进制、N 进制;

(4)按所用器件分,有 TTL 计数器、CMOS 计数器。

2. 同步二进制计数器

常用的同步二进制计数器有加法计数器和可逆计数器两种类型,它们采用的都是 8421 编码。

(1)同步二进制加法计数器的构成

现以 3 位同步二进制加法计数器为例,说明同步二进制加法计数器的构成方法和连接规律。图 5-33 所示是 3 位同步二进制加法计数器的结构示意框图。图中 CP 是输入计数脉冲,每来一个 CP 脉冲,计数器加 1,即计数器中的数值加 1,当计数器计满时再来 CP 脉冲,计数器归零的同时给高位进位,即图中的输出信号 C(手册中一般用 CO)就是要送给高位的进位信号。

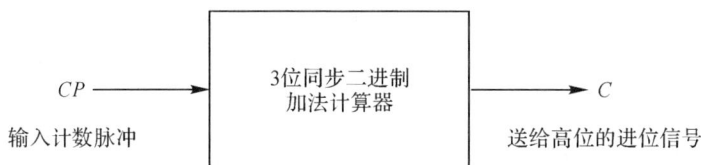

图 5-33　3 位同步二进制加法计数器示意框图

1)画出状态图

根据二进制递增计数的规律,可画出如图 5-34 所示的 3 位二进制加法计数器的状态图。

2)选择触发器,求时钟方程、输出方程和状态方程

①选择触发器

用下降沿触发的 3 个边沿型 JK 触发器。

②求时钟方程

排列:
$$Q_2^n \ Q_1^n \ Q_0^n$$

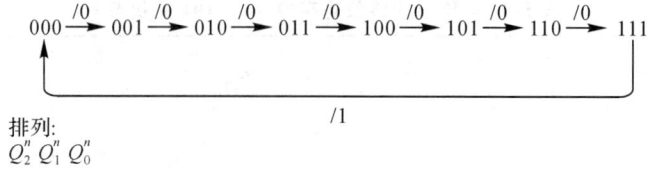

图 5-34　3 位二进制加法计数器的状态图

由于要构成同步计数器,则 $CP_0 = CP_1 = CP_2 = CP$。

③求输出方程

根据如图 5-34 所示的状态图画出输出信号 C 的卡诺图,如图 5-35 所示,化简得

$$C = Q_2^n Q_1^n Q_0^n \tag{5-3-2}$$

④求状态方程

根据如图 5-34 所示的状态图可画出电路的次态卡诺图,如图 5-36 所示。再将图 5-36 分解成每个触发器的状态卡诺图,如图 5-37 所示。

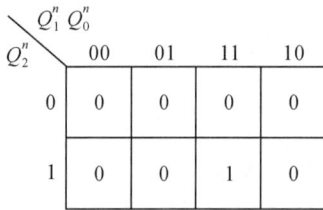

图 5-35　加法计数器输出 C 的卡诺图

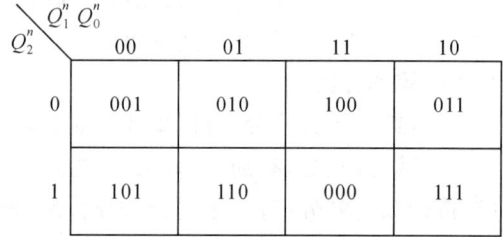

图 5-36　3 位同步二进制加法计数器的次态卡诺图

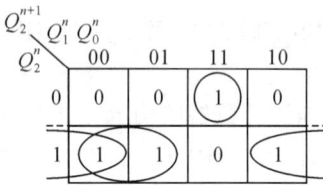

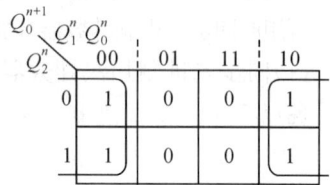

(a) Q_2^{n+1} 的卡诺图　　　　(b) Q_1^{n+1} 的卡诺图　　　　(c) Q_0^{n+1} 的卡诺图

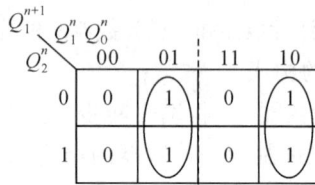

图 5-37　3 位同步二进制加法计数器各触发器的次态卡诺图

化简如图 5-37 所示的次态卡诺图。注意在图 5-37(a)中,以 $Q_2^n = 0$ 与 $Q_2^n = 1$ 为分界线两边分别进行化简;在图 5-37(b)中,以 $Q_1^n = 0$ 与 $Q_1^n = 1$ 为分界线两边分别进行化简;图 5-37(c)也类似化简得

$$\begin{cases} Q_2^{n+1} = \overline{Q_2^n} Q_1^n Q_0^n + Q_2^n \ \overline{Q_1^n} + Q_2^n \ \overline{Q_0^n} = Q_1^n Q_0^n \cdot \overline{Q_2^n} + \overline{Q_1^n Q_0^n} \cdot Q_2^n \\ Q_1^{n+1} = \overline{Q_1^n} Q_0^n + Q_1^n \ \overline{Q_0^n} = Q_0^n \cdot \overline{Q_1^n} + \overline{Q_0^n} \cdot Q_1^n \\ Q_0^{n+1} = \overline{Q_0^n} = 1 \cdot \overline{Q_0^n} + \overline{1} \cdot Q_0^n \end{cases} \tag{5-3-3}$$

3)求激励方程

将上述次态方程式(5-3-3)与 JK 触发器的特征方程 $Q^{n+1} = J \ \overline{Q^n} + \overline{K} Q^n$ 相比较后得

$$\begin{cases} J_2 = K_2 = Q_1^n Q_0^n \\ J_1 = K_1 = Q_0^n \\ J_0 = K_0 = 1 \end{cases} \tag{5-3-4}$$

4)画出逻辑电路图

根据所选用的触发器和时钟方程、输出方程及激励方程,即可画出如图 5-38 所示的逻辑电路图。

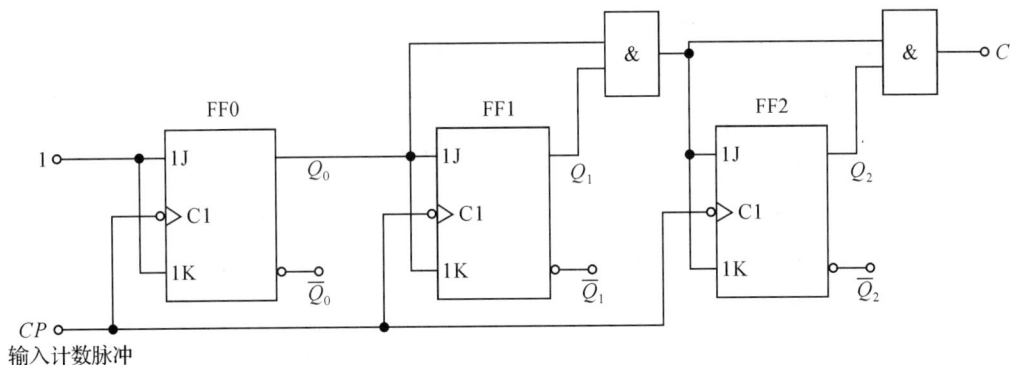

图 5-38　3 位同步二进制加法计数器的逻辑图

5)同步二进制加法计数器级间连接规律

上述 JK 触发器实际上已转换成了 T 触发器,即

$$T_0 = J_0 = K_0 = 1$$

$$T_1 = J_1 = K_1 = Q_0^n$$

$$T_2 = J_2 = K_2 = Q_1^n Q_0^n$$

……

$$T_i = J_i = K_i = Q_{i-1}^n \cdots Q_1^n Q_0^n = \prod_{j=0}^{i-1} Q_j^n \qquad (5\text{-}3\text{-}5)$$

对于 n 位同步二进制加法计数器,有 $i = 1, 2, \cdots, n-1$,T_i 是第 i 位触发器 FFi 的激励信号,式(5-3-5)是 FFi 的激励方程。$\prod$ 是连乘符号(逻辑乘即"与")。

6)计数器的容量、长度或模

通常把一个计数器能够记忆输入脉冲的数目叫做计数器的计数容量、长度或模。如 3 位同步二进制加法计数器,从 000 开始,输入 8 个 CP 脉冲就计满归零,显然它的模 $M=8$,实际上也就是电路的有效状态数。

n 位二进制计数器的模为

$$M = 2^n \qquad (5\text{-}3\text{-}6)$$

在十进制计数器(1 位)中 $M=10$;在 N 进制计数器(1 位)中 $M=N$。

(2)集成 4 位同步二进制加法计数器

如图 5-39 所示是集成 4 位同步二进制加法计数器 74161(或 74LS161)的图形符号和方框图(或称逻辑功能示意图)。图中 CTRDIV16 是总限定符号,16 是计数器的模,或称为模 16 的计数器。有的计数器的限定符号为 CTRm,它表示模为 2^m 的计数器。

在图 5-39 中,CP 是输入计数脉冲,也就是加到各个触发器时钟信号端的时钟脉冲;$\overline{CR}$ 是异步清零端;$\overline{LD}$ 是同步置数控制端;CT_P 和 CT_T 是两个计数器工作状态控制端;$D_0 \sim D_3$ 为并行输入数据端;$Q_0 \sim Q_3$ 为计数器状态输出端;CO 是进位信号输出端。表 5-10 是集成计数器 74161(或 74LS161)的状态表(或称为功能表)。

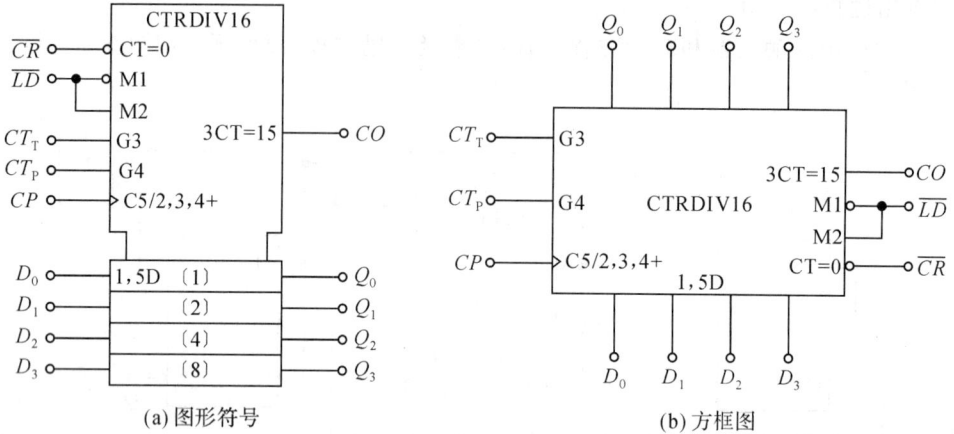

(a) 图形符号　　　　　　　(b) 方框图

图 5-39　集成 4 位同步二进制加法计数器 74161(或 74LS161,74163,74LS163)

表 5-10　集成 4 位加法计数器 74161(或 74LS161)的状态表

输　　　入					输　　　出					工作方式
$\overline{CR}$	$\overline{LD}$	CP	CT_P	CT_T	Q_0^{n+1}	Q_1^{n+1}	Q_2^{n+1}	Q_3^{n+1}	CO	
0	$\times$	$\times$	$\times$	$\times$	0	0	0	0	0	异步清零
1	0	无 ⌐	$\times$	$\times$	Q_0^n	Q_1^n	Q_2^n	Q_3^n		保持,置数无 CP 脉冲
1	0	⌐	$\times$	$\times$	D_0	D_1	D_2	D_3		同步置数,$CO=CT_T \cdot Q_3^n Q_2^n Q_1^n Q_0^n$
1	1	⌐	1	1	同步计数					同步计数,$CO=1 \cdot Q_3^n Q_2^n Q_1^n Q_0^n$
1	1	$\times$	0	$\times$	保持					保持,$CO=CT_T \cdot Q_3^n Q_2^n Q_1^n Q_0^n$
1	1	$\times$	$\times$	0	保持				0	保持,因为 $CT_T=0$

74163(或 74LS163)除了采用同步清零方式外,其逻辑功能、计数工作原理和图形符号及方框图都与 74161 没有区别(如图 5-39 所示),表 5-11 是 74163(或 74LS163)的状态表。

表 5-11　集成 4 位加法计数器 74163(或 74LS163)的状态表

输　　　入									输　　　出					工作方式
$\overline{CR}$	$\overline{LD}$	CT_P	CT_T	CP	D_0	D_1	D_2	D_3	Q_0^{n+1}	Q_1^{n+1}	Q_2^{n+1}	Q_3^{n+1}	CO	
0	$\times$	$\times$	$\times$	↑	$\times$	$\times$	$\times$	$\times$	0	0	0	0	0	清　零
1	0	$\times$	$\times$	↑	d_0	d_1	d_2	d_3	d_0	d_1	d_2	d_3		置数 $CO=CT_T \cdot Q_3^n Q_2^n Q_1^n Q_0^n$
1	1	1	1	↑	$\times$	$\times$	$\times$	$\times$	计　　数					$CO=Q_3^n Q_2^n Q_1^n Q_0^n$
1	1	0	$\times$	$\times$	$\times$	$\times$	$\times$	$\times$	保　　持					$CO=CT_T \cdot Q_3^n Q_2^n Q_1^n Q_0^n$
1	1	$\times$	0	$\times$	$\times$	$\times$	$\times$	$\times$	保　　持				0	

(3)集成 4 位同步二进制可逆计数器

1)74191(或 74LS191)

74191(或 74LS191)是单时钟 4 位同步二进制可逆计数器,图 5-40 所示是它的图形符号和方框图。图中 $\overline{U}/D$ 为加减计数控制端;$\overline{CT}$ 为使能端;$\overline{LD}$ 为异步置数控制端;$D_0 \sim D_3$ 为并行数据输入端;$Q_0 \sim Q_3$ 是状态输出端;CO/BO 是进位和借位信号输出端;$\overline{RC}$ 是多个芯片级联时级间串行计数使能端。

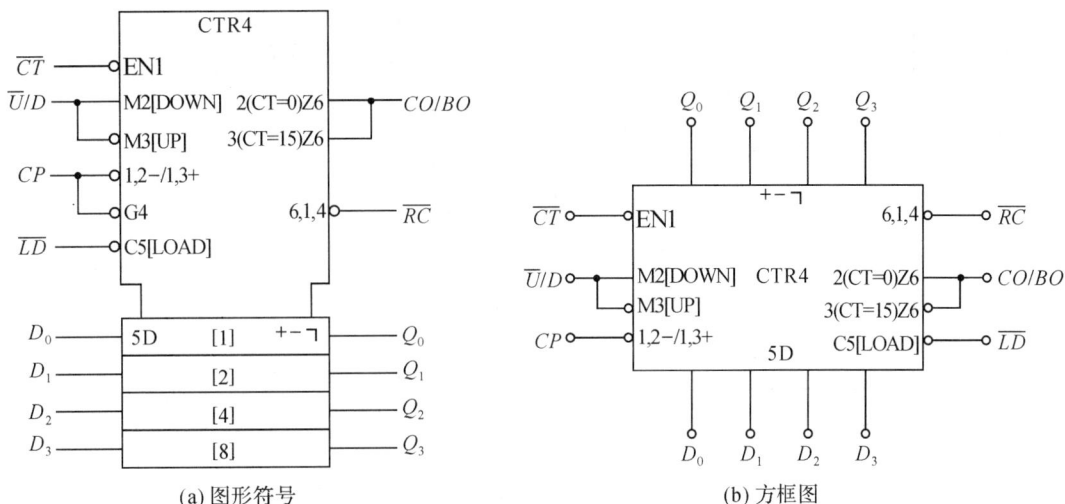

图 5-40　集成可逆计数器(单时钟)74191(或 74LS191)

表 5-12 所示是 74191(或 74LS191)的状态表。由表 5-12 可见,74191(或 74LS191)具有同步可逆计数功能、异步并行置数功能和保持功能;它没有专用的清零输入端,但可以借助 $D_0 \sim D_3$ 异步并行置入数据 0000,间接实现清零功能。

表 5-12　74191(或 74LS191)的状态表

输　　入				输　　出				功　　能
$\overline{LD}$	$\overline{CT}$	$\overline{U}/D$	CP	Q_0^{n+1}	Q_1^{n+1}	Q_2^{n+1}	Q_3^{n+1}	
0	×	×	×	D_0	D_1	D_2	D_3	异步并行置数
1	1	×	×	Q_0^n	Q_1^n	Q_2^n	Q_3^n	保持(使能无效)
1	0	0	⊓	加法计数				$CO/BO = Q_3^n Q_2^n Q_1^n Q_0^n$
1	0	1	⊓	减法计数				$CO/BO = \overline{Q_3^n}\ \overline{Q_2^n}\ \overline{Q_1^n}\ \overline{Q_0^n}$

$\overline{RC}$ 是供多个可逆计数器级联时使用的,有

$$\overline{RC} = \overline{CP \cdot CO/BO \cdot CT} \tag{5-3-7}$$

当 $\overline{CT} = 0$ 即 $CT = 1, CO/BO = 1$ 时, $\overline{RC} = CP$,即由 $\overline{RC}$ 端输出进位/借位信号的计数脉冲。

与 74191(或 74LS191)类似的集成单时钟 4 位同步二进制可逆计数器还有 74S169,74LS169,CC4516 等。CC4526 是 4 位同步二进制减法计数器,属于 CMOS 集成电路。

2)74193(或 74LS193)

74193(或 74LS193)是双时钟 4 位同步二进制可逆计数器,图 5-41 所示是它的图形符号和方框图。图中 CR 是异步清零端,高电平有效; $\overline{LD}$ 是异步置数控制端; CP_U 为加法计数脉冲输入端; CP_D 为减法计数脉冲输入端; $\overline{CO}$ 是进位脉冲输出端; $\overline{BO}$ 是借位脉冲输出端; $D_0 \sim D_3$ 为并行数据输入端; $Q_0 \sim Q_3$ 为计数器状态输出端。表 5-13 是 74193(或 74LS193)的状态表。

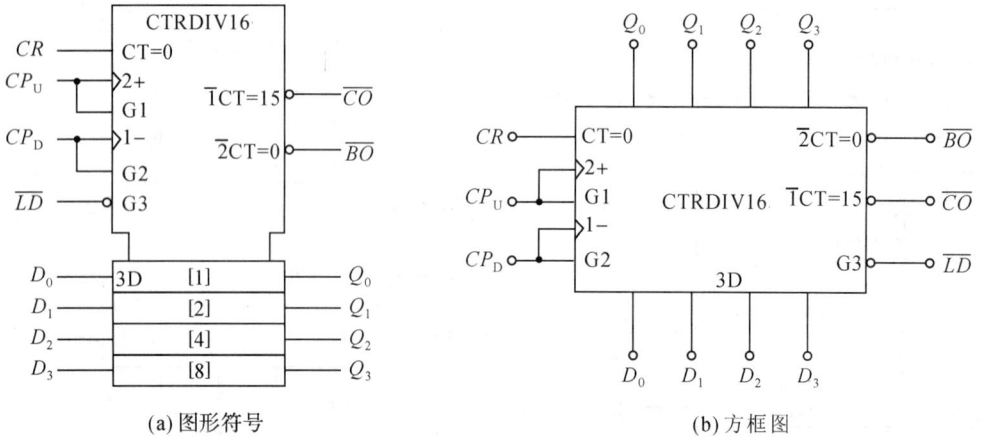

(a) 图形符号　　　　　　　(b) 方框图

图 5-41　集成可逆计数器(双时钟)74193(或 74LS193)

表 5-13　74193(或 74LS193)的状态表

输　　入				输　　出				功　　能
CR	$\overline{LD}$	CP_U	CP_D	Q_0^{n+1}	Q_1^{n+1}	Q_2^{n+1}	Q_3^{n+1}	
1	×	×	×	0	0	0	0	异步清零
0	0	×	×	D_0	D_1	D_2	D_3	异步置数
0	1	⌐	1	加法计数				$\overline{CO}=\overline{CP_U Q_3^n Q_2^n Q_1^n Q_0^n}$
0	1	1	⌐	减法计数				$\overline{BO}=\overline{CP_D \overline{Q_3^n}\,\overline{Q_2^n}\,\overline{Q_1^n}\,\overline{Q_0^n}}$
0	1	1	1	保　　持				$\overline{BO}=\overline{CO}=1$

由表 5-13 可见,74193(或 74LS193)具有同步可逆计数功能、异步清零功能、异步置数功能和保持功能。$\overline{BO}$,$\overline{CO}$ 是供多个双时钟可逆计数器级联时使用的。

当 $Q_3^n Q_2^n Q_1^n Q_0^n = 1111$ 时,$\overline{CO}=CP_U$(其波形与 CP_U 相同)

当 $Q_3^n Q_2^n Q_1^n Q_0^n = 0000$ 时,$\overline{BO}=CP_D$(其波形与 CP_D 相同)

在多个 74193(或 74LS193)级联时,只要把低位的 $\overline{CO}$ 端和 $\overline{BO}$ 端分别与高位的 CP_U 端和 CP_D 端相连,各个芯片的 CR 端、$\overline{LD}$ 端分别相连接即可。

另外,CC40193 也是双时钟 4 位同步二进制可逆计数器。

3. 同步十进制计数器

常用的集成同步十进制计数器有加法计数器和可逆计数器两大类,采用的都是 8421BCD 码。

(1)集成同步十进制加法计数器

集成同步十进制加法计数器有 74160,74LS160,74162,74S162,74LS162,CC4518 等,现以典型的 74160(或 74LS160)为例进行介绍。

图 5-42 是 74160(或 74LS160)的图形符号和方框图,它的引脚排列与 4 位同步二进制(十六进制)加法计数器 74161(或 74LS161)相同。表 5-14 是 74160(或 74LS160)的状态表,它是采用异步清零、同步置数方式。

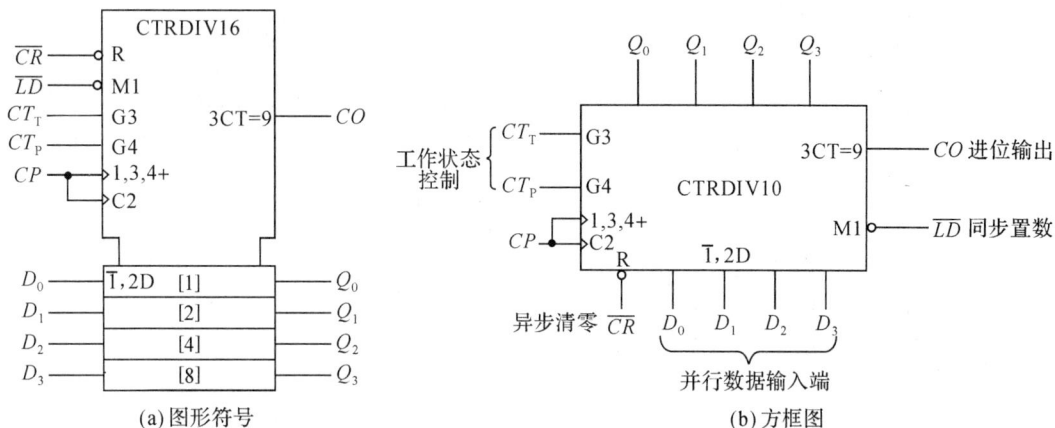

(a) 图形符号　　　　　　　　　　　　　(b) 方框图

图 5-42　集成同步十进制加法计数器 74160(或 74LS160)

表 5-14　74160(或 74LS160)十进制计数器的状态表

输　　入					输　　出					功　　能
$\overline{CR}$	$\overline{LD}$	CP	CT_P	CT_T	Q_0^{n+1}	Q_1^{n+1}	Q_2^{n+1}	Q_3^{n+1}	CO	
0	×	×	×	×	0	0	0	0	0	异步清零
1	0	无 ⤒	×	×	Q_0^n	Q_1^n	Q_2^n	Q_3^n		保持,置数无 CP 脉冲
1	0	↑	×	×	D_0	D_1	D_2	D_3		同步置数,$CO=CT_T \cdot Q_3^n Q_0^n$
1	1	↑	1	1	同步计数					同步计数,$CO=1 \cdot Q_3^n Q_0^n$
1	1	×	0	×	保　　持					保持,$CO=CT_T \cdot Q_3^n Q_0^n$
1	1	×	×	0	保　　　持				0	保持,因为 $CT_T=0$

　　74162,74S162,74LS162 与 74160(或 74LS160)的区别是采用了同步清零方式,CP 上升沿有效。CC4522,C182 是 CMOS 同步十进制减法计数器。

　　(2)集成同步十进制可逆计数器

　　集成同步十进制可逆计数器与集成同步二进制可逆计数器相似,也有单时钟和双时钟两种类型。常用的产品型号有 74190,74LS190,74192,74LS192,74S168,74LS168,CC4510,CC40192 等。现以 74192(双时钟)为例进行介绍。

　　74192(或 74LS192)是双时钟同步十进制可逆计数器,它具有异步清零和异步置数功能。图 5-43 是 74192(或 74LS192)的图形符号和方框图,图中 CP_U 为加计数脉冲(由关联序号 2+ 表示),CP_D 为减计数脉冲(由关联序号 1− 表示)。当 $Q_3Q_2Q_1Q_0=(1001)_2$,即计数值 $CT=9$,且 $CP_U=0$ 时,计数器产生进位信号 $\overline{CO}=0$(由关联序号 $\overline{1}CT=9$ 表示);当 $Q_3Q_2Q_1Q_0=(0000)_2$,即计数值 $CT=0$,且 $CP_D=0$ 时,计数器产生借位信号 $\overline{BO}=0$(由关联序号 $\overline{2}CT=0$ 表示)。表 5-15 是 74192(或 74LS192)的状态表。

(a) 图形符号

(b) 方框图

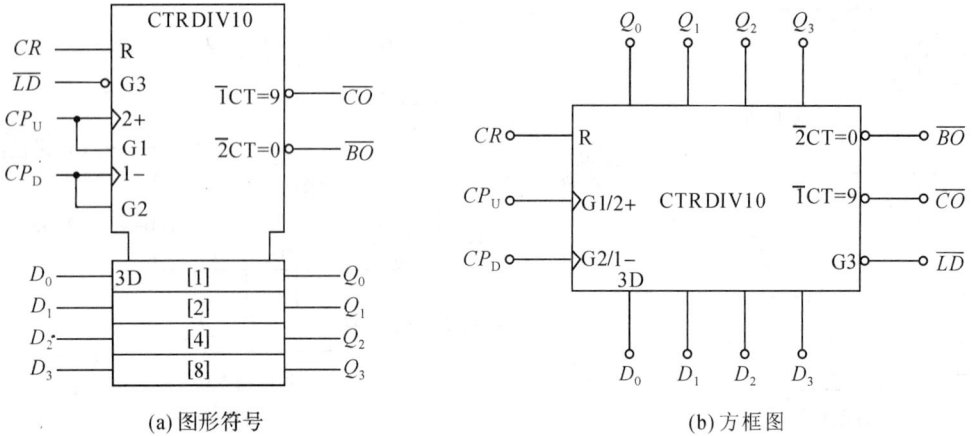

图 5-43 74192(或 74LS192)的图形符号和方框图

表 5-15 74192(或 74LS192)的状态表

输　入								输　出				功　能
CR	$\overline{LD}$	CP_U	CP_D	D_0	D_1	D_2	D_3	Q_0^{n+1}	Q_1^{n+1}	Q_2^{n+1}	Q_3^{n+1}	
1	×	×	×	×	×	×	×	0	0	0	0	异步清零
0	0	×	×	d_0	d_1	d_2	d_3	d_0	d_1	d_2	d_3	异步置数
0	1	↑	1	×	×	×	×	加法计数				$\overline{CO}=\overline{CP_U Q_3^n Q_0^n}$
0	1	1	↑	×	×	×	×	减法计数				$\overline{BO}=\overline{CP_D Q_3^n Q_2^n Q_1^n Q_0^n}$
0	1	1	1	×	×	×	×	保　持				$\overline{BO}=\overline{CO}=1$

5.3.3 异步计数器

1. 集成异步二进制计数器

集成异步二进制计数器,只有按照 8421 编码进行加法计数的电路,现以比较典型的 74197,74LS197 为例进行介绍。

图 5-44 所示为 4 位异步二进制加法计数器 74197(或 74LS197)的方框图。图中 $\overline{CR}$ 为异步清零端;$CT/\overline{LD}$ 为计数和置数控制端;CP_0 是触发器 FF0 的时钟输入端;CP_1 是触发器 FF1 的时钟输入端;$D_0 \sim D_3$ 为并行数据输入端;$Q_0 \sim Q_3$ 为计数器状态输出端。表 5-16 所示是 74197(或 74LS197)的状态表。

表 5-16 74197(或 74LS197)的状态表

输　入				输　出				功　能
$\overline{CR}$	$CT/\overline{LD}$	CP_0	CP_1	Q_0^{n+1}	Q_1^{n+1}	Q_2^{n+1}	Q_3^{n+1}	
0	×	×	×	0	0	0	0	异步清零
1	0	×	×	D_0	D_1	D_2	D_3	异步置数
1	1	无↓	无↓	Q_0^n	Q_1^n	Q_2^n	Q_3^n	保　持
1	1	↓	↓	加法计数				$CP_0=CP,CP_1=Q_0$

由表 5-16 可见,当 $\overline{CR}=1,CT/\overline{LD}=1$ 时,进行异步加法计数。

1)若 $CP_0=CP$(外输入计数脉冲),$CP_1=Q_0$,构成 4 位二进制,即十六进制异步加法计数器。

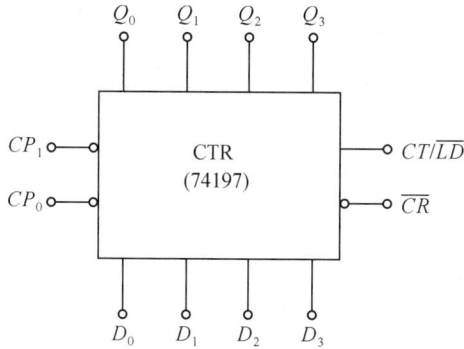

图 5-44　4 位异步二进制加法计数器 74197(或 74LS197)的方框图

2)若 $CP_1 = CP$，则 FF1～FF3 构成 3 位二进制，即八进制计数器，FF0 不工作。

3)若 $CP_0 = CP$，$CP_1 = 0$ 或 1，则构成 1 位二进制，即二进制计数器，FF1～FF3 不工作。

因此，也把 74197(或 74LS197)称为二—八—十六进制计数器。

类似的二—八—十六进制异步加法计数器还有 74177,74LS177,74293,74LS293 等；双 4 位异步二进制加法计数器有 74393,74LS393；CMOS 集成异步计数器有 7 位的 CC4024, 12 位的 CC4040,14 位的 CC4060 等。

2. 集成异步十进制计数器

集成异步十进制计数器，常用的型号有 74290,74LS290,74196,74S196,74LS196 等，它们一般都是按照 8421BCD 码进行加法计数的电路，现以常用的 74290(或 74LS290)为例进行介绍。

图 5-45 所示是二—五—十进制异步计数器 74290(或 74LS290)的图形符号、方框图和结构框图。图中 $R_{0A} \cdot R_{0B}$ 为异步清零端，高电平有效；$S_{9A} \cdot S_{9B}$ 为异步置 9 输入端，高电平有效，即当 $S_{9A} \cdot S_{9B} = 1$ 时，输出状态被异步置成 $Q_3Q_2Q_1Q_0 = 1001$；CP_0 输入、Q_0 输出构成二进制计数；CP_1 输入、$Q_3Q_2Q_1$ 输出，构成五进制计数。表 5-17 所示为 74290(或 74LS290)的状态表。

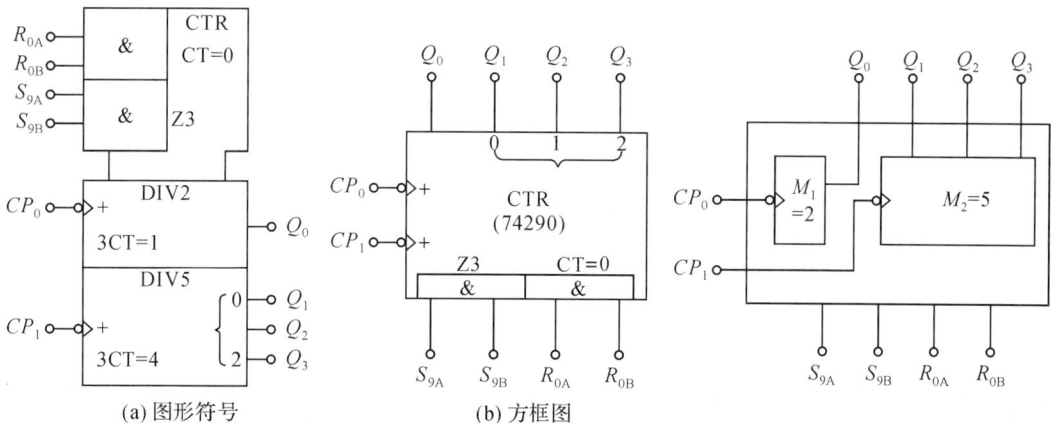

(a) 图形符号　　　　　　　(b) 方框图

图 5-45　异步二—五—十进制计数器 74290(或 74LS290)

表 5-17　异步二—五—十进制计数器 74290(或 74LS290)的状态表

输入			输出				功　能
$R_{0A} \cdot R_{0B}$	$S_{9A} \cdot S_{9B}$	CP	Q_0^{n+1}	Q_1^{n+1}	Q_2^{n+1}	Q_3^{n+1}	
1	0	×	0	0	0	0	异步清零
×	1	×	1	0	0	1	异步置9
0	0	无 ⌐↓	Q_0^n	Q_1^n	Q_2^n	Q_3^n	保　持
0	0	↓	加法计数				$CP_0=CP, CP_1=Q_0$

74290(或 74LS290)的计数方式主要有以下四种：

(1)$CP_0=CP, CP_1=0$ 或 1，则 FF1～FF3 不工作。

FF0 工作，构成 1 位二进制计数器($M_1=2$)，也称为二分频，因为 Q_0 变化的频率是 CP 频率的二分之一。

(2)$CP_1=CP, CP_0$ 不接(或接 0 或 1)，则 FF0 不工作。

FF1～FF3 工作，构成异步五进制计数器($M_2=5$)，也称为模 5 计数器或 5 分频电路。

(3)$CP_0=CP, CP_1=Q_0$，则电路将对 CP 按照 8421BCD 码进行异步加法计数，状态表如表 5-18 所示。

(4)$CP_1=CP, CP_0=Q_3$，则电路将对 CP 按照 5421BCD 码进行异步加法计数，状态表如表 5-19 所示。

表 5-18　74290(或 74LS290)按照 8421BCD 码计数

时钟Q_0			时钟CP				
Q_3^n	Q_2^n	Q_1^n	Q_0^n	Q_3^{n+1}	Q_2^{n+1}	Q_1^{n+1}	Q_0^{n+1}
0	0	0	0	0	0	0	1
0	0	0	1	0	0	1	0
0	0	1	0	0	0	1	1
0	0	1	1	0	1	0	0
0	1	0	0	0	1	0	1
0	1	0	1	0	1	1	0
0	1	1	0	0	1	1	1
0	1	1	1	1	0	0	0
1	0	0	0	1	0	0	1
1	0	0	1	0	0	0	0

表 5-19　74290(或 74LS290)按照 5421BCD 码计数

	时钟Q_3		CP				
	Q_0^n	Q_3^n	Q_2^n	Q_1^n	Q_0^{n+1}	Q_3^{n+1}	Q_2^{n+1}	Q_1^{n+1}
0	0	0	0	0	0	0	0	1
1	0	0	0	1	0	0	1	0
2	0	0	1	0	0	0	1	1
3	0	0	1	1	0	1	0	0
4	0	1	0	0	1	0	0	0
5	1	0	0	0	1	0	0	1
6	1	0	0	1	1	0	1	0
7	1	0	1	0	1	0	1	1
8	1	0	1	1	1	1	0	0
9	1	1	0	0	0	0	0	0

如果要把 74290(或 74LS290)扩展成 10^2 进制，则只要把两个接成 8421BCD 码十进制的计数器级连起来，即把低位十进制计数器的输出 Q_3 接到高位十进制计数器的 CP_0，当低位的 Q_3 从 1→0 时(即 $Q_3Q_2Q_1Q_0$ 从 1001→0000 时)，有一个下降沿给高位十进制计数器作为计数脉冲，从而构成二级十进制，即 $10×10=10^2$ 进制计数器，图 5-46 是 10^2 进制计数器的逻辑电路图。

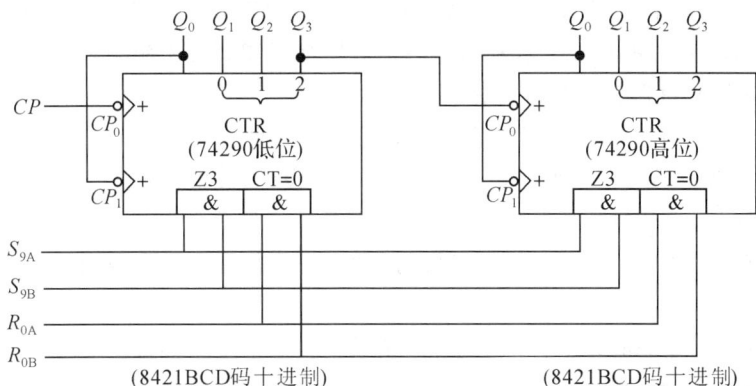

图 5-46　74290(或 74LS290)构成的 10^2 进制计数器

5.4　用中规模标准模块电路构成时序电路

在这一节中将主要介绍应用各种模块电路(时序模块电路和组合模块电路)构成不同功能的时序电路的方法,同时注意用不同的模块电路及电路结构完成同一电路功能进行比较。

5.4.1　任意进制计数器

计数器的功能是计算出计数脉冲(时钟脉冲)的数目,并用计数器的状态编码表示它们。采用不同的编码方式,完成同样的计数功能所需的触发器数目是不同的。表 5-20 给出了不同计数器的状态编码与计数脉冲的对应关系。

表 5-20　不同计数器的状态编码表

CP	二进制计数器	格雷码计数器	环形计数器	扭环形计数器
0	000	000	00000001	0000
1	001	001	00000010	0001
2	010	011	00000100	0011
3	011	010	00001000	0111
4	100	110	00010000	1111
5	101	111	00100000	1110
6	110	101	01000000	1100
7	111	100	10000000	1000

由表 5-20 可见,同样为模 8 计数器,环形计数器需要 8 个触发器(8 位);扭环形计数器需要 4 个触发器;而二进制计数器和格雷码计数器都只需要 3 个触发器。

1. 获得任意 N 进制计数器的方法

获得任意 N 进制计数器的常用方法主要有以下两种:

(1)用时钟触发器和门电路进行设计(时序电路设计,5.2 节中已介绍)。

(2)用集成计数器构成。这是本节介绍的重点。

假定已有的是 M 进制计数器,而需要得到的是 N 进制计数器,要求

$$M \geqslant N \tag{5-4-1}$$

如果原有的计数器的计数容量不够大,则只要利用本节后面部分介绍的"计数器容量的扩展"方法先进行扩展,使扩展后的计数器的计数容量 $M \geqslant N$,然后再按下面介绍的方法获得任意 N 进制计数器。

在 M 进制计数器的顺序计数过程中,若设法使之跳过(或跳越)$M-N$ 个状态,就可以得到 N 进制计数器。实现跳越的方法有置零法(或称清零法、复位法)和置数法(或称置位法)两种。

在用模块电路(集成计数器)进行设计时,利用清零端或置数控制端,让电路跳过(或跳越)某些状态即可获得任意 N 进制计数器,如图 5-47 所示。

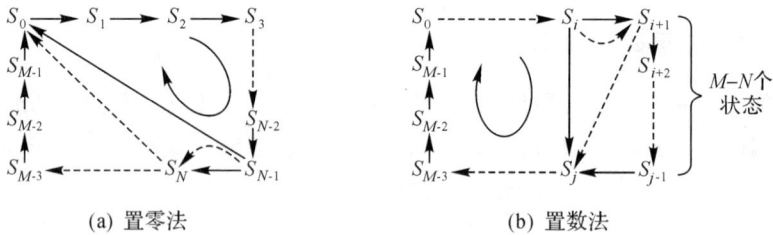

(a) 置零法　　　　　　　　　　(b) 置数法

图 5-47　获得任意 N 进制计数器的两种方法

置零法又可以分为同步置零法和异步置零法两种。

同步置零法的工作原理为:设原有的计数器为 M 进制,当它从全 0 状态 S_0 开始计数并接收了 $N-1$ 个计数脉冲后,电路进入 S_{N-1} 状态。如果将 S_{N-1} 状态译码产生一个同步置零信号,加到计数器的同步清零端或同步置数控制端(置数输入端为全 0),则当第 N 个计数脉冲输入后,计数器将立即返回 S_0 状态(同步清零或同步置零),这样就可以跳过 $M-N$ 个状态而得到 N 进制计数器(或称为分频器)。

异步置零法的工作原理为:同样假设原有的计数器为 M 进制,当它从全 0 的状态 S_0 开始计数并接收了 N 个计数脉冲后,电路进入 S_N 状态,如果将 S_N 状态译码产生一个异步置零信号,加到计数器的异步清零端或异步置数控制端(置数输入端为全 0),则计数器将立刻返回 S_0 状态(异步清零或异步置零),这样也可以跳过 $M-N$ 个状态而得到 N 进制计数器。要注意的是,由于电路一进入 S_N 状态后立即又被置成 S_0 状态,所以 S_N 状态仅在很短的瞬间出现,在稳定的状态循环中不包括 S_N 状态。

置数法与置零法不同,它是通过给计数器重复置入某个数值的方法跳过(或跳越)$M-N$ 个状态,从而获得 N 进制计数器。置数操作也可分同步置数和异步置数两种,如图 5-47(b)所示。

集成计数器都设置有清零输入端和置数输入端,且都有同步和异步之分。

同步方式:CP 触发沿到来时才能完成清零或置数。

异步方式:通过异步输入端实现清零或置数,与 CP 信号无关。

常用的中规模集成计数器主要分为以下几种。

(1)清零、置数均采用同步方式

　　74163:4 位同步二进制(十六进制)加法计数器。

(2)清零、置数均采用异步方式

　　74193:4 位同步二进制可逆计数器;

　　74197:4 位异步二进制加法计数器;

　　74192:同步十进制可逆计数器。

(3)异步清零、同步置数方式

　　74161:4 位同步二进制加法计数器;

　　74160:同步十进制加法计数器。

(4)只有异步清零或异步置数功能

　　74191:单时钟 4 位同步二进制可逆计数器,具有异步置数功能。

(5)具有异步清零和异步置 9 功能

　　74290:二—五—十进制异步加法计数器。

2. 用同步清零端或同步置数端归零获得 N 进制计数器

主要步骤:

(1)写出状态 S_{N-1} 的二进制代码;

(2)求归零逻辑——同步清零或同步置零端信号的逻辑表达式;

(3)画电路图。

例 5-5　试用 74163 构成十二进制计数器。

解　74163 是同步清零、同步置数的 4 位二进制(十六进制)同步加法计数器。

(1)写出 S_{N-1} 的二进制码

$$S_{N-1}=S_{12-1}=S_{11}=1011$$

(2)求归零逻辑

$$\overline{CR}或\overline{LD}=\overline{P_{N-1}}=\overline{P_{11}},其中$$

$$P_{N-1}=P_{11}=\prod_{0\sim3}Q^1=Q_3^nQ_1^nQ_0^n \tag{5-4-2}$$

式中:P_{N-1} 代表状态 S_{N-1} 的译码;$\prod\limits_{0\sim3}Q^1$ 代表 S_{N-1} 时状态为 1 的各个触发器 Q 端的连乘积,所以,$\overline{CR}或\overline{LD}=\overline{Q_3^nQ_1^nQ_0^n}$。

(3)画电路图

图 5-48(a)所示是用同步清零 $\overline{CR}$ 端归零构成的同步十二进制加法计数器的连线图,图中 $D_0\sim D_3$ 可以不接,这里接 0 也可以。图 5-48(b)所示是用同步置数 $\overline{LD}$ 端归零构成的同步十二进制加法计数器的连线图,注意这里的 $D_0\sim D_3$ 必须都接 0。

3. 用异步清零端或异步置数端归零获得 N 进制计数器

主要步骤:

(1)写出状态 S_N 的二进制代码;

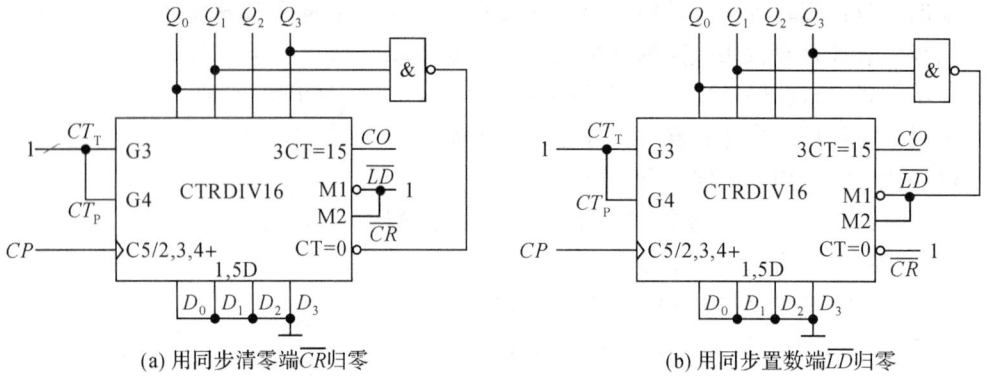

(a)用同步清零端$\overline{CR}$归零   (b)用同步置数端$\overline{LD}$归零

图 5-48 用 74163 构成的十二进制计数器

（2）求归零逻辑——异步清零或异步置零端的逻辑表达式；

（3）画电路图。

例 5-6 试用 74193 构成十二进制计数器。

解 74193 是异步清零、异步置数的 4 位同步二进制可逆计数器。

（1）写出状态 S_N 的二进制码

$$S_N = S_{12} = 1100$$

（2）求归零逻辑

$$\overline{CR}\text{或}\overline{LD} = \overline{P_N} = \overline{P_{12}}，\text{其中}$$

$$P_N = P_{12} = \prod_{0 \sim 3} Q^1 = Q_3^n Q_2^n \tag{5-4-3}$$

式中：P_N 代表状态 S_N 的译码，$\prod\limits_{0 \sim 3} Q^1$ 代表 S_N 时状态为 1 的各个触发器 Q 端的连乘积。所以，$\overline{LD} = \overline{Q_3^n Q_2^n}$；$CR = Q_3^n Q_2^n$。

（3）画电路图

图 5-49(a)所示是用异步清零CR端归零构成的十二进制加法计数器，$D_0 \sim D_3$ 端可以不接 0，这里接 0 也可以。图 5-49(b)所示是用异步置数$\overline{LD}$端归零构成的十二进制加法计数器，注意这里的 $D_0 \sim D_3$ 必须都接 0。

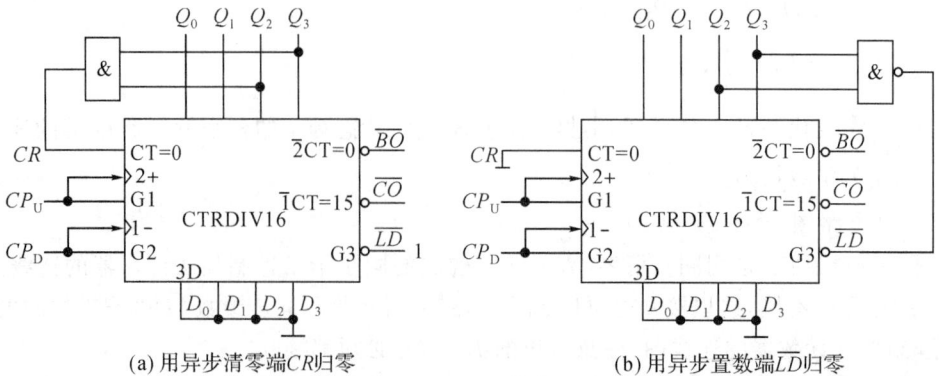

(a)用异步清零端CR归零   (b)用异步置数端$\overline{LD}$归零

图 5-49 用 74193 构成的十二进制计数器

利用异步归零所获得的 N 进制计数器，存在一个极短暂的过渡状态 S_N。S_N 的存在时间大约几十纳秒。

例 5-7　试用 74161 构成一个十二进制计数器。

解　74161 是异步清零、同步置数的十六进制计数器。

(1)写出 S_{N-1} 和 S_N 的二进制代码

$$S_{N-1}=S_{11}=1011$$

$$S_N=S_{12}=1100$$

(2)求归零逻辑

$$\overline{CR}=\overline{P_N}=\overline{P_{12}}=\overline{\prod_{0\sim3}Q^1}=\overline{Q_3^n Q_2^n} \tag{5-4-4}$$

$$\overline{LD}=\overline{P_{N-1}}=\overline{P_{11}}=\overline{\prod_{0\sim3}Q^1}=\overline{Q_3^n Q_1^n Q_0^n} \tag{5-4-5}$$

(3)画电路图

图 5-50(a)所示是根据式(5-4-4)进行连线的,用异步清零 $\overline{CR}$ 端归零构成的十二进制计数器;图 5-50(b)所示是根据式(5-4-5)进行连线的,用同步置数控制端 $\overline{LD}$ 归零构成的十二进制计数器。

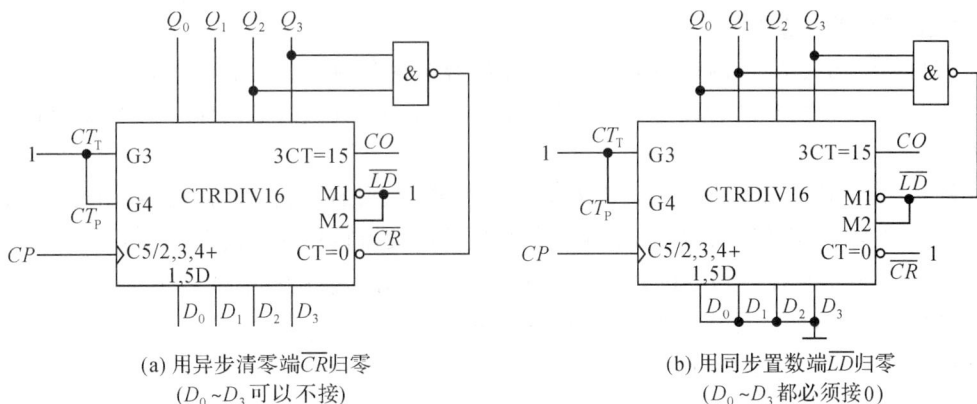

(a) 用异步清零端 $\overline{CR}$ 归零
($D_0 \sim D_3$ 可以不接)

(b) 用同步置数端 $\overline{LD}$ 归零
($D_0 \sim D_3$ 都必须接0)

图 5-50　用 74161 构成的十二进制计数器

4. a 至 b 计数器

实现 a 至 b 计数器的方法实际上是将 $\overline{LD}$ 归零和置数法经改进后用在同一个电路中。

例 5-8　试用 74161 构成状态 3 至 12 的计数器。

解　74161 是异步清零、同步置数的十六进制计数器,要实现状态 3 至 12 的计数器,只要把状态 3 通过同步置数方式置入计数器,然后让计数器正常进行加法计数,直到状态 12 时,产生同步置数控制信号,当再输入一个 CP 脉冲时,计数器再次进行同步置数,并把状态 3 置入计数器,从而实现了状态 3 至 12 的计数器。

由于 $(12)_{10}=(1100)_2$,则 $\overline{LD}=\overline{Q_3^n Q_2^n}$。

$$D_3 D_2 D_1 D_0=(3)_{10}=(0011)_2$$

图 5-51 所示是用 74161 同步置数 $\overline{LD}$ 端实现的状态 3 至 12 的计数器。

图 5-51 所示计数器的模 $=12-3+1=10$,即为模 10 计数器。如图 5-52 是它的状态转换图。

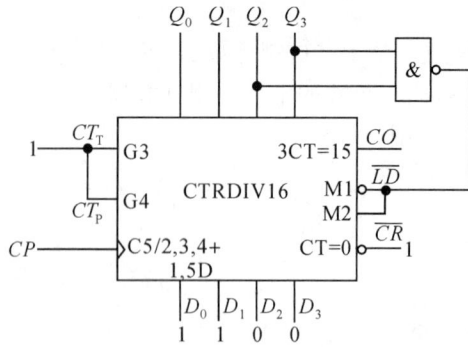

图 5-51　用 74161 构成的状态 3 至 12 的计数器

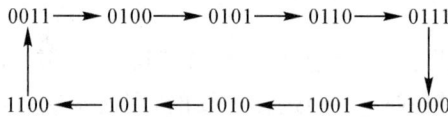

$$0011 \longrightarrow 0100 \longrightarrow 0101 \longrightarrow 0110 \longrightarrow 0111$$

$$1100 \longleftarrow 1011 \longleftarrow 1010 \longleftarrow 1001 \longleftarrow 1000$$

图 5-52　3 至 12 计数器的状态转换图

5. 提高归零可靠性的方法

用归零法构成 N 进制计数器时,由于计数器中各个触发器的信号传输时间等差异,就可能出现有的触发器已经归零,有的仍然处在原来的 1 状态,最后结果计数器未能真正归零。

例如,采用异步归零法时,由 $\overline{CR}$ 或 $\overline{LD} = \overline{P_N}$ 知道,只要有任何一个触发器翻转到 0 状态,S_N 就会消失,即归零信号消失,没有来得及翻转的触发器显然就无法再归零了。

图 5-53 所示是提高归零可靠性的一种电路。其思路是:用一个基本 RS 触发器将 $\overline{CR}$ 或 $\overline{LD} = 0$ 暂存一下,保持足够时间,使计数器可靠地归零。

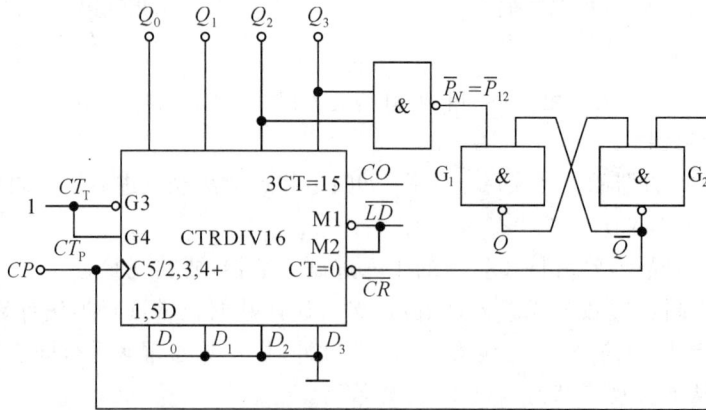

图 5-53　提高归零可靠性的一种电路

图 5-53 中,G_1,G_2 构成基本 RS 触发器。平时在 CP 脉冲作用下,基本 RS 触发器总是处于 0 状态,$\overline{CR} = \overline{Q} = 1$,当计数器计到 $S_{N-1} = S_{11} = 1011$ 时,再来一个 CP 脉冲,其上升沿到来后,计数器先由 S_{N-1} 转换到 $S_N = S_{12} = 1100$,使 $\overline{P_N} = \overline{P_{12}} = \overline{Q_3^n Q_2^n} = 0$,基本 RS 触发器被置 1,即 $Q = 1$,$\overline{Q} = \overline{CR} = 0$,计数器归零,即转换到状态 $S_0 = 0000$。只有当 CP 脉冲下降沿到来后,

基本 RS 触发器才会被置回到 0，即 $Q=0,\overline{Q}=\overline{CR}=1$，归零信号消失。显然，这里 $\overline{CR}=0$ 的时间 t 大大地加长了。如果 CP 的占空比（脉冲宽度与其周期之比）为 50%，那么可得 $t=T_{CP}/2$，其中 T_{CP} 是输入时钟脉冲 CP 的周期。

如果采用 CP 下降沿触发的集成计数器或低电平触发的计数器（如 74191，74LS191 等），则提高归零可靠性的电路如图 5-54 所示，图中增加了一个反相器。

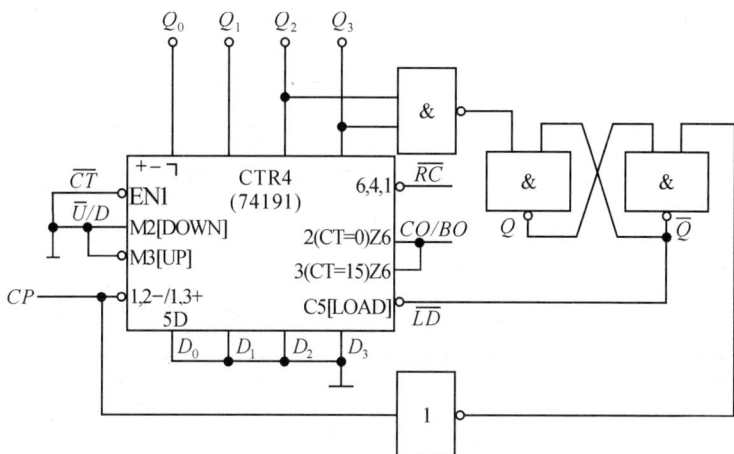

图 5-54　异步归零 CP 下降沿触发十二进制计数器的改进电路

在图 5-54 中，当计数器归零后，只有又重新从起始状态 $S_0=0000$ 开始计数时，第一个 CP 脉冲的上升沿（高电平）经 G_3 反相后才会将基本 RS 触发器复位到 0 状态，即 $Q=0,\overline{Q}=1=\overline{LD}$，即归零信号消失。

需要指出的是，除了在对可靠性要求特别高的地方外，一般都不采用改进电路，而是直接使用如图 5-49、图 5-50 等所示的比较简单的电路形式。有时为了提高电路可靠性，但又不增加电路器件，也可采用同步清零或同步置数的方式实现。

6. 计数器容量的扩展

前面介绍的中规模集成计数器，基本上都是模 10 或模 16 的计数器，如果要构成模大于 16 的任意进制计数器，可以先把中规模集成计数器的计数容量进行扩展，然后再用前述方法实现。

（1）把集成计数器级联起来扩展容量

集成计数器一般都设置有级联用的输入和输出端，只要正确地把它们连接起来，就可以得到容量更大的计数器。

1）4 位二进制同步加法计数器 74161 的级联扩展

图 5-55 所示是把三片 74161 级联起来构成的 12 位二进制（4096 进制）同步加法计数器。其工作原理根据状态表 5-10 就不难理解。

图 5-56 所示是三片 74161 构成 4096 进制同步加法计数器的改进接法，工作速度较高。因为只要片 1 状态为全 1，$CO_1=CT_{T1}\cdot Q_7^nQ_6^nQ_5^nQ_4^n=Q_7^nQ_6^nQ_5^nQ_4^n=CT_{T2}=1$，一旦片 0 状态为全 1，$CO_0=CT_{T0}\cdot Q_3^nQ_2^nQ_1^nQ_0^n=Q_3^nQ_2^nQ_1^nQ_0^n=CT_{P2}=1$，片 2 立即可以接收进位 CP 脉冲，不会像图 5-55 接法中那样，需要经历片 1 的传输延迟。

类似地，如果两片 74161 级联，可构成 8 位二进制（256 进制）同步加法计数器，四片

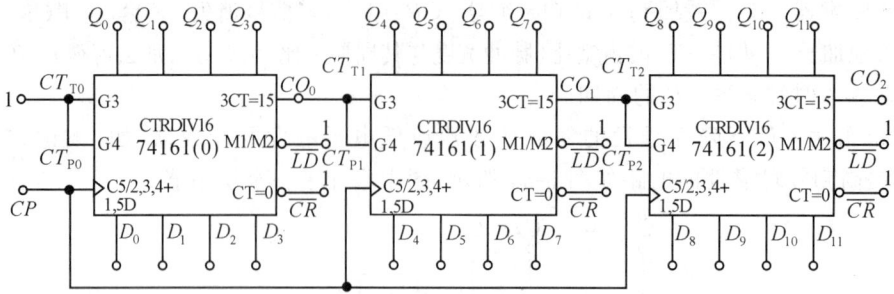

图 5-55 三片 74161 构成 4096 进制同步加法计数器

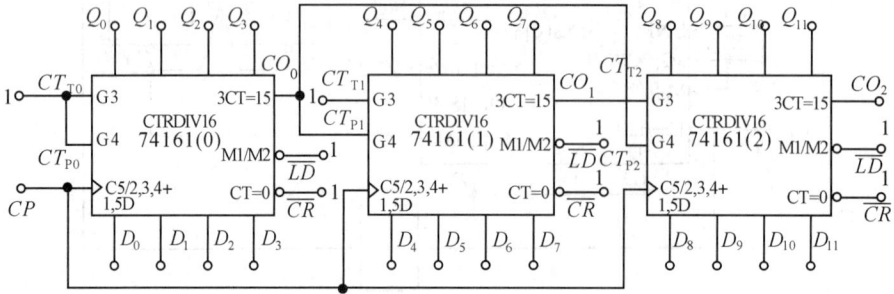

图 5-56 三片 74161 构成 4096 进制计数器的改进接法

74161 级联,可构成 16 位二进制(65536 进制)同步加法计数器。

2)十进制异步加法计数器 74290 的级联扩展。

图 5-57 所示是把两片 74290 级联起来构成的 10^2 进制(2 位十进制)计数器,其工作原理根据状态表 5-17 不难理解。类似地,如果三片 74290 级联,可构成 10^3 进制(3 位十进制)异步加法计数器;四片 74290 级联,可构成 10^4 进制(4 位十进制)异步加法计数器。

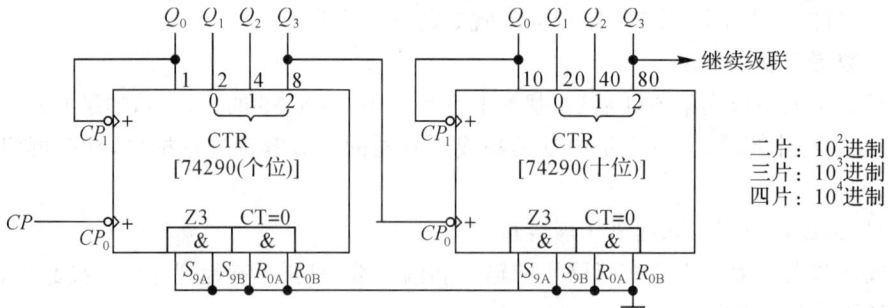

图 5-57 两片 74290 构成的 10^2 进制异步加法计数器

(2)利用级联方法获得大容量的 N 进制计数器

级联方法就是把多个计数器串接起来,从而获得所需要的大容量的 N 进制计数器。例如, N_1 进制计数器串接 N_2 进制计数器,便可构成 $N = N_1 \times N_2$ 进制计数器,如图 5-58 所示。

1)60 进制计数器

可由十进制和六进制计数器级联起来构成 $10 \times 6 = 60$ 进制计数器。图 5-59 所示是用十进制异步加法计数器 74290 级联构成的 60 进制计数器。

2)先扩展、再用归零法获得大容量的 N 进制

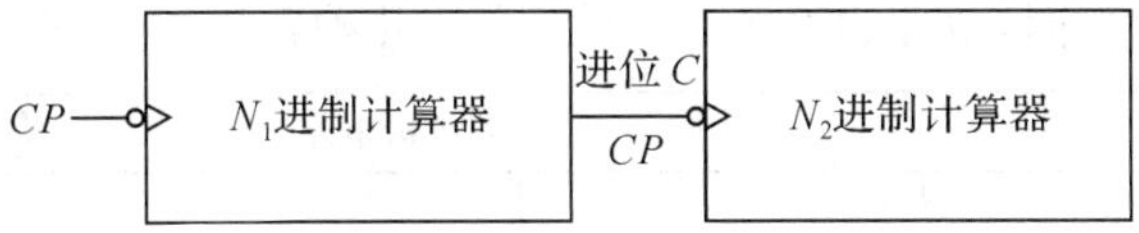

图 5-58　$N = N_1 \times N_2$ 进制计数器示意框图

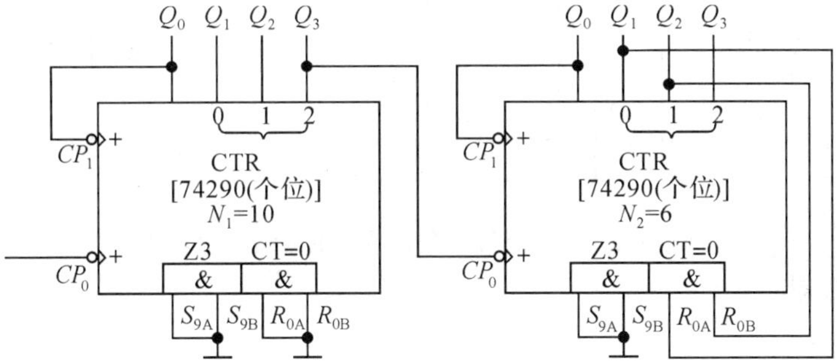

图 5-59　60 进制异步加法计数器

例如,要获得 $N = 180$ 进制计数器,可先用两片 74163(4 位二进制同步加法计数器,同步清零同步置数)级联构成 256 进制($16 \times 16 = 256$),再用同步清零法构成 180 进制计数器。因为

$$N = 180$$
$$S_{N-1} = S_{179} = 10110011$$
$$P_{N-1} = P_{179} = Q_7^n Q_5^n Q_4^n Q_1^n Q_0^n$$

所以　　　$$\overline{CR} = \overline{Q_7^n Q_5^n Q_4^n Q_1^n Q_0^n} \tag{5-4-6}$$

由式(5-4-6)可画出用归零法获得 180 进制计数器的电路图,如图 5-60 所示。

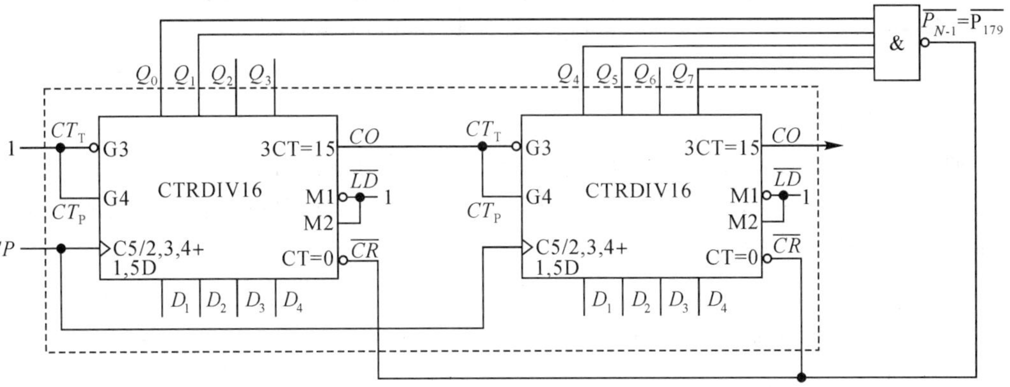

图 5-60　用两片 74163 构成的 180 进制同步加法计数器

5.4.2　移位寄存器型计数器

把移位寄存器的输出,以一定的方式反馈到输入端构成的计数器称为移位寄存器型计数器。如图 5-61 所示是移位寄存器型计数器的电路结构示意图,图中 D 型触发器 FF0~FF($n-1$)构成 n 位右移移位寄存器;反馈逻辑电路由门电路组成,其输入是移位寄存器的输出,其输出送到 D_0,则

$$D_0 = F(Q_0^n, Q_1^n, \cdots, Q_{n-1}^n) \tag{5-4-7}$$

随着式(5-4-7)的不同,电路也会不同,下面介绍几种常用的电路。

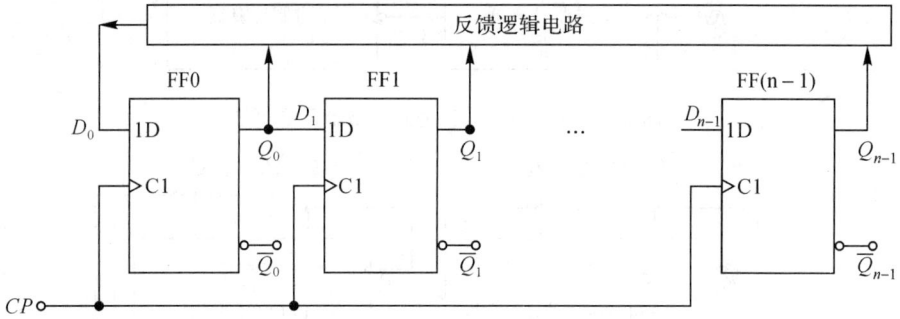

图 5-61　移位寄存器型计数器电路结构示意图

1. 环形计数器

(1)电路组成

如果按如图 5-62 所示的那样将移位寄存器首尾相接,即 $D_0 = Q_3$,那么在连续不断地输入时钟信号时,寄存器里的数据将循环右移,所以称为环形计数器。

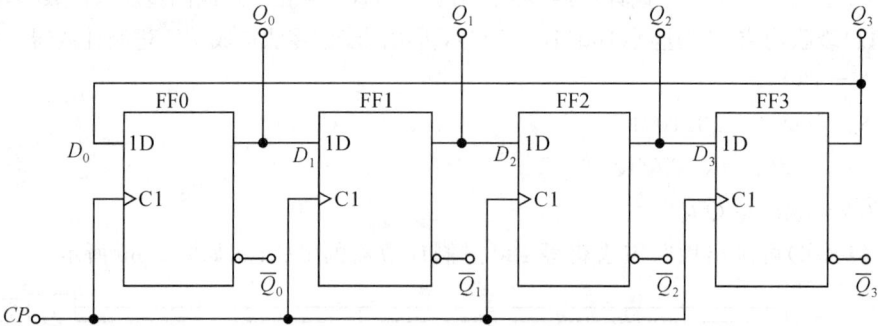

图 5-62　4 位环形计数器电路

(2)工作原理

如果电路的初始状态为 $Q_0 Q_1 Q_2 Q_3 = 1000$,则不断输入时钟信号时电路的状态将按 $1000 \rightarrow 0100 \rightarrow 0010 \rightarrow 0001 \rightarrow 1000$ 的次序循环变化。同样分析,可以很容易地画出如图 5-62 所示环形计数器的状态图,如图 5-63 所示。

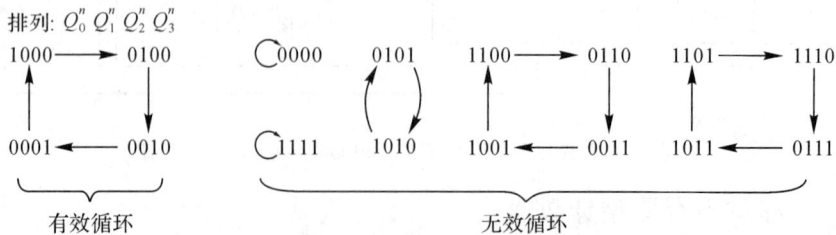

图 5-63　4 位环形计数器的状态图

由状态图 5-63 可见,在工作时,应先用置位信号将计数器置入有效状态,例如 1000,然后才能加入 CP 正常工作。由于只要脱离有效循环之外,电路将不会自动返回到有效循环之中,因此,上述环形计数器不能自启动。

（3）修正为能够自启动的电路

图 5-64 所示是能够自启动的 4 位环形计数器，其状态图如图 5-65 所示。

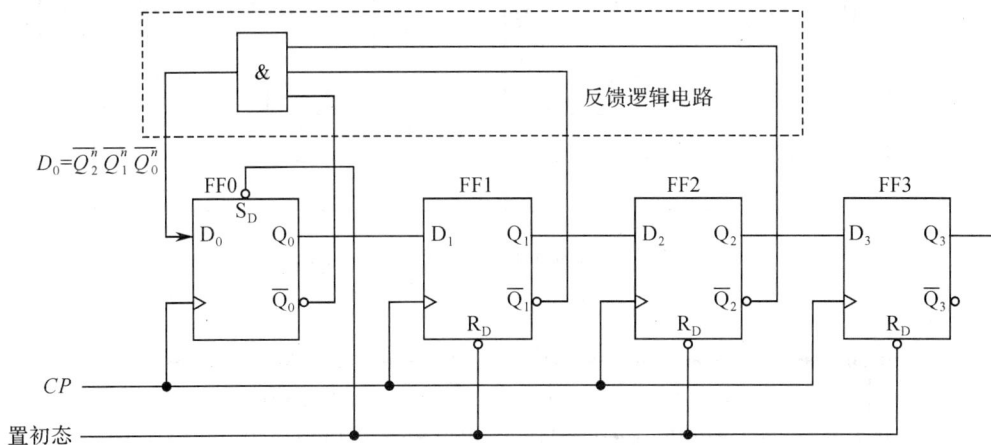

图 5-64　能自启动的 4 位环形计数器

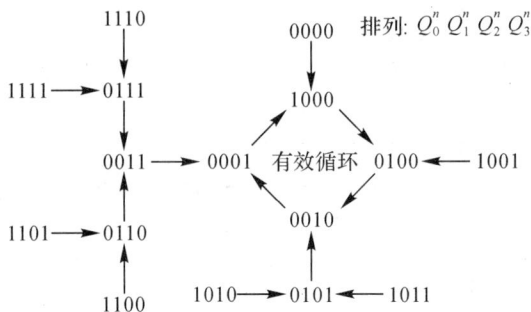

图 5-65　能自启动的 4 位环形计数器的状态图

（4）优点：简单

在有效循环的每个状态只含有一个 1（或 0）时，可以用各个触发器的输出端作为电路状态的输出信号，不需要附加译码电路。

当连续输入 CP 脉冲时，各个触发器的 Q 端或 $\overline{Q}$ 端将轮流地出现矩形脉冲，所以又常把这种电路称为环形脉冲分配器。

（5）缺点：触发器浪费

n 位环形计数器需要 n 个触发器，只使用 n 个状态；而 n 位触发器的总状态数为 2^n 个，所以浪费的状态数为 (2^n-n) 个。

2. 扭环形计数器

n 位扭环形计数器的结构特点为

$$D_0=\overline{Q_{n-1}^n} \tag{5-4-8}$$

图 5-66 所示是一个 4 位扭环形计数器的逻辑电路图，图 5-67 是它的状态图。由状态图可见，它有 8 个有效状态，8 个无效状态，不能自启动，工作时应预先将计数器置成 0000 状态。

为了实现自启动，令

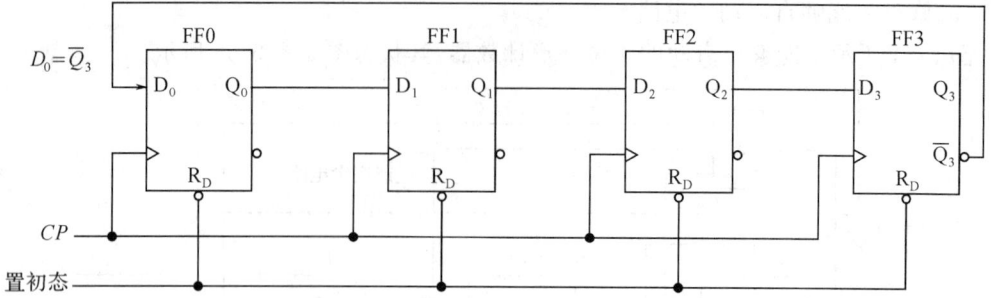

图 5-66　4 位扭环形计数器的逻辑电路图

排列: $Q_0^n\ Q_1^n\ Q_2^n\ Q_3^n$

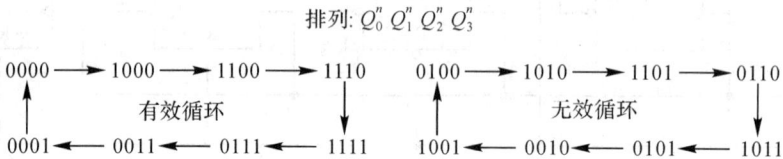

图 5-67　4 位扭环形计数器的状态图

$$D_0 = \overline{Q_3^n} + \overline{Q_2^n}Q_1^n = \overline{Q_3^n \cdot \overline{\overline{Q_2^n}Q_1^n}} \qquad (5\text{-}4\text{-}9)$$

图 5-68 所示为能自启动的 4 位扭环形计数器,图 5-69 是它的状态图。

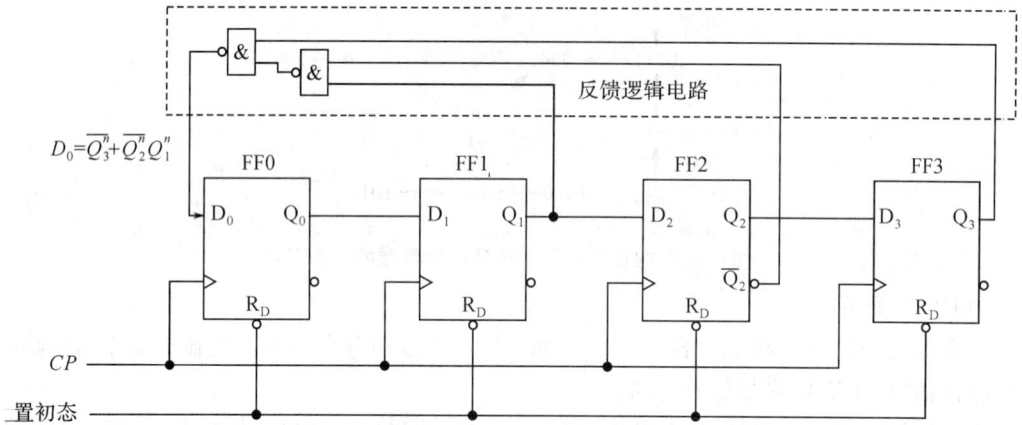

图 5-68　能自启动的 4 位扭环形计数器的逻辑电路图

排列: $Q_0^n\ Q_1^n\ Q_2^n\ Q_3^n$

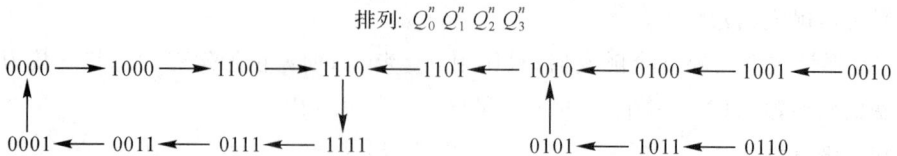

图 5-69　能自启动的 4 位扭环形计数器的状态图

扭环形计数器的优点是每次状态变化时仅有一个触发器翻转,因此译码时不存在竞争冒险。它的缺点与环形计数器类似,没有能够充分利用计数器的大部分状态;在 n 位计数器中(当 $n \geqslant 3$ 时),有 $(2^n - 2n)$ 个状态没有利用。

3. 最大长度移位寄存器型计数器

最大长度移位寄存器型计数器系指计数长度 $N = 2^n - 1$ 的移位寄存器型计数器。它可作为最长线性序列信号发生器,或称为伪随机序列信号发生器。这种计数器的反馈逻辑电路由异或门组成,$n=3\sim12$ 时的反馈逻辑如表 5-21 所示。

表 5-21　最大长度移位寄存器型计数器的反馈逻辑

移位寄存器位数 n	反 馈 逻 辑
3	$D_0=Q_2^n\oplus Q_1^n,Q_2^n\oplus Q_0^n$
4	$D_0=Q_3^n\oplus Q_2^n,Q_3^n\oplus Q_0^n$
5	$D_0=Q_4^n\oplus Q_2^n,Q_4^n\oplus Q_1^n$
6	$D_0=Q_5^n\oplus Q_4^n,Q_5^n\oplus Q_0^n$
7	$D_0=Q_6^n\oplus Q_5^n,Q_6^n\oplus Q_0^n$
8	$D_0=Q_7^n\oplus Q_5^n\oplus Q_4^n\oplus Q_3^n,Q_7^n\oplus Q_3^n\oplus Q_2^n\oplus Q_1^n$
9	$D_0=Q_8^n\oplus Q_4^n,Q_8^n\oplus Q_3^n$
10	$D_0=Q_9^n\oplus Q_6^n,Q_9^n\oplus Q_2^n$
11	$D_0=Q_{10}^n\oplus Q_8^n,Q_{10}^n\oplus Q_1^n$
12	$D_0=Q_{11}^n\oplus Q_{10}^n\oplus Q_7^n\oplus Q_5^n,Q_{11}^n\oplus Q_5^n\oplus Q_3^n\oplus Q_0^n$

图 5-70 所示是 3 位最大长度移位寄存器型计数器的逻辑图和状态图。由于无论多少个 0,异或的结果仍然是 0,所以在这种计数器中,全 0 状态总是无效状态,并构成无效循环。图 5-71 是能够自启动的 3 位最大长度移位寄存器型计数器的逻辑图和状态图。

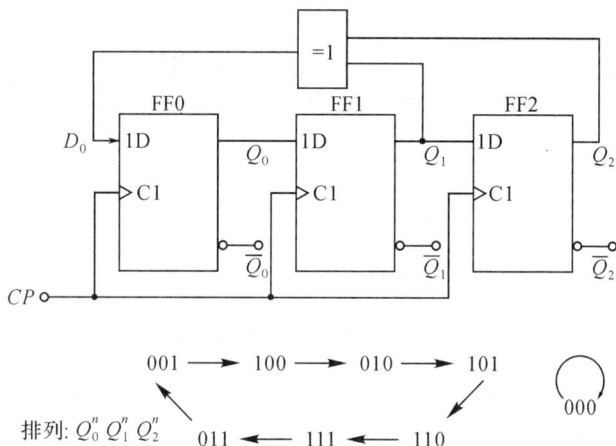

图 5-70　3 位最大长度移位寄存器型计数器的逻辑图和状态图

图 5-71 所示的计数器可产生的序列信号长度 $P=2^n-1=2^3-1=7$(最长)。

序列信号(Y 端输出)为 1001011'1001011'…,之所以把这个序列信号称之为伪随机序列信号,是因为它的振幅统计特性接近于白噪声的特性,即统计平均值接近于 0(这里的序列信号中有 4 个 1,3 个 0)。

5.4.3　序列信号发生器和检测器

1. 序列信号发生器

序列信号发生器又称为顺序脉冲发生器。

序列信号(又称为顺序脉冲)是一串有一定规律的"0","1"信号序列。

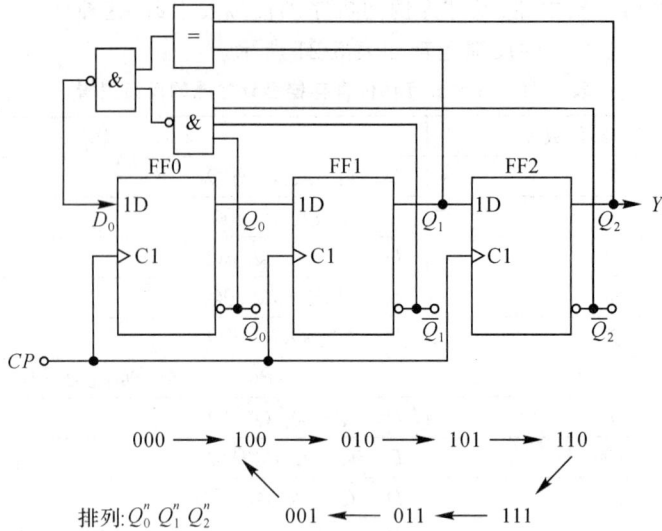

图 5-71　能自启动的 3 位最大长度移位寄存器型计数器

例如：01101100'01101100'…，其周期 $P=8$，称为位序列信号，可由计数器控制数据选择器（MUX）来实现，如图 5-72 所示。

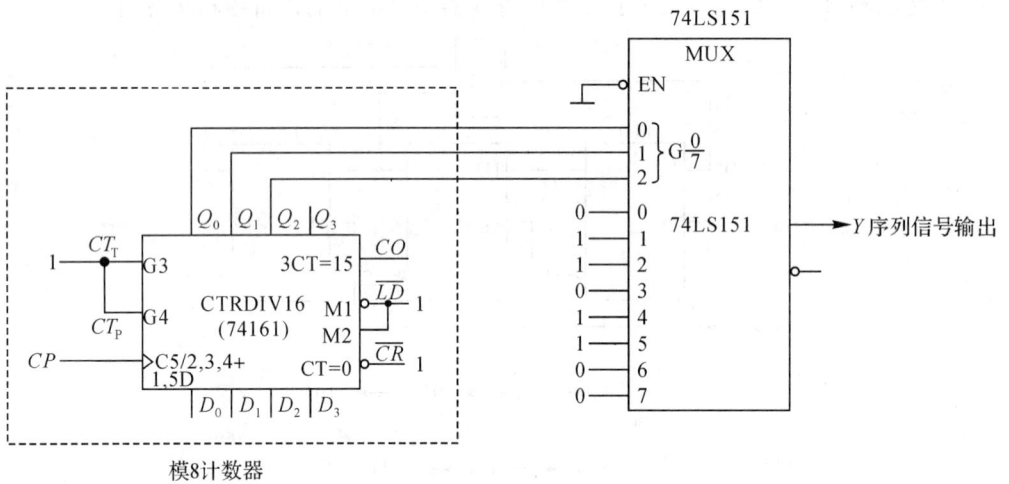

图 5-72　计数器控制 MUX 产生序列信号

如果要实现多个序列信号（例如 3 个字序列信号，每个字 8 位），同样可用计数器控制多个数据选择器（MUX）来实现。

例如：$\begin{cases} Z_1 = 00010111 \\ Z_2 = 00110001 \\ Z_3 = 01101001 \end{cases}$

用计数器控制 MUX 实现字序列信号的电路如图 5-73 所示。

2. 序列信号检测器

序列信号检测器一般可用触发器来实现。例如本章时序电路设计时的例 5-4,111 序列信号检测器的设计等。当序列信号的长度为 P 时，一般需要有 P 个状态来描述。但是用以上

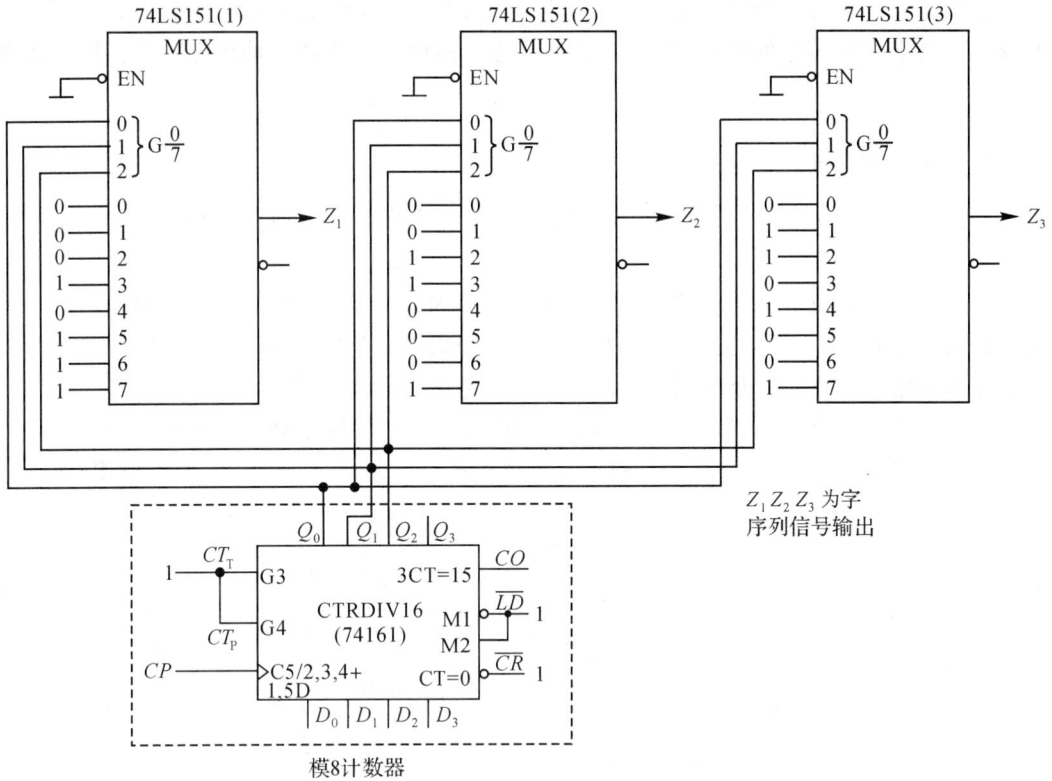

图 5-73　计数器控制 MUX 产生字序列信号

方法进行设计时的电路一般都比较复杂。

实现序列信号检测的最简便方法是利用移位寄存器串入并出功能。

例 5-9　用移位寄存器设计一个 0101011 位序列信号检测器。

解　采用 8 位右移移位寄存器 74164(SRG8)进行设计。根据右移移位寄存器的工作原理可画出 0101011 位序列信号检测器的实现电路,如图 5-74 所示。

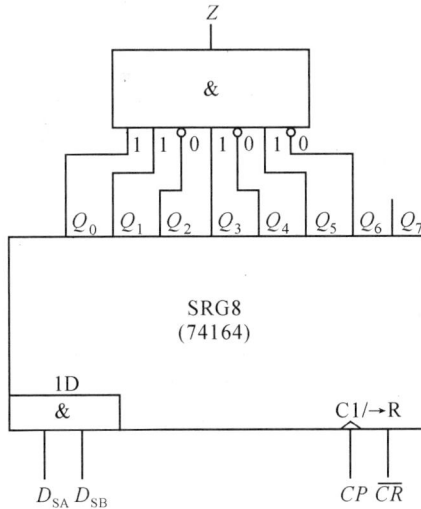

图 5-74　0101011 序列信号检测器电路图(用 74164 实现)

如果需要检测的序列信号是字序列信号,字长为 K 位,则可采用 K 个位序列信号检测器分别检测字序列信号的各位值,然后将各个位序列信号检测器的输出作"与运算"后作为字序列信号检测器的输出。

5.4.4　控制器

控制器是一种时序电路,由时钟脉冲控制产生一系列控制其他电路与系统动作的控制信号。

对于状态数目较少,输入、输出变量较少的控制器,可以使用计数器作为核心器件来实现;对于状态数目多,输入、输出变量多的复杂控制器,则可用 ROM、可编程器件等作为核心器件来实现。本节主要介绍用计数器和组合电路来设计控制器。

由于计数器具有计数、置数、保持及清零功能,所以利用计数器作为控制器的核心器件可以简化电路结构。图 5-75 所示是利用计数器构成的控制器(时序电路)的方框图。

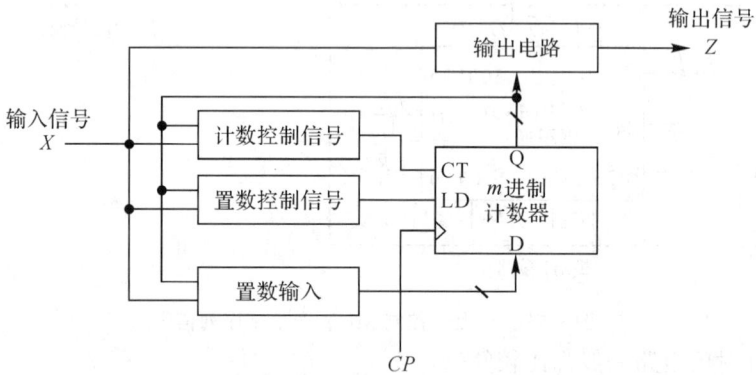

图 5-75　利用计数器构成控制器(时序电路)的方框图

在用计数器作为核心器件设计控制器时的中心问题是:首先利用它的计数功能,再辅以其他控制功能来实现状态图。下面通过例题来说明。

例 5-10　设计一个控制器,它有输入变量 $X=(a,b,c,d)$,输出变量 Z,状态图如图 5-76 所示;同时规定任何时候只有一个输入变量为 1。

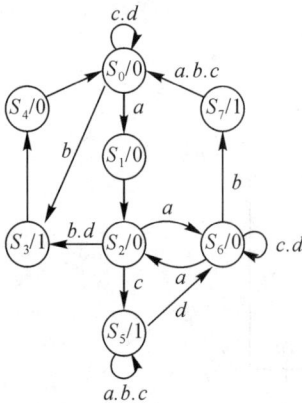

图 5-76　例 5-10 的状态图

表 5-22　例 5-10 的状态编码表

状态 S	Q_2	Q_1	Q_0
S_0	0	0	0
S_1	0	0	1
S_2	0	1	0
S_3	0	1	1
S_4	1	0	0
S_5	1	0	1
S_6	1	1	0
S_7	1	1	1

解 因为电路只有 8 个状态,所以用 3 位计数器就可以实现。选用模 16 计数器 74LS161 中的低三位 $Q_2 \sim Q_0$, $D_2 \sim D_0$。

根据图 5-76 所示的状态图,使 $S_0 \sim S_4$, $S_5 \sim S_7$ 按计数器方式进行状态转换,则可得状态编码表,如表 5-22 所示。

根据状态编码表可以确定:

(1)计数控制信号 CT;

(2)置数控制信号 LD;

(3)并行置数输入信号 D_2, D_1, D_0;

(4)输出信号 Z。

有了以上这些信号,就可以画出控制器的电路图。下面根据状态图分别找出以上 4 种信号的逻辑表达式。

(1)找出计数控制信号 CT

这是指找出计数器什么时候应该计数,使计数控制信号 $CT=1$。

$$CT = S_0 a + S_1 + S_2(b+d) + S_3 + S_5 d + S_6 b + S_7 \overline{d} \tag{5-4-10}$$

式中:$S_0 a$ 表示在状态 S_0 时,如果输入 $a=1$,则进行计数操作;S_1 表示在状态 S_1 时,无条件地进行计数操作;$S_7 \overline{d}$ 相当于 $S_7(a+b+c)$,表示在状态 S_7 时,输入 a 或 b 或 c 时,即只要不是输入 d,则进行计数操作,逻辑表达式(5-4-10)可用八选一数据选择器 74LS151(MUX)来实现。

(2)找出置数控制信号 LD

这是指找出计数器什么时候应该进行置数操作,使 $LD=1$。

$$LD = S_0 b + S_2(a+c) + S_4 + S_6 a \tag{5-4-11}$$

式中:$S_0 b$ 表示在状态 S_0 时,如果输入为 b,则进行置数操作;S_4 表示在状态 S_4 时,无条件地进行置数操作。逻辑表达式(5-4-11)可用门电路来实现。由于 74LS161 的置数端是低电平有效,故对式(5-4-11)求反即可,有

$$\overline{LD} = \overline{S_0 b + S_2(a+c) + S_4 + S_6 a} \tag{5-4-12}$$

(3)找出并行置数输入信号 D_2, D_1, D_0

在置数条件下,并行置数输入信号应该满足如下要求:

$$(D_2, D_1, D_0) = \begin{cases} (0,1,1) & \text{在 } S_0 \text{ 态,且 } b=1 \\ (1,0,1) & \text{在 } S_2 \text{ 态,且 } c=1 \\ (1,1,0) & \text{在 } S_2 \text{ 态,且 } a=1 \\ (0,0,0) & \text{在 } S_4 \text{ 态} \\ (0,1,0) & \text{在 } S_6 \text{ 态,且 } a=1 \end{cases} \tag{5-4-13}$$

由条件关系式(5-4-13)可求得置数输入信号

$$\begin{cases} D_2 = S_2 c + S_2 a \\ D_1 = S_0 b + S_2 a + S_6 a \\ D_0 = S_0 b + S_2 c \end{cases} \tag{5-4-14}$$

式(5-4-14)可用译码器 74LS138 和门电路来实现。

(4)找出输出信号 Z

由状态图可得

$$Z = S_3 + S_5 + S_7 = \overline{\overline{S_3} \cdot \overline{S_5} \cdot \overline{S_7}} \qquad (5\text{-}4\text{-}15)$$

上式可用与非门来实现。

最后，根据求得的式(5-4-10)、式(5-4-12)、式(5-4-14)和式(5-4-15)画出控制器(时序电路)电路图，如图 5-77 所示。

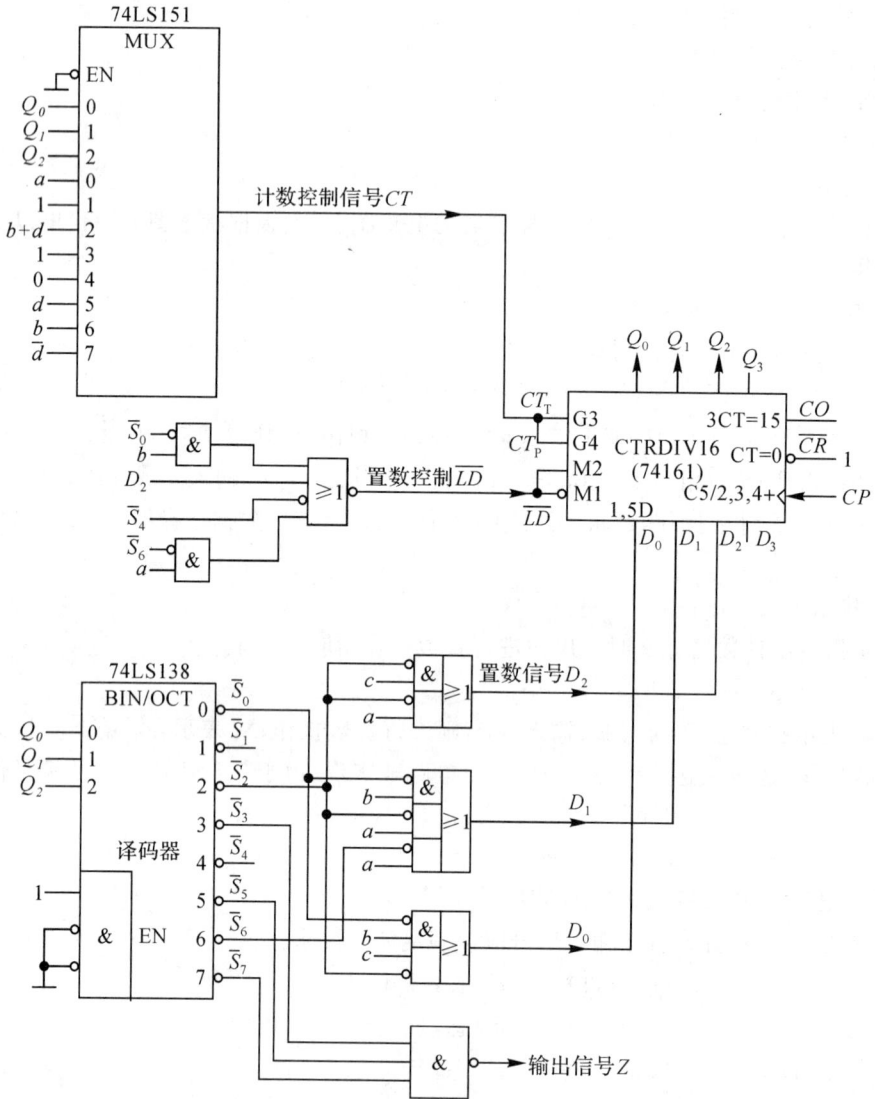

图 5-77　例 5-10 控制器的电路图

本章小结

时序逻辑电路通常由组合电路和存储电路两部分组成。其中存储电路能将电路的状态记忆下来，并和当前的输入信号一起决定电路的输出信号。这是时序电路在结构上的特点，这个特点决定了时序电路的逻辑功能，即时序电路在任一时刻的输出信号不但和当时的输入信号有关，而且还与电路原来的状态有关。

描述时序电路逻辑功能的方法有逻辑方程组（含激励方程、状态方程和输出方程）、状态表、状态图和时序图，它们各具特色，各有所用，且可以相互转换。逻辑方程组是和具体时序电路直接对应的，状态表、状态图和时序图能给出时序电路的全部工作过程。为进行时序电路的分析和设计，应该熟练地掌握这几种描述方法。

就工作方式而言，时序电路可分为同步时序电路和异步时序电路两大类。它们的主要区别在于，在同步时序电路的存储电路中，所有触发器的 CP 端均受同一时钟脉冲控制；而在异步时序电路中，各触发器的 CP 端受不同触发脉冲控制。

时序电路的分析和设计是两个相反的过程。时序电路的分析就是由给定的时序电路，写出逻辑方程组，列出状态表，画出状态图或时序图，指出电路的逻辑功能。时序电路的设计就是根据要求实现的逻辑功能，建立原始状态图或原始状态表，然后进行状态化简（状态合并）和状态分配（状态编码），再求出所选用触发器的激励方程、时序电路的状态方程和输出方程，最后画出设计好的逻辑电路。其中建立正确的原始状态图或原始状态表是关键的一步，是后面几个设计步骤的基础。

计数器是极具典型性和代表性的时序电路，而且它的应用十分广泛，几乎是无处不在。所以作为重点，在本章中进行了较为详细的介绍，并且还仔细地介绍了用集成计数器构成 N 进制计数器的方法。

习 题

5-1 分析题 5-1 图所示电路，画出时序图和状态图，起始状态 $Q_0Q_1Q_2Q_3 = 0001$。

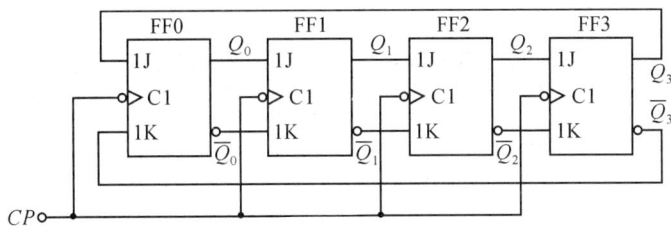

题 5-1 图

5-2 分析题 5-2 图所示电路，画出电路的状态图。

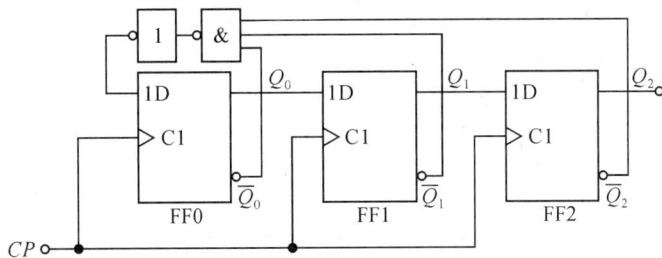

题 5-2 图

5-3 JK 触发器组成题 5-3 图所示电路。分析该电路为几进制计数器，并画出电路的状态图。

5-4 JK 触发器组成如题 5-4 图所示的电路。

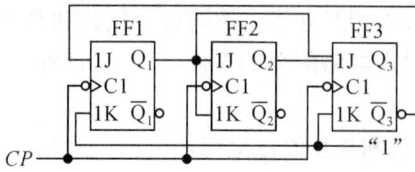

题 5-3 图

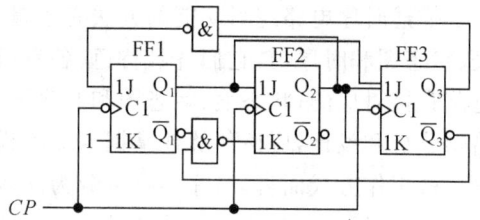

题 5-4 图

(1)分析该电路为几进制计数器,画出状态图。

(2)若令 $K_3=1$,电路为几进制计数器,画出其状态图。

5-5 试画出题 5-5 图(a)所示电路中 B,C 端的波形。输入端 A,CP 波形如题 5-5 图(b)所示,触发器的起始状态为零。

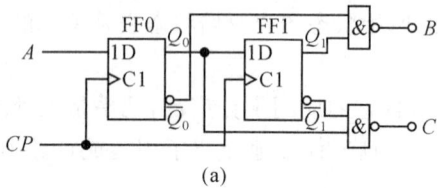

(a)

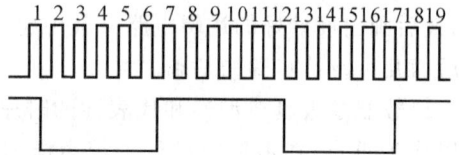

(b)

题 5-5 图

5-6 分析题 5-6 图所示电路,画出电路的状态图,说明电路能否自启动。

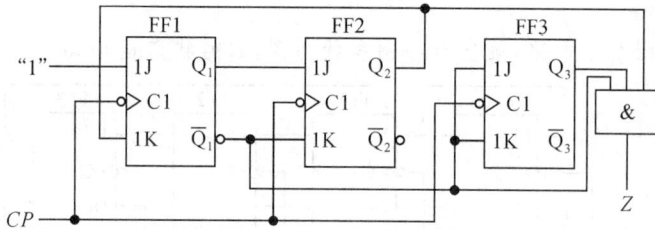

题 5-6 图

5-7 分析题 5-7 图所示电路,画出电路的状态图,说明电路能否自启动。

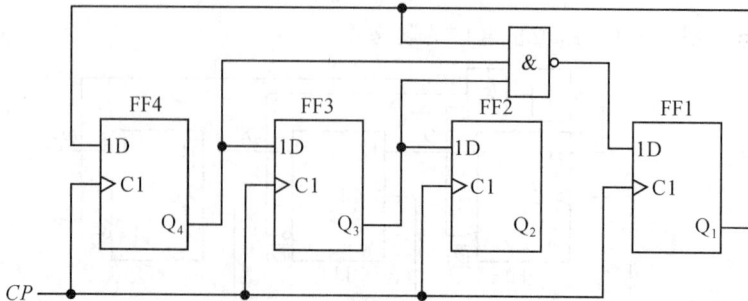

题 5-7 图

5-8 画出题 5-8 图所示电路的状态图和时序图,简要说明电路的基本功能。

5-9 画出题 5-9 图所示电路的状态图和时序图。

5-10 如题 5-10 图所示,FF0 为下降沿触发的 JK 触发器,FF1 为上升沿触发的 D 触发器,

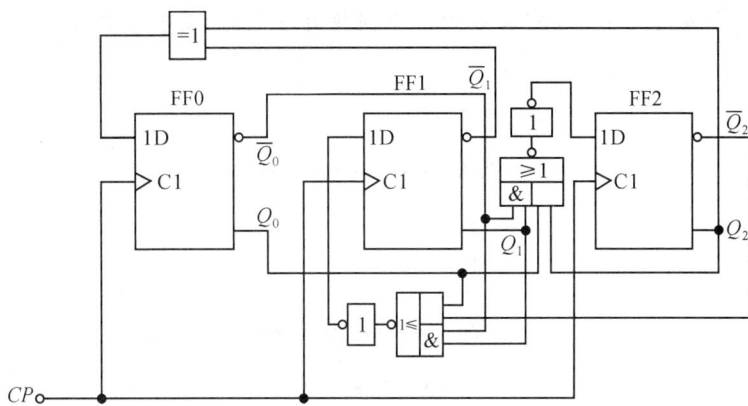

题 5-8 图

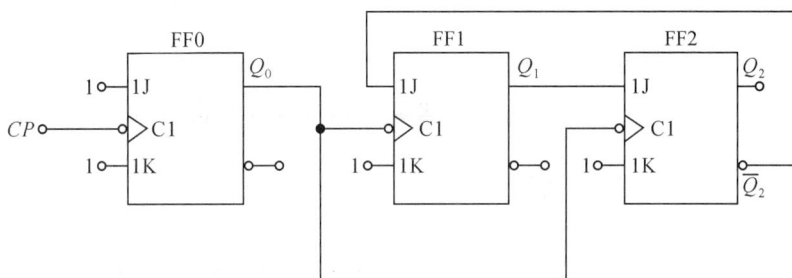

题 5-9 图

试对应给定的 $\overline{R_D}, CP, J, K$ 的波形，画出 Q_0, Q_1 的波形。

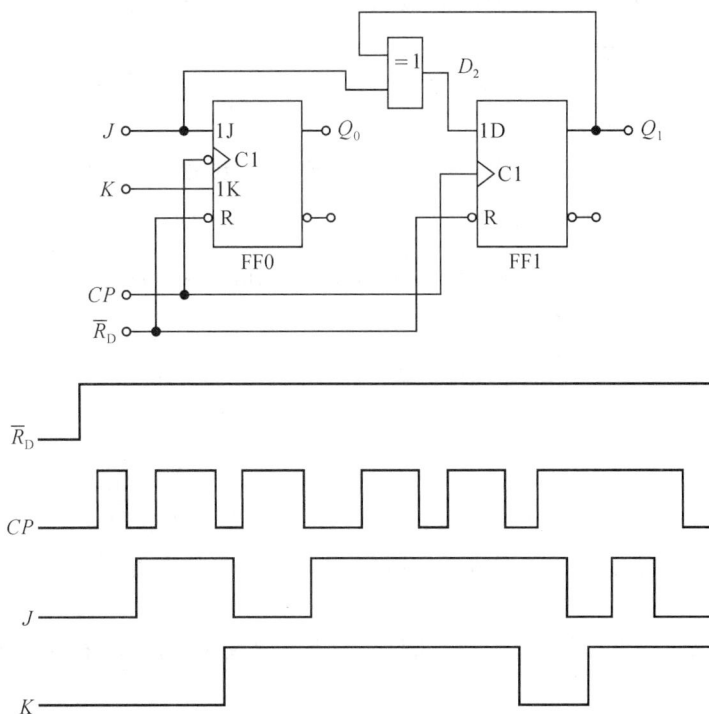

题 5-10 图

5-11 试用下降沿触发的 JK 触发器设计一个同步时序电路,要实现的状态图如题 5-11 图所示。

$$Q_2^n Q_1^n Q_0^n \longrightarrow$$

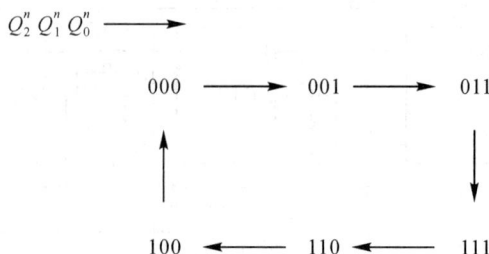

题 5-11 图

5-12 试用上升沿触发的 D 触发器和与非门设计一个同步时序电路,要实现的状态图如题 5-12 图所示。

$$Q_2^n Q_1^n Q_0^n \xrightarrow{\ /Y\ }$$

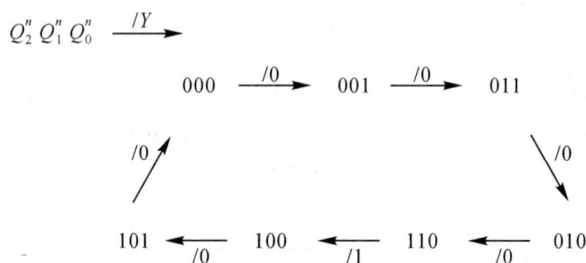

题 5-12 图

5-13 试用下降沿触发的边沿型 JK 触发器和与非门,设计一个按自然态序进行计数的七进制同步加法计数器。

5-14 试用上升沿触发的边沿型 D 触发器和与非门,设计一个按自然态序进行计数的十进制同步加法计数器。

5-15 试用 JK 触发器设计一个同步十进制计数器,要实现的状态图如题 5-15 图所示。

$$Q_3 Q_2 Q_1 Q_0$$

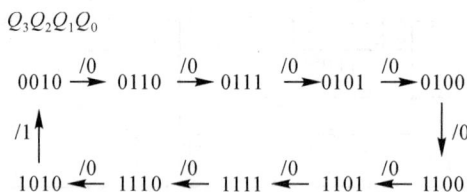

题 5-15 图

5-16 试设计一个具有如题 5-16 图所示功能的计数器电路,图中 M 为控制变量。$M=0$,计数器为 8421 码六进制加法;$M=1$,计数器为循环码六进制计数。

5-17 试用 JK 触发器设计一个同步 2421(A)码的十进制计数器,电路的状态图如题 5-17 图所示。

5-18 试用 JK 触发器设计一个同步余 3 循环码十进制减法计数器,电路的状态图如题 5-18 图所示。

5-19 用 JK 触发器设计一个步进电机用的三相六状态脉冲分配器。如果用 1 表示线圈导通,用 0 表示线圈截止,则三个线圈 ABC 的状态图如题 5-19 图所示。在正转时输入

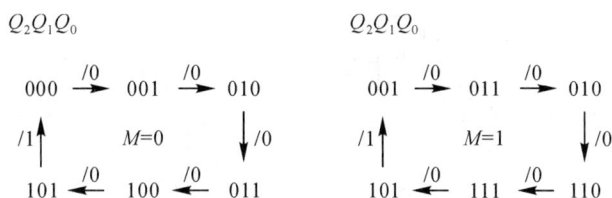

题 5-16 图

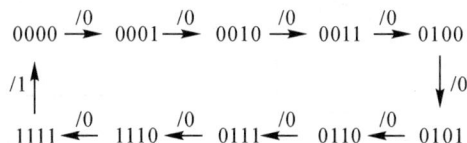

题 5-17 图

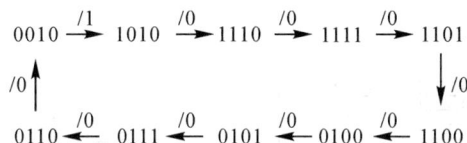

题 5-18 图

端 G 为 1,反转时为 0。

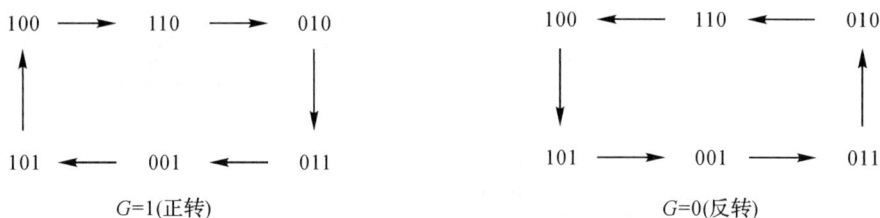

题 5-19 图

5-20 用 JK 触发器设计一个按自然态序进行计数的同步加法计数器,要求当控制信号 $M=0$ 时为六进制,$M=1$ 时为十二进制。

5-21 分析题 5-21 图所示各电路,画出它们的状态图和时序图,指出各是几进制计数器。

5-22 试分析题 5-22 图所示电路,指出各计数器的计数长度 M 为多少?并画出相应的状态图。

5-23 试分析题 5-23 图所示电路的计数长度为多少,采用的是哪种接法。分别画出(Ⅰ)和(Ⅱ)的状态图。若电路作为分频器使用,则芯片(Ⅱ)的 CO 端输出的脉冲和时钟 CP 的分频比为多少?

5-24 试分析题 5-24 图所示电路,分别画出两个芯片的状态图。若电路作为分频器使用,则 74161 的输出 Y 与时钟 CP 的分频比为多少?

5-25 试分析题 5-25 图所示各电路,画出它们的状态图和状态表,指出各是几进制计数器。

5-26 分析题 5-26 图所示各电路,分别指出它们各是几进制计数器。

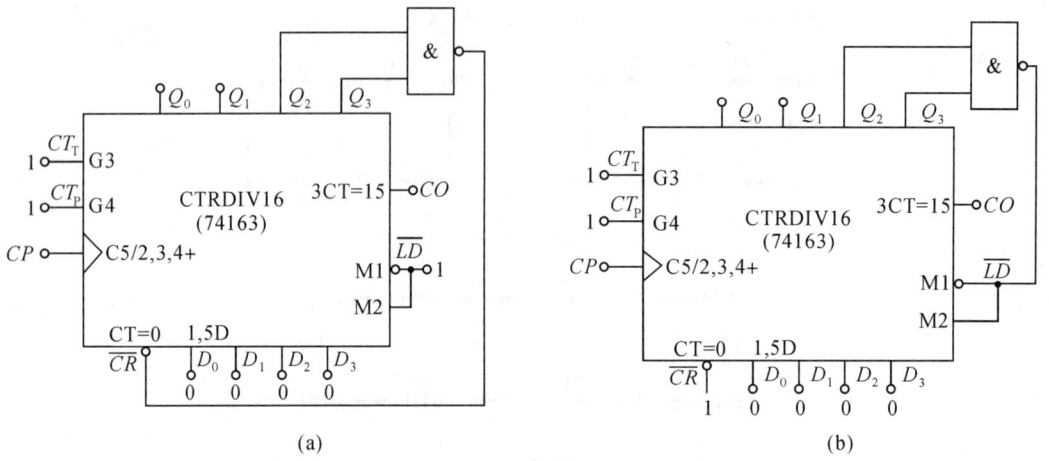

题 5-21 图

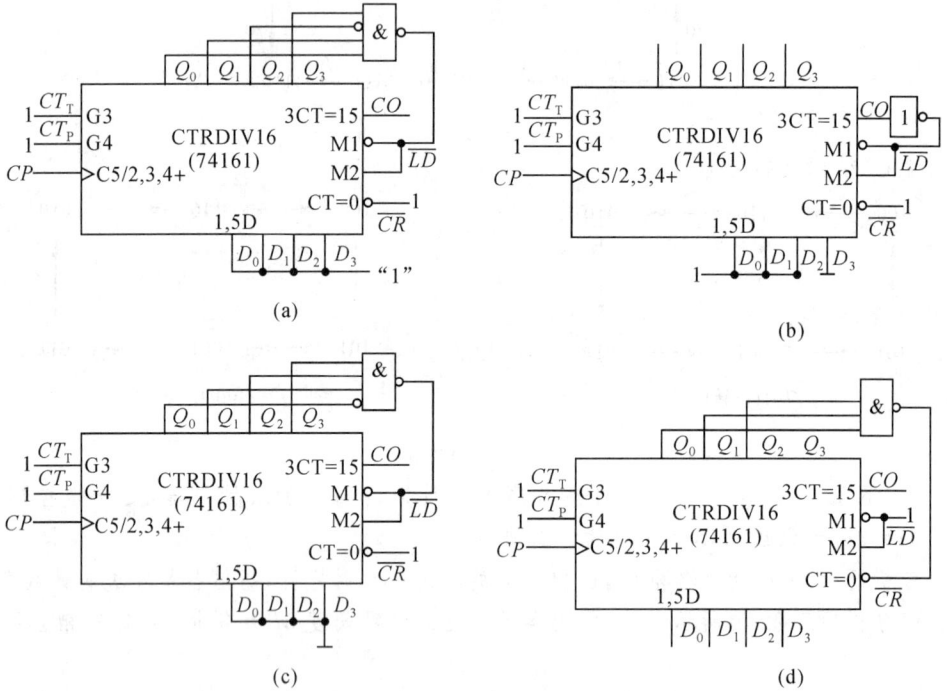

题 5-22 图

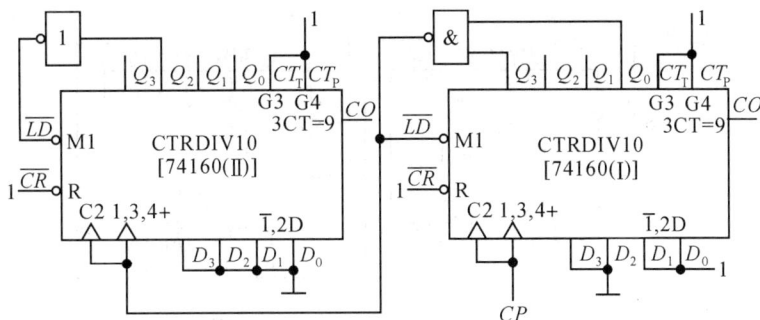

题 5-23 图

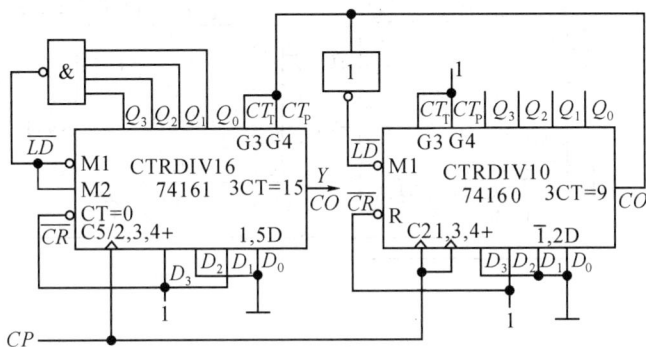

题 5-24 图

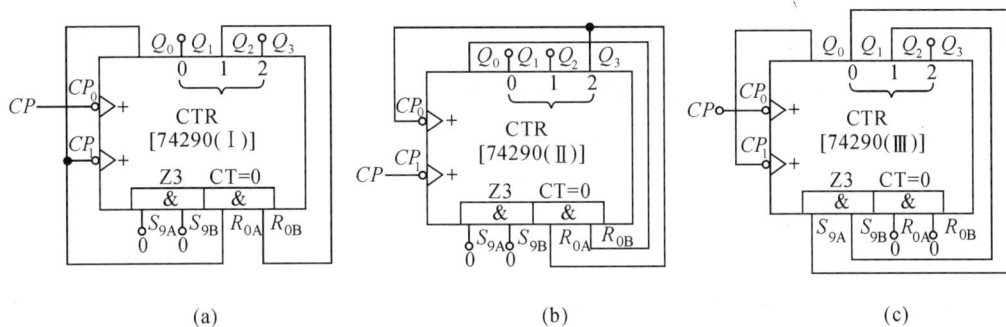

题 5-25 图

5-27　试分别画出利用下列方法构成的六进制计数器的连线图：

(1) 利用 74161 的异步清零功能；

(2) 利用 74163 的同步清零功能；

(3) 利用 74161 或 74163 的同步置数功能；

(4) 利用 74290 的异步清零功能。

5-28　试分别画出用 74161 的异步清零和同步置数功能构成的下列计数器的连线图：

(1) 60 进制计数器；

(2) 180 进制计数器。

5-29　试分别画出用 74290 构成的下列计数器的连线图：

(1) 9 进制计数器；

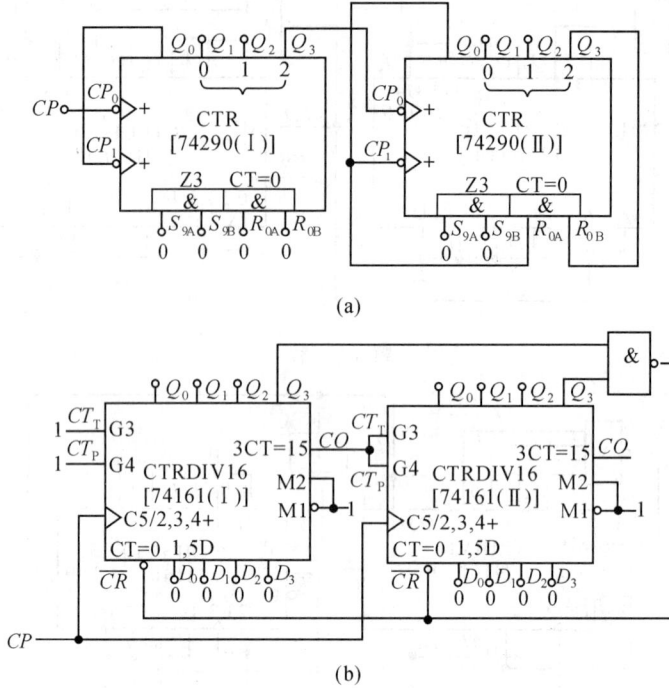

(a)

(b)

题 5-26 图

(2)50 进制计数器；

(3)30 进制计数器；

(4)88 进制计数器。

5-30 用 74163 设计一个按自然态序进行计数的同步加法计数器，要求当控制信号 $M=0$ 时为六进制，$M=1$ 时为十二进制。

5-31 试分别画出用 74164(8 位单向移位寄存器)构成的下列环形计数器：

(1)5 位环形计数器；

(2)7 位环形计数器。

5-32 试分别画出用 74164 构成的下列扭环形计数器：

(1)4 位能自启动的扭环形计数器；

(2)8 位扭环形计数器。

5-33 试分别画出用 74164 构成的最大长度移位型计数器：

(1)3 位最大长度移位型计数器；

(2)7 位最大长度移位型计数器。

5-34 试画出用 74161(4 位二进制同步加法计数器)构成具有时序状态为 $0,1,2,3,4,5,8,9,10,11,14,15$ 的计数器。

5-35 用计数器 74LS161 和数据选择器(MUX)74LS151 设计一个脉冲序列发生器，使之在一系列 CP 信号作用下，其输出端能周期性地输出 00101101 的脉冲序列。

5-36 用计数器 74LS161 及 8 选 1 MUX 74LS151 各一片以及必要的辅助电路产生序列信号 0100'1100'0101'11。

5-37 用计数器 74LS161 及 8 选 1 MUX 74LS151 各一片以及必要的辅助电路产生如下序

列信号：

当 $X=0$ 时，序列信号为 0110'1101'；

当 $X=1$ 时，序列信号为 1010'010。

5-38 用移位寄存器以及必要的辅助电路设计一个同步时序电路，它有两个输入 X_1 和 X_2，一个输出 Z。当 X_1 连续输入 3 个 1（正好 3 个）后，X_2 再输入 1 个 1 时，输出 Z 为 1，而且在同一时间内 X_1 和 X_2 不能同时为 1。画出状态图并用电路实现。

5-39 用 74LS161 计数器为核心器件实现如题 5-39 图所示的状态图，其中 X_1X_2/Z 表示输入/输出，且 X_1 与 X_2 不能同时为 1。

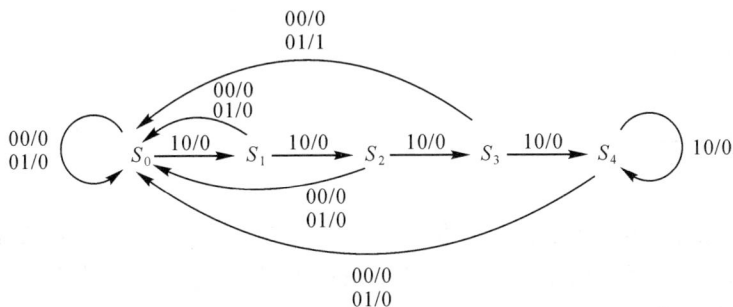

题 5-39 图

5-40 用 74LS161 计数器以及必要的辅助电路实现如题 5-40 图所示的状态图。

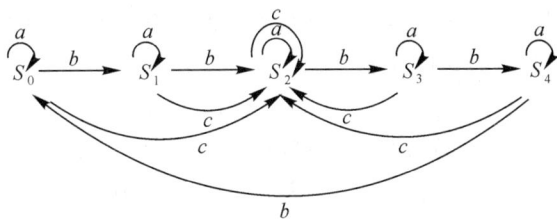

题 5-40 图

第6章 可编程逻辑器件

6.1 概 述

以前,数字系统大多采用搭积木的方式进行设计,构成系统的"积木块"是通用的中小规模集成电路,如 74/54 系列(TTL)、4000/4500 系列(CMOS)芯片。在设计时,几乎没有灵活性可言,且设计的电路具有体积大、功耗高、速度低及可靠性差等缺点。

可编程器件(Programmable Logic Device,PLD)的出现和 EDA(电子设计自动化)技术的发展改变了传统的设计思路,设计者可以采用可编程器件设计芯片(自己定义器件的逻辑功能和管脚),增加了设计的自由度和灵活性,大大减少集成电路的种类和数量,缩小了体积,降低了功耗,提高了电路的整体性能。

可编程器件从早期的小规模 PLD(PROM,PLA,PAL,GAL)开始发展到现在的高密度的可编程器件 HDPLD(CPLD,FPGA),集成度可达数百万门,片内信号传输延迟在 ns 数量级。目前,PLD 的发展方向之一是 SOPC(即基于 FPGA 的片上系统)和 SOC(片上系统)解决方案,即将 EDA 技术、计算机设计技术、嵌入式系统、工业自动控制系统、DSP 及数字通信系统等,在技术上融为一体,在结构上凝为一片,即片上系统及其设计技术。

为了表示方便,PLD 采用如图 6-1 所示的逻辑图形符号,这也是目前国际、国内的通用画法。图 6-1(a)和(b)中交叉处的"×"表示编程接入,交叉处的"●"表示固定接入;图 6-1

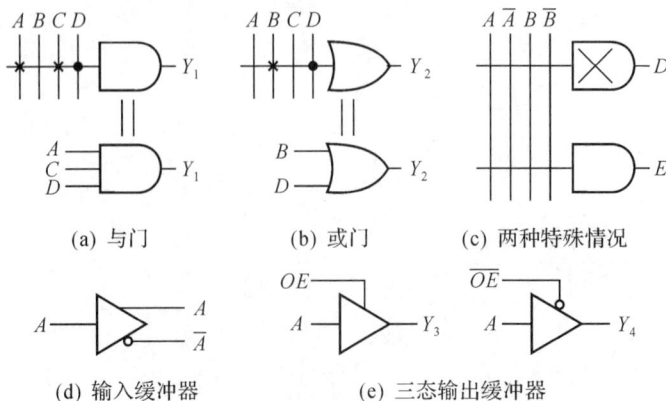

    (a) 与门   (b) 或门   (c) 两种特殊情况

    (d) 输入缓冲器   (e) 三态输出缓冲器

图 6-1 PLD 的逻辑符号表示方法

(c)的与门中画"×"表示全编程,因此 $D=A\,\overline{A}B\,\overline{B}=0$,乘积项 E 与任何输入信号都没有接通,相当于与门输出为 1,所以 $E=1$。

6.2　可编程只读存储器

存储器是数字系统中用于存储大量二进制信息(程序、数据和资料)的器件。存储器种类很多,从存、取功能上可以分为只读存储器(Read-Only Memory,ROM)和随机存储器(Random Access Memory,RAM)两大类。从数字电路的结构上看,存储器可看作可编程逻辑器件。本节只讨论只读存储器,而随机存储器将在 6.5 节讨论。

6.2.1　只读存储器(ROM)

ROM 存储的信息只能被读出,不能被改写,且断电后不丢失其中的存储内容。ROM 主要由地址译码器、存储矩阵和输出缓冲器三部分组成,如图 6-2 所示。ROM 的核心是存储矩阵,由 2^n 个存储单元组成,每个存储单元中固定存放着 m 位二进制数,在这里存储单元也称为"字"。ROM 的输入为 n 条地址线,经地址译码后产生 2^n 条字线,每条字线(W_i)寻址一个存储单元,被寻址的存储单元的信息通过 m 条公共数据线(D_i,也称位线)输出。

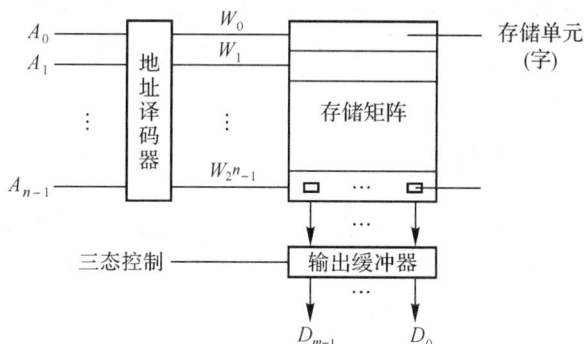

图 6-2　ROM 的组成框图

存储容量用字线×位线表示,若 $n=12$,$m=8$,则存储容量为 $2^{12}\times8=32768$,简称 32K ROM。

存储体可以由二极管、三极管和 MOS 管来实现。图 6-3(a)为 $2^2\times2$ 的 CMOS-ROM 的存储矩阵结构示意图。

地址译码器即为二进制数译码器,其输出为 n 位地址变量的 2^n 个最小项:
$$W_0=\overline{A_1}\cdot\overline{A_0};\ W_1=\overline{A_1}\cdot A_0;\ W_2=A_1\cdot\overline{A_0};\ W_3=A_1\cdot A_0$$

在任何时刻,各 W_i 中必有且只有一个有效(高电平),所以任何时刻只有一个存储单元占用数据线。不难看出,字线与位线的每个交叉点都可存储 1 位二进制数,交叉处接有 NMOS 管时相当于存 1,没有接 NMOS 管时相当于存 0。

由于同一时刻只可能有一条字线有效,因而同一位线上的各存储位呈或运算关系,D_1,D_2 表达式如下:
$$D_1=W_0\cdot0+W_1\cdot1+W_2\cdot1+W_3\cdot1$$
$$D_2=W_0\cdot1+W_1\cdot0+W_2\cdot1+W_3\cdot0$$

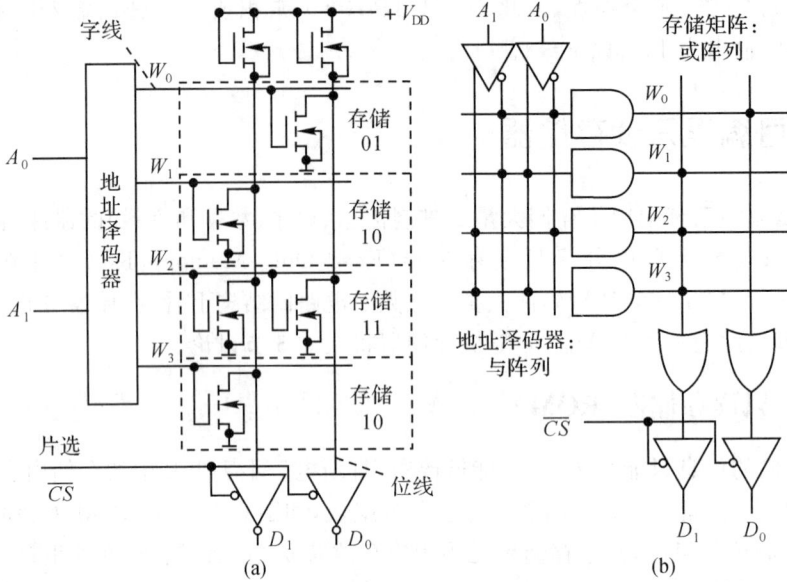

图 6-3 CMOS-ROM 的结构图和阵列图

从以上分析可见,ROM 的逻辑功能也可用阵列图描述,如图 6-3(b)所示。由于,ROM 存储的信息 0,1 根据需要由生产厂家写入,因而也可以说,ROM 是一种"与阵列固定、或阵列厂家编程"的组合电路。

6.2.2 可编程只读存储器

可编程 ROM 在出厂时,存储体的内容为全 0 或全 1,用户可根据需要将某些内容改写,也就是编程。可编程 ROM 包括两大类:一类为一次编程型,即 PROM;另一类为多次编程型,如 EPROM,E^2PROM 和 Flash ROM 等。

1. PROM

PROM 一般采用"熔丝或反熔丝型"编程技术,数据一经写入便不能更改。图 6-4 为熔丝型 PROM 结构示意图。所有字线和位线的交叉点上都接有一个 NMOS 管,但 NMOS 管的源极通过熔丝接地。因此,出厂时 PROM 的各存储位均为"1"。在写入信息时,在需要写"0"的存储位,控制 NMOS 管源极,使其流过较大电流而将熔丝烧断。

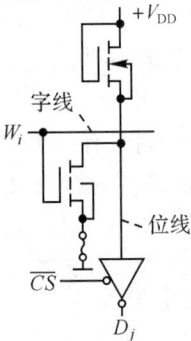

图 6-4 熔丝型 PROM 结构

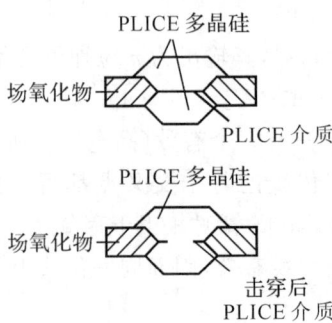

图 6-5 反熔丝结构示意图

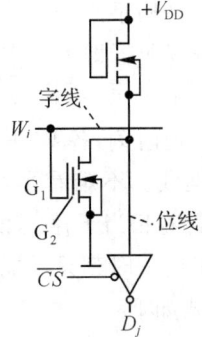

图 6-6 EPROM 位存储单元

PROM 的另一编程技术为反熔丝编程,图 6-5 为反熔丝的结构示意。反熔丝相当于生长在两个导电层(多晶硅)之间的介质层,这一介质层在器件出厂时呈现很高的电阻,使两个导电层绝缘。当编程时,需连接两个导电层时,在介质层施加高脉冲电压(18V)使其击穿,使两个导电层连通,一般来说,连通电阻小于 $1k\Omega$。反熔丝占用的硅片的面积较小,在高集成度的可编程器件中得到广泛应用。

2. EPROM

EPROM 可用紫外光擦除,擦除后可再次编程。EPROM 的位存储单元如图 6-6 所示,关键技术是采用叠栅注入 MOS 管(SIMOS)制作存储单元。图 6-7 是 SIMOS 管的结构原理图和符号。它是一个增强型的 NMOS 管,有两个栅极:控制栅 G_1 和浮置栅 G_2。浮置栅埋在 SiO_2 绝缘层中,未注入电荷以前,在控制栅 G_1 加正常高电平能使 SIMOS 导通,相当于存储了数据"1"。编程写入"0"时,在 D,S 间加上足够高的电压(约 $+20\sim+25V$),使 PN 结产生雪崩击穿而产生许多高能电子。同时在控制栅 G_1 加上高压脉冲(幅度约 $+25V$,宽度约 50ms),则在栅极电场的作用下,一些高能电子便穿越到达浮置栅 G_2,被浮置栅 G_2 捕获形成流入负电荷。由于浮置栅埋在绝缘层中,没有通电回路,注入浮置栅的负电荷可长期保存。浮置栅 G_2 上负电荷使 MOS 管的开启电压变得更高,这样在控制栅 G_1 加正常高电平时,SIMOS 不能导通,相当于写了数据"0"。

擦除时,用紫外光通过芯片的透明窗照射浮置栅,使浮置栅上的负电荷获得足够的能量穿过绝缘层回到衬底,使 EPROM 中所有存储位回到存"1"状态。此后可对 EPROM 再次编程。

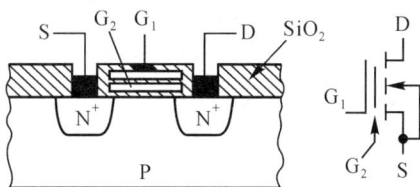

图 6-7　SIMOS 管的结构和符号

3. E²PROM

EPROM 虽可重复编程,但擦除操作复杂,擦除速度很慢。为克服这些缺点,又研制了可以用电信号擦除的 ROM,这就是 E²PROM。在 E²PROM 的存储单元中采用了一种称为浮栅隧道氧化层 MOS(简称 Flotox 管),Flotox 管的结构、符号及 E²PROM 位存储单元如图 6-8 所示。

Flotox 管有两个栅极——控制栅 G_1 和浮置栅 G_2。浮栅 G_2 有一区域与衬底间的氧化层

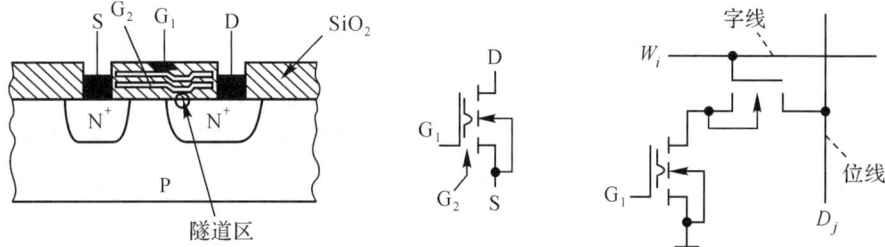

图 6-8　Flotox 管的结构、符号及 E²PROM 位存储单元

极薄(10～15nm),可产生隧道效应。

E²PROM 有三种工作状态,如图 6-9 所示。一是正常读出状态,如图 6-9(a)所示,控制栅 G_1 加 +3V 电压,字线 W_i 给出 +5V 电压。二是擦除(写 0)状态,如图 6-9(b)所示,在控制栅 G_1 和字线 W_i 上加脉冲正电压(+20V 左右,宽度约 10ms)时漏区接 0 电平,隧道效应使电子由衬底注入浮栅 G_2,脉冲正电压结束后,注入 G_2 的负电荷由于没有放电通路而保留在浮栅上,使 MOS 管的开启电压变高,即使 G_1 加上 +3V 的读出电压时,Flotox 管不导通,相当于存储了数据"0"。三是编程(写 1)状态,如图 6-9(c)所示,使控制栅 G_1 接地,同时在漏极和字线 W_i 施加 +20V 左右,宽度约 10ms 脉冲电压,使 G_1 上的负电荷由于隧道效应回到衬底,此时 G_1 加上 +3V 的读出电压时,Flotox 管导通,相当于存储了数据"1"。

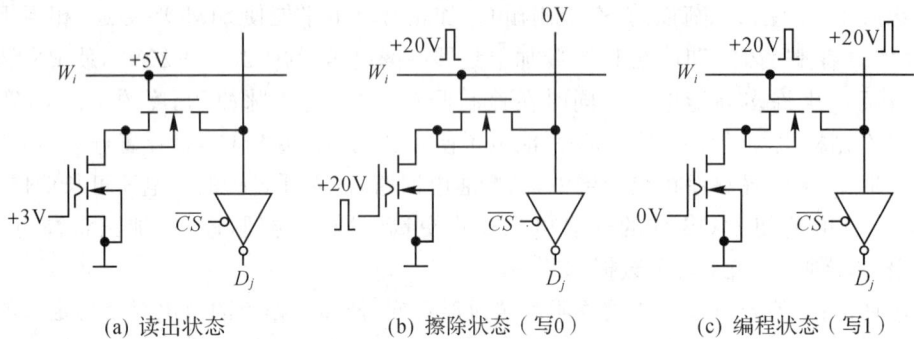

(a) 读出状态　　　　　(b) 擦除状态（写0）　　　　　(c) 编程状态（写1）

图 6-9　E²PROM 的三种工作状态

目前的 E²PROM 的存储容量可有 Kb 到数 Mb 的多种规格。读访问时间可在几十纳秒数量级,页写入时间约在 10ms 数量级。擦除/写入次数可达几十万次。写入的数据一般可保持 10 年。写入/读出的接口方式有并行和串行两种。

4. 闪速存储器(Flash ROM)

Flash ROM 的结构与 EPROM,E²PROM 相似,也为双栅极 MOS 管结构。两个栅极为控制栅和浮置栅。闪速存储器的隧道氧化层较 E²PROM 的更薄。闪速存储器的擦除方法与 E²PROM 类似,是利用"隧道效应"。而编程方法有隧道效应和雪崩方式两种,后者与 EPROM 类似,为一种"沟道热电子注入技术"。闪速存储器的结构和制作工艺可使它的集成度更高。在编程和擦除时,闪速存储器可一次对多个存储单元同时完成,因而闪速存储器的存取速率比 EPROM 和 E²PROM 都快。闪速存储器的这些优点使它获得了快速的发展。

6.2.3　用 ROM 实现组合逻辑电路

从 ROM 结构来看,可将 ROM 看成查找表(Look-Up Table,LUT)系统,即根据用户的要求在"表"中查找所需要的可能组合,这里的"表"就是指 ROM 的存储矩阵。

因此,对于实现一个 n 位输入变量、k 位输出变量的多输出函数,需要一个容量为 $2^n \times k$ 位的 ROM。n 位输入变量作为地址信号接至 ROM,然后将真值表内容存于 ROM 的存储矩阵中,ROM 的一个"字"存一行真值表(输入变量的一个取值组合的函数值)。这样,当输入变量变化时,依次取出 ROM 各行,由 ROM 的 k 个输出端可以获得 k 个逻辑函数。

用 LUT 工作方式实现逻辑函数分三步:

(1)确定 ROM 的类型,若函数输入信号个数为 n,输出个数为 k,则选择的 ROM 的类型容量必须大于等于 $2^n \times k$，且地址线不小于 n，位数不小于 k；

(2)画出用 ROM 实现的逻辑图；

(3)确定 ROM 的存储内容，在多数情况下可用 C 语言编写 ROM 的存储内容。

下面以一个乘法器例子说明这种用 LUT 工作方式实现逻辑函数的方法。

例 6-1 用 ROM 实现一个 4 位×4 位的二进制乘法器。

4 位×4 位的二进制乘法器共有被乘数 $A_3A_2A_1A_0$ 和乘数 $B_3B_2B_1B_0$ 的 8 个输入变量，积有 8 位，用 $Y_7Y_6Y_5Y_4Y_3Y_2Y_1Y_0$ 表示。应选用容量 $2^8 \times 8$ 的 ROM，因为很少有这种小容量 EPROM，在此选用 2732 EPROM（容量 $2^{12} \times 8$）。图 6-10 所示为 4 位×4 位乘法器的电路，高四位地址未用，故接地。ROM 的存储内容共有 256 字节，本题可用 C 语言编写，将 EPROM 的存储内容写入一个二进制文件，然后用编程器写入 EPROM 中。表 6-1 为 ROM 的部分存储内容。

从以上分析可知，ROM 适合实现多输入的复杂的逻辑函数。

表 6-1   ROM 的部分存储内容

地址	$A_7A_6A_5A_4A_3A_2A_1A_0$ $(A_3A_2A_1A_0B_3B_2B_1B_0)$	$D_7D_6D_5D_4D_3D_2D_1D_0$ $(Y_7Y_6Y_5Y_4Y_3Y_2Y_1Y_0)$
...	...	...
48	0011 0000	0000 0000
49	0011 0001	0000 0011
50	0011 0010	0000 0110
51	0011 0011	0000 1001
52	0011 0100	0000 1100
53	0011 0101	0000 1111
54	0011 0110	0001 0010
55	0011 0111	0001 0101
56	0011 1000	0001 1000
57	0011 1001	0001 1011
58	0011 1010	0001 1110
59	0011 1011	0010 0001
60	0011 1100	0010 0100
...	...	...

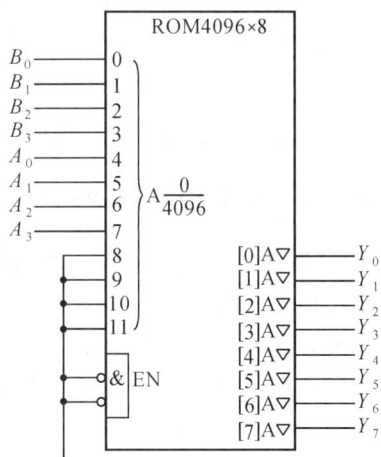

图 6-10 乘法器的电路

6.3 低密度的可编程逻辑器件（SPLD）

前面介绍的可编程 PROM 采用"与阵列固定、或阵列编程"结构形式，其中"与阵列"产生输入变量的全部最小项，能以函数的"标准积之和"形式实现组合逻辑函数。但实际上，逻辑函数只用到最小项的一部分，且有时这些最小项还可以合并，因此，ROM 器件内部资源利用率较低。为了提高芯片的利用率，PLA，PAL 和 GAL 均采用可编程的"与阵列"，这样就能有效地以函数的最简"积之和"形式实现逻辑函数。

6.3.1 可编程逻辑阵列（PLA）

图 6-11 为 PLA 结构示意图。PLA 采用"与阵列及或阵列均可编程"的结构形式，当用

PLA 实现逻辑函数时,需将函数简化后的最简与或式,由与阵列构成乘积项,根据逻辑函数由或阵列实现相应乘积项的或运算。另外,对多输出的逻辑函数可以利用公共的与项以提高阵列的利用率。

由于在结构上需保证"与阵列"、"或阵列"均可编程,PLA 的运行速度受到了一定的限制。另外,函数的化简及优化设计对支撑软件和编程工具要求较高。因此,PLA 并不实用。

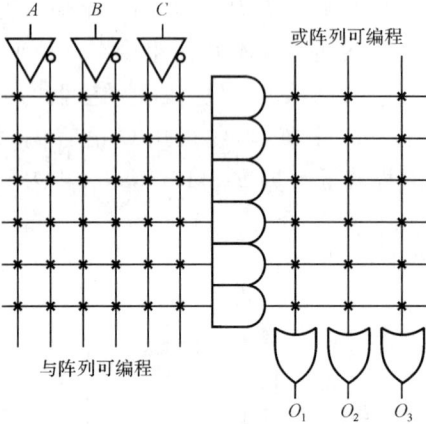

图 6-11　PLA 结构示意图

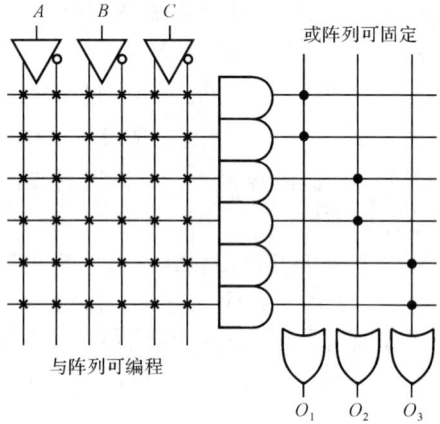

图 6-12　PAL 的基本结构示意图

6.3.2　可编程阵列逻辑(PAL)

PAL 器件由可编程的与阵列、固定的或阵列和输出电路三部分组成,图 6-12 为 PAL 的基本结构示意图。

另外,PAL 器件的输出结构种类很多,常用的有专用输出结构、可编程 I/O 结构、寄存器输出结构、异或输出结构、运算选通反馈结构等几种类型,众多的输出结构给逻辑设计带来很大的灵活性。例如,如图 6-13 所示的 PAL 寄存器输出结构,使 PAL 器件可实现时序逻辑。

PAL 的主要缺点是由于它采用双极型熔丝工艺,只能一次性编程,因而使用者仍要承担一定的风险。

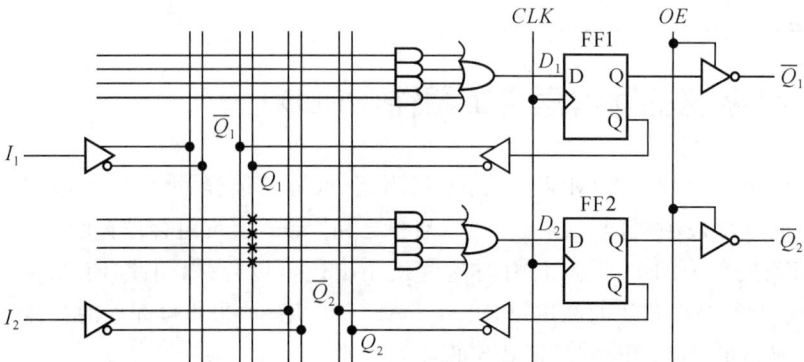

图 6-13　PAL 寄存器输出结构

6.3.3　通用阵列逻辑（GAL）

通用阵列逻辑 GAL 是 Lattice 公司于 1985 年首先推出的新型可编程逻辑器件。GAL 是 PAL 的第二代产品,在 PAL 的基础上,主要作了两点改进:①采用了 E²PROM 工艺,实现了电可擦除、电可改写。②输出结构采用了可编程的逻辑宏单元(Output Logic Macro Cell,OLMC)。

下面以 Lattice 公司的 GAL16V8 为例说明 GAL 的工作原理,图 6-14 为 GAL16V8 的结构图。GAL16V8 有一个 64×32 位可编程与逻辑阵列,10 个输入缓冲器,8 个输出 OLMC。

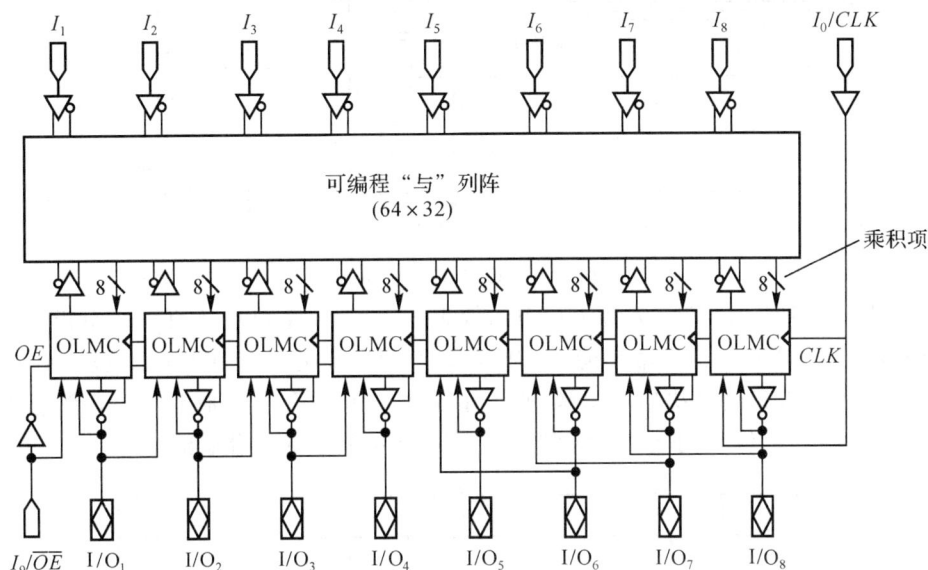

图 6-14　GAL16V8 的结构图

1. 可编程与逻辑阵列

可编程与逻辑阵列共有 16 个输入信号:8 个专用输入信号 $I_1 \sim I_8$ 和 8 个 OLMC 的反馈信号。从图 6-14 可看出,OLMC 反馈给逻辑阵列可来自三个信号:I/O 引脚来的输入信号、本 OLMC 的输出和相邻 OLMC 的输出。引脚 I_0/CLK,$I_9/\overline{OE}$ 为 OLMC 提供全局的时钟信号和输出使能信号。另外,这两个引脚也可作普通的输入信号。

逻辑阵列产生 64 个乘积项,每个乘积项的因子可选自逻辑阵列的 16 个输入信号及反变量。

2. OLMC

OLMC 的逻辑图如图 6-15 所示。其中,8 个来自与阵列的乘积项接入或门的输入端,在或门的输出端产生"与—或"逻辑函数;异或门用于控制输出函数的极性;使用全局时钟 CLK 的 D 触发器使 GAL 有了同步时序逻辑功能。

从图 6-15 可看出,对 OLMC 的编程配置主要通过 4 个数据选择器(MUX)进行。其中,TSMUX 用于选择输出三态缓冲器的使能信号;PIMUX 用于决定第一乘积项作用;FMUX 决定反馈信号的来源;OMUX 用于选择输出信号是组合逻辑或寄存器逻辑。

图中的 AC_0,$AC_1(n)$ 和 $XOR(n)$ 都是结构控制字中的一位数据,GAL16V8 结构控制字

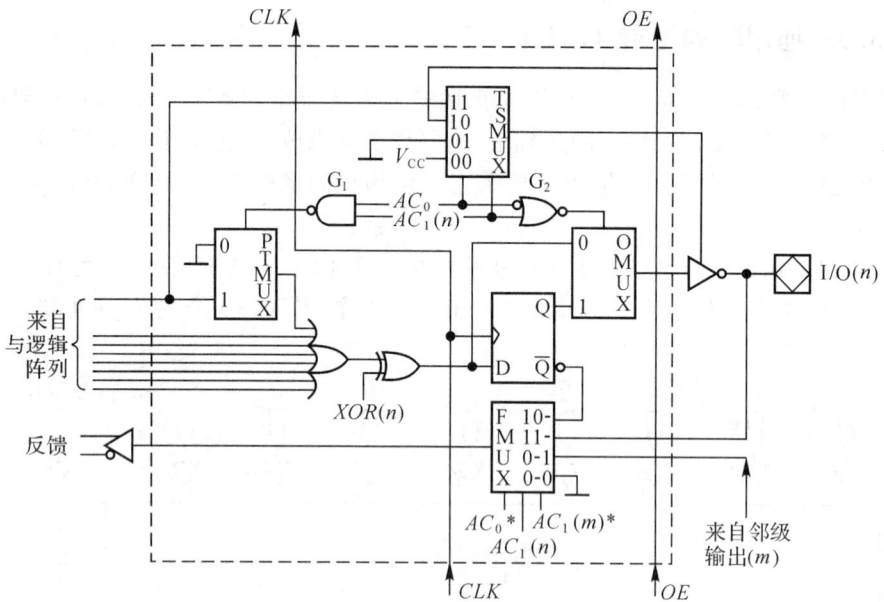

图 6-15　OLMC 的逻辑图

的组成如图 6-16 所示,其中 n 为 OLMC 的编号。另外,控制字还有一个同步位 SYN。$SYN=0$ 时,GAL 器件有寄存输出能力;$SYN=1$ 时,GAL 为一个纯粹组合逻辑器件。通过对结构控制字的编程便可决定 OLMC 的工作模式。OLMC 共 5 种基本工作模式:专用输入、专用组合输出、I/O 双向端口、寄存器输出和时序电路中的组合输出。

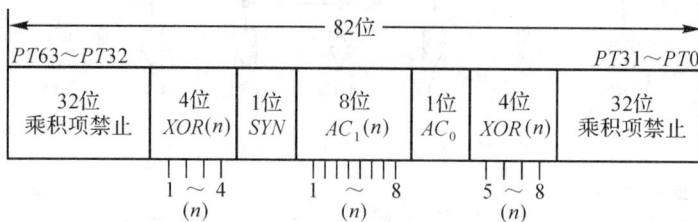

图 6-16　GAL16V8 结构控制字的组成

（1）专用输入

如图 6-17 所示,此时 $SYN=1$,$AC_1(n)=1$,$AC_0=0$,使 TSMUX 输出为 0,三态输出缓冲器的输出呈现高电阻,本单元输出功能被禁止,I/O 可以作为输入端,提供给相邻的逻辑宏单元。本级 OLMC 可为另一相邻宏单元提供反馈通道。

（2）专用组合输出

此时 $SYN=1$,$AC_1(n)=0$,$AC_0=0$,TSMUX 输出为 V_{cc} 使输出缓冲器处于导通状态;OMUX 将 D 触发器旁路;PTMUX 决定第一条乘积项作为或门的输入;由于相邻 OLMC 的 $AC_1(m)$ 取 0,所以 FMUX 输出低电平,即没有反馈信号。图 6-18 为该工作模式的简化电路。

（3）I/O 双向端口

此时 $SYN=1$,$AC_1(n)=1$,$AC_0=1$,PTMUX,TSMUX 决定第一条乘积项为输出缓冲器使能信号;OMUX 将 D 触发器旁路;FMUX 选择 I/O 信号反馈为与阵列,简化的电路如

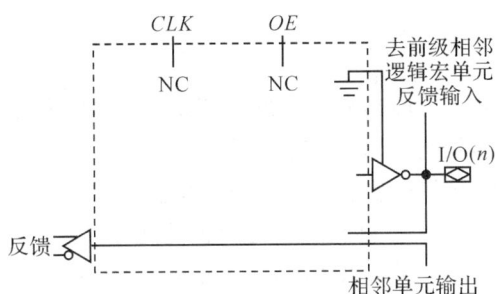

图 6-17　专用输入

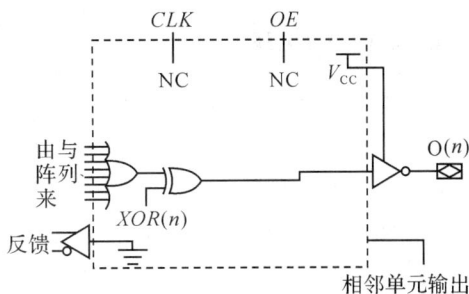

图 6-18　专用组合输出

图 6-19 所示。

若第一条乘积项的值为 0 时,输出缓冲器呈高阻,I/O 为输入端口;而当第一条乘积项的值为 1 时,输出缓冲器导通,I/O 为输出端口。

(4)寄存器输出

$SYN=0$,$AC_1(n)=0$,$AC_0=1$,此时 OMUX 选中触发器的输出同相 Q 端作为输出信号,简化的电路如图 6-20 所示,电路工作在寄存器输出模式,全局时钟 CLK 和全局输出使能信号 $\overline{OE}$ 均接入电路。

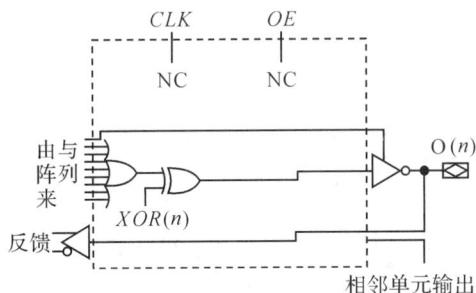

图 6-19　反馈组合输出

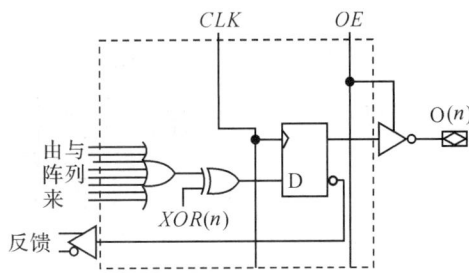

图 6-20　寄存器输出

(5)时序电路中的组合输出

此时 $SYN=0$,$AC_1(n)=1$,$AC_0=1$,与“I/O 双向端口”工作模式相似,本 OLMC 工作在组合电路输出状态。但这种模式下,至少有另一个 OLMC 工作在寄存器输出状态。

从以上分析不难看出,由于 GAL 输出结构采用了可编程的逻辑宏单元,因而它的设计具有很强的灵活性。因此,至今仍有许多人使用。

6.4　高密度的可编程逻辑器件(HDPLD)

早期的 SPLD 器件的一个共同特点是可以实现速度特性较好的逻辑功能,但其过于简单的结构也使它们只能实现规模较小的电路。为了弥补这一缺陷,20 世纪 80 年代中期,Altera 和 Xilinx 分别推出了两类高密度的可编程逻辑器件(HDPLD):复杂的可编程逻辑器件(CPLD)和现场可编程门阵列器件(FPGA)。它们都具有体系结构和逻辑单元灵活、集成度高以及适用范围宽等特点。

在这里需说明一下,各公司对 HDPLD 分类方法不尽相同。另外 CPLD 与 FPGA 的内部结构虽不同,但其用法基本相同,所以在某些情况下,可以不加区分。

6.4.1　CPLD

CPLD 是在 PAL,GAL 等逻辑器件的基础之上发展起来的阵列型 PLD。不同厂家的产品的内部结构稍有不同,但总体来说,CPLD 的结构与 PAL,GAL 相似,主要由三大部分组成:①一个二维的逻辑块阵列,构成了 PLD 器件的逻辑组成核心;②输入/输出控制块;③连接逻辑块的互连资源,由各种长度的连线线段组成,其中也有一些可编程的连接开关,它们用于逻辑块之间、逻辑块与输入/输出块之间的连接。这里以 Altera 公司的 MAX7000 系列器件为例介绍 CPLD 的结构与工作原理。MAX7000 系列器件采用 $0.8\mu m$CMOS E^2PROM技术制造,集成度为 $600\sim5000$ 门,引脚到引脚的延时为 $5\sim15\mu s$,最高工作频率达178.6MHz。

图 6-21 为 MAX7000E/S 器件结构框图。MAX7000 系列器件主要由逻辑阵列块(LAB)、可编程连线阵列(PIA)及 I/O 控制块组成。另外,每个芯片包含四个专用输入引脚:全局时钟($GCLK1$)、全局时钟/三态控制($GCLK2/OE2$)、全局三态控制($OE1$)和全局清零($GCLRn$)。另外,这四个引脚还可当作通用输入引脚。

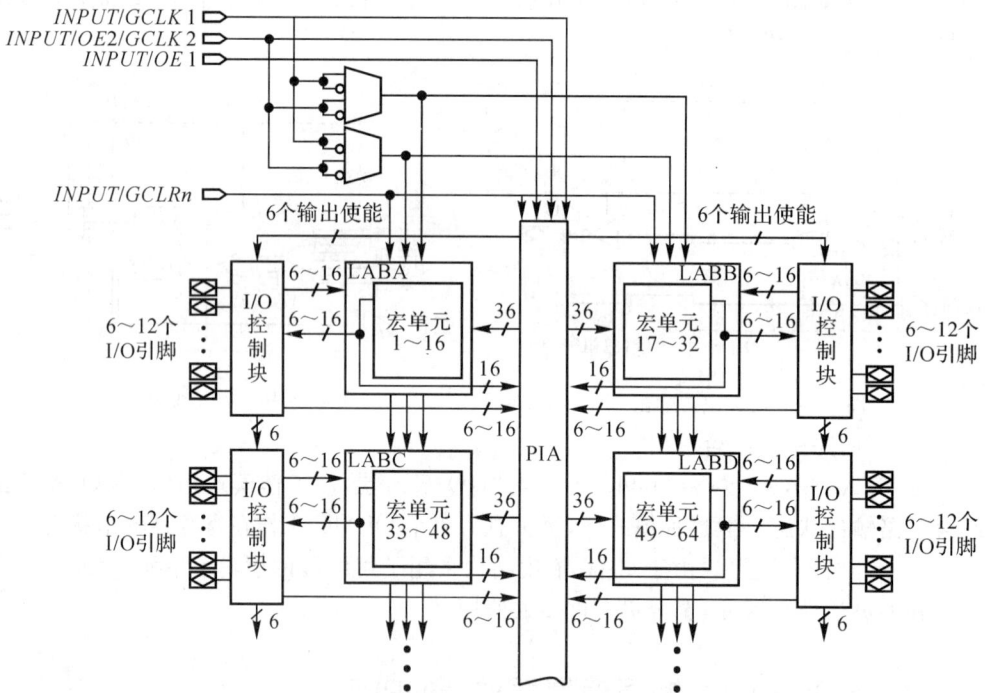

图 6-21　MAX7000 的结构框图

1. 逻辑阵列块(LAB)和宏单元(MC)

MAX7000 系列中各种型号可分别有 $2\sim16$ 个 LAB,每个 LAB 由 16 个宏单元组成。多个 LAB 之间通过 PIA 和全局总线连接在一起,全局总线由四个专用输入、所有的 I/O 引脚和宏单元反馈给信号。LAB 的输入信号有:①36 个来自 PIA 通用逻辑的输入信号;②从 I/O引脚到寄存器直接输入通道,用于实现 MAX7000 器件的快速输入;③4 个专用输入,用于寄存器辅助功能的全局控制信号。

图 6-22 为宏单元的结构图,宏单元是实现逻辑的主要资源,由逻辑阵列、乘积项选择矩阵和可编程触发器三个功能组成。

(1)逻辑阵列和乘积项选择矩阵

逻辑阵列用来实现"与"运算,图 6-22 中每个与门实现一个乘积项,每个乘积项的变量可选自从 PIA 来的 36 个输入信号以及从本 LAB 提供的 16 个共享扩展项。逻辑阵列本身可实现 5 个乘积项,但每个宏单元还可使用邻近宏单元提供的扩展项。

乘积项选择矩阵的作用是选取乘积项送入或门及异或门以实现组合逻辑函数(MAX7000 采用"与—或—异或"结构);或者可将乘积项作为宏单元触发器的辅助输入:清零、置位、时钟和时钟使能控制。

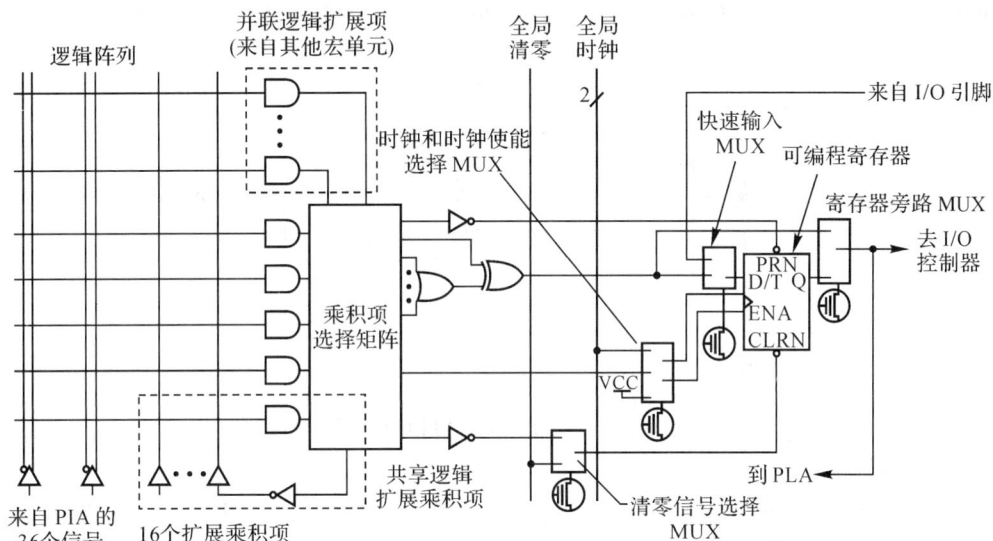

图 6-22　宏单元的结构框图

(2)共享乘积项和并联扩展项

从图 6-22 可看出,宏单元中可有一个未使用乘积项经反相回送到逻辑阵列,这个乘积项称为共享乘积项。这样一个 LAB 中可有 16 个共享乘积项,它们可被本 LAB 中的任何 MC 使用。使用共享乘积项后,虽可增加乘积项的个数以实现复杂逻辑函数,但也会增加传输延时。

并联扩展项是一些宏单元中没有使用的乘积项,并且这些乘积项可分配到邻近的宏单元以实现快速复杂的逻辑函数。使用了并联扩展项后,可允许多达 20 个乘积项直接馈送到宏单元的"或阵列"逻辑。其中 5 个乘积项是由本宏单元提供的,15 个并联扩展项由 LAB 中邻近宏单元提供。

(3)可编程寄存器

宏单元中的可编程寄存器包括一个可以配置为 D,T,JK 或 RS 功能的触发器;四个数据选择器(MUX)编程寄存器的时钟,清零或输入,可以使用专用的全局清零和全局时钟,也可以使用内部逻辑(乘积项阵列)产生的时钟和清零。如果不需要触发器,也可以将此触发器旁路,信号直接输给 PIA 或输出到 I/O 脚,以实现组合逻辑电路。

工作在时序逻辑时,可编程寄存器的时钟工作方式有三种:①全局时钟信号($GCLK1$,$GCLK2$),这种方式工作速度最快。②带有时钟使能控制的全局信号。时钟使能信号(EN)来自乘积项。③非全局时钟信号,时钟信号为某一乘积项。

触发器也支持异步清零和异步置位功能。其中异步清零信号可选自全局清零信号($GCLRn$)或乘积项。而异步置位信号只能选由乘积项选择矩阵分配。

触发器的输入信号可来自"与—或—异或"组合逻辑,也可直接来自 I/O 引脚。当来自 I/O 引脚时,可使器件的输入建立时间很短(3ns),在这种情况下其可用作捕获快速输入信号。

2. 可编程连线阵列(PIA)

可编程连线阵列(PIA)是将各 LAB 相互连接构成所需逻辑的布线通道,所有 MAX7000 的专用输入、I/O 引脚和宏单元输出均馈送到 PIA,PIA 可把信号送到器件各个目的地。图 6-23 表示了 PIA 的信号是如何布线到 LAB 的。图 6-23 所示的电路实际是一个数据选择器,E^2PROM 编程单元控制 2 输入"与门"的一个输入端,以选择驱动 LAB 的 PIA 信号。

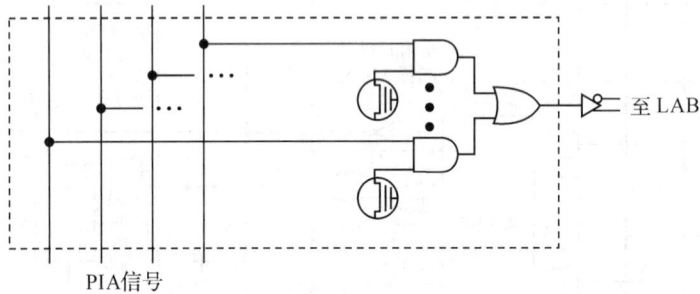

图 6-23 MAX7000S 系列的 PIA 结构

3. I/O 控制块

图 6-24 所示为 MAX7000S 系列器件的 I/O 控制块的结构图。I/O 控制块是用多路选

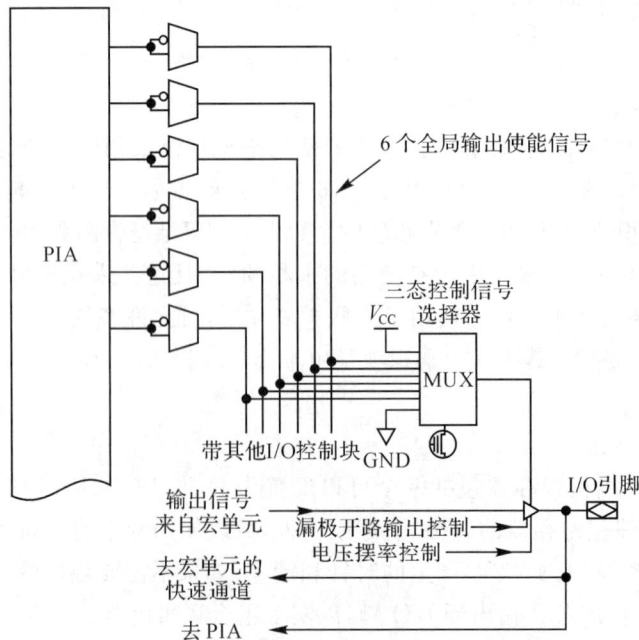

图 6-24 MAX7000S 的系列的 I/O 结构

择器 MUX 和输出缓冲门组成,多路选择器为输出缓冲门选取三态控制信号。I/O 控制块允许每个 I/O 引脚单独配置为输入、输出和双向工作方式:①输入,选择"GND"作为三态控制信号,此时缓冲门输出呈高阻;②输出端口,选择"V_{cc}"作为三态控制信号,此时缓冲门导通;③双向端口,选取 6 个全局使能信号中的一个作为三态控制信号,由"全局使能信号"控制缓冲门"高阻"或"导通"状态,进而决定 I/O 端口信号流向。

4. MAX7000 系列器件的其他功能和特性

(1)输出配置

MAX7000 系列器件的输出可以根据各种需要进行配置。

1)多电压 I/O 接口

MAX7000 系列(44 引脚的器件除外)具有多电压接口的特点,也就是说,MAX7000 可以与不同电源电压的系统接口。MAX7000 器件设有 VCCIN(内核)和 VCCIO(I/O 引脚)两组电源引脚。例如在所有封闭的 5V 器件中,这类器件内核电源由 5V 供电,但可将 I/O 设置在 3.3V 或 5V 电源下工作。

2)漏极开路设定(仅适用于 7000S 系列)

从图 6-24 可看出,输出缓冲门可被设置为漏极开路形式(仅 7000S 系列),以增加输出驱动能力。

3)电压摆动速率设定

输出门的输出电压摆动速率可设置为低噪声或高速度工作方式,较快电压摆动速率能为系统提供很快的转换速率,但会引入更大的噪声;低电压摆率可减少输出噪声,但输出信号会增加一个延时量(4~5ns)。

(2)设计加密

所有 MAX7000 器件内部都包含一个编程的加密位。对 MAX7000 器件进行编程下载时,如果选中该位,就可以起到数据加密的作用,使别人不能轻易地读出芯片内的设计数据。当 CPLD 被擦除时,保密位则和所有其他的配置数据一起被擦除。

(3)在系统可编程

MAX7000S 和 MAX7000A 系统器件是通过 4 个引脚的 JTAG 接口进行在线编程(ISP)的。ISP 允许快速、有效地在设计开发过程中重复编程。MAX7000S 结构使用内部充电泵产生的编程电压来对 E²PROM 单元进行编程,因此,在线编程中仅需要 5.0V(MAX7000S)或 3.3V(MAX7000A)电源电压。在在线编程过程中,I/O 引脚处于三态,用以隔离板上的冲突。

6.4.2　现场可编程门阵列 FPGA

与 CPLD 相比,FPGA 具有更高的集成度、更强的逻辑功能和更大的灵活性。图 6-25 为 FPGA 的基本结构图。FPGA 主要由可编程逻辑块(CLB)、输入/输出控制块(IOB)和可编程布线资源(PIA)三部分组成。

CLB 组成 FPGA 的核心阵列,与 CPLD 的规模较大且功能较强的粗粒度功能块 LAB 不同,CLB 一般采用细粒度功能块,即逻辑功能规模较小。另外从逻辑块构造来看,CLB 一般采用查找表类型或多路开关类型,很少采用"与—或"结构类型。

由于 CLB 采用细粒度功能块,需大量的 CLB 才能完成复杂的逻辑电路。因此,要求可编程布线资源(PIA)能提供丰富的且高速可靠的连线资源。

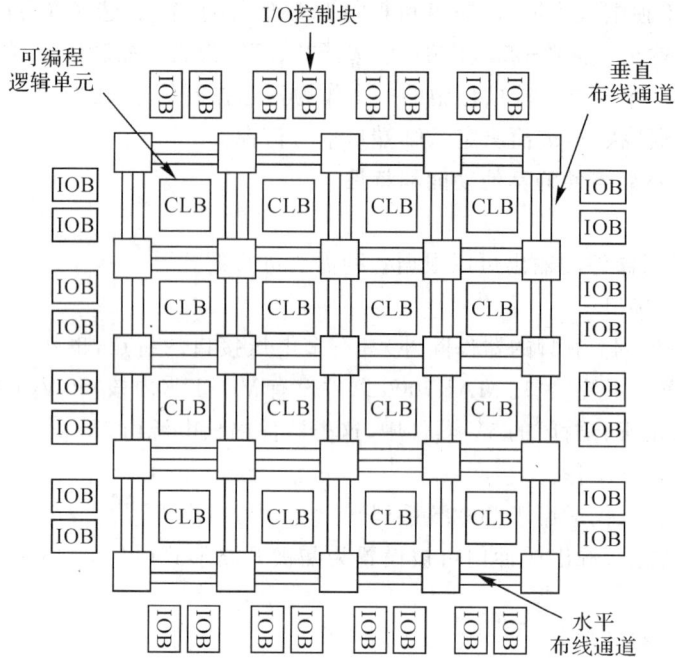

图 6-25　FPGA 的基本结构图

下面以 Altera 公司的 FLEX10K 系列器件来介绍 FPGA 的结构与工作原理。FLEX10K 系列器件采用先进的 CMOS-SRAM 工艺制造,集成度为 1～25 万门。

1. FLEX10K 系列器件的基本结构

图 6-26 为 FLEX10K 结构框图,FLEX10K 主要由嵌入式阵列块(EAB)、逻辑阵列、快

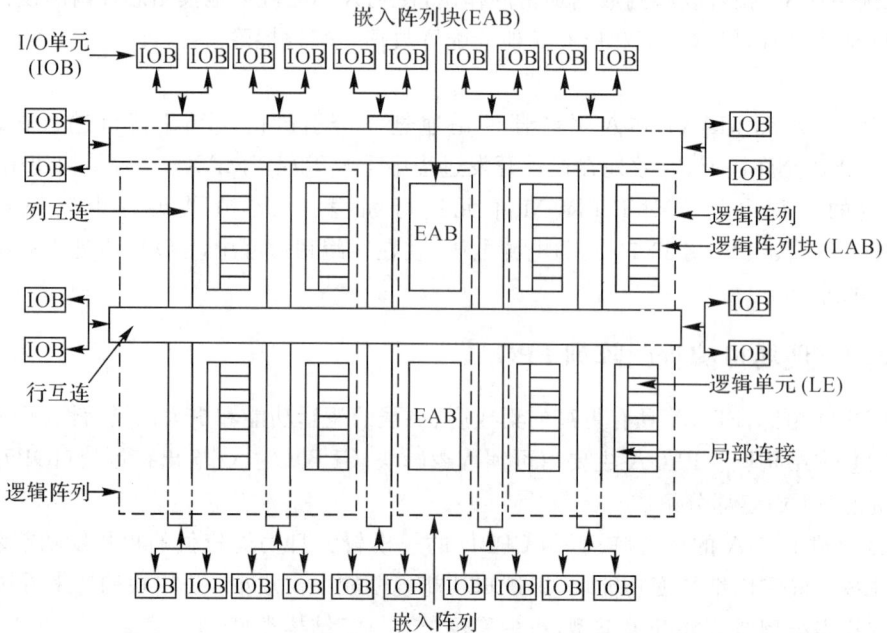

图 6-26　FLEX10K 的基本结构图

速互连通道(Fast track)及输入/输出控制块(IOB)四部分组成。由一组逻辑单元(LE)组成一个 LAB。LAB 按行和列排成一个矩阵,若干个 LAB 构成逻辑阵列,并且在每一行中放置一个嵌入式阵列块(EAB)。在器件内部,信号的互连及信号与器件引脚连接由快速通道提供,在每行(或每列)快速互连通道两端接着若干个输入/输出控制块(IOB)。

2. 嵌入式阵列块(EAB)

FLEX10K 是业界最先将嵌入式阵列块(EAB)结合进 PLD 的,EAB 的内部结构如图6-27 所示,EAB 实际上是一种输入/输出端口均带有寄存器的非常灵活的 RAM。

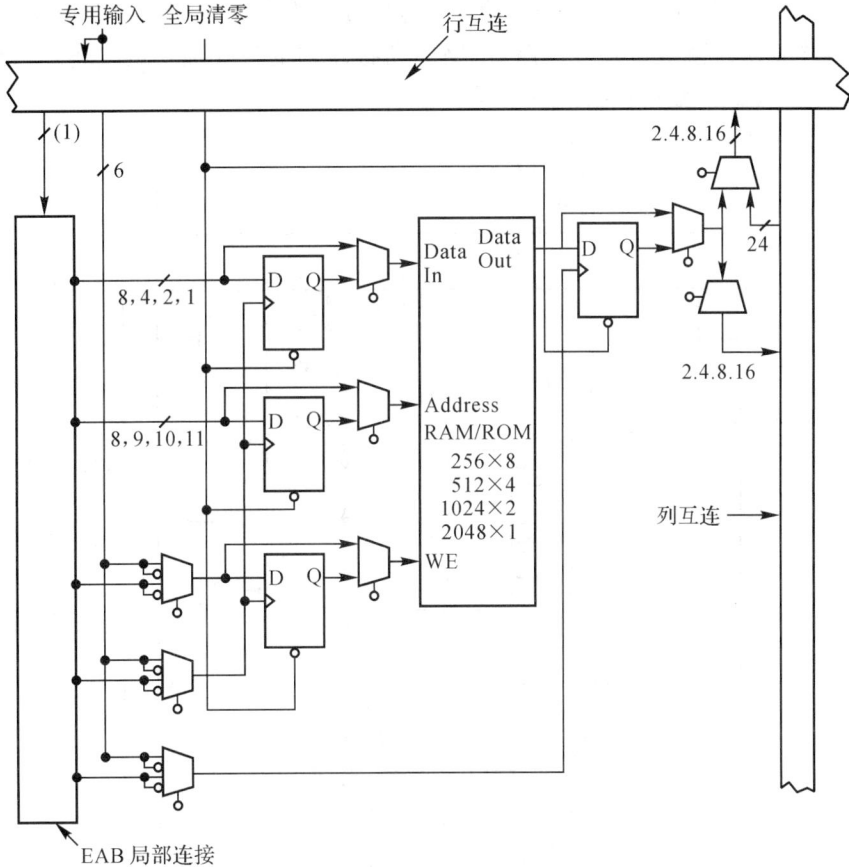

图 6-27　嵌入式阵列块(EAB)结构框图

每个 EAB 由行互连馈入信号,其输出可传输到行互连和列互连。每位 EAB 输出可驱动两个行通道的任意一个和两个列通道的任意一个。未利用的行通道可被另一个列通道驱动,该特性为 EAB 输出项加了可用的连线资源。

利用 EAB 可直接构成 RAM,ROM 和 FIFO。每个 EAB 单独使用时,可将一个 EAB 配置为 256×8 位、512×4 位、1024×2 位或 2048×1 位的工作模式。多个 EAB 可组合成规模更大的 RAM 或 ROM 使用。由于 RAM 的输入、输出端均带有寄存器,且输入/输出寄存器可分别使用各自时钟,因此 EAB 很容易实现 FIFO。

EAB 可以看成一个大的查找表系统(LUT),此时每个 EAB 相当于 $100 \sim 300$ 个等效门,可以方便地构成乘法器、加法器、纠错电路和状态机电路等模块。并由这些功能模块进一步构成如数字滤波器、微控制器等系统。

一般来说,在 FLEX 中,利用 EAB 实现高扇入复杂函数,避免了多个 LE 连接带来的延时。

3. 逻辑阵列块(LAB)

FLEX10K 逻辑阵列块(LAB)由 8 个 LE、进位链和级联链、LAB 控制信号和 LAB 局部互连资源组成,如图 6-28 所示。LAB 构成 FLEX10K 的主体部分。

每个 LAB 提供四个可供 LE 的控制信号,其中两个可作为时钟信号,另外两个为作清除、置位控制逻辑。这四个控制信号可由专用与全局输入引脚、普通 I/O 引脚或来自 LAB 局部互连的内部信号组成。专用与全局输入信号通过器件时延小,适合作同步控制信号。

另外,8 个 LE 的输出信号分两路,一路驱动行或列的快速通道的互连,一路反馈给 LAB 局部互连,这是实现时序电路所必需的。

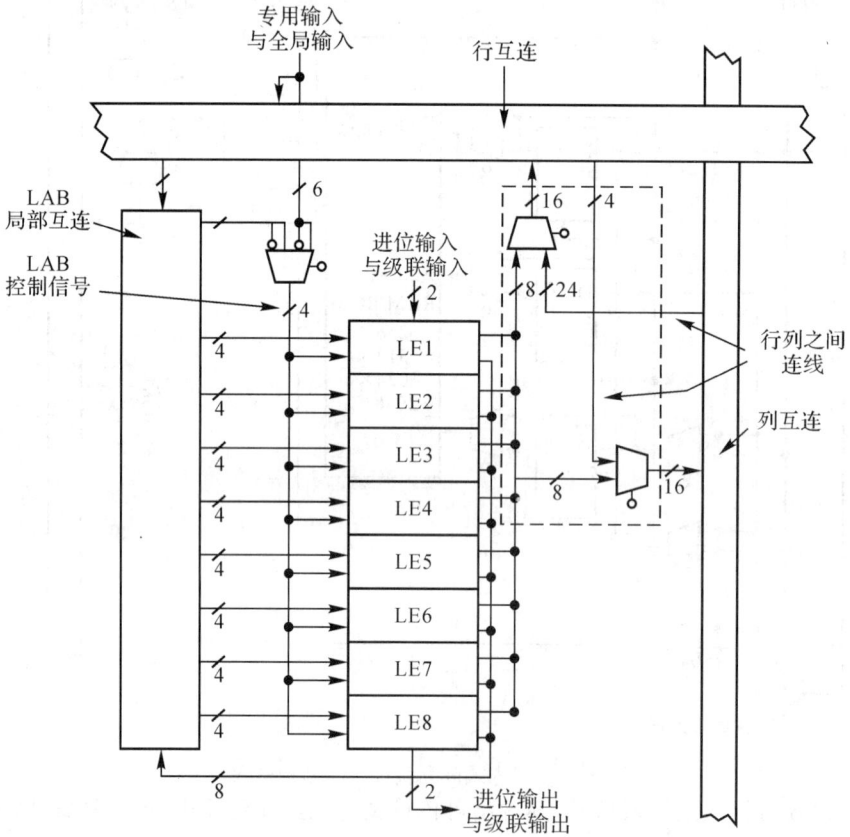

图 6-28　FLEX 10K 的逻辑阵列块(LAB)

4. 逻辑单元(LE)

逻辑单元(LE)是 FLEX10K 结构中的最小单元,它很紧凑,能有效地实现逻辑功能。图 6-29 是 LE 的结构方块图。每个 LE 含有一个 4 输入的查找表(LUT)、一个带有时钟使能的可编程触发器、一个进位链和一个级联链。每个 LE 都能驱动局域互连和快速通道互连。

LUT 是一种函数发生器,它能快速计算 4 个变量的任意函数。LE 中的可编程触发器可设置成 D,T,JK 或 SR 触发器。该触发器的时钟(Clock)、清除(Clear)和置位(Preset)等控制信号可由专用的输入引脚、通用 I/O 引脚或任何内部逻辑驱动。对于纯组合逻辑,可将该

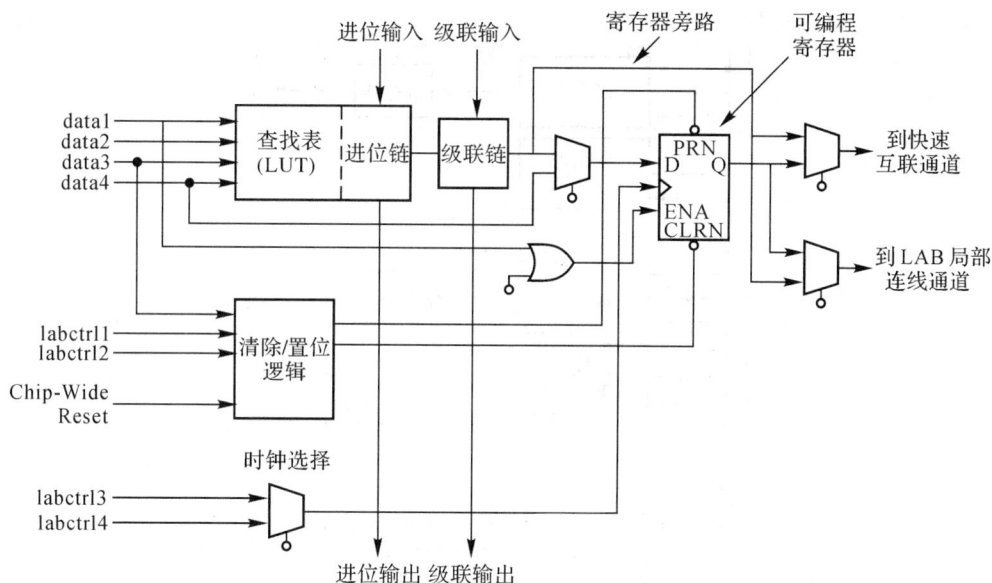

图 6-29　LE 的结构方块图

触发器旁路,LUT 的输出可直接接到 LE 的输出。

　　LE 有两个驱动互连输出,一个输出驱动局部互连(一般作反馈信号),另一个输出驱动行或列的快速通道的互连,这两个输出可以单独控制,例如,LUT 驱动一个输出,而寄存器驱动另一个输出。LE 的这一特点称为寄存器打包,它能够提高 LE 的利用率,寄存器和LUT 能够用来完成不相关的功能。

　　FLEX10K 结构还提供两条专用高速数据通道,即进位链和级联链,它们连接着相邻的LE,但不占用局部互连通路。进位链支持高速计数器和加法器,级联链可以在最小延时的情况下实现高扇入复杂函数。

　　进位链提供 LE 之间非常快(0.2ns 左右)的向前进位功能。来自低位的进位信号经进位链向前送到高位。图 6-30 表示如何借助进位链用 $n+1$ 个 LE 来实现 n 位全加器。此时 LUT分为两个 3 输入的 LUT,其中两个 3 输入 LUT 可产生两个输入信号及低位进位信号的"和",并将"和"送到 LE 的输出端,对于简单的加法器,一般将寄存器旁路,但要实现累加器功能就要用到寄存器。另一个 3 输入 LUT 产生进位输出信号,快速地送到高位的进位输入端。

　　利用级联链,FLEX10K 结构可以实现扇入很多的逻辑函数。相邻的 LUT 用来并行地计算函数的各个部分,级联链可以使用逻辑"与"或者逻辑"或"把中间结果串接起来,如图6-31 所示。

　　FLEX10K 的逻辑单元有四种工作模式,每种模式对 LE 资源的使用情况各不相同。在每种模式里,输入到 LE 的 10 个可用信号中有 7 个送到不同的位置,以实现所需求的逻辑功能。这 7 个输入信号是:来自 LAB 局部互连的 4 个数据输入、来自可编程寄存器的反馈信号以及来自前 LE 的进位输入和级连输入,加到 LE 的其余 3 个输入为寄存器提供时钟、清除和置位信号。MAX+PLUSⅡ软件能自动为每种应用选择适当的模式。

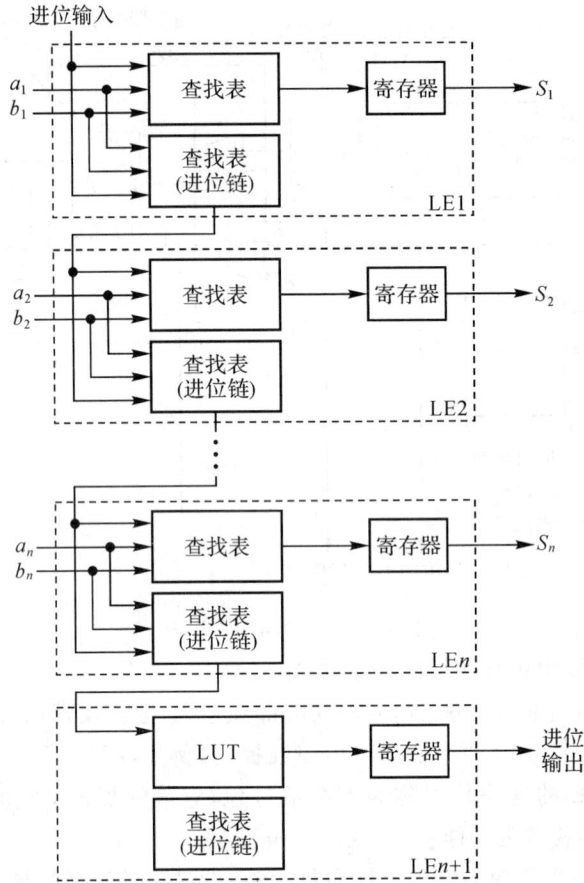

图 6-30　借助进位链实现 n 位全加器

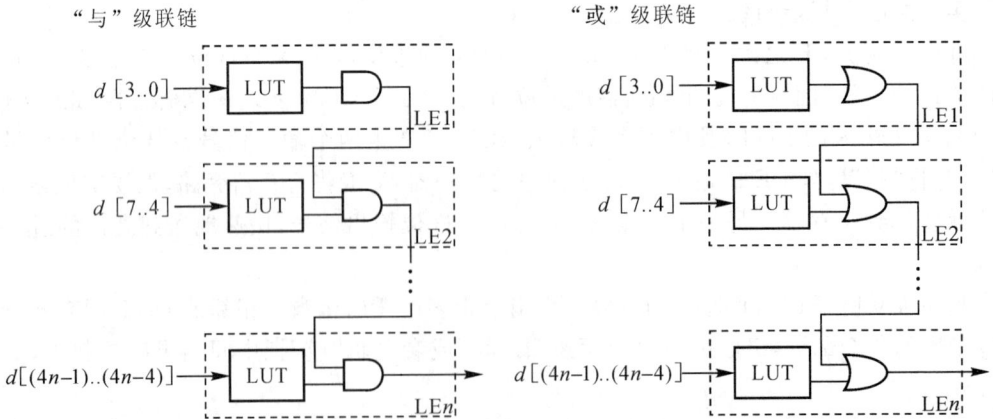

图 6-31　借助级联链实现多输入复杂函数

(1)普通模式

普通模式(Normal)适合于通常的逻辑应用和各种译码功能,它可以发挥级联链的优势。LE 的普通模式如图 6-32 所示。

在这种模式下,来自局部互连的 4 个数据输入和进位输入是 4 输入的输入信号。

MAX+PLUSⅡ编译器自动地从进位输入和数据 3 中选择一个作为 LUT 的一个输入信号,而这一选择实际上由可配置的 SRAM 位控制。LUT 的输出可与级联输入信号组合产生级联输出信号。LE 的输出信号,可以是 LUT 输出与级联链的组合,也可以是可编程寄存器的 Q 端输出。

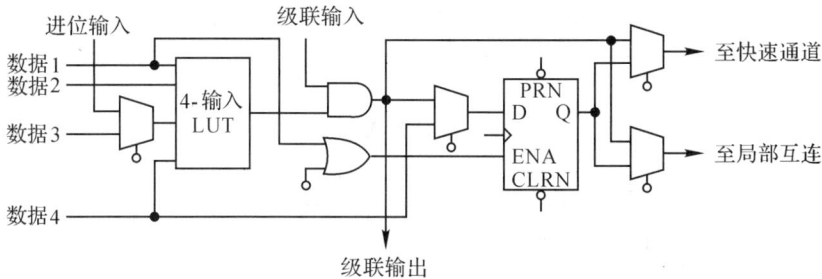

图 6-32　LE 的普通模式

(2)运算模式

运算模式(Arithmetic)提供两个 3 输入的 LUT,它们适合于实现加法器、累加器和比较器。LE 的运算模式如图 6-33 所示。一个 LUT 提供了输出函数,另一个生成进位。第一个 LUT 利用进位输入信号和两个来自 LAB 局部互连的数据输入产生一组合的(或经寄存器的)输出。例如,在加法器里这个输出应该是 A,B 和进位输入三者之和。第二个 LUT 使用同样的 3 个信号产生进位输出信号,从而建立一个进位链。运算模式也支持级联链。

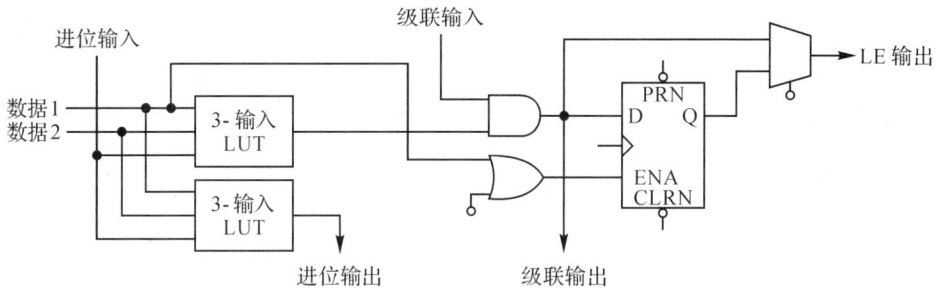

图 6-33　LE 的运算模式

(3)加/减计数模式

如图 6-34 所示,加/减计数模式(Up/Dowm Counter)提供计数器使能(ena)、同步的加/减控制(u/d)和数据加载选择(data,nload)。这些控制信号来自 LAB 局部互连的数据输入、进位输入和来自可编程寄存器的输出反馈信号。两个 3 输入 LUT 的作用是:一个产生计数数据,另一个产生快速进位位。一个 2 选 1 多路选择器可提供同步的加载数据。也可以不用 LUT 资源,借助寄存器的清除和置位控制信号来异步地加载数据。

(4)可清除的计数模式

可清除的计数器模式(Clearable Counter)类似于加/减计数器方式,但它支持同步清除(nclr)控制,如图 6-35 所示。清除信号(nclr)取代了加/减计数模式中的加/减控制输入信号(u/d)。两个 3 输入 LUT 的作用是:一个产生计数数据,另一个产生快速进位位。2 选 1 多路选择器提供同步的加载数据,选择器的输出与同步的清除信号进行逻辑与。

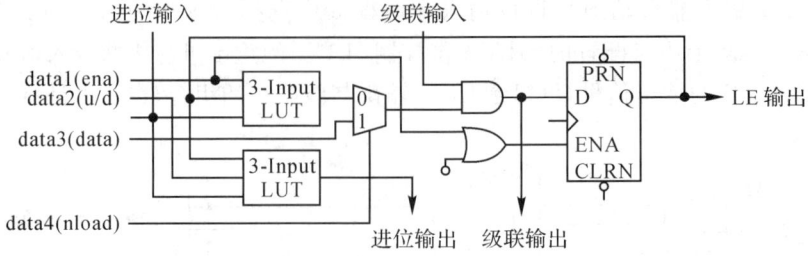

图 6-34　LE 的加/减计数模式

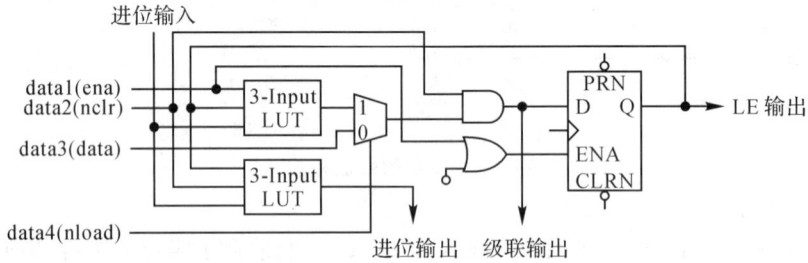

图 6-35　LE 的可清除的计数模式

5. 快速互连通道（Fast Track）

在 FLEX10K 中，LE 与 LE 之间、LE 与器件 I/O 引脚之间互连是通过快速通道（Fast Track）连接实现的，Fast Track 是遍布整个 FLEX10K 器件的一系列水平和垂直的连续式布线通道。FLEX10K 的各种类型中，每行通道数为 144～456，共 3～20 行不等；每列通道数为 24～40，共 24～76 列不等。图 6-36 表示 LE 是如何驱动行、列通道。

每个 LE 能驱动两个行通道。未利用的行通道可被 3 个列通道的任何一个驱动，由 4 选 1 的 MUX 选择驱动信号。

每个 LAB 中，有一个专用的列通道承载这一个 LAB 的输出（8 个 LE 中的一个），专用的列通道可驱动 I/O 引脚或馈送到行通道并送至其他行的 LAB。另外，还有一个列通道可由 LAB 的输出或行通道驱动。

行、列通道均可由 I/O 引脚驱动，列通道的信号需经过行通道才送至 LAB 或 EAB。

为了提高布线效率，行通道可分为全长通道或半长通道，半长通道仅能连接 LAB 行的一半，距离较近的 LAB 可通过半长通道连接。

6. I/O 控制块（IOB）

IOB 包括一个双向的 I/O 缓冲器和一个寄存器，如图 6-37 所示。寄存器可建立时间较小的输入寄存器，用来捕获快速输入信号；也可作数据输出寄存器以提供快速"同步"输出。I/O 缓冲器允许每个 I/O 引脚单独配置为输入、输出和双向工作方式。另外，输出三态缓冲器可提供漏极开路选择，输出电压摆率也可编程设置为高速或低噪。

7. 现场可编程门阵列 FPGA 的特点

（1）SRAM 结构：可以无限次编程，但它属于易失性元件，掉电后芯片内信息丢失；通电之后，要为 FPGA 重新配置逻辑，FPGA 配置方式有七种，请读者参考相关文献。

（2）内部连线结构：CPLD 的信号汇总于编程内连矩阵，然后分配到各个宏单元，因此信号通路固定，系统速度可以预测。而 FPGA 的内连线是分布在 CLB 周围，而且编程的种类

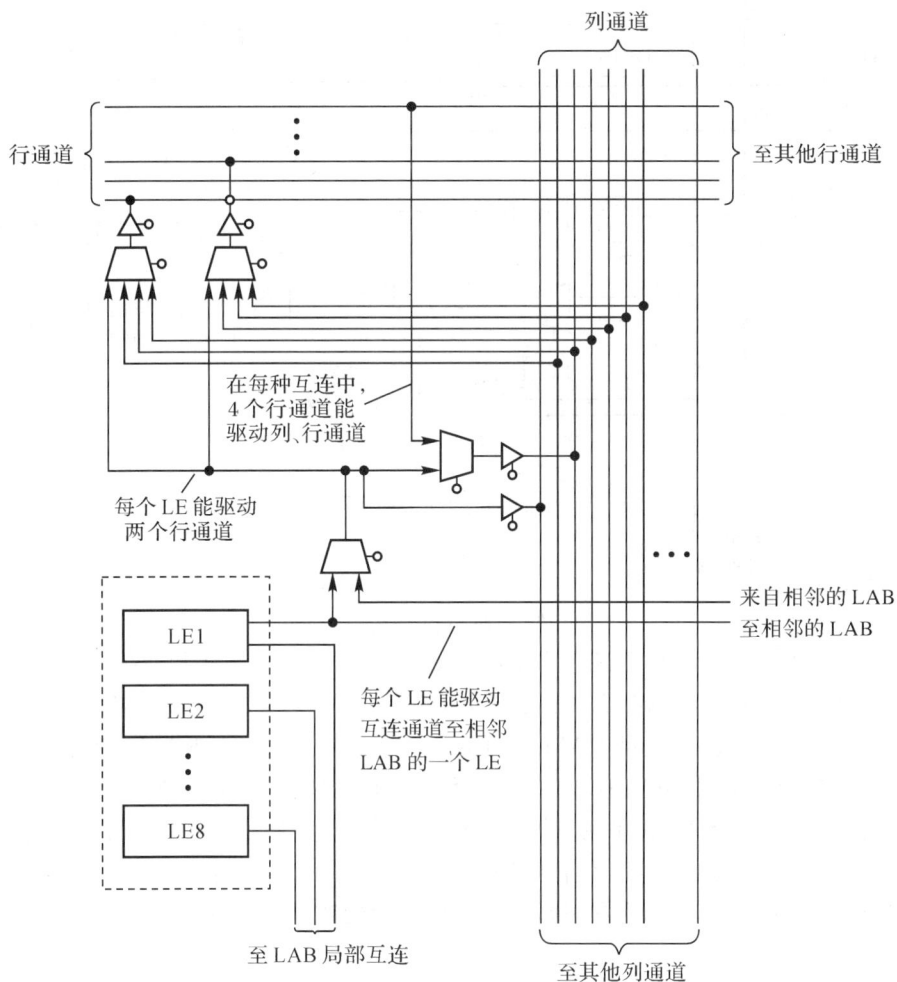

图 6-36　LAB 连接到行、列连线带

和编程点很多,使得布线相当灵活,因此在系统速度方面低于 CPLD 的速度。

(3)芯片逻辑利用率

由于 FPGA 的 CLB 规模小,可分为两个独立的电路,又有丰富的连线,所以系统综合时可进行充分的优化,以达到逻辑最高的利用。

(4)芯片功耗

CPLD 的功耗一般在 $0.5\sim2.5\text{mW}$ 之间,而 FPGA 芯片功耗在 $0.25\sim5\text{mW}$ 之间,静态时几乎没有功耗,所以称 FPGA 为零功耗器件

6.5　随机存取存储器(RAM)

随机存取的存储器 RAM 可以在任意时刻、任意选中的存储单元进行信息的存入(写)或取出(读)的信息操作,当电源断电时,这种存储器存储的信息便消失。图 6-38 所示为二元寻址的 RAM 的基本结构,由存储矩阵、地址译码器、读/写控制电路三个部分组成。

RAM 存储单元可分为双极型晶体管和单极型 MOS 管。双极型工作速率高,但是集成

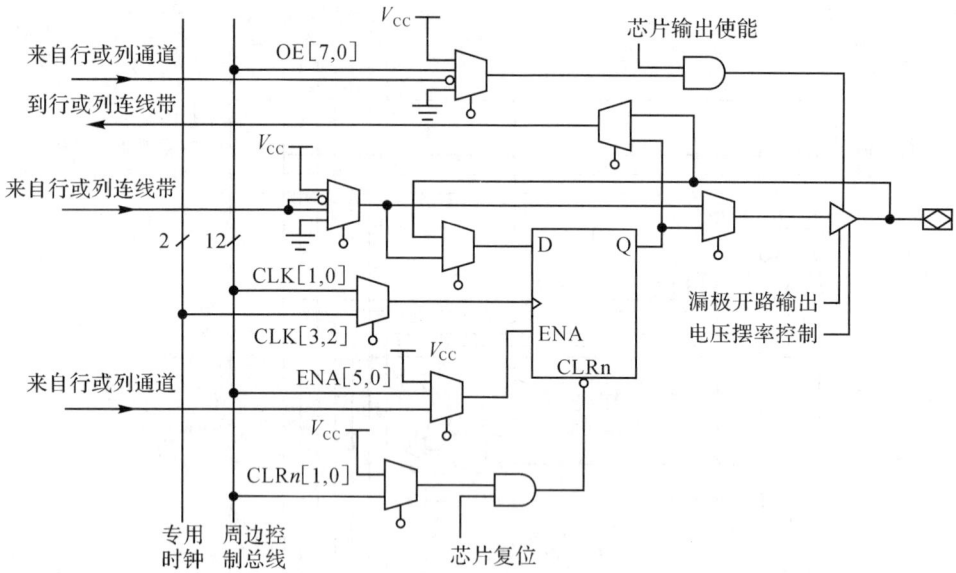

图 6-37　IOB 结构图

度不如单极型的高。目前,由于工艺水平的不断提高,单极型 RAM 的速率已经可以和双极型 RAM 相比,而且单极型 RAM 具有功耗低的优点。下面以单极型 RAM 为例进行分析。

根据存储器的性能,单极型 RAM 又可分为静态 RAM 与动态 RAM。静态 RAM 是用触发器来存储代码,所用 MOS 管较多、集成度低、功耗也较大。但只要维持供电,所存储的信息就不会丢失。动态 RAM 是用栅极分布电容保存信息,它的存储单元所需要的 MOS 管较少,因此集成度高、功耗也小。但在使用动态 RAM 时,由于电容存在漏电,必须周期地对存储的数据进行刷新(恢复原来状态),否则存储器中的数据会消失。

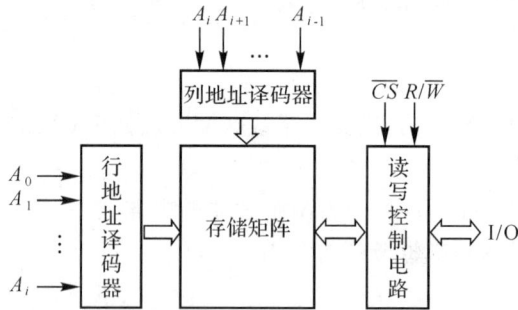

图 6-38　RAM 的基本结构

1. 静态 RAM(SRAM)

图 6-39 所示为 SRAM 的存储单元。T_0,T_1,T_2 及 T_3 构成 RS 触发器。当 T_2 导通、T_3 截止时,则存储信息为"0";反之若 T_2 截止、T_3 导通时,存储信息为"1"。

T_4 及 T_5 是行选管,是一行中公用的;T_6 及 T_7 是列选管,是一列公用的。只有行、列均选中时,才能对存储单元进行读、写操作。

三态门 1~5 构成读写控制电路。

写操作时,即 $\overline{WE}=0$,$\overline{CS}=0$,三态门 2 和 3 导通。其中三态门 2 将输入数据 D_i 通过 T_6

和 T_4 作用于 T_3 栅极,同时三态门 3 将 D_i 的互补值通过 T_7 及 T_5 作用于 T_2 的栅极,从而使触发器按 D_i 翻转,完成写入。

读操作时,即 $\overline{WE}=1,\overline{CS}=0$,三态门 1 导通。RAM 存储的信息通过 T_4 及 T_6 和三态门 1 送到输出端 D_i,完成读出。

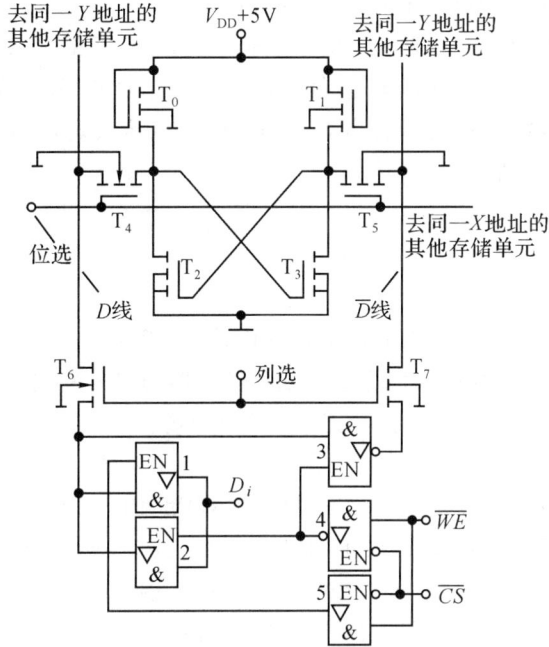

图 6-39　SRAM 的存储单元

2. 动态 RAM(DRAM)

图 6-40 为 DRAM 的存储单元。T_1,T_2 的栅极和漏极交叉耦合,数据以电荷的形式存储在栅极电容 C_1 及 C_2 上,而 C_1 及 C_2 上电压又控制着 T_1,T_2 的导通和截止。

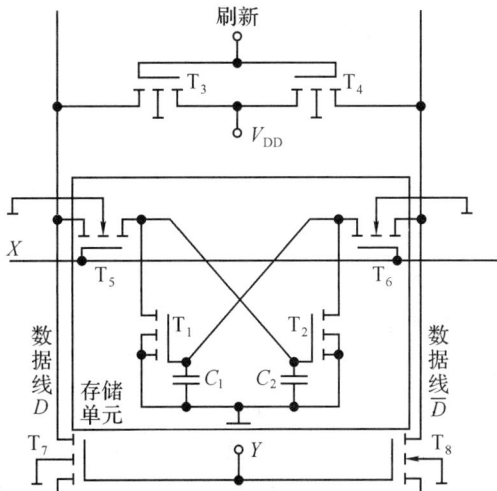

图 6-40　DRAM 的存储单元

在进行读出操作时，X，Y 线同时为高电平时，T_5，T_6，T_7 及 T_8 都导通，存储的数据被读出。

在进行写入操作时，令 X，Y 线同时为高电平时，此单元接至数据线。如要写入"1"，在数据线 D 的高电平便可以给 C_2 充上足够的电荷，此时数据线的低电平使 C_1 放电或不被充电，表示记入了"1"。反之，给 C_1 充上足够的电荷来记入"0"。

栅极电容保留信息只有一段时间，需定期地给它刷新，以免信息丢失，所以在每一行上设有刷新电路。当"刷新"端加高电压时，负载管 T_3，T_4 导通，同时行线加高电压使 T_6，T_5 也导通，构成 RS 触发器，触发器的状态由 C_1 及 C_2 中的电压决定，这样就给 C_1 及 C_2 补充电荷，完成对存储数据的刷新。

本章小结

现代信息处理的快速发展要求集成电路的设计、调测及生产的过程周期尽可能短，因而希望集成电路具有可编程的特点，促进了可编程逻辑器的迅速发展，本章重点在于介绍各种 PLD 在电路结构上和性能上的特点，以及它们的应用场合。

PLD 基本由逻辑单元、互连线单元、输入/输出单元组成，各单元的功能及相互连接都可经用户自行编程设置。早期的低密度 PLD 如 PROM，PLA，PAL 都采用"与—或"阵列结构，用以实现"积之和"的逻辑函数，PAL 器件在"与—或"阵列后加上触发器可实现时序电路。而 GAL 器件基本结构仍采用"与—或"结构，但由于输出电路采用了可编程的 OLMC 结构，能设置成不同输出电路结构，所以具有转换通用性。

高密度 PLD 可分两大类，一类为 EPLD，结构上大多仍沿用"与—或"结构，采用"粗粒度"功能块，即逻辑单元规模大且功能强。一个功能块由若干个"与—或"阵列和一些 OLMC 组成，一个功能块即可构成较大数字系统。而 FPGA 采用"细粒度"功能块，即逻辑单元规模较小，结构上采用多路开关型或查找表型，克服了"与—或"阵列结构的局限性，且丰富的互连资源使 FPGA 能实现复杂数字逻辑系统。

目前，PLD 发展将 CPU、存储器、DSP、逻辑单元及部分模拟电路集成在一块芯片上，以构成系统级 PLD，使用户通过编程可实现更大规模的电子系统。

习 题

6-1 ROM 和 RAM 的主要区别是什么？它们各适用于哪些场合？

6-2 用 ROM 实现 4 位二进制数的平方。

6-3 用 ROM 实现 8 位二进制码至 8 位格雷码的码组变换电路。

6-4 用 ROM 和 D 触发器实现 8421BCD 码同步可逆计数器。

6-5 可编程逻辑器件有哪些种类？它们的共同特点是什么？

6-6 GAL 和 PAL 器件在电路结构形式上有何异、同点？

6-7 MAX7000 系列中共享扩展项与并联扩展项各有什么样的作用？

6-8 MAX7000 系列器件和 FLEX10K 系列器件实现组合逻辑函数的方法各有什么特点？

6-9　FLEX10K 系列器件中每个逻辑单元(LE)有 4 个输入信号端,多于 4 个变量的组合逻辑函数是如何实现的?

6-10　FLEX10K 系列器件的进位链和级联链有什么作用? 它们在 LAB 间是如何连接的?

6-11　设计用查找表的方法在一个 FLEX10K 的 EAB 中实现 4×4 数字乘法器。实现 8×8 的数字乘法器需用几个 EAB? 与用逻辑器件构成乘法器的方法相比,查表法有什么优点?

6-12　FLEX10K 系列器件一个 LAB 最多可实现多少位的同步计数器? 计数器的最高工作频率受哪些因素的制约?

6-13　与 CPLD 类器件相比,FPGA 类可编程器件一般有着哪些特点?

6-14　试说明在下列应用场合下选用哪种类型的 PLD 最为合适。

(1)小批量定型产品中的中规模逻辑电路。

(2)产品研制过程中需要不断修改的中、小规模逻辑电路。

(3)少量的定型产品中需要的规模较大的逻辑电路。

(4)需要经常改变其逻辑功能的规模较大的逻辑电路。

(5)要求能以遥控方式改变其逻辑功能的逻辑电路。

6-15　动态存储器和静态存储器在电路结构和读/写操作上有何不同?

6-16　用 8 片 2114(1024×4 位的 RAM)和 3 线—8 线译码器 74LS138 组成一个 4K×8 位的 RAM。

第 7 章　Verilog HDL 硬件描述语言

7.1　概　述

硬件描述语言(Hardware Description Language,HDL)是硬件设计人员和电子设计自动化(EDA)工具之间的界面。其主要目的是用来编写设计文件,建立电子系统行为级的仿真模型。即利用计算机的巨大能力对用 Verilog HDL 或 VHDL 建模的复杂数字逻辑进行仿真,然后再自动综合以生成符合要求且在电路结构上可以实现的数字逻辑网表(Netlist),根据网表和某种工艺的器件自动生成具体电路,然后生成该工艺条件下这种具体电路的延时模型。仿真验证无误后用于制造 ASIC 芯片或写入 EPLD 和 FPGA 器件中。

自从 Iverson 于 1962 年提出 HDL 以来,许多高等学校、科研单位和大型计算机厂商都相继推出了各自的 HDL,但最终成为 IEEE 技术标准的仅有两个,即 Verilog HDL 和 VHDL。

从语法结构上,Verilog HDL 语言与 C 语言有许多相似之处,其借鉴了 C 语言的多种操作符和语法结构,下面是 Verilog HDL 语言的主要特征。

(1) Verilog HDL 语言既包含一些高层程序设计语言的结构形式,同时也兼顾描述硬件线路连接的具体构件。

(2) 通过使用结构级或行为级描述,可以在不同的抽象层次描述设计 Verilog HDL 语言。采用自顶向下的数字电路设计方法主要包括三个领域五个抽象层次,如表 7-1 所示。

表 7-1　抽象层次描述表

领　域 抽象层次	行为领域	结构领域	物理领域
系统级	性能描述	部件及它们之间的逻辑连接方式	芯片模块电路板和物理划分的子系统
算法级 (芯片级)	I/O 应答算法级	硬件模块数据结构	部件之间的物理连接、电路板底盘等
寄存器传输级	并行操作,寄存器传输,状态表	ALU、多路选择器、寄存器、总线微定序器、微存储器之间的物理连接方式	芯片、宏单元
逻辑级	布尔方程	门电路、触发器、锁存器	标准单元布图
电路级	微分方程	晶体管、电阻、电容等	晶体管布图

（3）Verilog HDL 语言是并发的，即具有在同一时刻执行多任务的能力。一般来讲编程语言是非并行的，但在实际硬件中许多操作都是在同一时刻发生的。所以 Verilog HDL 语言具有并发的特征。

（4）Verilog HDL 语言有时序的概念。一般来讲编程语言是没有时序概念的，但在硬件电路中从输入到输出总是有延迟存在的，为描述这些特征 Verilog HDL 语言需要建立时序的概念。因此，使用 Verilog HDL 语言除了可以描述硬件电路的功能外还可以描述其时序要求。

HDL 追求对硬件的全面描述，而将 HDL 描述在目标器件上实现是由 EDA 工具软件的综合器完成。受限于目标器件，并不是所有 Verilog HDL 语句均可被综合。结合 EDA 实验，我们选用 ALTERA 公司 MAX+PLUS Ⅱ 为工作平台，对 MAX+PLUS Ⅱ 不支持的语句不作详细介绍。另外，限于篇幅，本章主要介绍 Verilog HDL 中的重点内容。

7.2　Verilog HDL 的程序结构

7.2.1　模块的概念和结构

作为一种高级语言，Verilog HDL 语言以模块集合的形式来描述数字系统。模块是 Verilog HDL 语言的基本单元，由两部分组成，一部分描述接口，即与其他模块通信的外部端口；另一部分描述逻辑功能。一般说来一个文件就是一个模块，这些模块是并行运行的，但常用的做法是用包括测试数据和硬件描述的一个高层模块来定义一个封闭的系统，并在这一模块中调用其他模块的实例。

模块结构基本语法如下：

module〈模块名〉(〈端口列表〉)
　　　端口说明(input,output,inout)
　　　参数定义(可选)
　　　数据类型定义
　　　连续赋值语句(assign)
　　　过程块(always 和 initial)
　　　　　—行为描述语句
　　　调用低层模块实例
　　　任务和函数
　　　延时说明块
endmodule

其中：〈模块名〉是模块唯一性的标识符；〈端口列表〉是输入、输出和双向端口的列表，这些端口用来与其他模块进行连接；数据类型定义部分用来指定数据对象为寄存器型、存储器型或连线型；过程块包括 always 过程块和 initial 过程块两种，行为描述语句只能出现在这两种过程块内；延时说明块用来对模块的各个输入和输出端口间的路径延时进行说明。

下面用一个 4 位二进制计数器的 Verilog HDL 描述来说明模块结构。

例 7-1　一个可预置且带进位输出的 4 位二进制计数器。

```
module counter (out，cout，data，load，cin，clk)；    // 模块名、端口列表
    parameter    count_bits=4；          //参数定义，表示计数器的位数
    output[count_bits:1] out；           //端口说明
    output    cout；
    input      load，cin，clk；
    input [count_bits:1]    data；
    reg [count_bits:1]       out；        //数据类型定义
    assign cout=&out&cin；               //连续赋值语句，用来实现进位输出
    always @(posedge clk)                //过程块
        begin
            if    (load)     out= data；  //置数
            else    out = out + cin；      //计数或保持
        end
    endmodule
```

从上面的例子可以看出 Verilog HDL 语言的基本结构：

（1）Verilog HDL 语言是由模块构成的，每个模块的内容包含在"module"和"endmodule"两个语句之间。

（2）模块首先要进行端口定义，并说明输入（input）、输出（output）和双向端口（inout），然后对模块进行逻辑描述。

（3）Verilog HDL 程序书写自由，一行可写多条语句，也可以一条语句分多行书写，每条语句以分号结束，但 endmodule 语句不必加分号。

（4）用"//"可以进行单行注释，用"/ * …… * /"可以进行多行注释。

7.2.2　模块的描述方法

模块代表硬件上的逻辑实体，其范围可以从简单的门到整个大的系统，比如一个计数器、一个存储子系统、一个微处理器等。模块可以根据所采用的不同描述方法而分为结构描述、数据流描述和行为描述三种，也可采用以上几种方式的组合。下面分别介绍模块的这几种描述方式。

1.结构型描述

结构型描述是通过实例进行描述的方法。将 Verilog HDL 预定义的基本元件实例嵌入到语言中，监控实例的输入，一旦其中任何一个发生变化便重新运算并输出。

在 Verilog HDL 中可使用如下结构部件：

（1）用户自定义的模块；

（2）用户自定义元件 UDP；

（3）内置门级元件；

（4）内置开关级元件。

例 7-2 为数据选择器的结构型描述，模块含有一个非门 not 模块实例 G1、两个与门 and 模块实例 G2 及 G3 和一个或门 or 模块实例 G4。not，and 和 or 为 Verilog HDL 预定义的内置门级元件。

例 7-2　结构型描述的例子。

```
module mux2_1 (A，B，select，OUT)；          //端口定义
    input A，B，select；                      //输入、输出列表
    output OUT；
    wire   y1,y2,y3；                        //变量定义
    not G1(y1,select)；                      //结构描述，门的实例
    and G2(y2,A,y1)；
    and G3(y3,B,select)；
    or G4(OUT,y2,y3)；
endmodule
```

对应的硬件电路如图 7-1 所示，out＝$\overline{select}$ · A＋select · B，完成二选一数据选择器的功能。

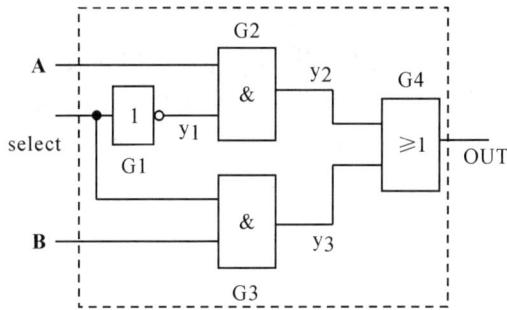

图 7-1　MUX2_1 的模块电路示意图

2. 数据流型描述

数据流型描述是一种描述组合逻辑功能的方法，用 assign 连续赋值语句来实现。连续赋值语句完成如下的组合功能：等式右边的所有变量受持续监控，每当这些变量中有任何一个发生变化，整个表达式被重新赋值并送给等式左端。这种描述方法只能用来实现组合功能。例 7-3 为数据选择器的数据流型描述。

例 7-3　数据流型描述的例子。

```
module mux2x1_df (A，B，select，OUT)；
    input A，B，select；
    output OUT；
    assign OUT = select ? B : A；   //数据流型描述
endmodule
```

3. 行为型描述

行为型描述是一种使用高级语言的方法，它和用软件编程语言描述没有什么不同，它具有很强的通用性和有效性，它是通过描述行为特性来实现，它的关键词是 always，其含义是一旦敏感变量发生变化，就重新一次进行赋值，有无限循环之意。这种描述方法常用来实现时序电路，也可用来描述组合功能。例 7-4 为数据选择器的行为型描述。

例 7-4　行为型描述的例子。

```
module mux2x1_bh(A，B，select，OUT)；
```

```
    input A，B，select；
    output OUT；
    reg OUT；
    always @ (select or A or B)      //行为型描述,select,A,B 为敏感变量
        if (select = = 0) OUT = A；
        else OUT = B；
endmodule
```

4. 混合型描述

在模块中,用户可以混合使用上述三种描述方法。但需特别说明,模块中的门的实例、模块实例语句、assign 语句和 always 语句是并发执行的,即执行顺序跟书写次序无关。

7.3　词　法

Verilog HDL 的源文本文件是由一串词法标识符构成的,一个词法标识符包含一个或若干个字符。源文件中这些标识符的排放格式很自由,也就是说,选择间隔符来分隔词法标识符。Verilog HDL 语言中词法标识符的类型有以下几种:

(1)间隔符与注释符；

(2)数值；

(3)字符串；

(4)标识符和关键词。

7.3.1　间隔符与注释符

Verilog HDL 的间隔符包括空格、制表符、换行以及换页符。这些字符起到分割作用,使文本错落有致,可方便用户阅读和修改。

Verilog HDL 支持两种形式的注释:单行注释和段注释(多行)。单行注释以"//"起始,以新的一行作为结束;而多行注释则是以"/ *"起始,以" * /"结束。

7.3.2　数值

Verilog HDL 有下列四种基本的值:

(1) 0:逻辑 0 或"假"；

(2) 1:逻辑 1 或"真"；

(3) x:不定值；

(4) z:高阻。

Verilog HDL 有两类数值常量:整数和实数。

1. 整数

在 Verilog HDL 中,整数有二进制(b 或 B)、八进制(o 或 O)、十六进制(h 或 H)或十进制(d 或 D)四种进制表示方式,格式为:

〈位宽〉'〈进制〉〈数值〉

其中:位宽为对应二进制数的位数,该项可选。当位宽小于相应数值的实际位数时,相应的高

位部分被忽略,这一点值得注意;当位宽大于数值的实际位数时,相应的高位部分补 0(数值的最高位为 1 或 0)或补 x(数值的最高位为 x)或补 z(数值的最高位为 z)。例如

8′b1100_0101	//位宽为 8 位的二进制数 11000101
8′hb5	//位宽为 8 位的十六进制数 b5
′b01x	//缺省位宽的 3 位二进制数 01x
6′hb5	// 位宽为 6 位的十六进制数 35,因为位宽不够,二进制高 2 位忽略
8′b100101	//位宽为 8 位的二进制数 00100101,位宽太多,高位补 0
	另外,十进制数可缺省位宽和进制说明,例如
98	//代表十进制数 98

注意:

(1) x(或 z)在十六进制值中代表 4 位 x(或 z),在八进制中代表 3 位 x(或 z),在二进制中代表 1 位 x(或 z),但 x(或 z)不能出现在十进制中。

(2) 数值常量中的下划线"_"是为了增加可读性,不影响数值大小,但不能放在数字首位。

2. 实数

Verilog HDL 中实数可以用下列两种形式定义。

(1) 十进制计数法,但小数点两侧都必须至少有 1 位数字。例如

2.0

5.678

0.1

2. // 非法,小数点两侧必须有 1 位数字

(2) 科学计数法,这种形式的实数举例如下

23_5.1e2	其值为 23510.0;忽略下划线
3.6E2	其值为 360.0(e 与 E 相同)
5 E−4	其值为 0.0005

注意,Verilog HDL 语言定义了实数如何隐式地转换为整数。实数通过四舍五入被转换为最相近的整数。

7.3.3 字符串

字符串常量是一行写在双引号之间的字符序列串,若字符串用作 Verilog HDL 表达式或操作数,则字符串被看作 8 位 ASCII 值的序列,即一个字符对应 8 位二进制值。例如,字符串"ab"等价于 16′h5758。

字符串变量是寄存器型变量,它具有与字符串的字符数乘以 8 相等的位宽,为存储字符串"Hello"变量需要 8 * 5,即 40 位的寄存器。

Verilog HDL 支持 C 语言中的转意符,如\n (换行符)、\t (制表符)、\\(字符\)、\"和\% 等。

7.3.4　标识符和关键字

1.标识符

标识符是赋给对象的唯一的名字,用这个标识符来提及相应的对象。标识符可以是字母、数字、符号"和下划线"_"的任意组合序列,但它必须以字母(大小写)或下划线开头,不能是数字或以"＄"符开头。例如,temp_a,_shift 和 CLEAR 等都是合法的,而 2q_out,a∗b 为不合法。

标识符用以区分大小写,例如 qout 与 QOUT 是不同的标识符。

扩展标识符以反斜杠"\"开始,以空格结束,这种命名可以包含任何可印刷的 ASCII 字符,反斜杠和空格不属于名称的一部分。

2.关键字

关键字也称保留字,它是 Verilog HDL 语言的专用字,所有的关键字都是用小写形式。表 7-2 给出了 Verilog HDL 中常用的关键字。

表 7-2　**Verilog HDL 中常用的关键字**

always	endfunction	medium	real	time
and	endprimitive	module	realtime	tran
assign	endspecify	nand	reg	tranif0
begin	endtable	negedge	release	tranif1
buf	endtask	nmos	repeat	tritri0
bufif0	event	nor	rnmos	tri1
bufif1	for	not	rpmos	triand
case	force	notif0	rtran	trior
casex	forever	notif1	rtranif0	trireg
casez	fork	or	rtranif1	vectored
cmos	function	output	scalared	wait
deassign	highz0	parameter	small	wand
default	highz1	pmos	specify	weak0
defparam	if	posedge	specparam	weak1
disable	inout	primitive	strong0	while
edge	input	pull0	strong1	wire
else	integer	pull1	supply0	wor
end	join	pullup	supply1	xnor
endcase	large	pulldown	table	xor
endmodule	macromodule	rcmos	task	

7.4　数据类型及常量、变量

Verilog HDL 的数据类型集合表示在硬件数字电路中数据进行存储和传输的要素。Verilog HDL 不仅支持抽象数据类型的变量,如整型变量、实型变量等;同时也支持物理数据类型的变量,可代表真实的硬件。

7.4.1　参数常量

在 Verilog HDL 中,用 parameter 语句来定义常量,即用 parameter 语句来定义一个标

识符,代表一个常量,称为参数常量。参数经常用于定义时延和变量的宽度。参数常量只能被赋值一次。参数说明形式如下:

　　　　parameter param1＝const_ expr1, param2＝const_expr2,...;

下面为具体实例:

　　　　parameter sel＝8;　　　　　　　　　// 定义了参数 sel 为十进制的 8

　　　　parameter code ＝ 8′ha3;　　　　　//参数 code 为十六进制的 a3

　　　　parameter [1:0] S0＝3, S1＝1, S2＝0, S3＝2;　//定义了四个状态

　　　　parameter in_size＝8,out_size＝ in_size * 2;　//使用常数表达式赋值

7.4.2　变量

Verilog HDL 中的变量的物理数据类型分为连线型(nets type)和寄存器型(register type)。

1. 连线型变量

连线型变量对应的是硬件电路中的物理信号连线,没有电荷保持作用(子类型 trireg 除外)。它的值始终根据驱动的变化而更新,有两种方法对它进行驱动:一是在结构描述时把它连接到门或模块的输出端;二是用连续赋值语句 assign 语句对其赋值。如果没有驱动源对其赋值,连线型的缺省值为 z。

Verilog HDL 提供了多种连线型变量,具体如表 7-3 所示。

表 7-3　连线型变量及功能描述

连线型变量	功能描述
wire ,tri	普通连线型(两者功能一致)
wor,trior	多重驱动时,具有"线或"特性的连线型(两者功能一致)
wand,triand	多重驱动时,具有"线与"特性的连线型(两者功能一致)
trireg	具有电荷保持特性的连线型
tri1	具有上拉电阻的连线型
tri0	具有下拉电阻的连线型
supply0	电源线,逻辑 0
supply1	电源线,逻辑 1

连线型类型说明语法为:

　　　　net_kind [msb:lsb] net1, net2,…, net N;

其中,net_kind 是上述连线型类型的一种;msb 和 lsb 是用于定义连线型位宽的常量表达式;范围定义是可选的;如果没有定义范围,缺省的连线型类型为 1 位。下面是连线型类型说明实例。

　　　　wire a,b;　　　//定义 2 个 1 位的 wire 变量 a,b

　　　　wand [7:0] Addrbus;　　//定义一个 8 位的 wand 向量 Addrbus

注意:

(1)当一个连线型有多个驱动器时,即对一个连线型有多个赋值时,不同的连线型产生不同的行为。由两个例子可作简单说明。

例 7-5　"线与"特性的连线型与"线或"特性的连线型的区别。

```
module wand_test(a, b, c, d);
    input a, b;
    output c, d;
    wand   c    ;   //"线与"连线型
    wor    d    ;   //"线或"连线型
    assign c = a;
    assign c = b;
    assign d = a;
    assign d = b;
endmodule
```

本例中,c,d 均有两个驱动源。由于 c 是"线与"连线型,结果 c=ab;而 d 是"线或"连线型,结果 d=a+b。

(2)在 Verilog HDL 中,有可能不必声明某种连线型类型。在这样的情况下,缺省连线型类型为 wire 型。可以使用′default_nettype 编译器指令改变这一隐式连线型说明方式。

　　　　′default_nettype wand

即将任何未被说明的连线型的缺省连线型类型改为 wand。

2. 寄存器型变量

寄存器类型数据对应的是具有状态保持作用的硬件电路,如触发器、锁存器等。若寄存器类型的变量未被初始化,缺省值为 x。寄存器类型与连线型的区别在于:寄存器类型数据保持最后一次赋值,而连线型数据需持续驱动。寄存器类型数据只能在 always 语句和 initial 语句中被赋值。另外,在 always 语句和 initial 语句中被赋值每一个信号必须定义寄存器类型。

Verilog HDL 提供了 5 种不同的寄存器类型,具体如表 7-4 所示。

表 7-4　寄存器类型变量及说明

类型	功能说明
reg	常用的寄存器类型变量
integer	32 位带符号整数型变量
time	64 位无符号时间变量
real	64 位带符号实数型变量
realtime	与 real 类型完全相同

其中 integer,time,real 和 realtime 这 4 种都是纯数学抽象的数据类型,不对应任何具体的硬件电路。reg 类型是常见的寄存器数据类型,下面对其进行重点介绍。

寄存器数据类型 reg 定义形式如下:

　　　　reg [msb: lsb] reg1, reg2,…, reg N;

msb 和 lsb 定义了位宽,并且均为常数值表达式。范围定义是可选的;如果没有定义范围,缺省值为 1 位寄存器。例如:

　　　　reg [4:1] count;　　　//定义一个 4 位寄存器 count

　　　　reg a,b;　　　　　　　　//定义两个 1 位寄存器 a 和 b

寄存器可以取任意长度。寄存器中的值通常被解释为无符号数,例如:

　　　　reg [1:4] Comb;

　　　　...

　　　　Comb = −2;　　　　　// Comb 的值为 14(1110),1110 是 −2 的补码。

　　　　Comb =　5;　　　　　// Comb 的值为 5(0101)。

3. 存储器型变量

若干个相同位宽的寄存器向量构成寄存器数组即为存储器变量(memory type)。存储器型变量使用如下方式说明:

　　　　reg [msb:1sb]　mem1 [upper1:lower1],mem2[upper2:lower2],…;

例如:

　　　　reg [7:0] MyMem [1023 : 0];

上面的语句定义了一个 1024 字节的 8 位存储器 MyMem。

数组的维数不能大于 2。注意存储器属于寄存器数组类型。连线型数据类型没有相应的存储器类型,因此也没有多维连线型数据的数组。

7.5　运算符和表达式

7.5.1　运算符

Verilog HDL 定义了许多运算符,按功能可以分为算术运算符、逻辑运算符、关系运算符等九大类。表 7-5 详细给出了 Verilog HDL 中定义的运算符分类及简单功能说明

表 7-5　Verilog HDL 中的运算符分类及功能说明

类　型	运算符	简单说明
算术运算符	+,−,*,/ %	加、减、乘、除 取模
逻辑运算符	!,&&,||	逻辑非、逻辑与、逻辑或
按位运算符	~,&,|,^ ^~ 或 ~^	按位非、按位与、按位或 按位异或按位异或非
关系运算符	<,<= ,>,> =	小于、小于等于、大于、大于等于
等式运算符	== ,! = === ,! ==	逻辑相等、逻辑不等 全等、非全等
归约运算符	&,~ & |,~ | ^ ,^ ~ 或~ ^	归约与、归约与非 归约或、归约或非 归约异或、归约异或非
移位运算符	≪,≫	左移、右移
条件运算符	? :	条件
位拼接运算符	{ }	连接

1. 算术运算符

在 Verilog HDL 语言中,算术运算符又称为二进制运算符,共有下面几种:

(1) ＋（加法运算符，或正值符号，如 a＋b，＋5）；

(2) － （减法运算符，或负值符号，如 a－b，－5）；

(3) ＊ （乘法运算符，如 a＊2）；

(4) / （除法运算符，如 a/5）；

(5) ％ （求模运算符，或称求余运算符，要求％两侧均为整型数据，如 8％3 的值为 2）。

注意：

(1)在进行算术运算操作时，如果某一操作数有不确定的值，则运算结果也是不定值；

(2)在进行整数除法运算时，结果值要略去小数部分，只取整数部分，例 8/3＝2 。

2. 关系运算符

关系运算符为二目运算符，共有 4 种：

(1) ＞　　　（大于）；

(2) ＞ ＝ （大于等于）；

(3) ＜　　　（小于）；

(4) ＜ ＝ （小于等于）。

在进行关系运算时，如果操作数之间的关系成立返回值为 1；反之关系不成立则返回值为 0；若某一个操作数的值为不定 x 或高阻 z，则关系是模糊的，返回值是不定值 x。

3. 等式运算符

等式运算符为二目运算符，有 4 种，分别为：

(1)＝＝　　　（相等）；

(2)！ ＝　　　（不相等）；

(3)＝＝＝　　　（全等）；

(4)！ ＝＝　　　（非全等）。

注意：

(1)在"＝ ＝"（相等）运算或"！ ＝"（不相等）运算时，如果任何一个操作数中的某一位为不定值 x 或高阻 z，则结果为不定值 x。例如：

$\qquad$1z1x01 ＝＝1z1x01 的结果为 x；

$\qquad$1z1x01 ！ ＝1z1x01 的结果为 x。

(2)在"＝＝＝"（全等）运算时，其比较过程与"＝＝"（相等）相同，全等运算时将不定值 x 或高阻 z 看作是逻辑状态的一种参与比较，因此，全等运算返回的结果只有逻辑 0 或逻辑 1 两种。例如：

$\qquad$1z1x01＝＝＝1z1x01 的结果为 1；

$\qquad$101x01＝＝＝1z1x01 的结果为 0；

$\qquad$101x01＝＝＝101z01 的结果为 0。

(3)"！ ＝＝"（非全等）与"＝＝＝"（全等）正好相反，这里不再赘述。

4. 逻辑运算符

在 Verilog HDL 语言中有 3 种逻辑运算符：

(1) ！　　　（逻辑非）；

(2) && （逻辑与）；

(3) ∥ （逻辑或）。

"&&"和"||"是二目运算符,要求有两个操作数,如(a>b)&&(b>c)。而"!"是单目运算符,只要求一个操作数,例如:!(a>b)。

5. 按位逻辑运算符

在 Verilog HDL 语言中有 5 种按位逻辑运算符:

(1)　～　　　　(按位取反);

(2)　&　　　　(按位与);

(3)　|　　　　(按位或);

(4)^　　　　　(按位异或);

(5)^～ ,～^　(按位同或)。

按位逻辑运算符对其操作数的每一位进行操作,例如表达式 a&b 的结果是 a 和 b 的对应位相与的值。对具有不定值的位进行操作,视情况而定会得到不同的结果。例如,x 和 0 相或得结果 x;x 和 1 相或得结果 1。如果操作数的长度不相等,较短的操作数将用 0 来补高位,逐位运算将返回一个与两个操作数中位宽较大的一个等宽的值。

在此需要注意的是不要将逻辑运算符和按位运算符相混淆,比如,"!"是逻辑非,而"～"是按位取反,例如,对于前者!(5==6)结果是 1,后者对位进行操作,～1011=0100。

6. 归约运算符

归约运算符是单目运算符,它包括下面几种:

(1)　&　　　　(归约与);

(2)　～&　　　(归约与非);

(3)　|　　　　(归约或);

(4)　～|　　　(归约或非);

(5)^　　　　　(归约异或);

(6)^～ ,～^　(归约同或)。

归约运算的运算过程是:先将操作数的第 1 位与第 2 位进行与、或、非运算,然后将运算结果与第 3 位进行与、或、非运算,依此类推,直至最后一位,最后的运算结果是 1 位的二进制数。例如:

```
reg[3:0]    a;
b=&a;       //等效为 b=a[0]&a[1]&a[2]&a[3]
```

7. 移位运算符

在 Verilog HDL 语言中有两种移位运算符"≪"(左移位运算符)和"≫"(右移位运算符)。其用法为:

A≪n 或 A≫n

表示是将第一个操作数 A 向左或右移 n 位,同时用 0 来填补移出的空位。举例如下:

若 A=5'11001 则 A≪2 的值为 5'00100。

8. 条件运算符

Verilog HDL 条件运算符为:

?:

条件运算有三个操作数,其定义同 C 语言定义一样,格式如下:

signal = condition expr ? true_ expr : false_expr2

当条件成立(condition expr 为 true)时,信号(signal)取第一个表达式的值,即 true_expr;反之取第二个表达式的值,即 false_expr2。

例如对 2 选 1 的数据选择器,可描述如下:

　　　out = select ? in1 : in0 ;　　// select=1 时 out = in1;select=0 时 out = in0。

9. 位拼接运算符

Verilog　HDL 语言中有一个特殊的运算符:位拼接运算符"{}"。这一运算符可以将两个或更多个信号的某些位拼接起来进行运算操作。用法如下:

　　　　{信号 1 的某几位,信号 2 的某几位,…,信号 n 的某几位}

例如,在设计加法器时,可将和输出与进位输出拼接起来一起使用:

assign　　{cout , sum[7:0]}= a[7:0]+ b[7:0]+cin;　　// 进位 cout 和 sum 拼接起来

7.5.2 运算符优先级排序

运算符优先级顺序如表 7-6 所示,为避免出错,同时为增加程序可读性,在书写程序时可用括号()来控制运算的优先级。

表 7-6 运算符的优先级

优先级	运算符	简单说明
高优先级 ↓ 低优先级	!,~	逻辑非、按位非
	&,~ &,|,~ |,^ ,^ ~ 或~ ^	归约运算符
	+、−	正、负号
	{}	位拼接运算符
	* ,/,%	算术运算符
	+,−	
	≪,≫	移位运算符
	<,<=,>,> =	关系运算符
	= = ,! =,= = =,! = =	等式运算符
	&	按位与
	^ ,^ ~ 或~ ^	按位异或、按位同或
	|	按位或
	&&	逻辑与
	||	逻辑或
	? :	条件运算符

7.6 编译预处理指令

与 C 语言的编译指令相似,Verilog HDL 中允许在程序中使用特殊编译指令。编译时,通常先对这些编译指令进行"预处理",然后再与源程序一起进行编译。Verilog HDL 语言提供了十多条的编译指令,本节只介绍常用的′define,′include 和′timescale 这三条编译指令。在详细介绍之前,有必要先进行以下几点说明:

(1)编译预处理指令以′(反引号)开头;

(2)编译预处理指令非 Verilog HDL 的描述,因而编译预处理指令结束不需要加分号;

(3)编译预处理指令不受模块与文件的限制。在进行 Verilog HDL 语言编译时,已定义

的编译预处理指令一直有效,直至有其他编译预处理指令修改它或取消它。

1. 宏编译指令′define

′define 指令用于文本替换,它很像 C 语言中的 #define 指令,语法格式如下:

　　′define 宏名 字符串

例如:′define wordsize 8

以上语句中,用易懂的宏名 wordsize 来代替抽象的数字 8;采用了这样的定义后,在编译过程,一旦遇到 wordsize 则用 8 来代替。

2. 文件包含指令 ′include

′include 编译器指令用于嵌入内嵌文件的内容。文件既可以用相对路径名定义,也可以用全路径名定义, 例如:

　　′include ″.. / .. /primitives. v″

编译时,这一行由文件″../ ../ primitives. v″的内容替代。

3. 时间定标指令′timescale

在 Verilog HDL 语言的模型中,所有时延都用单位时间表述,且是一个相对的概念。′timescale编译指令用于定义计时单位与精度单位。与实际时间相关联。′timescale 编译指令的格式为:

　　′timescale〈计时单位〉/〈精度单位〉

其中时间度量有:s,ms,us,ns,ps(10^{-12}s)和 fs(10^{-15}s)。计时单位和精度单位时延精度间精度只能取 1,10 或 100,且计时单位必须大于精度单位。例如:

　　′timescale 1ns/100 ps 　　　//表示计时单位为 1ns,精度单位为 100ps。

　　′timescale 1ps/10 ps 　　　　//非法定标。

7.7　数据流描述风格:assign 语句

在 Verilog HDL 中,可以使用多种建模的方法,这些建模方法称为描述风格。最常用的 3 种描述风格为数据流描述、行为描述和结构描述。有时也采用它们组合成的混合描述。

数据流描述采用连续赋值语句,即 assign 语句,它用于给 nets 型变量进行赋值(assign 语句不能为 reg 型变量进行赋值)。下例是采用数据流方式描述 1 位全加器。

例 7-6　1 位全加器的数据流描述。

```
module ADD_FULL(A, B, Cin, Sum, Cout);
input     A, B, Cin;
output    Sum, Cout ;
assign    Sum = A ^ B ^ Cin;                    //本位和
assign    Cout = (A & Cin) | (B & Cin) | (A & B) ;   //进位
endmodule
```

在本例中,有两个连续赋值语句。这些赋值语句是并发的,与其书写的顺序无关。只要连续赋值语句右端表达式中操作数的值变化(即有事件发生),连续赋值语句即被执行。

组合逻辑电路的行为最好使用连续赋值语句建模。

7.8 行为描述风格及主要描述语句

7.8.1 过程结构

下述两种语句是为一个设计的行为建模的主要机制。

(1)initial 语句;

(2)always 语句。

一个模块中可以包含任意多个 initial 或 always 语句。这些语句相互并行执行,即这些语句的执行顺序与其在模块中的顺序无关。一个 initial 语句或 always 语句的执行产生一个单独的控制流,所有的 initial 和 always 语句在 0 时刻开始并行执行。

initial 或 always 语句是不能嵌套使用的。

1. always 语句

always 语句语法如下:

```
always @((敏感信号表达式))
begin
    //过程赋值
    //if 语句
    //case 语句
    //while,repeat,for 语句
    //task,function 调用
end
```

(1)敏感信号表达式

敏感信号表达式又称敏感事件表,只要该表达式的值发生变化,就会执行块内的语句,因此 always 语句有无限循环意义。因此敏感信号表达式列出所有影响块内变量取值的输入信号,若有两个或两个以上敏感信号时,它们之间用 or 连接。

例如四选一数据选择器,只有 4 个输入信号 in0,in1,in2,in3 和选择信号 sel[1:0]发生改变则输出改变,所以四选一数据选择器的敏感信号表达式为:

in0 or in1 or in2 or in3 or sel[1:0]

(2)posedge 与 negedge 关键字

对于时序电路,事件是由时钟边沿触发的。为表达边沿这个概念,Verilog HDL 语言提供了 posedge 与 negedge 两个关键字来描述。如用 posedge clk 表示时钟信号 clk 的上升沿,而 negedge clk 表示时钟信号 clk 的下降沿。对于异步的清零/置数,应按以下格式书写敏感信号表达式。

例如:clk 为时钟信号,clrn 为清零信号,则敏感信号表达式可写为

always @(posedge clk or negedge clrn) //低电平清零有效

always @(posedge clk or posedge clrn) //高电平清零有效

下例由 if 语句描述的带异步清零、异步置 1 的 D 触发器可进一步理解 posedge 与 negedge 两个关键字。

例 7-7　带异步清零、异步置 1 的 D 触发器。

```
module DFF1(q,qn,d,clk,set,reset);
    input d, clk, set, reset;
    output q, qn;
    reg q, qn;
    always @(posedge clk or negedge set or negedge reset)
    begin
        if (! reset)            begin q=0; qn=1; end   //异步清零,低电平有效
            else if (! set )        begin q=1; qn=0; end   //异步置 1,低电平有效
                else    begin q =d; qn = ~d; end      //同步输入
    end
endmodule
```

在这个例子中,敏感信号表达式中没有列出输入信号 d,这是因为 d 为同步输入信号,只能在时钟上升沿到来时起作用。

注意,对于异步的清零/置数控制时,块内逻辑描述要与敏感信号表达式的有效电平一致。例如下列描述是错误的。

例 7-8　带异步清零的上升沿 D 触发器。

```
always @(posedge clk or negedge clear) //低电平清零有效
    begin
    if(clear)   //与敏感信号表达式的有效电平矛盾,应改为 if(! clear)
        qout=0;
    else
        qout=in;
    end
```

(3)语句块

Verilog HDL 的语句分为两种:

1)串行语句块(begin...end 语句组),用来组合需要顺序执行中的语句。串行语句块内的各条语句是按它们出现的次序逐条顺序执行。

2)并行语句块(fork...join 语句组),用来组合需要并行执行中的语句。并行语句块内的各条语句是同时并行执行。MAX+PLUS Ⅱ不支持 fork...join 并行语句块,因此,以后我们不再详述。

2. initial 语句

initial 语句的语法如下:

```
initial
    begin
        语句 1;
        语句 2;
        ......
    end
```

initial 语句只执行一次,即在 0 时刻开始执行。主要面向功能模拟,通常不具有可综合性。initial 语句通常用来描述测试模块的初始化、监视、波形生成等功能行为,也可以用于硬件功能模块中的 reg 变量赋初值。在下面给出的例子中,initial 语句用于对 reg 变量和存储器变量初始化。

例 7-9 initial 语句用于对 reg 变量和存储器变量初始化。

```
parameter SIZE = 1024;
reg [7:0] RAM [SIZE-1:0];
reg RibReg;
  initial
  begin：
  integer Index;          //reg 变量初始化
  RibReg = 0;
  for (Index = 0; Index<SIZE;Index=Index+1)
  RAM [Index]= 0;  //存储器变量初始化
end
```

这个例子的作用是用 initial 语句在仿真开始时刻对 reg 变量和存储器赋 0 值,从而完成对各个变量的初始化。

7.8.2 过程赋值语句

过程赋值是在 initial 语句或 always 语句内的赋值(注意,过程块内不能出现 assign 语句),过程赋值只能对寄存器型的变量(reg,integer,real 和 time 型)赋值。过程赋值分两类。

1. 阻塞性过程赋值

赋值操作符是"=",表达式的右端可以是任何表达式。阻塞赋值在该语句结束时执行赋值,前面的语句没有完成前,后面的语句不能执行,因此 begin...end 语句组内的阻塞赋值语句是顺序执行。

2. 非阻塞性过程赋值

在非阻塞性过程赋值中,使用赋值符号"<="。在 begin...end 语句组内,一条非阻塞赋值语句的执行是不会阻塞下一条语句的执行,也就是说本条非阻塞赋值语句的执行完毕前,下一条语句也可开始执行。

下面两个例子可说明阻塞赋值和非阻塞赋值的区别。

例 7-10 非阻塞赋值。

```
module non_block (c, a,b,clk);
output    c,b;
input     a,clk;
reg       c,b;
always @(posedge clk)
  begin
      b<=a;// 非阻塞赋值
      c<=b;
```

```
        end
    endmodule
```

例 7-11　阻塞赋值。

```
module        block (c, a,b,clk);
output        c,b;
input         a,clk;
reg           c,b;
always @(posedge clk)
    begin
        b=a;// 阻塞赋值
        c=b;
    end
endmodule
```

将上面两个例子用 MAX＋PLUS Ⅱ 进行综合和仿真,可分别得到如图 7-2(非阻塞赋值)和图 7-3(阻塞赋值)所示的仿真波形。

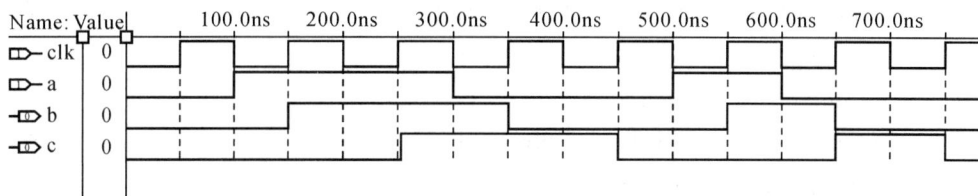

图 7-2　例 7-10 非阻塞赋值的仿真波形

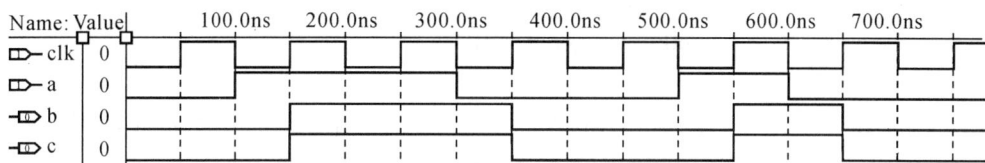

图 7-3　例 7-11 阻塞赋值的仿真波形

由仿真波形可得出,非阻塞赋值的两条语句是同时执行,而阻塞赋值的两条语句是顺序执行。相应地,这两种描述所对应的电路如图 7-4 和图 7-5 所示。

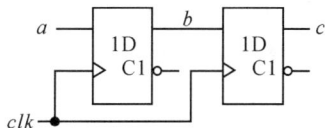

图 7-4　非阻塞赋值描述的电路　　　　图 7-5　阻塞赋值描述的电路

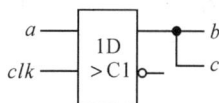

为避免对这两种赋值的错误应用,建议初学者可只使用阻塞性过程赋值"＝",因为它类似 C 语言的赋值方式。

7.8.3　条件分支语句

条件分支语句有 if-else 语句和 case 语句两种。下面将对这两种分支语句进行讨论。

1. if-else 语句

if-else 语句是两分支语句,使用方法与 C 语言类似,语法有以下三种:

(1)if (＜条件表达式＞)语句或语句块;

(2)if (＜条件表达式＞)语句或语句块 1;

　　else 语句或语句块 2;

(3)if (＜条件表达式 1＞)语句或语句块 1;

　　else if (＜条件表达式 2＞)语句或语句块 2;

　　……

　　else if (＜条件表达式 n＞)语句或语句块 n;

　　else 语句或语句块 n+1;

这三种方式中,"条件表达式"一般为逻辑表达式、关系表达式或 1 位逻辑变量。系统对表达式的值进行判断,若为 0、不定值 x、高阻 z,作"假"处理;若为 1,按"真"处理。

下例是用 if-else 语句实现的 8 位二进制计数器(可预置、带异步清零)。

例 7-12 8 位二进制计数器(可预置、带异步清零)。

```
module counter_n (qout, cout, data, load, cin ,clrn, clk);
    parameter n=8;       //二进制计数器的位数
    output [n:1]      qout;
    output            cout;
    input             load, cin, clrn, clk;
    input [n:1]       data;
    reg [n:1]         out;
assign cout=&qout&cin; //进位
always @(posedge clk or negedge clrn)
    begin
        if(! clrn) qout=0;              // clrn 低电平时,异步清零
        else if (! load) qout= data;    // load 低电平时,同步置数
            else qout = qout + cin;      // cin=1 时计数,cin=0 时保持
    end
endmodule
```

上例中,若(!clrn)成立,即 clrn 为低电平,执行语句 qout=0(清异步零);若(!clrn)不成立,即时钟上升沿(因为只有时钟上升沿和 clrn 低电平两种情况,才能执行 always 过程块)时,再根据条件(!load)成立与否,执行置数或计数。

2. case 语句

case 语句是一个多路条件分支语句,多用于描述多条件译码电路,如译码器、数据选择器、状态机及微处理机的指令译码等。case 语句有 case,casex 和 casez 三种形式,下面分别予以介绍。

(1) case 语句

case 语句其语法如下:

```
case (＜控制表达式＞)
```

　　　　值 1:语句或语句块 1;　　　　　//case 分支项

　　　　值 2:语句或语句块 2;

　　　　……

　　　　值 n:语句或语句块 n;

　　　　default:语句或语句块 n+1;　　// default 语句不是必需的

　　endcase

当"控制表达式"的值为值 1 时,执行语句或语句块 1;为值 2 时,执行语句或语句块 2……依此类推。当"控制表达式"的值与所列出的值都不相等时,则执行 default 后面的语句。例 7-13 为用 case 语句描述 4 选 1 MUX。

　　例 7-13　用 case 语句描述数据选择器。

```
module mux_4_1(out , in0 , in1 , in2 , in3 , sel);
output[7:0] out ;
input[7:0] in0 , in1 , in2 , in3 ;
input[1:0] sel;
reg[7:0] out ;
always @(in0 or in1 or in2 or in3 or sel)
begin
  case (sel)
      2'b00: out = in0;
      2'b01: out = in1;
      2'b10: out = in2;
      default: out = in3;     //可用 2'b11: out = in3;代替
  endcase
end
endmodule
```

（2）casez 与 casex 语句

除关键字 casex 和 casez 以外,casex 和 casez 这两种形式的语法结构与 case 语句完全一致。case,casex 和 casez 的区别在于对 x 和 z 值使用不同的解释,即在比较控制表达式或分支表达式的值时,在 casez 语句中,对取值为 z 的某些位比较不予考虑,因此只需关注其他位的比较结果;而在 casex 语句中,对取值为 z 和 x 的某些位的比较不予考虑。

例 7-14 为用 casex 语句描述的 4 线－2 线高优先编码器,其中输出 none_on 表示输入无效,即 in[3:0]中四个输入均为 0。注意,在编程时,可用无关值? 表示 x 或 z。

　　例 7-14　4 线－2 线高优先编码器。

```
module encode_4_2(none_on,outcode,in);
    output[1:0]        outcode;
    output             none_on;
    input[3:0]         in;
    reg[3:0]           out_temp;
    assign {none_on , outcode} = out_temp;
```

```
always @(in)
begin
    casex (in)
    4'B1???: out_temp=3'b0_11; //可用？来标识 x 或 z
    4'B01??: out_temp=3'b0_10;
    4'B001?: out_temp=3'b0_01;
    4'B0001: out_temp=3'b0_00;
    4'B0000: out_temp=3'b1_00;
    endcase
end
endmodule
```

3. 使用条件语句注意事项

在使用条件语句设计时,应注意列出所有条件分支,否则当编译器认为条件不满足时,会引入触发器来保持原值。时序电路设计时,可利用这一点来进行状态保持;而在设计组合电路时,应避免这种隐含触发器的存在。

另外,有些情况下,很难列出所有条件分支,因此可在 if 语句最后加上 else;在 case 语句的最后加上 default 语句。

7. 8. 4 循环控制语句

循环控制语句包括 for 循环语句、while 循环语句、repeat 循环语句和 forever 循环语句。

1. for 循环语句

for 循环语句与 C 语言的 for 循环语句非常相似,只是 Verilog HDL 中没有增 1++和减 1−−运算符,因此要使用 i=i+1 的形式。for 循环语句的形式如下:

    for(循环变量赋初值;循环结束条件;循环变量增值)
        循环体语句或语句块;

for 循环语句执行过程可分如下几步:

(1)执行"循环变量赋初值"。

(2)判断"循环结束条件"表达式:若"循环结束条件"取值为真,则执行"循环体语句或语句块",然后继续执行第(3)步;若"循环结束条件"取值为假,则循环结束,退出 for 循环语句的执行。

(3)执行"循环变量增值"语句,转到(2)继续执行。

下面通过设计一个 16 位加法器,来说明 for 循环语句的使用:采用 16 个 1 位加法器级联组成,即低位的进位向高位传递的方法。

例 7-15 16 位加法器。

```
module adder_for (cout, sum, ina,inb, cin);
    parameter  n=16;   //加法器的位数
    output[n−1:0]  sum;
    output         cout;
```

```
        input[ n−1:0]    ina,inb;
        input    cin;
        reg[n−1:0]    sum;
        reg[n−1:0]    temp_cout;    //暂存 1 位加法器的进位
        integer    k;
        assign    cout=temp_cout[n−1];
        always @(ina or inb or cin)
            for (k=0;k<=(n−1);k=k+1)    // for 循环语句
                if (k==0) {temp_cout[0],sum[0]}=ina[0]+inb[0]+cin;//最低位
                else        // 第 1～(n−1)位
                    {temp_cout[k],sum[k]}=ina[k]+inb[k]+temp_cout[k−1];
    endmodule
```

2. Repeat 循环语句

Repeat 循环语句实现的是一种循环次数预先指定的循环,Repeat 循环语句的格式如下:

　　　　Repeat(<循环次数表达式>)语句或语句块;

其中:"<循环次数表达式>"用于指定循环次数,它可以是一个整数、变量或一个数值表达式。如果是变量或数值表达式,其取值只在第一次进入循环时得到计算,从而得以事先确定的循环次数。"语句或语句块"是要被重复执行的循环部分。下例用 repeat 语句实现循环移位操作,移位的位数由输入信号 num 取值决定。

例 7-16　用 repeat 语句实现循环移位操作。

```
module drift(q_out,num,clk);
        output [16:1]    q_out;
        input   [4:1]    num;
        input            clk;
        reg[16:1]        q_out;
        reg              temp;
        always@(posedge   clk )
            repeat (num)
                begin                    //循环体部分语句块
                temp=q_out[16];
                q_out={q_out<<1,temp};
                end
endmodule
```

3. while 循环语句

while 循环语句的格式如下:

　　　　while(<条件表达式>)语句或语句块;

while 循环语句实现的循环是一种"条件循环",执行过程是这样的:首先判断条件表达式是否为真,如果成立,则执行后面指定的"语句或语句块(循环体部分)";然后再次对条件

表达式是否成立作出判断,只要其取值为"真"就再次重复执行循环体,直到在某一次循环后判断出条件表达式不成立,循环过程才结束。例如:

```
while（n＞0）
    begin
    Acc = Acc << 1;
    By = n - 1;
    end
```

4. forever 循环语句

forever 语句的格式如下:

```
forever 语句或语句块;
```

这种形式的循环不断重复执行语句或语句块(循环体部分),常用来产生周期性波形,作为仿真激励信号,一般用于 initial 语句中。实例如下:

```
initial
    begin
    clock = 0;
    # 5;
    forever
    #10 clock = ~ clock;
    end
```

这一实例产生时钟波形;时钟首先初始化为 0,并一直保持到第 5 个时间单位。此后每隔 10 个时间单位,clock 反相一次。

7.8.5 任务（task）与函数（function）

task 和 function 是存在于模块中的一种类似"子程序"的结构,目的是为了对需要多次执行的语句进行描述,便于理解和调试。

1. 任务

(1)任务的定义在模块说明部分中编写,其定义的形式如下:

```
task 任务名称;
    端口及数据类型说明
    局部变量说明
    行为语句或语句块;
endtask
```

任务可以没有或有一个或多个参数。值通过参数传入和传出任务。除输入参数外(参数从任务中接收值),任务还能带有输出参数(从任务中返回值)。例如:

```
task Counter;
    output [3:0] Count;
    input Reset;
    begin
        if (Reset) Count = 0; // 异步清零
```

```
            else Count = Count + 1;
        end
    endtask
```

(2)任务调用格式如下：

〈任务名〉(端口 1,端口 2,…)

语句中参数列表必须与任务定义中的输入、输出和输入输出参数说明的顺序匹配。因为任务调用语句是过程性语句,所以任务调用中的输出参数必须是寄存器类型的。例如调用上面定义的任务 Count,可使用下面的语句：

```
    input clrn,clk;
    output[3:1]      q_out;
    reg [3:1]        q_out;
    ...
    always @(posedge clk)
    Counter(q_out, clrn);
```

另外,使用任务时,还需注意以下几点：任务的定义和调用必须在同一 module 中,且任务的调用只能在过程中,不能出现在 assign 语句中。另外,在一个任务中可以调用其他的任务和函数,也可以调用该任务本身。

2. 函数

(1)函数定义的形式如下：

```
    function〈返回值位宽或类型〉 〈函数名〉
            输入端口与类型说明;
            局部变量说明;
            语句或语句块;
    endfunction
```

另外,函数定义在函数内部隐式地声明一个寄存器变量,该变量与函数同名并且取值范围相同,故也称"函数名变量"。函数调用时通过这个"函数名变量"来传递函数值。

"返回值位宽或类型"是可选的,其作用是指定函数取值范围和类型,缺省的函数值为 1 位寄存器型。

函数至少要有一个输入。要注意在函数定义中,不允许出现 output 和 inout 端口。

(2)函数调用的形式为：

〈函数名〉(〈输入表达式 1〉,〈输入表达式 2〉,…)

注意,输入表达式的排列顺序及类型与定义结构中的输入端口顺序及类型一致;与任务调用不同,函数调用既要出现在过程语句中,也可出现在 assign 语句;函数可调用其他的函数,但不能调用任务。

下面先给出例子来说明函数的使用方式。在例 7-17 中,函数 Reverse 的作用是将输入信号(一个字节长度)的高、低位对调。

例 7-17　函数的定义和调用。

```
    module Reverse(date_in,date_out);
        input [7:0]      date_in;
```

```
        output [7:0]          date_out;
        //函数定义
        function [7:0] ReverseBits;
                input [7:0] Byte;
                integer i;
                begin
                for (i = 0; i < 8; i = i + 1)
                ReverseBits[7−i] = Byte[i];
                end
            endfunction
        //函数调用
        assign date_out=ReverseBits(date_in);
    endmodule
```

7.9 结构描述风格

Verilog HDL 中的结构建模共有三种描述方式:门级建模、开关建模和模块级建模。由于篇幅有限,本节只介绍门级建模方式

7.9.1 内置基本门级元件

Verilog HDL 中提供 14 种内置基本门级元件,可分成四类。

(1)多输入门

多输入门包括 and(与门),nand(与非门),or(或门),nor(或非门),xor(异或门),xnor(符合门)。

(2)多输出门

多输出门包括 buf(缓冲器),not(非门)。

(3)三态门

三态门包括 bufif0(低电平使能缓冲器),bufif1(高电平使能缓冲器),notif0(低电平使能非门),notif1(高电平使能非门)。

(4)上拉、下拉电阻

上拉、下拉电阻指 pullup(上拉电阻),pulldown(下拉电阻)。

1. 内置的多输入门

内置的多输入门共有 and,nand,nor,or,xor 和 xnor6 种,这些逻辑门只有单个输出,1 个或多个输入,如图 7-6 所示。多输入门实例语句(即调用)的语法如下:

〈元件名〉〈驱动强度说明〉#〈延时量〉〈实例名〉(输出端口,输入 1,输入 2,…);

图 7-6 多输入门

其中,驱动强度说明、门级延时量和实例名不是必须的,例如:

        and   G1(y , a , b , c , d);

nor　　G2(out1, in1, in2);

上述第一条语句调用实例引入一个四输入与门,与门的名为 G1,输入信号为 a,b,c 和 d,输出信号为 y 。而第二条语句引入一个两输入或非门,或非门称为 G2,输入信号为 in1, in2,输出信号为 out1。

2. 内置的多输出门

内置的多输出门共有 buf 和 not 两种,这些逻辑门只有单个输入,1 个或多个输出,如图 7-7 所示。多输出门实例语句的语法如下:

〈元件名〉〈驱动强度说明〉# 〈延时量〉〈实例名〉(输出 1,输出 2,…,输出 N,输入);

其中,驱动强度说明、延时量和实例名不是必须的,例如:

not　　NOT_1(y1 ,y2 , a);　　　　　　//两输出非门实例,实例名 NOT_1。
buf　　BUF_1(out1, out2, out3, in2); //三输出缓冲门实例,实例名 BUF_1。

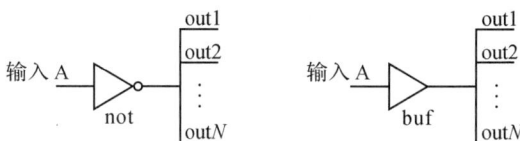

图 7-7　多输出门

3. 内置的三态门

三态门有 bufif0,bufif1,notif0 和 notif1 四种,如图 7-8 所示。三态门实例语句的语法如下:

〈元件名〉〈驱动强度说明〉# 〈延时量〉〈实例名〉(输出端口,输入端口,控制输入端口);

其中:驱动强度说明、延时量和实例名不是必须的。

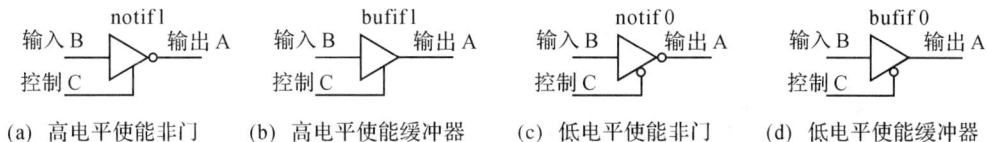

(a) 高电平使能非门　　(b) 高电平使能缓冲器　　(c) 低电平使能非门　　(d) 低电平使能缓冲器

图 7-8　三态门

4. 上拉、下拉电阻

上拉、下拉电阻有 pullup 和 pulldown 两种,这类门设备没有输入只有输出。上拉电阻将输出置为 1。下拉电阻将输出置为 0。门实例语句形式如下:

〈元件名〉〈驱动强度说明〉〈实例名〉(输出端口,输入端口,控制输入端口);

7.9.2　门级建模的例子

在 7.2.2 节中,已经介绍了数据选择器的门级建模,在这里将给出如图 7-9 所示的主从 D 触发器的门级建模。

例 7-18　主从 D 触发器的门级描述。

```
module MS_ DFF (D , CLK , Q , not_Q);
    input     D , CLK;
    output    Q , not_Q ;
```

```
not
    G9 (not_D , D) ,
    G10 (not_CLK , CLK) ,
    G11 (not_Y3 , Y3) ;
nand
    G1 (Y1 , D , CLK ) ,
    G2 (Y2 , not_D , CLK ) ,
    G3 (Y3 , Y1 , Y4 ) ,
    G4 (Y4 , Y2 , Y3 ) ,
    G5 (Y5 , Y3 , not_CLK) ,
    G6 (Y6 , not_ Y3, not_CLK) ,
    G7 (Q , Y5 , not_Q ) ,
    G8 (not_Q , Y6 , Q) ;
endmodule
```

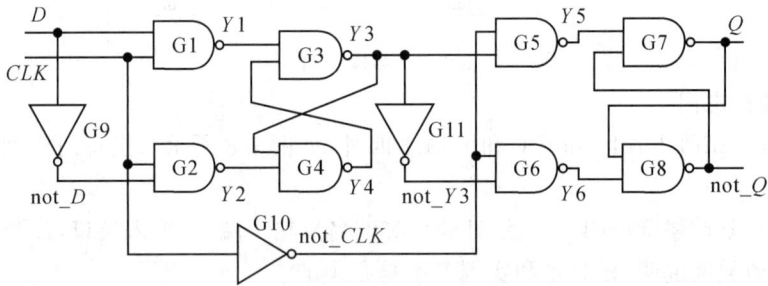

图 7-9 主从 D 触发器

7.10 设计举例和设计技巧

本节结合作者的工作实践,对常用的 Verilog HDL 的实例给出提示,在这些实例中,尽量使用多种方法,以便读者更好地掌握 Verilog HDL 语言的编程。

7.10.1 常用组合电路的设计

1. 加法器和比较器

加法器和比较器是常用的组合电路,由于可以采用级联方法实现,因此,常采用结构描述实现。不过最简单的方法是采用 assign 语句实现,下面两个例子就是采用 assign 语句描述的加法器和比较器。

例 7-19 n 位加法器的程序。

```
module adder_n (cout, sum, ina,inb, cin);
    parameter n=8;        //n 为加法器的位数
    output[n-1:0] sum;
    output cout;
```

```
        input[n-1:0] ina,inb;
        input cin;
        assign { cout, sum }=ina+inb+cin;
    endmodule
```

例 7-20　n 位比较器的程序。

```
    module compare_n (great, equal, Small,ina,inb);
        parameter n=8;        //n 为比较器的位数
        output      great, equal, Small;
        input[n-1:0]      ina, inb;
        assign great=(ina>inb);
        assign equal=(ina==inb);
        assign small=(ina<inb);
    endmodule
```

2. 优先编码器

用 casex 语句或 if-else 语句描述优先编码器较为方便,在例 7-14 中已介绍了用 casex 语句描述优先编码器,下面用 if-else 语句描述 8 线—3 线的高优先编码器,例中 8 个输入信号 in[7:0],高电平有效;输出 outcode[2:0]为二进制原码;另一个输出信号 none_on 用来表示输入无效,即当 8 个输入全为 0 时,none_on 取值为 1。

例 7-21　用 if-else 语句描述 8 线—3 线的高优先编码器。

```
    module encoder8_3(none_on,outcode,in);
    output[2:0]   outcode;
    output      none_on;   //表示输入无效,即 8 个输入全为 0
    Inpu t[7:0]   in;
    reg [3:0]      outtemp;
    assign {none_on, outcode} = outtemp;
    always @(in)
      begin
      if(in[7])           outtemp = 4'b0_111;
      else if(in[6])      outtemp = 4'b0_110;
      else if(in[5])      outtemp = 4'b0_101;
      else if(in[4])      outtemp = 4'b0_100;
      else if(in[3])      outtemp = 4'b0_011;
      else if(in[2])      outtemp = 4'b0_010;
      else if(in[1])      outtemp = 4'b0_001;
      else if(in[0])      outtemp = 4'b0_000;
      else                outtemp = 4'b1_000;
      end
    endmodule
```

3. 译码器

用 case 实描述译码器较为方便。

(1)二进制译码器

例 7-22 3 线－8 线译码器(输出低电平有效)。

```
module edcoder_38(out, in);
output[7:0]    out;
input[2:0]     in;
reg[7:0]       out;
always @(in)
  begin
    case(in)
      3'd0: out = 8'b1111_1110;
      3'd1: out = 8'b1111_1101;
      3'd2: out = 8'b1111_1011;
      3'd3: out = 8'b1111_0111;
      3'd4: out = 8'b1110_1111;
      3'd5: out = 8'b1101_1111;
      3'd6: out = 8'b1011_1111;
      3'd7: out = 8'b0111_1111;
    endcase
  end
endmodule
```

(2)BCD 码—七段译码器

例 7-23 七段数码译码器(共阴)。

```
module decode4_7(a,b,c,d,e,f,g,D);
output a,b,c,d,e,f,g;
input[3:0] D;
reg a,b,c,d,e,f,g;
always @(D)
  begin
    case(D)
      4'd0      : {a,b,c,d,e,f,g}=7'b1111110;
      4'd1      : {a,b,c,d,e,f,g}=7'b0110000;
      4'd2      : {a,b,c,d,e,f,g}=7'b1101101;
      4'd3      : {a,b,c,d,e,f,g}=7'b1111001;
      4'd4      : {a,b,c,d,e,f,g}=7'b0110011;
      4'd5      : {a,b,c,d,e,f,g}=7'b1011011;
      4'd6      : {a,b,c,d,e,f,g}=7'b1011111;
      4'd7      : {a,b,c,d,e,f,g}=7'b1110000;
```

```
        4′d8            ：{a,b,c,d,e,f,g}＝7′b1111111；
        4′d9            ：{a,b,c,d,e,f,g}＝7′b1111011；
        default         ：{a,b,c,d,e,f,g}＝7′bx；
    endcase
  end
endmodule
```

4. 数据选择器

数据选择器是数字电路最常用的电路之一，在 Verilog HDL 中，描述也最为简便，可用门级建模、if-else 语句、case 语句描述，也可用条件运算符"?:"描述。

例 7-24　用 if-else 语句描述 4 选 1 数据选择器。

```
module mux4_1(out, in , sel , en );
    output                  out；
    input [3:0]             in；
    input                   en；
    input[1:0]              sel；
    reg[7:0]                out；
    always @(in or sel or en)
      begin
        if（！ en）
            if(sel== 2′b00)            out = in[0]；
            else if(sel == 2′b01)      out = in[1]；
                else if(sel == 2′b10)  out = in[2]；
                    else               out = in[3]；
        else out＝0；
      end
endmodule
```

5. 双向三态端口的描述

双向端口常用在总线结构中。例 7-25 为如图 7-10 所示的电路的 Verilog HDL 描述。

例 7-25　双向三态端口的 Verilog HDL 描述。

```
module tri_inout(tri_inout,out,data,en,clk)；
    input               en,clk；
    input [7:0]         data；
    output[7:0]         out；
    inout [7:0]         tri_inout；
    wire [7:0]          tri_inout；
    reg [7:0]           out；
    assign tri_inout= en? data:8′bz；//双向端口的赋值
    always @(posedge clk)
        out＝tri_inout；
```

endmodule

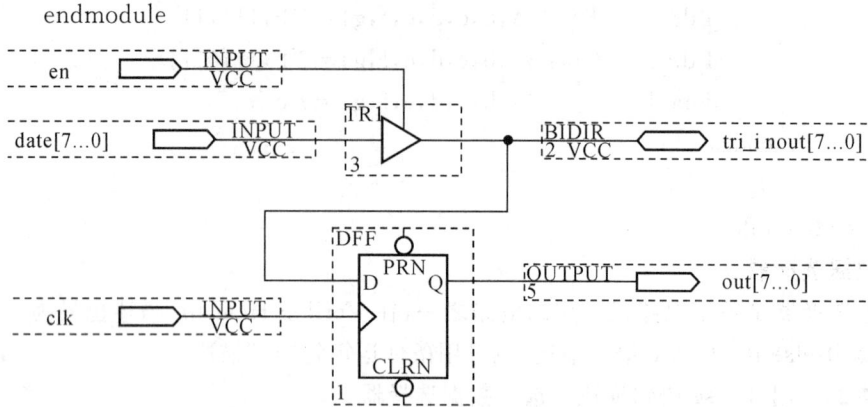

图 7-10 三态双向驱动器

7.10.2 常用时序电路的设计

1. 数据锁存器

例 7-26 带置位和复位端的 8 位电平敏感数据锁存器。

```
module latch_8(q , d, clk, set, reset);
    parameter            size=8; //可改变锁存器的位数
    output [size-1:0]    q;
    input [size-1:0]     d;
    input                clk, set, reset;
    assign q =reset ? 0 : (set ? 1 :(clk ? d : q) );// 复位比置位有优先权
endmodule
```

上例中,异步 reset 信号和 set 信号均为高电平有效。与数字电路不同的是,在这里,
reset 与 set 信号可同时有效,但复位信号 reset 有优先权。

2. 数据寄存器

例 7-27 带置位和复位端的 8 位数据寄存器。

```
module reg_8(q,d,clk,clrn,prn);
    output[7:0]        q;
    input              clk,clrn,prn;
    input [7:0]        d;
    reg [7:0]          q;
    always @ (posedge clk or negedge clrn or negedge prn)
      begin
      if(! clrn)       q =0;
        else if(! prn) q=8'hff;
            else       q=d;
      end
endmodule
```

上例中,异步 clrn 信号和 prn 信号均为低电平有效。与数字电路不同的是,在这里,clrn 与 prn 信号可同时有效,但复位信号 clrn 有优先权。

3. 移位寄存器

例 7-28 为双向移位寄存器 Verilog HDL 描述,信号 direction 控制移位方向,direction＝1时左移;反之,右移。dl_in,dr_in 分别为左移和右移的输入信号。

例 7-28　双向移位寄存器。

```
module shift_n(dl_in ,dr_in ,clk , clr ,dout, direction);
parameter n＝8;
input   dl_in ,dr_in,clk , clr,direction;
output[8:1] dout ;
reg[8:1] dout;
reg temp;
always @(posedge clk or negedge clr)
   begin
       if (! clr) dout = 0;      // 异步清零,低电平有效
       else if (direction)
               {dout,temp} = {dout,dl_in}<<1; //输出信号左移一位
           else       dout = {dr_in,dout}>>1; //输出信号右移一位
   end
endmodule
```

4. 计数器

计数器为最常用的时序电路,种类很多,这里只介绍常用的几种。由于例 7-1 对二进制加法计数器已作介绍,下面两例分别介绍二进制可逆计数器和十进制计数器。

例 7-29　n 位二进制可逆计数器。

```
module up_down_count(d,clk,clear,load,up_down,q);
parameter size＝8;
input[size:1]    d;
input            clk,clear,load,up_down ;
output[size:1]   q;
reg[size:1]      cnt;
assign           q＝cnt;
always @(posedge clk)
begin
  if(! clear) cnt＝0;                //低电平、同步复位
  else if(! load) cnt＝d;            //低电平、同步置数
      else if(up_down) cnt＝cnt＋1;  //加法计数
          else cnt＝cnt－1;//减法计数
end
endmodule
```

上例完成的功能如表 7-7 所示。

表 7-7　可逆计数器的功能表

clear	load	up_down	clk	功　能
0	x	x		同步清零
1	0	x	↑	同步置数
1	1	1		加法计数
1	1	0		减法计数

例 7-30　2～100 进制 8421BCD 计数器。

```
module countBCD(qout,cout,data,load,cin,reset,clk);
parameter   MODULUS=8'h23;   //可修改计数器的模
output[7:0] qout;
output   cout;
input[7:0] data;
input   load,cin,reset,clk;
reg [7:0]   qout;
assign   cout=(qout==MODULUS)&cin;//进位
always @(posedge clk)
begin
    if(reset) qout=0;
    else    if(load) qout=data;//同步置数
            else    if(cin)   //cin=1,计数   cin=0,保持
            begin
                    if(qout==MODULUS)   qout=0;
                    else   if (qout[3:0]==9)
                        begin qout[3:0]=0;qout[7:4]=qout[7:4]+1;
                        end
                    else qout[3:0]<=qout[3:0]+1;
            end
end
endmodule
```

以 24 进制为例说明计数规则:当状态为 23,下一状态为 0;当状态≠23 且个位=9 时,下一状态的个位为 0,十位加 1;若状态≠23 且个位≠9 时,下一状态的个位加 1,十位保持不变。

5. 有限状态机的设计实例

状态机通常可使用带有 always 语句的 case 语句建模。状态信息存储在寄存器中。case 语句的多个分支包含每个状态的行为。例 7-31 为如图 7-11 所示状态机的 Verilog HDL 的描述。

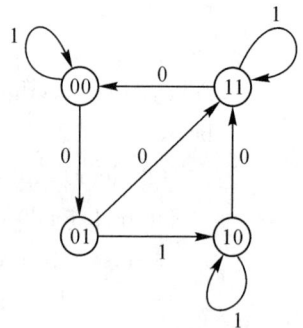

图 7-11　状态机图

例 7-31　有限状态机的设计实例。

```
module Moore_mdl (x, AB, CLK, RST);
        input x, CLK, RST;
        output [1:0] AB;
        reg [1:0] state;
        parameter  S0 = 2′b00, S1 = 2′b01;
        S2 = 2′b10, S3 = 2′b11;
            always @ (posedge CLK or negedge RST)
            if (! RST) state = S0;
            else
            case (state)
                S0: if (! x)  state = S1; else state = S0;
                S1: if (x)   state = S2; else state = S3;
                S2: if (! x)  state = S3; else state = S2;
                S3: if (! x)  state = S0; else state = S3;
            endcase
        assign AB = state;
endmodule
```

7.10.3　综合实例

下面将给出用于教学目的的综合设计实验,进一步加深对 Verilog HDL 语句的了解。

1. 功能

设计一个交通信号灯控制电路,由一条主干道和一条支干道汇合成十字路口。要求:

(1)交通管理器应能有效操纵路口两组红、黄、绿灯,使两条交叉道路上的车辆交替通行,主干道每次放行 60 秒(包括 3 秒黄灯),禁行 45 秒;支干道每次放行 45 秒(包括 3 秒黄灯),禁行 60 秒。

(2)每次由绿灯变为红灯的转换过程中需亮 3 秒黄灯作为过渡。

(3)各方向设置倒计时器,用 LED 数码管显示剩余时间。

2. 状态表

交通灯控制器的状态转换表如表 7-8 所示。表中 1 表示灯亮,0 表示灯灭。主干道 A 方向和支干道 B 的红、黄、绿灯分别用 lamp_a[2:0]和 lamp_b[2:0]来表示。

表 7-8　交通灯控制器的状态转换

主干道 A 方向			支干道 B 方向			时间（秒）
绿灯 lamp_a[1]	黄灯 lamp_a[0]	红灯 lamp_a[2]	绿灯 lamp_b[1]	黄灯 lamp_b[0]	红灯 lamp_b[2]	
1	0	0	0	0	1	57
0	1	0	0	0	1	3
0	0	1	1	0	0	42
0	0	1	0	1	0	3

从状态转换表中可以看出,每个方向三种灯按如下顺序点灯,并不断循环:绿灯→黄灯
→红灯。并且每个方向红灯亮的时间与另一方向绿、黄灯亮的时间之和相等。黄灯所起的作
用是用来在绿灯向红灯转换时进行缓冲,以提醒该方向的车辆、行人马上要禁行了。

3. 设计框图

根据功能要求,可画出框图如图 7-12 所示。虚框内就是我们要设计的 CPLD/FPGA 的
芯片。虚框外为外围电路,注意剩余时间的显示采用动态扫描显示方式;时间基准采用
4MHz 晶振。下面我们用 Verilog HDL 设计 CPLD/FPGA 内部电路,内部电路由分频器、交
通灯控制器和扫描显示三部分组成。

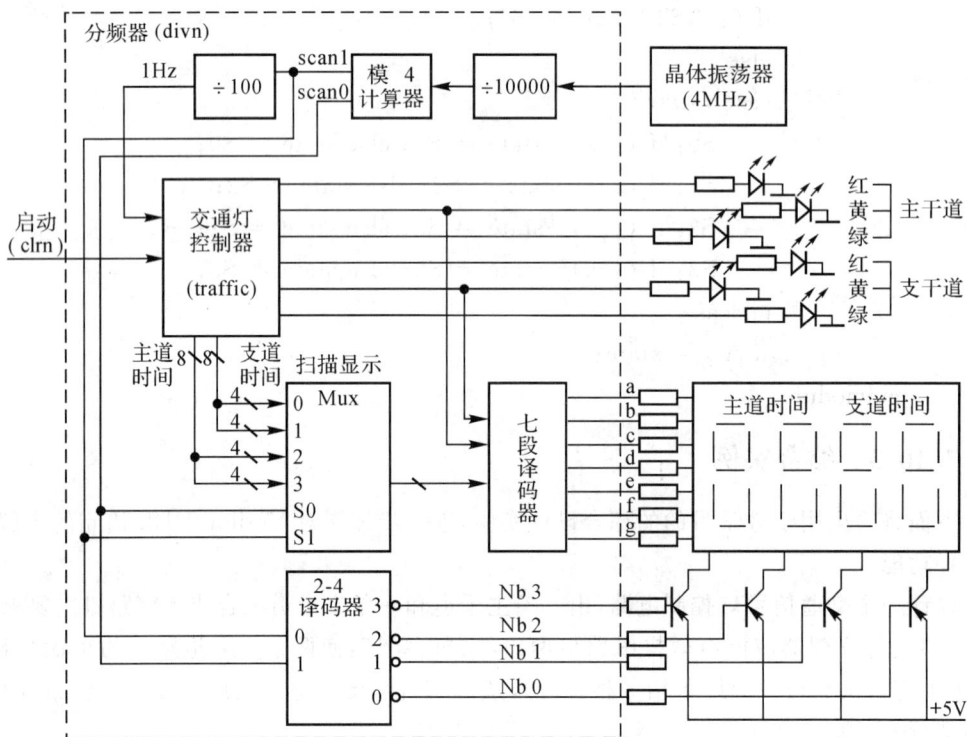

图 7-12　交通灯控制电路框图

4. 各功能模块的设计

(1)交通灯控制器

1)源程序

/ * 信号定义与说明

clk:秒脉冲输入。

clrn:启动信号;clrn =0 时,使控制器回到起始状态。

lamp_a[2:0]:主干道的红,绿,黄;lamp_b[2:0]:支干道的红,绿,黄。

count_a[7:0],count_b[7:0]:两个倒计时计数器,分别为主、支剩余时间,各 8 位,用
8421BCD 码来表示。

state_a[1:0]:组成模 3 加法计数器。决定主干道的红、绿和黄灯点亮状态。

state_b[1:0]:组成模 3 加法计数器。决定支干道的红、绿和黄灯点亮状态。

temp_a，temp_b：这两变量分别表征主、支道倒计时结束状态。

＊程序清单：＊/

```verilog
'define      red_state      2'b01        //定义红、绿、黄灯及复位状态
'define      green_state    3'b10
'define      yellow_state   3'b11
'define      reset_state    3'b00
module control(lamp_a,lamp_b,count_a,count_b,clk,clrn);
output [2:0] lamp_a,lamp_b;
output [7:0] count_a,count_b;
input clk,clrn;
reg temp_a,temp_b;
reg [1:0] state_a,state_b;
reg [7:0] count_a,count_b;
assign lamp_a[2]=(state_a=='red_state)||(state_a=='reset_state);//主道红灯
assign lamp_a[1]=(state_a=='green_state);    //主道绿灯
assign lamp_a[0]=(state_a=='yellow_state);    //主道黄灯
assign lamp_b[2]=(state_b=='red_state)||(state_b=='reset_state);//支道红灯
assign lamp_b[1]=(state_b=='green_state);        //支道绿灯
assign lamp_b[0]=(state_b=='yellow_state);        //支道黄灯
always @(posedge clk or negedge clrn)
  begin
  if(! clrn) //异步复位至初始状态。
    begin
        state_a='reset_state;count_a=0;temp_a=1;
        state_b='reset_state;count_b=0;temp_b=1;
    end
  else begin//主干道
    if(temp_a)      //条件满足时(倒计时结束),状态切换;否则,倒计时
    begin
        temp_a=0;      //清倒计时的结束标识
        case(state_a)    //状态机描述,即灯的顺序
        'reset_state：    //复位后,变绿灯
            begin state_a='green_state;count_a=8'h56; end
        'green_state：//绿灯后变黄灯
            begin state_a='yellow_state; count_a=8'h02; end
        'yellow_state：//黄灯后变红灯
            begin state_a='red_state;count_a=8'h44; end
        'red_state：//红灯后变绿灯
            begin state_a='green_state; count_a=8'h56; end
```

```
                endcase
            end
    else if(count_a>1)        //倒计时
                if(count_a[3:0]==0)
                    begin count_a[3:0]=9;count_a[7:4]=count_a[7:4]-1; end
                    else count_a[3:0]=count_a[3:0]-1;
    else begin temp_a=1; count_a=0; end        //置倒计时结束标记
            //支干道
            if(temp_b)
            begin
                temp_b=0;
                case(state_b) //支干道状态机描述,即灯的顺序
                'reset_state: //复位后,红灯,与主干道不同,clrn 起同步作用
                    begin state_b='red_state;count_b=8'h59; end
                'red_state: //红灯后变绿灯
                    begin state_b='green_state; count_b=8'h41; end
                'green_state: //绿灯后变黄灯
                    begin state_b='yellow_state; count_b=8'h02; end
                'yellow_state: //黄灯后变红灯
                    begin state_b='red_state;count_b=8'h59; end
            endcase
            end
    else if(count_b>1) //倒计时
                if(count_b[3:0]==0)
                    begin count_b[3:0]=9;count_b[7:4]=count_b[7:4]-1; end
                else count_b[3:0]=count_b[3:0]-1;
            else begin temp_b=1;count_b=0; end //置倒计时结束标记
        end
    end
endmodule
```

2)仿真,用 MAX+PLUS II 软件编译并进行时序仿真,图 7-13 为仿真波形的一部分。从波形图中可看出两个方向红、绿、黄灯的转换的时序关系。

3)图形符号,用 MAX+PLUS II 软件将上述文本模块编译生成一个如图 7-14 所示的功能符号,便于顶层文件调用。

(2)分频器电路

分频器的作用一是产生秒脉冲 clk_1Hz 提供给控制器;二是产生计数频率为 400Hz 的模 4 计数器 scan[1:0],模 4 计数器的输出提供给动态扫描电路。

1)源程序

// 输入 4MHz,共需 10000 * 4 * 100 分频,才能得到 1Hz 信号

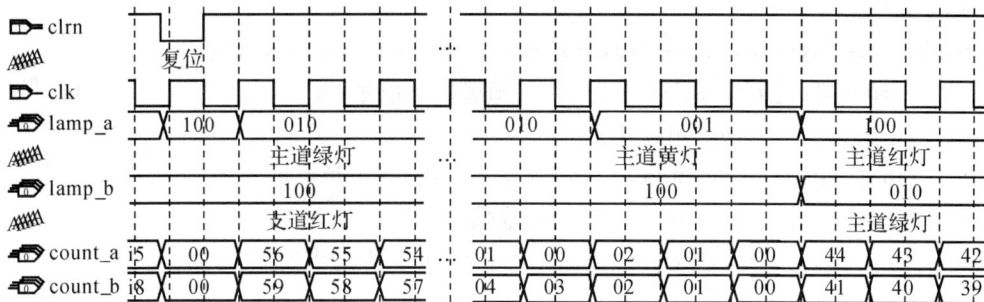

图 7-13　控制器的仿真图

// 采用 10000 ∗ 4 ∗ 100 分频目的是：得到计数频率为
400Hz 的扫描信号

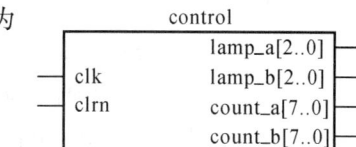

图 7-14　控制器的图形符号

// 计数器采用同步级联

```verilog
module divn(clk_1Hz,scan,clk_4MHz);
    output[1:0]      scan;
    output           clk_1Hz;
    input            clk_4MHz;
    reg[22:0]        temp_conut;
    wire     temp_co1,  temp_co2;  //10000 进制和 4 进制的进位信号
    assign   temp_co1=(temp_conut[13:0]==14'd9999);
    assign   temp_co2=&temp_conut[15:14]&&.temp_co1;
    assign clk_1Hz=temp_conut[22];
    assign scan=temp_conut[15:14];//扫描信号
    always @(posedge clk_4MHz) //10000 分频
        if  (temp_conut[13:0]==14'd9999)  temp_conut[13:0]=0;
        else   temp_conut[13:0]=temp_conut[13:0]+1;
    always @(posedge clk_4MHz)    //4 分频
        if (temp_co1)     temp_conut[15:14]=temp_conut[15:14]+1;
    always @(posedge clk_4MHz) //100 分频
        if (temp_co2)
            if  (temp_conut[22:16]==99 ) temp_conut[22:16]=0;
        else   temp_conut[22:16]=temp_conut[22:16]+1;
endmodule
```

2)分频电路的图形符号

用 MAX＋PLUS Ⅱ 软件将上述文本模块编译生成
一个如图 7-15 所示的分频器功能符号。

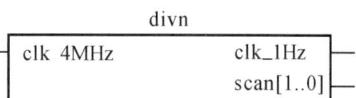

图 7-15　分频电路的图形符号

（3）七段译码器、动态扫描显示电路

　　电路的作用是将 4 个十进制数译码并显示，4 个十
进制数即主道时间的十位、个位和支道时间的十位、个位。由于采用动态扫描，因此 4 个十
进制数应轮流取出，译码后送出，同时送出相应显示器的共阳极控制信号。

1)电路的源程序

```verilog
module display(a,b,c,d,e,f,g,bits_sel,numa,numb,scan_clk);
    output[3:0] bits_sel;        // 共阳极控制信号
    output      a,b,c,d,e,f,g;
    input[7:0]  numa,numb;    //主干道时间、支干道时间
    input[1:0]  scan_clk;       //扫描信号
    reg  [3:0] bits_sel,temp_bcd; //temp_bcd 为选出的 BCD 数
    reg   a,b,c,d,e,f,g;
    always   @(numa or numb or scan_clk)
    begin
        case(scan_clk)
                //主道个位,显示在右起 1 位(低电平有效)
        2'b00:begin temp_bcd=numb[3:0];bits_sel=4'b1110;end
                //主道十位,显示在右起 2 位
        2'b01:begin temp_bcd=numb[7:4];bits_sel=4'b1101;end
                //主道个位,显示在右起 3 位
        2'b10:begin temp_bcd=numa[3:0];bits_sel=4'b1011;end
                //主道十位,显示在右起 4 位
        2'b11:begin temp_bcd=numa[7:4];bits_sel=4'b0111;end
        endcase
    end
    always   @(temp_bcd)   //七段译码器
    begin
        case(temp_bcd)
                                4'd0     : {a,b,c,d,e,f,g}=7'b0000001;
                                4'd1     : {a,b,c,d,e,f,g}=7'b1001111;
                                4'd2     : {a,b,c,d,e,f,g}=7'b0010010;
                                4'd3     : {a,b,c,d,e,f,g}=7'b0000110;
                                4'd4     : {a,b,c,d,e,f,g}=7'b1001100;
                                4'd5     : {a,b,c,d,e,f,g}=7'b0100100;
                                4'd6     : {a,b,c,d,e,f,g}=7'b0100000;
                                4'd7     : {a,b,c,d,e,f,g}=7'b0001111;
                                4'd8     : {a,b,c,d,e,f,g}=7'b0000000;
                                4'd9     : {a,b,c,d,e,f,g}=7'b0000100;
                        default     : {a,b,c,d,e,f,g}=7'b1111111;
        endcase
    end
```

2）动态扫描显示的图形符号如图 7-16 所示。

5. 顶层图形文件

　　用 MAX＋PLUS Ⅱ 软件的图形编辑器顶层图形文件，调用上述三个文件得到的顶层图形如图 7-17 所示。选择合适的 CPLD 或 FPGA 目标器件，本例可选 ALTER 公司的 CPLD 器件 EPM7128SLC84-15。用 MAX＋PLUS Ⅱ 软件对文件进行编译，并合理分配管脚

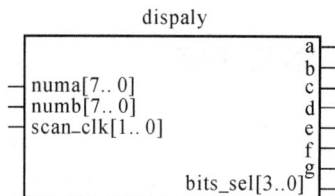

图 7-16　动态扫描显示的图形符号

下载到 EPM7128SLC84-15。这样就完成了交通灯电路芯片的设计。加上少量的外围电路就可进行验证。

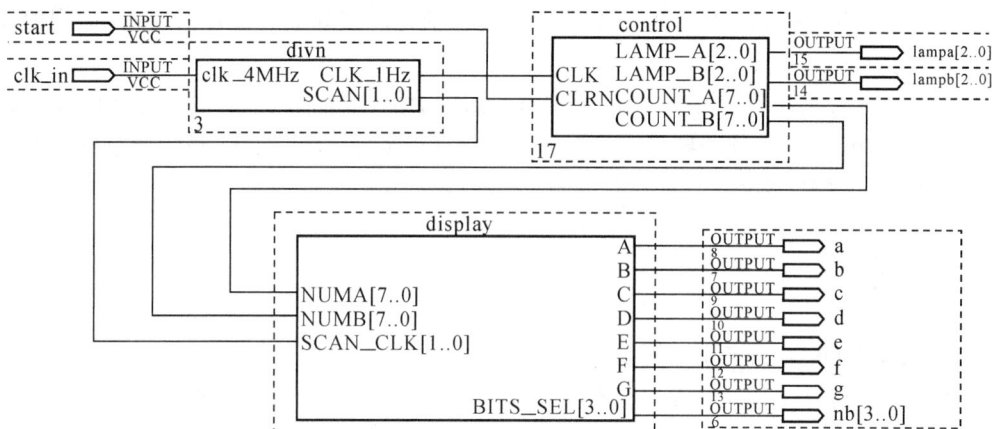

图 7-17　顶层图形文件

7.11　MAX＋PLUS Ⅱ 软件不支持的数据类型和语句

　　HDL 追求对硬件的全面描述，而将 HDL 描述在目标器件上实现是由 EDA 工具软件的综合器完成。受限于目标器件，并不是所有 Verilog HDL 语句均可被综合。结合 EDA 实验，我们选用 ALTERA 公司 MAX＋PLUS Ⅱ 为工作平台。为便于使用，对 MAX＋PLUS Ⅱ 不支持的数据类型和语句进行罗列，以便于查阅。

　　（1）不支持数据类型，nets 型有 tri0、tri1、wor、trior、wand、triand、supply0、supply 和 trireg1；寄存器型 real 和 time 型。实际上 MAX＋PLUS Ⅱ 只支持数 wire 和 reg 型数据及在 for 语句支持 integer 型数据。

　　（2）不支持运算符有：除（/）、求模（%）、全等（＝＝＝）和非全等（！＝＝）。

　　（3）不支持数据的门级原语：pullup 和 pulldown。另外均不支持开关级原语和用户自定义原语（UDP）。

　　（4）不支持语句有：循环语句中的 forever，while 和 repeat；结构说明语句中的 initial；任务 task。

　　（5）MAX＋PLUS Ⅱ 不支持系统函数。

　　（6）不支持预编译语句：'timescale。

本章小结

随着电子技术的发展,芯片复杂程度越来越高,人们对数万门及至数百万门电路的设计需求越来越多,依靠原理图描述方式已不能满足需要,采用硬件描述语言 HDL 的设计方式应运而生。借助于软件工具,HDL 简化了硬件电路的设计、调试工作,提高了工作效率。本章重点介绍在 EDA 技术中具有重要作用的硬件描述语言 Verilog HDL 语言。

Verilog HDL 语言已成为 IEEE 的标准。在 C 语言的基础上发展而来的硬件描述语言,提供了非常精练、易读的语法,具有简捷、高效、易学、功能强等特点,得到了广泛的应用。本章主要介绍 Verilog HDL 语言的主要语法和语句,以可综合的设计为重点,通过由浅入深的实例方式介绍 Verilog HDL 的基本结构、语法、描述风格和数字设计的层次,达到使读者快速入门的目的。

EDA 的学习基本包括三个方面,对 PLD 器件结构性能的认识,对硬件描述语言(HDL)的掌握,对 EDA 工具软件的熟悉。要全面了解和真正掌握 EDA 技术,还需通过课程与实验相结合的过程来完整学习。

习 题

7-1 Verilog HDL 中的两类主要数据类型是什么?

7-2 在数据流描述方式中使用什么语句描述一个设计?试用数据流描述方式,描述题7-2图所示的优先编码器电路的行为。

7-3 使用门级建模描述如题 7-2 图所示的优先编码器电路模型。

7-4 用门级建模描述基本 RS 触发器电路。

7-5 顺序语句块和并行语句块的区别是什么?举例说明。顺序语句块能否出现在并行语句块中?

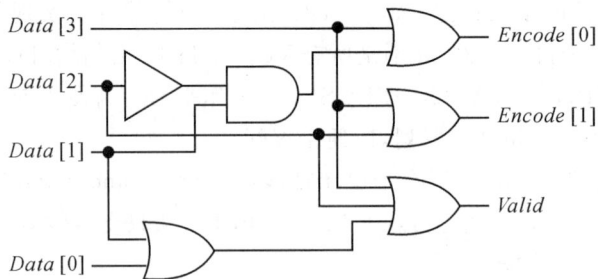

题 7-2 优先编码器电路

7-6 阻塞性赋值和非阻塞性赋值有何区别?

7-7 case 语句与 casex 语句有何区别?

7-8 用 casex 语句设计高优先 8 线—3 线高优先编码器,要求:输入信号 i[7:0]低电平有效;输出为二进制反码;有输入无效输出端口 valid 指示,当 8 个输入均为 1 时,valid 为 1,否则 valid 为 0。

7-9   用 if-else 语句实现函数:$f=a \cdot x+\overline{a} \cdot b \cdot y+\overline{a} \cdot \overline{b} \cdot c \cdot z$

7-10 用 for 语句设计 9 人无弃权表决器,当有半数以上赞成,表决就通过。

7-11 假定长度为 64 个字的存储器,每个字 8 位,编写 Verilog HDL 代码,按逆序交换存储器的内容。即将第 0 个字与第 63 个字交换,第 1 个字与第 62 个字交换,并以此类推。用 for 语句描述上述设计。

7-12 编写一个函数,执行 BCD 码到 7 段显示码的转换。

7-13 使用 always 语句描述具有异步复位和置位的 JK 触发器的行为功能。

7-14 用 Verilog HDL 语言来设计 16 位二进制减法计数器,要求:(1)具有异步清零、同步置数、计数使能功能;(2)具有借位 BO 输出。

7-15 设计 24 进制 BCD 码同步加/减计数器,要求:(1)具有异步清零、同步置数、计数使能功能;(2)具有进位/借位(CO/BO)输出。

7-16 设计一个具有异步清零功能双模计数器,输入控制信号 $S=0$ 时,12 进制同步计数器;$S=1$ 时,24 进制同步计数器。

7-17 用 Verilog HDL 语言来设计实现任意分频比 $N(2<2^N<256)$ 逻辑电路,要求:输入 N 即实现 N 分频。

7-18 设计一个 16 位同步移位寄存器,要求:(1)具有异步清零功能;(2)具有保持、左移、右移和同步置数等。

7-19 用 Verilog HDL 语言来描述如题 7-19 图所示的状态图。

7-20 编写一个 Verilog HDL 语言描述的自动售饮料机模型。饮料机分发价值 1 元 5 角一听的饮料。此饮料机每次只接收一枚 5 角或一元硬币。投入 1 元 5 角给出一听饮料;投入 2 元后,给出一听饮料同时找回一枚 5 角硬币。

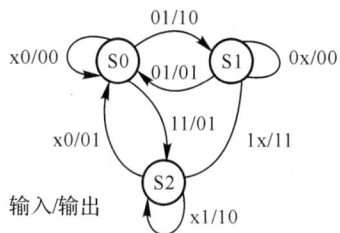

题 7-19 图   状态图

第 8 章　脉冲的产生和整形电路

8.1　概　述

在数字系统中,经常需要各种宽度、幅度且边沿陡峭的脉冲信号,如时钟信号、定时信号等,因此必须考虑脉冲信号的产生与变换问题。获取矩形脉冲的方法通常有两种:一种是用脉冲产生电路直接产生;另一种是对已有的信号进行整形,然后将它变换成所需要的脉冲信号。

8.1.1　脉冲信号及特性参数

脉冲产生电路能够直接产生矩形脉冲或方波。如在同步时序电路中,作为时钟信号的矩形脉冲控制和协调着整个系统的工作,因此,时钟脉冲的特性直接关系到系统能否正常工作。为了定量描述矩形脉冲的特性,通常给出图 8-1 中所标注的几个主要参数。

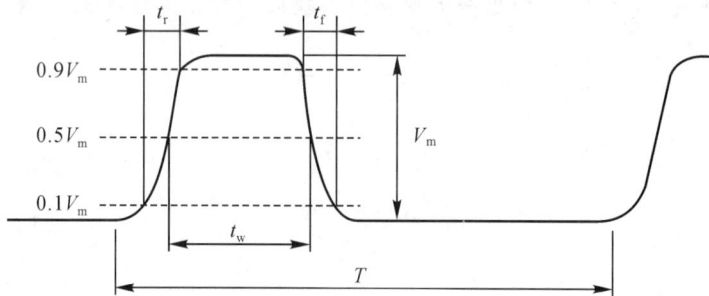

图 8-1　描述矩形脉冲特性的主要参数

● 脉冲周期 T:周期性重复的脉冲序列中,两个相邻脉冲之间的时间间隔。有时也使用频率 $f=\dfrac{1}{T}$ 表示单位时间内脉冲重复的次数。

● 脉冲幅度 V_m:脉冲电压的最大变化幅度。

● 脉冲宽度 t_w:从脉冲前沿上升到 $0.5V_m$ 处开始,到脉冲后沿下降到 $0.5V_m$ 为止的一段时间。

● 上升时间 t_r:脉冲前沿从 $0.1V_m$ 上升到 $0.9V_m$ 所需要的时间。

● 下降时间 t_f:脉冲后沿从 $0.9V_m$ 下降到 $0.1V_m$ 所需要的时间。

● 占空比 q：脉冲宽度与脉冲周期的比值，$q = t_w/T$。

利用这些指标，就可以把一个矩形脉冲的基本特性大体上表示清楚了。

对于理想矩形脉冲，其上升时间 t_r 和下降时间 t_f 均为零。

8.1.2 555 定时器

555 定时器是一种中规模集成电路，只要在其外部配上适当阻容元件，就可以方便地构成脉冲产生和整形电路。这种电路在工业控制、定时、仿声、电子乐器及防盗报警等方面应用很广。

1. 555 定时器的组成与功能

555 集成定时器的结构原理图如图 8-2 所示。其内部包括五个部分：基本 RS 触发器（G_1，G_2）、比较器（C_1，C_2）、分压器（三个阻值为 5kΩ 的电阻，555 也因此而得名）、晶体管开关（T_D）和输出缓冲电路（G_3，G_4）。图中，比较器 C_1 的输入端 TH（引脚 6）称为阈值输入端，比较器 C_2 的输入端 $\overline{TR}$（引脚 2）称为触发输入端。比较器 C_1，C_2 的参考电压（电压比较的基准）由三个阻值均为 5kΩ 的电阻提供，C_1 的"＋"端电压为 $V_+ = \dfrac{2V_{CC}}{3}$，C_2 的"－"端电压为 $V_- = \dfrac{V_{CC}}{3}$。如果在电压控制端 CO 另加控制电压，可改变 C_1，C_2 的参考电压。工作中若不使用 CO 端，一般都通过一个 $0.01\mu F$ 的电容接地，以旁路高频干扰。

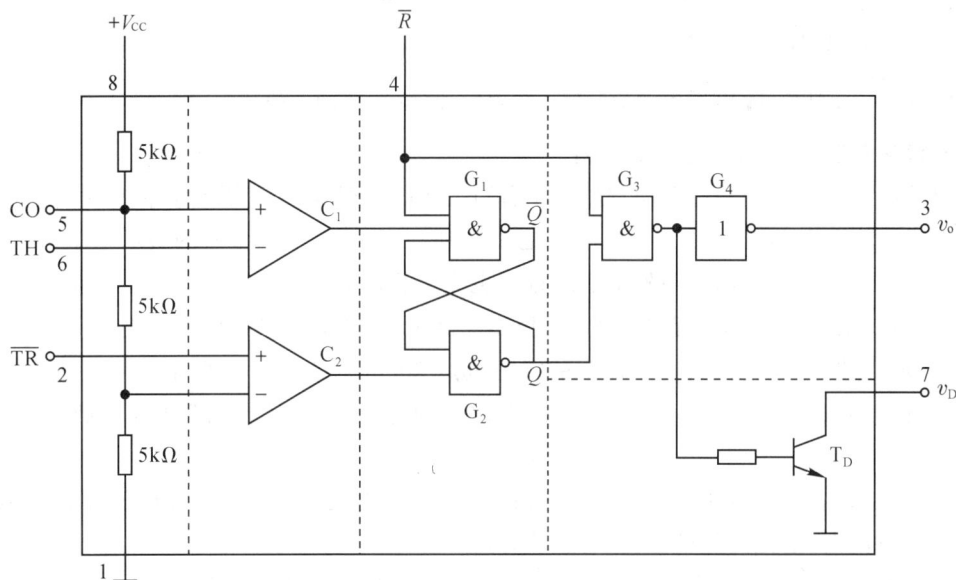

图 8-2　555 集成定时器的电路结构

表 8-1 所示是 555 定时器的功能表，它全面地表示了 555 的基本功能。

表 8-1 555 定时器的功能表

V_{TH}	$V_{\overline{TR}}$	$\overline{R}$	v_o	T_D 的状态
×	×	0	V_{OL}	导通
$>\dfrac{2V_{CC}}{3}$	$>\dfrac{V_{CC}}{3}$	1	V_{OL}	导通
$<\dfrac{2V_{CC}}{3}$	$>\dfrac{V_{CC}}{3}$	1	不变	不变
×	$<\dfrac{V_{CC}}{3}$	1	V_{OH}	截止

$\overline{R}$为异步置 0 端。

当$\overline{R}=0$ 时,$\overline{Q}=1$,输出电压 $v_o=V_{OL}$ 为低电平,T_D 饱和导通。

当$\overline{R}=1$ 时,定时器的主要功能取决于两个比较器输出对基本 RS 触发器和晶体管开关(T_D)状态的控制。此时,若

$V_{TH}>\dfrac{2V_{CC}}{3}$,$V_{TR}>\dfrac{V_{CC}}{3}$,则 C_1 输出低电平、C_2 输出高电平,$\overline{Q}=1$,$Q=0$,$v_o=V_{OL}$,T_D 饱和导通;

$V_{TH}<\dfrac{2V_{CC}}{3}$,$V_{TR}>\dfrac{V_{CC}}{3}$,则 C_1 和 C_2 输出均为高电平,基本 RS 触发器保持原来状态不变,因此 v_o,T_D 也保持原来状态不变;

$V_{TR}<\dfrac{V_{CC}}{3}$,则 C_2 输出低电平,$Q=1$,$v_o=V_{OH}$ 为高电平,T_D 截止。

2. 双极型和 CMOS 型 555 定时器

目前国内外各电子器件公司都生产了各自的 555 定时器产品。虽然产品的型号各异,但所有双极型产品型号的最后三个数码都是 555,所有 CMOS 产品型号的最后四个数码都是 7555。这些产品的逻辑功能与外部引线排列也完全相同。

555 定时器的电源电压范围较大,双极型电路 $V_{CC}=4.5\sim16V$,输出高电平不低于电源电压的 90%,带拉电流和灌电流负载的能力可达 200mA;CMOS 电路 $V_{DD}=3\sim18V$,输出高电平不低于电源电压的 95%,带拉电流负载的能力为 1mA,带灌电流负载的能力为3.2mA。

一般说来,在要求定时长、功耗小、负载轻的场合,宜选用 CMOS 型 555,而在负载重、要求驱动电流大、电压高的场合,宜选用 TTL 型 555。

CMOS 型 555 的输入阻抗高达 $10^{10}\Omega$ 数量级,远比 TTL 型高,非常适合于作长时间的延时电路,RC 时间常数一般很大。

3. 脉冲产生整形电路

脉冲产生整形电路种类很多,在这一章里只介绍用得很广的,也是最基本、最典型的几种电路:产生矩形脉冲的多谐振荡器、作为脉冲整形电路的施密特触发器和单稳态触发器。而且在具体介绍时,都以用 555 集成定时器构成的电路为典型,分析工作过程,说明工作原理。至于其他电路,例如石英晶体多谐振荡器、环形振荡器、集成施密特触发器和单稳态触发器,则只讲主要特点和外部特性,同时也用少量篇幅简单介绍它们的应用情况。

8.2 多谐振荡器

多谐振荡器是一种自激振荡电路。当电路连接好之后,只要接通电源,在其输出端便可获得矩形脉冲。由于矩形脉冲中除基波外还含有极丰富的高次谐波,所以人们把这种电路叫做多谐振荡器。

8.2.1 555 定时器构成的多谐振荡器

1. 电路组成与工作原理

(1)电路组成

用 555 定时器构成的多谐振荡器如图 8-3 所示。其中 R_1,R_2,C 为外接定时元件,C_1 为滤波电容,定时器的 TH 端(6 脚)与 $\overline{TR}$ 端(2 脚)连接起来接 v_C 端,晶体三极管集电极(7 脚)接到 R_1,R_2 的连接点 P。

(2)工作原理

起始状态:接通电源前电容 C 上无电荷,所以在接通电源瞬间,C 来不及充电,故 $v_C=0$,555 定时器内部的比较器 C_1 输出为 1、C_2 输出为 0,基本 RS 触发器 $Q=1,\overline{Q}=0$,$v_O=V_{OH}$,T_D 截止。

这种状态下,电容 C 充电,充电回路是 $V_{CC}{\rightarrow}R_1,R_2{\rightarrow}C{\rightarrow}$ 地。随着充电的进行,v_C

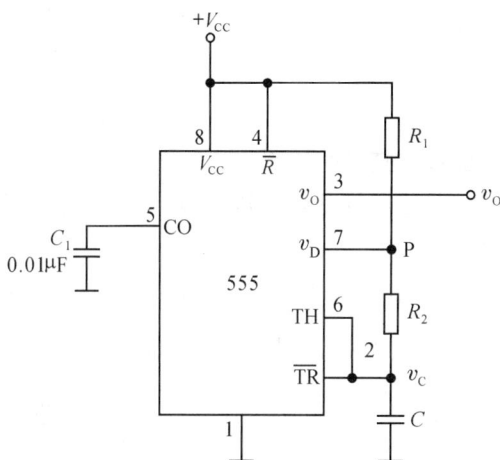

图 8-3　用 555 定时器构成的多谐振荡器

逐渐升高。当 v_C 升高到略低于 $\dfrac{V_{CC}}{3}$ 时,多谐振荡器开始正常工作。多谐振荡器正常工作时只有两个暂稳态。

暂稳态Ⅰ:当电容 C 上电压 v_C 略低于 $\dfrac{V_{CC}}{3}$ 时,555 定时器内部的 $Q=1,\overline{Q}=0,v_O=V_{OH}$,$T_D$ 截止,电容 C 充电,充电回路是 $V_{CC}{\rightarrow}R_1,R_2{\rightarrow}C{\rightarrow}$ 地。随着充电的进行,v_C 继续升高,但只要 $\dfrac{V_{CC}}{3}<v_C<\dfrac{2V_{CC}}{3}$,输出电压 v_O 就一直保持高电平不变,这就是暂稳态Ⅰ。

暂稳态Ⅱ:当电容 C 上电压 v_C 略微超过 $\dfrac{2V_{CC}}{3}$ 时,$Q=0,\overline{Q}=1,v_O=V_{OL}$,$T_D$ 饱和导通,电容 C 放电,放电回路是 $C{\rightarrow}R_2{\rightarrow}T_D{\rightarrow}$ 地。随着放电的进行,v_C 逐渐下降,但只要 $\dfrac{2V_{CC}}{3}>v_C>\dfrac{V_{CC}}{3}$,输出电压 v_O 就一直保持低电平不变,这就是暂稳态Ⅱ。

当 v_C 继续下降到略低于 $\dfrac{V_{CC}}{3}$ 时,电路又进入暂稳态Ⅰ。

因此,不难理解,接通电源正常工作之后,电路就在两个暂稳态之间来回翻转(振荡),于是在输出端就产生了矩形脉冲。电路的工作波形如图 8-4 所示。

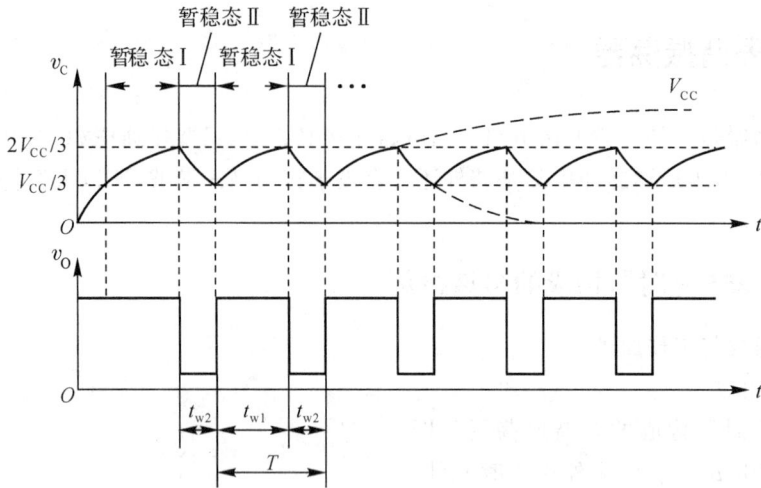

图 8-4　用 555 定时器构成的多谐振荡器工作波形图

2. 振荡频率的估算

由工作原理分析知道,电路稳定工作之后,电容 C 充电和放电的过渡过程总是周而复始重复进行的。

(1)电容 C 充电时间,即暂稳态 I 维持时间 t_{w1} 的估算

电容充电时,时间常数 $\tau_1 = (R_1 + R_2)C$,起始值 $v_C(0^+) = \dfrac{V_{CC}}{3}$,终了值 $v_C(\infty) = V_{CC}$,转换值 $v_C(t_{w1}) = \dfrac{2V_{CC}}{3}$,代入 RC 过渡过程计算公式计算:

$$t_{w1} = \tau_1 \ln \frac{v_C(\infty) - v_C(0^+)}{v_C(\infty) - v_C(t_{w1})}$$

$$= (R_1 + R_2)C \ln \frac{V_{CC} - \dfrac{V_{CC}}{3}}{V_{CC} - \dfrac{2V_{CC}}{3}} = (R_1 + R_2)C \ln 2$$

(2)电容 C 放电时间,即暂稳态 II 维持时间 t_{w2} 的估算

电容放电时,时间常数 $\tau_2 = R_2 C$,起始值 $v_C(0^+) = \dfrac{2V_{CC}}{3}$,终了值 $v_C(\infty) = 0$,转换值 $v_C(t_{w2}) = \dfrac{V_{CC}}{3}$,代入 RC 过渡过程计算公式计算:

$$t_{w2} = \tau_2 \ln \frac{v_C(\infty) - v_C(0^+)}{v_C(\infty) - v_C(t_{w2})}$$

$$= R_2 C \ln \frac{0 - \dfrac{2V_{CC}}{3}}{0 - \dfrac{V_{CC}}{3}} = R_2 C \ln 2$$

(3)电路振荡频率 f

振荡周期 T　　　$T = t_{w1} + t_{w2} = (R_1 + 2R_2)C \ln 2$ （8-2-1）

振荡频率 f　　　$f = \dfrac{1}{T} = \dfrac{1}{(R_1 + 2R_2)C \ln 2}$ （8-2-2）

(4)占空比 q

$$q = \frac{t_{w1}}{T} = \frac{R_1 + R_2}{R_1 + 2R_2} \tag{8-2-3}$$

例 8-1 试用国产双极型定时器 CB555 设计一个多谐振荡器,要求振荡周期为 1 秒,输出脉冲幅度大于 3V 而小于 5V,输出脉冲的占空比 $q = \dfrac{2}{3}$。

解 由 CB555 的特性参数可知,当电源电压取为 5V 时,在 100mA 的输出电流下输出电压的典型值为 3.3V,所以取 $V_{CC} = 5V$ 可以满足对输出脉冲幅度的要求。若采用如图 8-3 所示的电路,则根据式(8-2-3)可知

$$q = \frac{R_1 + R_2}{R_1 + 2R_2} = \frac{2}{3}$$

故得到 $R_1 = R_2$。

又由式(8-2-1)可知

$$T = (R_1 + 2R_2)C\ln 2 = 1$$

若取 $C = 10\mu F$,则代入上式得到

$$3R_1 C\ln 2 = 1$$

$$R_1 = \frac{1}{3C\ln 2} \approx \frac{1}{3 \times 10^{-5} \times 0.69} \approx 48(k\Omega)$$

因 $R_1 = R_2$,所以取两只 47kΩ 的电阻与一只 2kΩ 的电位器串联,即得到如图 8-5 所示的设计结果。

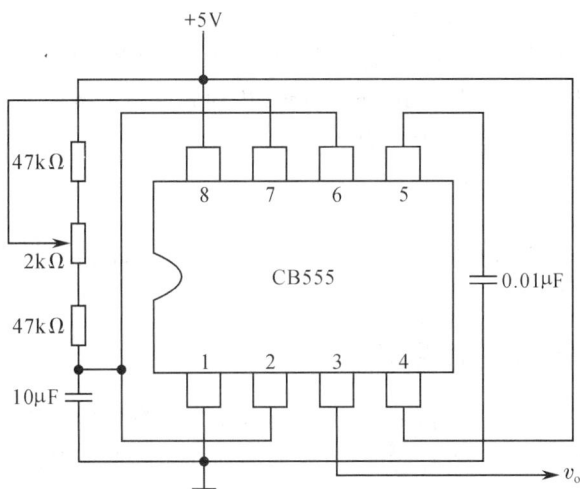

图 8-5 例 8-1 设计的多谐振荡器

例 8-2 指出图 8-6 中控制扬声器鸣响与否和调节音调高低的分别是哪个电位器?若原来无声,如何调节才能鸣响? 欲提高音调,又该如何调节?

解 调节 R_{w1} 可控制 $\overline{R}$ 为 0 或 1,从而控制振荡器工作与否,因此能控制扬声器鸣响与否。

调节 R_{w1} 使触头左移至适当位置,可使 $\overline{R} = 1$,使扬声器鸣响。

R_1,R_2,R_{w2} 和 C 共同构成定时元件,因此调节 R_{w2} 可调节音调高低。

欲提高音调,则应减小 R_{w2},因此触头应下移。

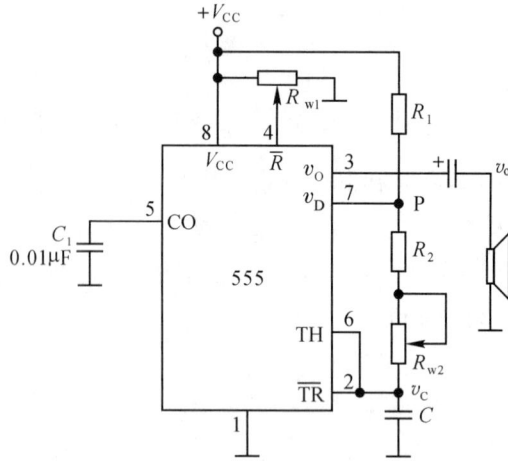

图 8-6　　例 8-2 电路

3. 占空比可调电路

在如图 8-3 所示电路中,由于电容 C 的充电时间常数 $\tau_1 = (R_1 + R_2)C$,放电时间常数 $\tau_2 = R_2 C$,所以总是 $t_{w1} > t_{w2}$,v_o 的波形不仅不可能对称,而且占空比 $q = \dfrac{t_{w1}}{T} = \dfrac{(R_1 + R_2)}{(R_1 + 2R_2)}$ 不易调节。实际应用中常常需要频率固定而占空比可调的多谐振荡器。图 8-7 所示的电路就是占空比可调的多谐振荡器。利用半导体二极管的单向导电特性,电容 C 的充放电回路分别被二极管 D_1 和 D_2 隔离。R_w 为可调电位器。

电容 C 的充电路径为 $V_{CC} \rightarrow R_1 \rightarrow D_1 \rightarrow C \rightarrow$ 地,因而 $t_{w1} = R_1 C \ln 2$。

电容 C 的放电路径为 $C \rightarrow D_2 \rightarrow R_2 \rightarrow T_D \rightarrow$ 地,因而 $t_{w2} = R_2 C \ln 2$。

振荡周期　　　　$T = t_{w1} + t_{w2} = (R_1 + R_2)C \ln 2$　　　　　　　　　　　(8-2-4)

占空比　　　　　$q = \dfrac{t_{w1}}{T} = \dfrac{R_1}{R_1 + R_2}$　　　　　　　　　　　　　　(8-2-5)

只要改变电位器活动端的位置,就可以方便地调节占空比 q。当 $R_1 = R_2$ 时,$q = 0.5$,v_o 端将输出对称的矩形脉冲。

8.2.2　石英晶体多谐振荡器

在许多数字系统中,都要求时钟脉冲的重复频率 f 十分稳定。例如在数字钟表里,计数脉冲频率的稳定性就直接决定着计时的精度。而前面介绍的多谐振荡器,由于其工作频率决定于电容 C 在充、放电过程中电压到达转换值的时间,所以稳定度不够高。原因有三:

(1)转换电平易受温度变化和电源波动的影响;

(2)电路的工作方式易受干扰,从而使电路状态转换时间提前或滞后;

(3)电路状态转换时,电容充、放电的过程已经比较缓慢,转换电平的微小变化或者干扰都会严重影响振荡周期。

因此,在对频率稳定性有较高要求时,必须采取稳频措施。目前普遍采用的一种稳频方法是在多谐振荡器电路中接入石英晶体,组成石英晶体多谐振荡器。

1. 石英晶体的选频特性

图 8-8(a),(b)给出的是石英晶体的符号和电抗频率特性。由图可明显看出,当外加电

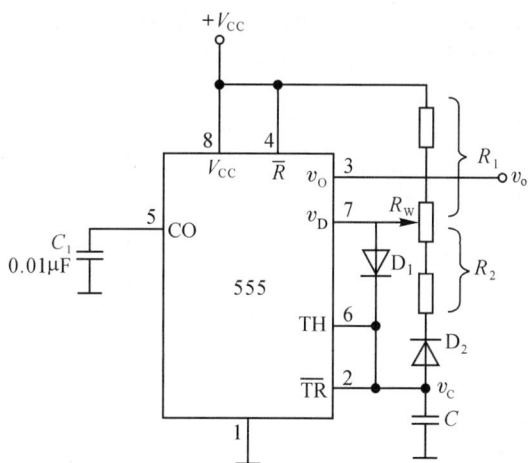

图 8-7　占空比可调的多谐振荡器

压的频率 $f=f_0$ 时,石英晶体的电抗 $X=0$,信号最容易通过,而在其他频率下电抗都很大,信号均被衰减掉。因此,振荡电路的工作频率仅决定于石英晶体的固有谐振频率 f_0,而与外接电阻、电容无关。石英晶体的谐振频率由石英晶体的结晶方向和外形尺寸所决定,所以不仅选频特性极好,而且具有极高的频率稳定性。它的频率稳定度 $\left(\dfrac{\Delta f_0}{f_0}\right)$ 可达 $10^{-10}\sim10^{-11}$,足以满足大多数数字系统对频率稳定度的要求。目前,具有各种谐振频率的石英晶体已被制成标准化和系列化的产品出售。

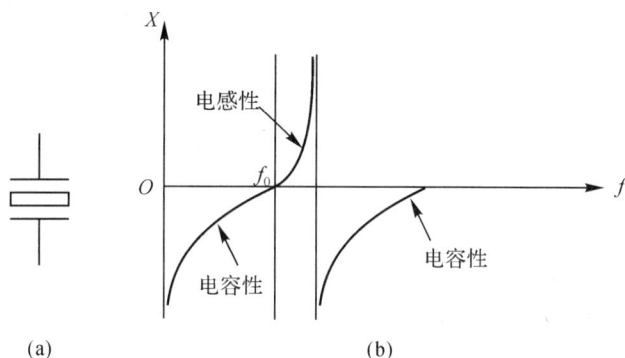

图 8-8　石英晶体的符号和电抗频率特性

2. 常用的几种石英晶体振荡器

图 8-9 所示为常用的几种石英晶体振荡器,其中图(a)是将对称多谐振荡器中的耦合电容 C 与晶体串接构成的晶体多谐振荡器。图(b)是将图(a)中的耦合电容改换成耦合电阻,晶体振荡频率可在 $1\sim20$MHz 内选择。图(c)和(d)所示为两种实用晶体多谐振荡器,图(c)中 C_2 的作用是防止寄生振荡,R_1 和 R_2 可在 $0.7\sim2$kΩ 之间选择。图(e)所示电路中,G_1,G_2 是两个 CMOS 反相器,G_1 与 R_F,晶体,C_1,C_2 构成电容三点式振荡电路。R_F 是偏置电阻,取值常在 $10\sim100$MΩ 之间,它的作用是保证在静态时 G_1 能工作在其电压传输特性的转折区——线性的放大状态。C_1,晶体,C_2 组成 π 形选频反馈网络,电路只能在晶体谐振频率 f_0 处产生自激振荡,反馈系数由 C_1,C_2 之比决定,改变 C_1 可以微调振荡频率,C_2 是温度补偿

电容。G_2 是整形缓冲用反相器，因为振荡电路输出接近于正弦波，经 G_2 整形之后才会变成矩形脉冲，同时 G_2 也可以隔离负载对振荡电路工作的影响。

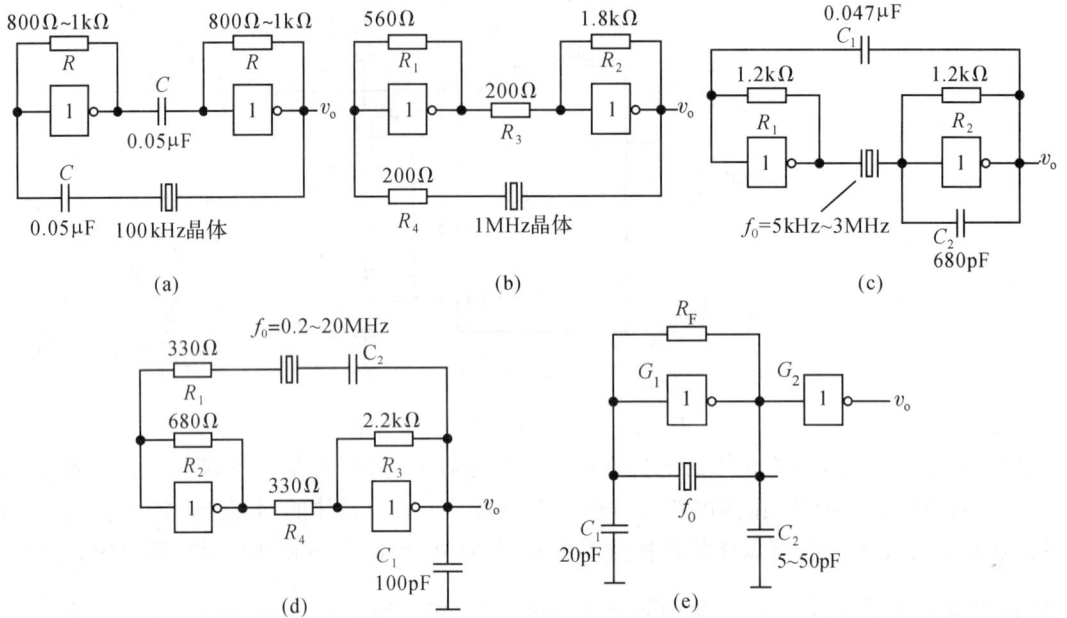

图 8-9　几种常用的石英晶体振荡器

8.2.3　环形振荡器

利用闭合回路中的正反馈作用可以产生自激振荡，利用闭合回路中的延迟负反馈作用同样也能产生自激振荡，只要负反馈信号足够强。

环形振荡器就是利用延迟负反馈产生振荡的。它是利用门电路的传输延迟时间将奇数个反相器首尾相接而构成的。

常用的 RC 环型振荡器如图 8-10(a)所示。电路中 $(R+R_S) < R_{OFF}$ 才能使电路起振。门 G_1 和门 G_3 输出相反，门 G_1 和门 G_2 输出也相反。

假设 $V_{i1} = V_o \uparrow$，则 $V_{o1} \downarrow$，$V_{o2} \uparrow$。由于电容两端电压不能突变，因此当 V_{o1} 发生 $\downarrow$ 时，V_{i3} 也 $\downarrow$，从而使 V_o 保持高电平，即 $V_{o1} = V_{OL}$，$V_{o2} = V_{OH}$，$V_o = V_{OH}$，此时为暂稳态 I。但此暂稳态不能长久维持，当 V_{o1} 输出低电平时，电容 C 进行充电，等效电路如图 8-10(b)所示(此处忽略了各个门的输出电阻和输入电阻的影响)。随着 C 充电，V_{i3} 不断上升，当 $V_{i3} \geqslant V_T$ 后，电路翻转为门 G_3 导通、门 G_1 截止、门 G_2 导通的暂稳态 II。这时 $V_o = V_{OL}$，$V_{o1} = V_{OH}$，$V_{o2} = V_{OL}$，电容 C 又将放电，等效电路如图 8-10(c)所示。随着 C 放电，V_{i3} 不断下降，当 $V_{i3} < V_T$ 时电路又会翻转到门 G_3 截止、门 G_1 导通、门 G_2 截止的暂稳态 I，并重复以上过程。电路的工作波形如图 8-10(d)所示。

RC 环型振荡器主要参数估算如下。

输出电压幅值：

$$V_m = V_{OH} - V_{OL}$$

振荡周期：(假定 $V_{OH} = 3.6V$，$V_{OL} = 0.3V$，$V_T = 1.4V$)

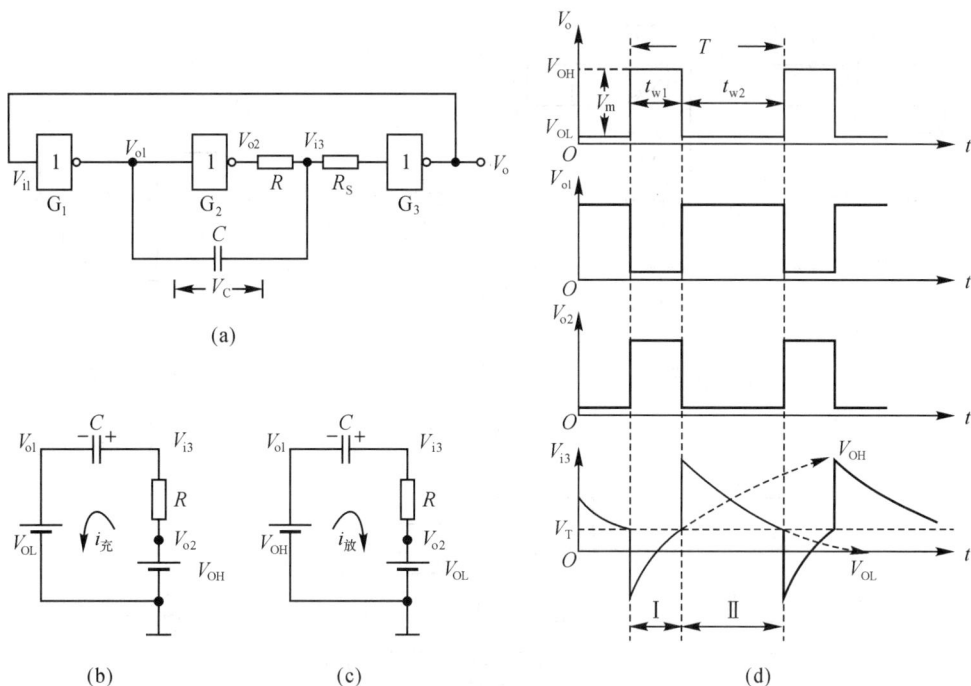

图 8-10　环型振荡器

$$t_{w1}=RC\ln\frac{V_{i3}(\infty)-V_{i3}(0^+)}{V_{i3}(\infty)-V_T}=RC\ln\frac{V_{OH}-(V_T-V_m)}{V_{OH}-V_T}\approx0.92RC$$

$$t_{w2}=RC\ln\frac{V_{i3}(\infty)-V_{i3}(0^+)}{V_{i3}(\infty)-V_T}=RC\ln\frac{V_{OL}-(V_T+V_m)}{V_{OL}-V_T}\approx1.39RC$$

$$T=t_{w1}+t_{w2}\approx2.3RC \tag{8-2-6}$$

式(8-2-6)可用于近似估算振荡周期,但使用时应注意它的假定条件是否满足,否则计算结果会有较大的误差。

8.2.4　多谐振荡器的应用

1. 模拟声响电路

用两个多谐振荡器可以组成如图 8-11(a)所示的模拟声响电路。适当选择定时元件 R_{1A},R_{2A},C_A 和 R_{1B},R_{2B},C_B,使振荡器 A 的振荡频率 $f_A=1$Hz,振荡器 B 的振荡频率 $f_B=2$kHz。由于低频振荡器 A 的输出接至高频振荡器 B 的复位端(4 脚),当 V_{o1} 输出高电平时,B 振荡器才能振荡,V_{o1} 输出低电平时,B 振荡器被复位,停止振荡,因此使扬声器发出 2kHz 的间歇声响。其工作波形如图 8-11(b)所示。

2. 秒脉冲发生器

图 8-12 所示是一个秒脉冲发生器的逻辑电路图。对称式石英晶体多谐振荡器产生 $f=32768$Hz 的基准信号,经由 T′ 触发器构成的 15 级异步计数器分频后,便可得到稳定度极高的秒脉冲信号。这种秒脉冲信号发生器可作为各种计时系统的基准信号源。

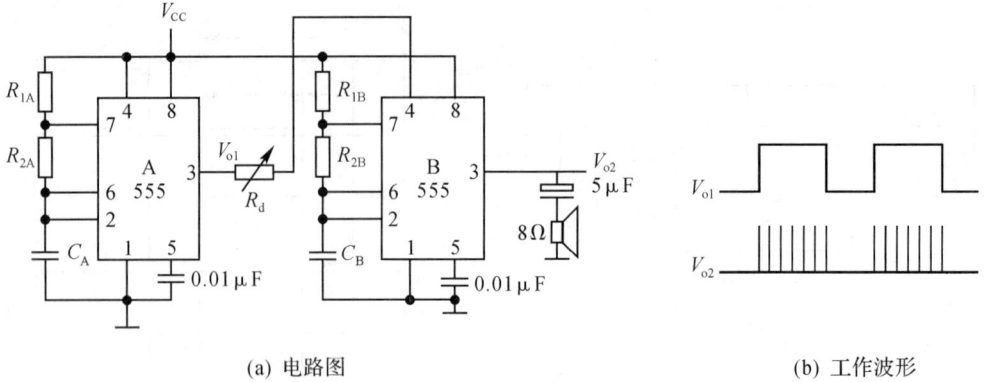

(a) 电路图　　　　　　　　　　　　　　　　(b) 工作波形

图 8-11　模拟声响电路

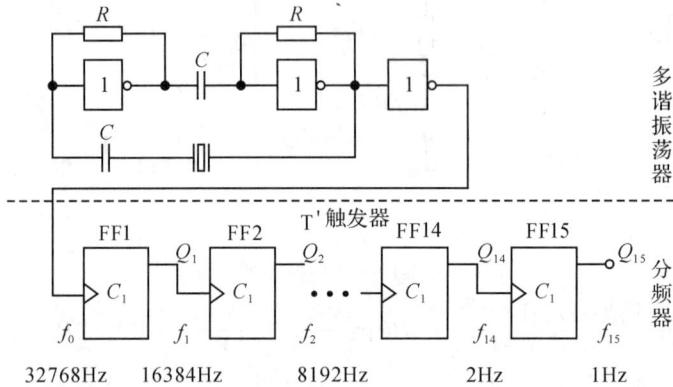

图 8-12　秒脉冲发生器

8.3　施密特触发器

施密特触发器(Schmitt Trigger)是一种电平控制的双稳态触发器,是脉冲波形变换中经常使用的一种电路。施密特触发器一个最重要的特点,就是能够把变化非常缓慢的输入脉冲波形整形成为适合于数字电路需要的矩形脉冲,而且由于具有滞回特性,所以抗干扰能力很强。

8.3.1　555 定时器构成的施密特触发器

1. 电路组成与工作原理

(1)电路组成

用 555 定时器构成施密特触发器如图 8-13 所示。将 555 定时器的 TH 端(6 脚)、$\overline{TR}$ 端(2 脚)连接起来作为信号输入端 v_i,便构成了施密特触发器。555 中的晶体三极管 T_D 集电极引出端(7 脚)通过电阻 R 接电源 V_{DD},成为输出端 v_{o1},其高电平可通过改变 V_{DD} 进行调节;v_o 是 555 信号输出端(3 脚)。

(2)工作原理

因为在 555 定时器构成的施密特触发器电路中,定时器的 TH 端(6 脚)、$\overline{TR}$ 端(2 脚)连接起来作为信号输入端 v_i,所以根据 555 定时器的功能表(表 8-1)可知这种电路的功能如表

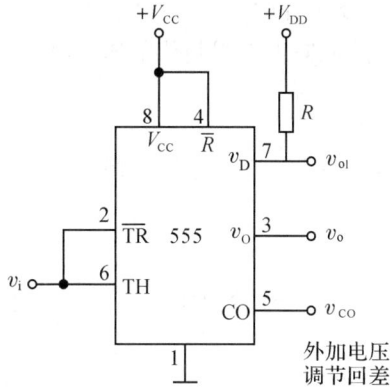

图 8-13　由 555 定时器构成的施密特触发器

8-2 所示。

表 8-2　555 定时器构成的施密特触发器电路功能表

v_i ($V_{TH}=V_{\overline{TR}}=v_i$)	RS 触发器状态	v_o(3 脚)	T_D 的状态
$v_i < \dfrac{V_{CC}}{3}$	$\overline{Q}=0$　$Q=1$	V_{OH}	截止
$\dfrac{V_{CC}}{3} < v_i < \dfrac{2V_{CC}}{3}$	保持	不变	不变
$v_i > \dfrac{2V_{CC}}{3}$	$\overline{Q}=1$　$Q=0$	V_{OL}	导通

由表 8-2 不难看出,若在输入端 v_i 加三角波,则可在输出端得到如图 8-14 所示的矩形脉冲。

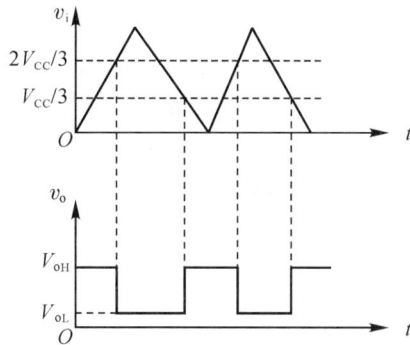

图 8-14　波形图

2. 主要参数及滞回特性

(1)主要参数

通过以上对电路功能的分析可以看出,电路在 v_i 上升和下降时,输出电压 v_o 翻转时所对应的输入电压值是不同的。

上限阈值电压 V_{T+}:把 v_i 上升过程中使施密特触发器状态翻转,输出电压 v_o 由高电平 V_{OH} 跳变到低电平 V_{OL} 时,所对应的输入电压的值叫做上限阈值电压,并用 V_{T+} 表示。在图 8-14 中,$V_{T+}=\dfrac{2V_{CC}}{3}$。

下限阈值电压 V_{T-}：把 v_i 下降过程中，使施密特触发器状态更新，输出电压 v_o 由 V_{OL} 跳变到 V_{OH} 时，所对应的输入电压的值叫做下限阈值电压，并用 V_{T-} 表示。在图 8-14 中，$V_{T-} = \dfrac{V_{CC}}{3}$。

回差电压 ΔV_T：回差电压又叫滞回电压，定义为 $\Delta V_T = V_{T+} - V_{T-}$。在图 8-14 中，$\Delta V_T = \dfrac{V_{CC}}{3}$。

若在 555 定时器的控制端 V_{CO}（5 脚）外加电压 V_S，则将有 $V_{T+} = V_S$，$V_{T-} = \dfrac{V_S}{2}$，$\Delta V_T = \dfrac{V_S}{2}$，而且改变 V_S，它们的值也随之改变。

（2）滞回特性

由于输出电压翻转时所对应的是不同的输入电压值，使得施密特触发器具有类似于磁滞回线形状的电压传输特性，如图 8-15 所示。我们把这种形状的特性曲线称为滞回特性或施密特触发特性。

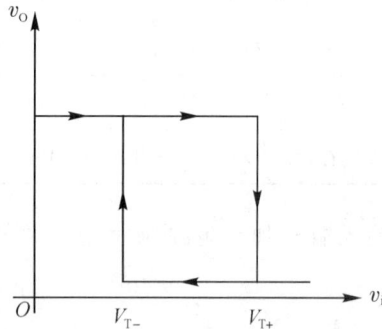

图 8-15　电压传输特性

请注意，上述施密特触发器与第 4 章中所讲的各种触发器不同，它没有记忆信号的能力，它实现的是"非"即"反相"的逻辑功能，称为反相输出的施密特触发器。同理，如果 v_o 与 v_i 的高低电平是同相的，则称为同相输出的施密特触发器。

例 8-3　电路如图 8-16(a)所示，若输入波形为周期性三角波，如图 8-16(b)所示，试画出输出波形。

解　$V_{T+} = \dfrac{2V_{CC}}{3} = 8(V)$

$\qquad V_{T-} = \dfrac{V_{CC}}{3} = 4(V)$

因此，可画出输出波形如图 8-16(c)所示。

8.3.2　集成施密特触发器

施密特触发器可由集成门电路组成，因为这种电路应用十分广泛，所以市场上有专门的集成电路产品出售，而且称之为施密特触发门电路。集成施密特触发器的性能一致性好，触发阈值稳定，使用方便。

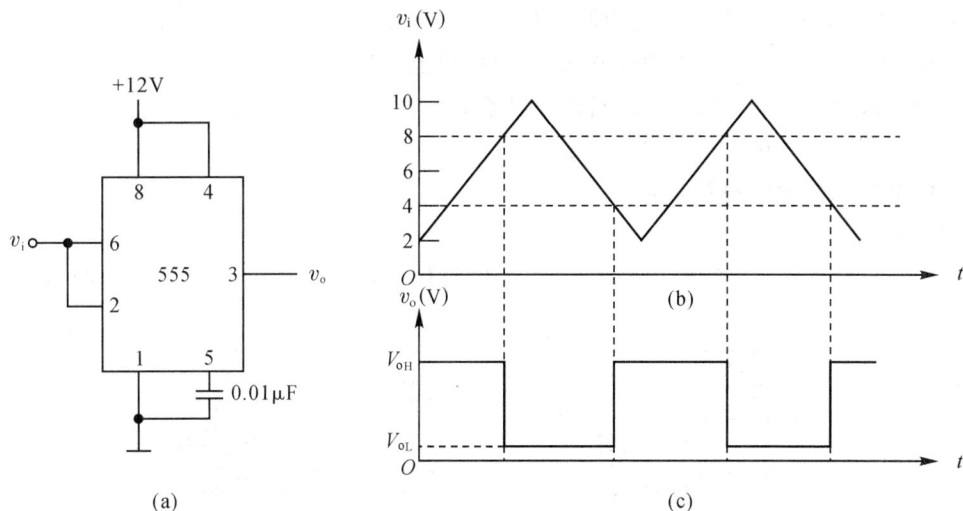

图 8-16

1. TTL 集成施密特触发器

(1)引出端功能图

图 8-17 所示是几种常用的国产 TTL 集成施密特触发逻辑门的引出端功能图。

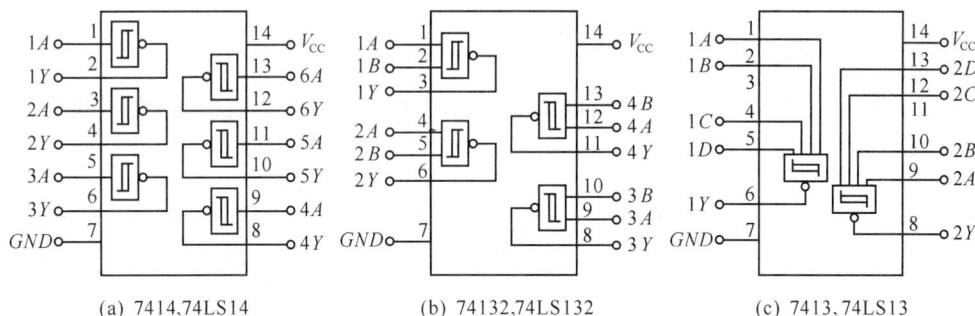

(a) 7414,74LS14　　　　(b) 74132,74LS132　　　　(c) 7413,74LS13

图 8-17　国产 TTL 施密特触发逻辑门引出端功能图

(2)几个主要参数的典型值

表 8-3 所示是国产 TTL 集成施密特触发逻辑门的几个主要参数的典型值。

表 8-3　TTL 施密特触发门电路几个主要参数的典型值

电路名称	型　　号	典型延迟时间(ns)	典型每门功耗(mW)	典型 V_{T+}(V)	典型 V_{T-}(V)	典型 ΔV_T(V)
六反相缓冲器	7414	15	25.5	1.7	0.9	0.8
	74LS14	15	8.6	1.6	0.8	0.8
四 2 输入与非门	74132	15	25.5	1.7	0.9	0.8
	74LS132	15	8.8	1.6	0.8	0.8
双 4 输入与非门	7413	16.5	42.5	1.7	0.9	0.8
	74LS13	16.5	8.75	1.6	0.8	0.8

TTL 施密特触发与非门和缓冲器具有下列几个特点：

1）输入信号边沿的变化即使非常缓慢，电路也能正常工作；

2）对于阈值电压和滞回电压均有温度补偿；

3）带负载能力和抗干扰能力都很强。

2. CMOS 集成施密特触发器

（1）引出端功能图

图 8-18 所示是国产 CMOS 集成施密特触发门电路 CC40106 和 CC4093 的引出端功能图。

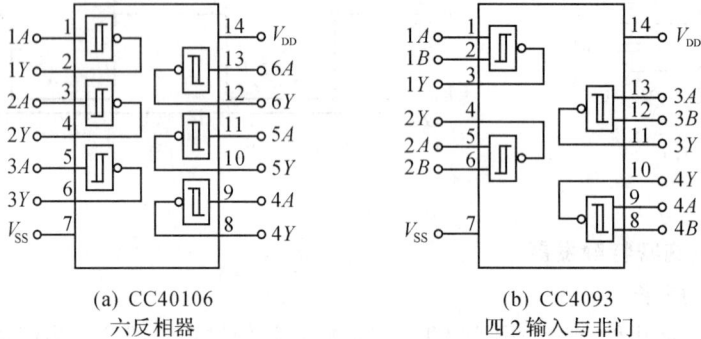

(a) CC40106
六反相器

(b) CC4093
四 2 输入与非门

图 8-18 CC40106 和 CC4093 引出端功能图

（2）主要静态参数

表 8-4 所示是 CC40106 和 CC4093 的主要静态参数。需要说明的是，在不同 V_{DD} 条件下，每个参数都有一定的数值范围。

表 8-4 CC40106 和 CC4093 的主要静态参数

电参数名称	符 号	测试条件	参 数		单 位
		V_{DD}/V	最小值	最大值	
上限阈值电压	V_{T+}	5	2.2	3.6	V
		10	4.6	7.1	
		15	6.8	10.8	
下限阈值电压	V_{T-}	5	0.9	2.8	V
		10	2.5	5.2	
		15	4	7.4	
滞回电压	ΔV_T	5	0.3	1.6	V
		10	1.2	3.4	
		15	1.6	5	

8.3.3 施密特触发器的应用

施密特触发器应用很广，主要有以下几方面。

（1）波形变换

可以将边沿变化缓慢的周期性信号变换成矩形脉冲，如例 8-3。

（2）脉冲整形

将不规则的电压波形整形为矩形波。若适当增大回差电压,可提高电路的抗干扰能力。图 8-19(a)所示为顶部有干扰的输入信号,图 8-19(b)所示为回差电压较小的输出波形,图 8-19(c)所示为回差电压大于顶部干扰时的输出波形。

（3）脉冲鉴幅

图 8-20 所示是将一系列幅度不同的脉冲信号加到施密特触发器输入端,只有那些幅度大于上触发电平 V_{T+} 的脉冲才在输出端产生输出信号。因此,通过这一方法可以选出幅度大于 V_{T+} 的脉冲,即对幅度可以进行鉴别。

（4）构成多谐振荡器

图 8-21 所示是用施密特触发反相器构成的多谐振荡器,其工作原理比较简单。当施密特触发反相器输入端的电压 v_i 为低电平时,其输出电压 v_o' 为高电平,电容 C 充电。随着充电过程的进行,v_i 逐渐升高,当 v_i 上升到 V_{T+} 时,v_o' 由 V_{OH} 跳变为 V_{OL},电容 C 放电。随着放电过程的进行,v_i 逐渐降低,当下降到 V_{T-} 时,v_o' 由 V_{OL} 跳变为 V_{OH},电容 C 又充电……如此周而复始,电路不停地振荡。在施密特触发反相器输出端所得到的便是接近矩形的脉冲电压 v_o',再经过反相器整形,就可得到比较理想的矩形脉冲 v_o。

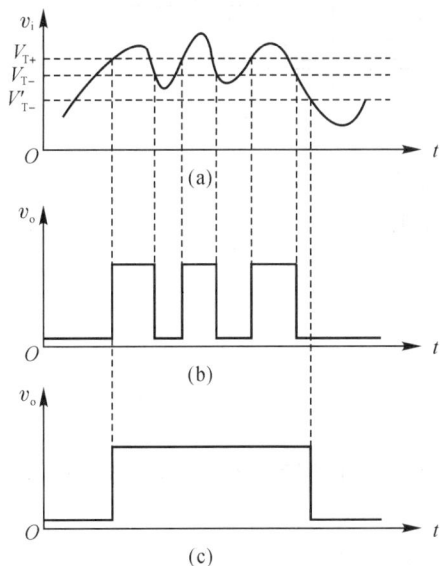

图 8-19　脉冲整形

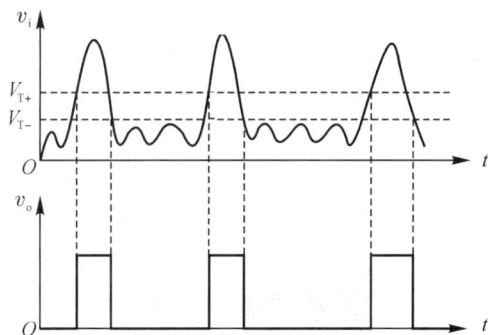

图 8-20　幅度鉴别

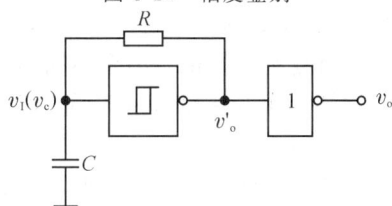

图 8-21　多谐振荡器

（5）用作接口

如图 8-22 所示是用施密特触发器作为 TTL 系统的接口,将缓慢变化的输入信号,转换成为符合 TTL 系统要求的脉冲波形。

（6）脉冲展宽

图 8-23(a)所示是用施密特触发器构成的脉冲展宽器的电路。当输入电压 v_I 为低电平 V_{IL} 时,集电极开路门输出三极管是截止的,根据施密特触发反相器(TTL 电路)的输入特性,可以保证 A 点电位 v_A 为高电平,因此输出电压 v_O 为低电平 V_{OL}。

当 v_I 跳变到高电平 V_{IH} 时,三极管饱和导通,电容 C 迅速放电,v_A 很快下降到低电平,v_O

跳变到高电平 V_{OH}。

当 v_I 由 V_{IH} 跳变到 V_{IL} 时，三极管截止，电源 V_{CC} 通过施密特触发反相器的输入端电路对电容 C 充电，v_A 缓慢上升，当 v_A 升高到 V_{T+} 时，v_O 才会由 V_{OH} 跳变到 V_{OL}。因此，输出电压 v_O 的脉冲宽度比输入电压 v_I 的脉冲宽度显然要宽，而且改变电容 C 的大小，可方便地调节展宽的程度。图 8-23(b)所示是 v_I，v_A，v_O 的波形图。

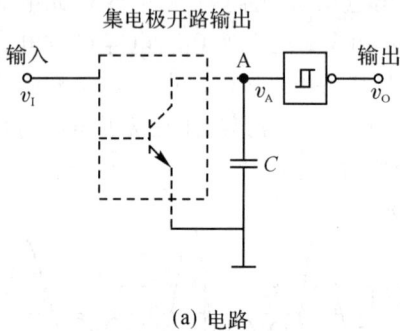

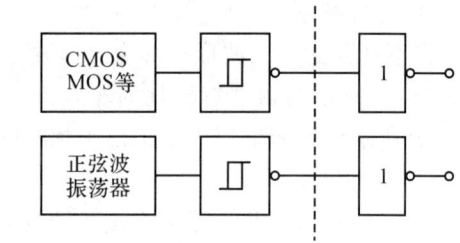

图 8-22　慢输入波形的 TTL 系统接口

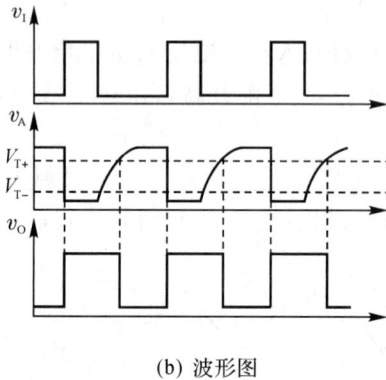

(a) 电路　　　　　　　　　(b) 波形图

图 8-23　脉冲展宽器

施密特触发器应用很广，上面仅是几个比较简单的例子。

8.4　单稳态触发器

单稳态触发器的工作特性具有如下的显著特点：

(1)它有稳态和暂稳态两个不同的工作状态；

(2)在外界触发脉冲作用下，能从稳态翻转到暂稳态，在暂稳态维持一段时间以后，再自动返回到稳态；

(3)暂稳态维持时间的长短取决于电路本身的参数，与触发脉冲的宽度和幅度无关。

这种电路在数字系统和装置中，一般用于定时（产生一定宽度的方波）、整形（把不规则的波形转换成宽度、幅度都相等的脉冲）以及延时（将输入信号延迟一定的时间之后输出）等。

8.4.1　555 定时器构成的单稳态触发器

1. 电路组成与工作原理

(1)电路组成

用 555 定时器组成的单稳态触发器如图 8-24(a)所示。图中，R，C 为外接定时元件；触发信号 v_I 加在 555 的 $\overline{TR}$ 端(2 脚)，下降沿有效；控制端 v_{CO}(5 脚)平时不用，通过 $0.01\mu F$ 滤波电容接地；v_O 是输出信号。

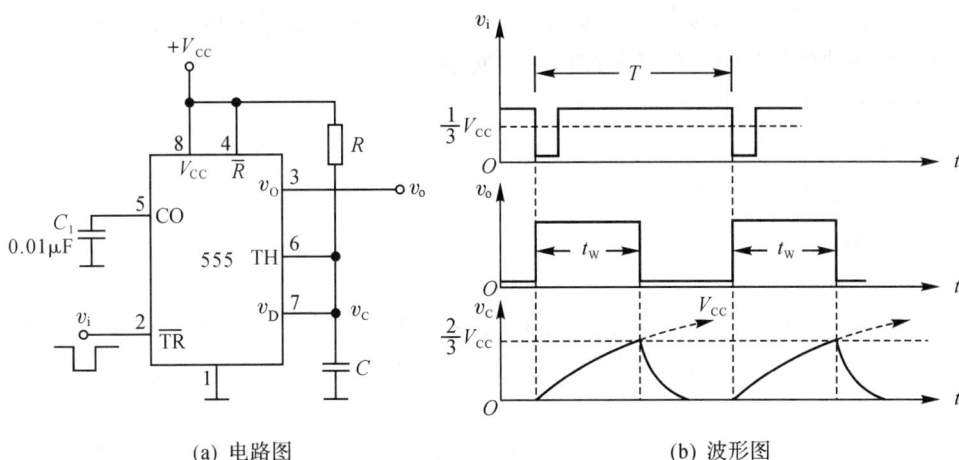

(a) 电路图　　　　　　　　　　　(b) 波形图

图 8-24　用 555 定时器构成的单稳态触发器

（2）工作原理

1）静止期：触发信号没有来到，$v_i(V_{TR})$ 为高电平 $\left(>\dfrac{V_{CC}}{3}\right)$。电源刚接通时，电路有一个暂态过程，即电源通过电阻 R 向电容 C 充电，当 v_c 上升到 $\dfrac{2V_{CC}}{3}$ 时，555 定时器内部的 RS 触发器的 $Q=0$，$\overline{Q}=1$，$v_o=V_{OL}$，T_D 导通，电容 C 通过 T_D 迅速放电，直到 $v_c=0$，电路进入稳态。这时如果 v_i 一直没有触发信号来到，电路就一直处于 $v_o=V_{OL}$ 的稳定状态。

2）暂稳态：外加触发信号 v_i 的下降沿到达时，由于 $V_{TR}<\dfrac{V_{CC}}{3}$，$V_{TH}(v_c)=0$，因此 $Q=1$，$\overline{Q}=0$，$v_o=V_{OH}$，T_D 截止，V_{CC} 开始通过电阻 R 向电容 C 充电。随着电容 C 充电的进行，v_c 不断上升，趋向值 $v_c(\infty)=V_{CC}$。

v_i 的触发负脉冲消失后，V_{TR} 回到高电平。在 $V_{TR}>\dfrac{V_{CC}}{3}$，$V_{TH}<\dfrac{2V_{CC}}{3}$ 期间，555 定时器内部的 RS 触发器状态保持不变，因此，v_o 一直保持高电平不变，电路维持在暂稳态。但当电容 C 上的电压上升到 $V_{TH}\geq\dfrac{2V_{CC}}{3}$ 时，RS 触发器的 $Q=0$，$\overline{Q}=1$，电路输出 $v_o=V_{OL}$，T_D 导通，此时暂稳态便结束，电路将返回到初始的稳态。

3）恢复期：T_D 导通后，电容 C 通过 T_D 迅速放电，使 $v_c\approx0$，电路又恢复到稳态，当下一个触发信号到来时，又重复上述过程。

输出电压 v_o 和电容 C 上电压 v_c 的工作波形如图 8-24（b）所示。

2. 主要参数的估算

（1）输出脉冲宽度 t_w

由工作原理分析可知，输出脉冲宽度等于暂稳态时间，也就是定时电容 C 的充电时间。

由图 8-24（b）所示工作波形不难看出 $v_c(0^+)=0$，$v_c(\infty)=V_{CC}$，$v_c(t_w)=\dfrac{2V_{CC}}{3}$，$\tau_1=RC$。

因此，代入 RC 过渡过程计算公式可得：

$$t_w=\tau_1\ln\frac{v_c(\infty)-v_c(0^+)}{v_c(\infty)-v_c(t_w)}=RC\ln\frac{V_{CC}-0}{V_{CC}-\frac{2}{3}V_{CC}}=RC\ln3\approx1.1RC \qquad(8\text{-}4\text{-}1)$$

通常 R 的取值在几百欧姆到几兆欧姆之间,电容的取值范围为几百皮法到几百微法,t_w 的范围为几微秒到几分钟。但必须注意两个问题:

1)随着 t_w 的宽度增加,电路的精度和稳定度也将下降;

2)电路对输入触发脉冲的宽度有一定要求,它必须小于 t_w,若输入触发脉冲宽度大于 t_w 时,应在 v_i 输入端加 R_iC_i 微分电路,之后再接到 $\overline{TR}$ 端。微分电路的电阻应接到 V_{CC},以保证在 v_i 下降沿未来到时,V_{TR} 为高电平。

(2)恢复时间 t_{re}

恢复时间 t_{re},就是暂稳态结束后,定时电容 C 经饱和导通的晶体三极管 T_D 放电的时间,一般取 $t_{re}=3\sim 5\tau_2$。由于 $\tau_2=R_{CES}\cdot C$,而 R_{CES} 很小,所以 t_{re} 极短。

(3)最高工作频率 f_{max}

若输入触发信号 v_i 是周期为 T 的连续脉冲时,为了保证单稳态触发器能够正常工作,应满足条件 $T>t_w+t_{re}$,即 v_i 周期的最小值 T_{min} 应为 t_w+t_{re},即 $T_{min}=t_w+t_{re}$,因此,单稳态触发器的最高工作频率应为

$$f_{max}=\frac{1}{T_{min}}=\frac{1}{t_w+t_{re}}$$

例 8-4　用上述单稳态电路输出定时时间为 1s 的正脉冲,$R=27k\Omega$,试确定定时元件 C 的取值。

解　根据式(8-4-1)有 $t_w=1.1RC$

得　$C=\dfrac{t_w}{1.1R}=\dfrac{1}{1.1\times 27\times 10^3}\approx 33.7(\mu F)$

故可取标准值 $33\mu F$。

8.4.2　集成单稳态触发器

由于脉冲延迟、定时的需要,目前已生产了便于使用的集成单稳态触发器。这种集成器件除了定时电阻和定时电容外接之外,整个单稳电路都集成在一个芯片之中。它具有定时范围宽、稳定性好、使用方便等优点,因此得到了广泛应用。

集成单稳态触发器有可重触发型和非重触发型两大类。所谓可重触发是指在暂稳态期间,能够接收新的触发信号,重新开始暂稳态过程;而非重触发则是在暂稳态期间不能接收新的触发信号,也就是说,非重触发单稳态触发器,只能在稳态时接收输入触发信号,一旦被触发由稳态翻转到暂稳态后,即使再有新的信号到来,其既定的暂稳态过程也会照样进行下去,直到结束为止。

下面首先介绍 TTL 集成单稳态触发器 74121 的功能及其应用。74121 是一种比较典型的 TTL 非重触发单稳态触发器。它既可以采用上升沿触发,也可以采用下降沿触发,其内部还设有定时电阻 R_{int}。

1. 非重触发单稳态触发器 74121

(1)图形符号

图 8-25 所示是非重触发单稳态触发器 74121 的国标图形符号。图形符号中 ⊔⊓ 表示单稳是非重触发的。下面介绍符号中引脚的名称和作用。

TR_{-A}(3 脚),TR_{-B}(4 脚):触发信号输入端,下降沿触发。

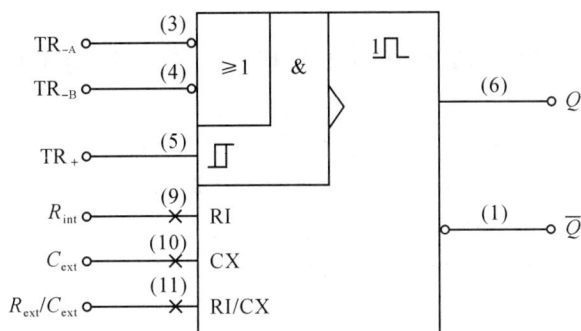

图 8-25 74121 的图形符号

TR_+(5 脚):触发信号输入端,上升沿触发。由于此处采用了施密特触发输入结构,因此对于边沿较差的输入信号也能输出一个宽度和幅度恒定的矩形脉冲。

TR_{-A},TR_{-B}和 TR_+ 组合成内部统一的触发信号。

R_{int}(9 脚):内接定时电阻端,$R_{int}=2k\Omega$。使用时只需将 9 脚与 14 脚(V_{CC})连接起来即可,不用时则应让 9 脚悬空。

C_{ext}(10 脚):外接定时电容端。

R_{ext}/C_{ext}(11 脚):外接定时电阻/电容端。

Q(6 脚),$\overline{Q}$(1 脚):两个状态互补的输出端。

外接定时电阻 R(阻值可在 $1.4\sim40k\Omega$ 之间选择)应一端接 14 脚(V_{CC})、一端接 11 脚,外接定时电容(一般在 $10pF\sim10\mu F$ 之间选择)一端接 10 脚,一端接 11 脚即可。若 C 是电解电容,则其正极应接 10 脚、负极接 11 脚。

(2)功能说明

表 8-5 所示是 74121 的功能表,表中 H 表示高电平,L 表示低电平,↓表示下降沿,↑表示上升沿,⌐_表示正脉冲,‾⌐表示负脉冲,×表示任意(高低电平均可)。

表 8-5 74121 的功能表

输 入			输 出		备 注
TR_{-A}	TR_{-B}	TR_+	Q	$\overline{Q}$	
L	×	H	L	H	保持稳态
×	L	H	L	H	
×	×	L	L	H	
H	H	×	L	H	
H	↓	H	⌐_	‾⌐	下降沿触发
↓	H	H	⌐_	‾⌐	
↓	↓	H	⌐_	‾⌐	
L	×	↑	⌐_	‾⌐	上升沿触发
×	L	↑	⌐_	‾⌐	

由表 8-5 可知：

1）电路在输入信号 TR_{-A}，TR_{-B} 和 TR_+ 的所有静态组合下均处于稳态 $Q=0$，$\overline{Q}=1$。

2）有两种边沿触发方式。

在图 8-26（a）所示电路中，触发输入信号 v_i 从 TR_{-A}（或 TR_{-B}）输入，TR_{-B}（或 TR_{-A}）和 TR_+ 均接固定高电平，74121 单稳态触发器由 v_i 的下降沿触发，定时元件采用外接电阻 R，R 接在 R_{ext} 和 V_{cc} 两端之间，则在 Q 端可以输出一个正向定时脉冲，$\overline{Q}$ 端输出一个负向脉冲，输出脉冲 v_o 的宽度由 R 和 C 共同决定。其输出波形如图 8-27（a）所示。

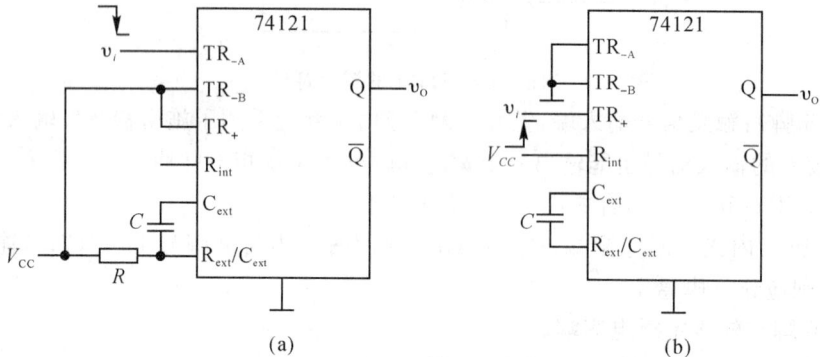

图 8-26 两种典型的 74121 应用电路

在图 8-26（b）所示电路中，触发输入信号 v_i 从 TR_+ 输入，TR_{-A} 和 TR_{-B} 均接地，此时，74121 电路由 v_i 的上升沿触发，定时元件选用内部电阻 R_{int}，将引出端与 V_{cc} 相连，输出脉冲 v_o 的宽度则由 C 和内部电阻 R_{int} 决定。其输出波形如图 8-27（b）所示。

3）具有非重触发性。器件在定时时间 t_w 内若有新的触发脉冲输入，电路不会产生任何响应，如图 8-27（c）所示（图中 B，C 不会引起电路重新触发）。

4）电路工作中存在死区时间。在定时时间 t_w 结束之后，定时电容 C 有一段充电恢复时间，如果在此恢复时间内又输入触发脉冲，则输出脉冲宽度就会小于规定的定时时间。因此 C 的恢复时间就是死区时间，记作 t_{re}。若要得到精确的定时，则两个触发脉冲之间的最小间隔应大于 $t_w + t_{re}$，如图 8-27（d）所示。死区时间 t_{re} 的存在限制了这种单稳的应用场合。

（3）主要参数

输出脉冲宽度 t_w

$$t_w = RC \cdot \ln 2 \approx 0.7RC \tag{8-4-2}$$

输入触发脉冲最小周期 T_{min}

$$T_{min} = t_w + t_{re} \tag{8-4-3}$$

（t_{re} 为恢复时间或死区时间）

周期性输入触发脉冲得到输出信号的占空比 q

$$q = \frac{t_w}{T} \tag{8-4-4}$$

输出信号最大占空比 q_{max}

$$q_{max} = \frac{t_w}{T_{min}} = \frac{t_w}{t_w + t_{re}} \tag{8-4-5}$$

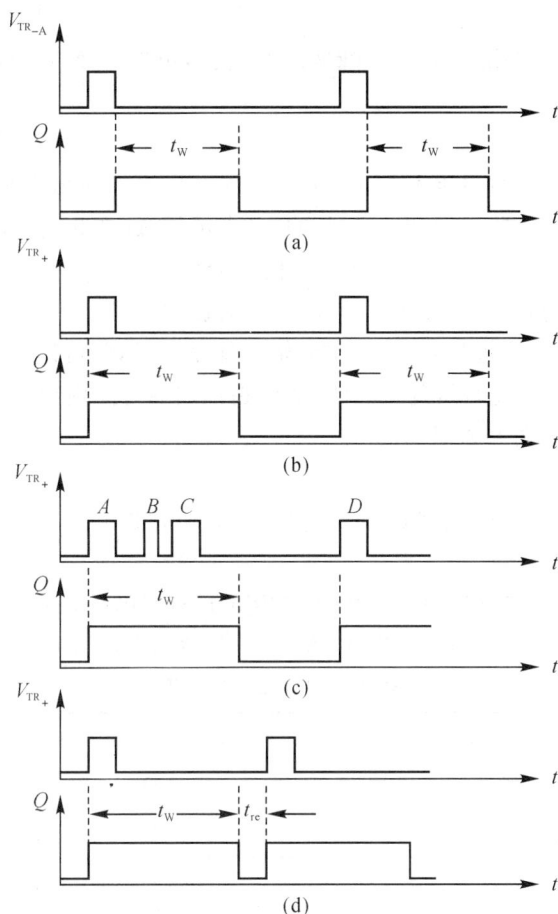

图 8-27　74121 工作波形

2. 可重触发单稳态触发器 74122

(1)图形符号

图 8-28 所示是可重触发单稳态触发器 74122 的国标图形符号。图形符号中 ⎍ 表示电路是可重触发的。

74122 有一个直接复位输入端 $\overline{R}_{\mathrm{D}}$ 和 4 个触发信号输入端，TR$_{-\mathrm{A}}$，TR$_{-\mathrm{B}}$（下降沿有效），

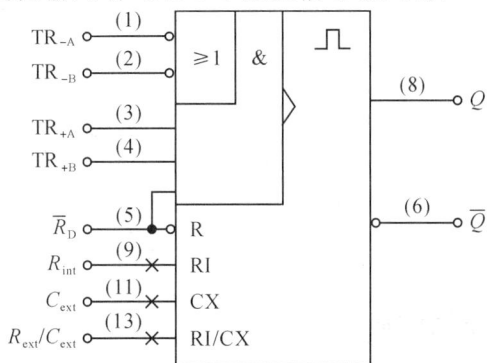

图 8-28　74122 的图形符号

TR_{+A}, TR_{+B}（上升沿有效）。

74122 的外接定时电阻可在 $5\sim50k\Omega$ 之间选择，电容 C 无限制，其连接方法与 74121 相同。

（2）功能说明

表 8-6 所示是 74122 的功能表，表中 H 表示高电平，L 表示低电平，↓表示下降沿，↑表示上升沿，⊓表示正脉冲，⊔表示负脉冲，×表示任意（高低电平均可）。

74122 具有可重触发性，它与 74121 的不同主要体现在下面两点：

1）如重触发的示意图，图 8-29(a) 所示，采用重触发可以方便地产生持续时间很长的输出脉冲，只要在输出脉冲宽度结束之前，重新输入触发信号，就可以延长输出脉冲宽度。

2）74122 的 $\overline{R_D}$ 具有优先直接复位功能，能够在预期的时间内结束暂稳态过程，使电路返回稳态。其复位关系如图 8-29(b) 所示。

（3）主要参数

输出脉冲宽度 t_w：当定时电容 $C>1000pF$ 时，$t_w\approx0.32RC$。

恢复时间 t_{re} 和 74121 一样。

集成单稳态触发器除 74121 和 74122 外，常用的还有双单稳 74123 和 74221 等；而 CMOS 集成电路中，也有类似的、应用很广的单稳态触发器，如双单稳 CC4098 和 CC14528 等。

表 8-6　74122 的功能表

输　入					输　出		备　注
$\overline{R_D}$	TR_{-A}	TR_{-B}	TR_{+A}	TR_{+B}	Q	$\overline{Q}$	
L	×	×	×	×	L	H	复位
×	H	H	×	×	L	H	保持稳态
×	×	×	L	×	L	H	
×	×	×	×	L	L	H	
H	L	×	↑	H	⊓	⊔	上升沿触发
H	L	×	H	↑	⊓	⊔	
H	×	L	↑	H	⊓	⊔	
H	×	L	H	↑	⊓	⊔	
↑	L	×	H	H	⊓	⊔	
↑	×	L	H	H	⊓	⊔	
H	H	↓	H	H	⊓	⊔	下降沿触发
H	↓	↓	H	H	⊓	⊔	
H	↓	H	H	H	⊓	⊔	

8.4.3　单稳态触发器的应用

单稳态触发器应用很广，下面举几个简单例子说明。

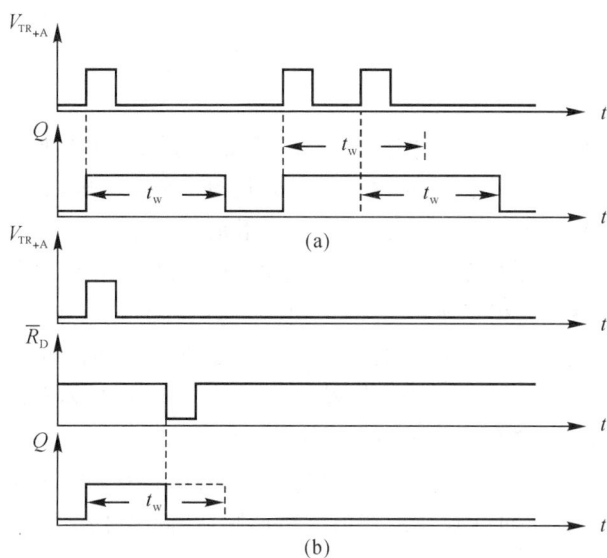

图 8-29　74122 工作波形

1. 延时

电路如图 8-30(a)所示,其 v_i 与 v_o' 的波形关系如图 8-30(b)所示,通过比较可发现,v_o' 的下降沿比 v_i 的下降沿滞后了 t_w,即延迟了 t_w。

2. 定时

在图 8-30(a)中,单稳态触发器的输出 v_o',送给与门作为定时控制信号,当 v_o' 为高电平时与门打开,$v_o = v_A$;反之,与门关闭,$v_o = V_{OL}$。显然,与门打开的时间是固定的,就是单稳态触发器输出脉冲 v_o' 的宽度 t_w,如图 8-30(b)所示。

3. 整形

如图 8-30(c)所示,单稳态触发器能够把不规则的输入信号 v_i,整形成为幅度、宽度都相同的"干净"的矩形脉冲 v_o'。因为 v_o' 的幅度由单稳态电路输出的高低电平值决定,而宽度 t_w 只与 R,C 有关。

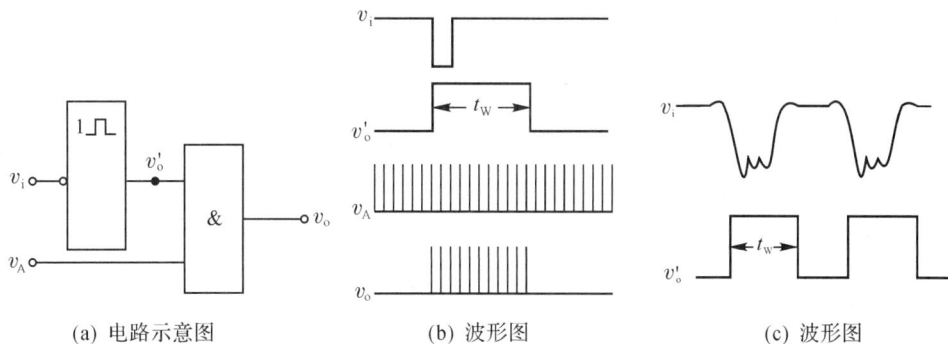

(a) 电路示意图　　　　(b) 波形图　　　　(c) 波形图

图 8-30　单稳态触发器

本章小结

555 定时器是一种多用途的集成电路。只需外接少量阻容元件便可构成施密特触发器、单稳态触发器和多谐振荡器等。此外,它还可组成其他多种实用电路。555 定时器使用方便、灵活,有较强的负载能力和较高的触发灵敏度,应用领域广泛。

多谐振荡器是一种自激振荡电路,不需要外加输入信号。多谐振荡器没有稳定状态,只有两个暂稳态。暂稳态间的相互转换完全靠电路本身电容的充电和放电自动完成。因此,多谐振荡器接通电源后就能输出周期性的矩形脉冲。改变 R,C 定时元件数值的大小,可调节振荡频率。在振荡频率稳定度要求很高的情况下,可采用石英晶体振荡器。

施密特触发器和单稳态触发器是两种常用的整形电路,可将输入的周期信号整形成符合要求的周期性矩形脉冲。施密特触发器具有回差特性,它有两个稳定状态,有两个不同的触发电平。施密特触发器可将任意波形变换成矩形脉冲,输出脉冲宽度取决于输入信号的波形和回差电压的大小。施密特触发器还可用来进行整形、幅度鉴别、构成多谐振荡器等。

单稳态触发器有一个稳定状态和一个暂稳态。输入信号起到触发电路进入暂稳态的作用,其输出脉冲的宽度取决于电路本身 R,C 定时元件的数值。改变 R,C 定时元件的数值可调节输出脉冲的宽度。单稳态触发器常用于脉冲的延时、定时和整形等。

习 题

8-1 试比较多谐振荡器、单稳态触发器、施密特触发器的工作特点,并说明每种电路的主要用途。

8-2 在图 8-2 所示 555 集成定时器中,输出电压 v_o 为高电平 V_{OH}、低电平 V_{OL} 及保持原来状态不变的输入信号条件各是什么? 假定 V_{CO} 端已通过 $0.01\mu F$ 接地,v_D 端悬空。

8-3 在图 8-3 所示多谐振荡器中,欲降低电路振荡频率,试说明下面列举的各种方法中,哪些是正确的,为什么?
(1)加大 R_1 的阻值;
(2)加大 R_2 的阻值;
(3)减小 C 的容量。

8-4 在图 8-3 用 555 定时器构成的多谐振荡器电路中,若 $R_1=R_2=5.1k\Omega$,$C=0.01\mu F$,$V_{CC}=12V$,试计算电路的振荡频率和占空比。

8-5 在图 8-7 占空比可调的多谐振荡器中,$C=0.2\mu F$,$V_{CC}=9V$,要求其振荡频率 $f=1kHz$,占空比 $q=0.5$,估算 R_1 和 R_2 的阻值。

8-6 两片 555 定时器构成如题 8-6 图所示的电路。
(1)在图示元件参数下,估算 V_{o1},V_{o2} 端的振荡周期 T 各为多少?
(2)定性画出 V_{o1},V_{o2} 端的波形,说明电路具备何种功能?

8-7 用施密特触发器能否寄存 1 位二值数据,说明理由。

8-8 在图 8-13 所示施密特触发器中,估算在下列条件下电路的 V_{T+},V_{T-},ΔV_T:
(1)$V_{CC}=12V$,V_{CO} 端通过 $0.01\mu F$ 电容接地;

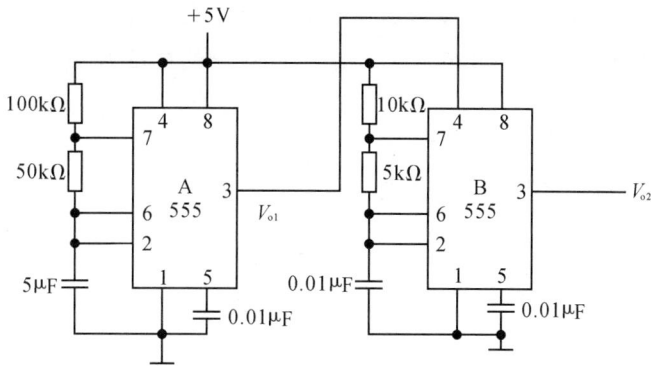

题 8-6 图

(2)$V_{CC}=12V$，V_{CO} 端接 5V 电源；

(3)如果 V_{CO} 端通过 $0.01\mu F$ 电容接地，输入电压 v_i 的波形如题 8-8 图所示，试画出输出电压 v_o 的波形。

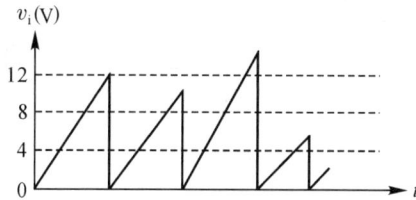

题 8-8 图

8-9　在图 8-13 所示施密特触发器中，若 V_{CO} 端通过 $0.01\mu F$ 电容接地，$V_{CC}=9V$，$V_{DD}=5V$，v_i 为正弦波，其幅值 $V_{im}=9V$，频率 $f=1kHz$，试对应画出 v_{o1}，v_o 的波形。

8-10　在图 8-13 所示的施密特触发器也可作为脉冲鉴幅器。为了从题 8-10 图所示的输入信号中将幅度大于 5V 的脉冲检出，电源电压 V_{CC} 应取几伏？如果规定 $V_{CC}=10V$，不能任意选择，则电路应作哪些修改？

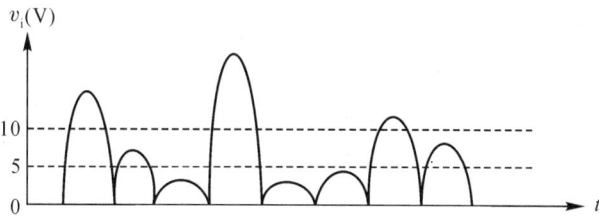

题 8-10 图

8-11　在图 8-24 所示单稳态触发器中，$V_{CC}=9V$，$R=27k\Omega$，$C=0.05\mu F$。

(1)试估算输出脉冲 v_o 的宽度 t_w；

(2)v_i 为负窄脉冲，输出脉冲宽度 $t_{w1}=0.5ms$、重复周期 $T_1=5\ ms$、高电平 $V_{iH}=9V$、低电平 $V_{iL}=0V$，试对应画出 v_c，v_o 的波形。

(3)当 $V_{iH}=9V$，为了保证电路能可靠地被触发，v_i 的下限值即 V_{iL} 的最大值应为多少？

8-12 单稳态触发器的输入、输出波形如题 8-12 图所示。已知 $V_{CC}=5V$,给定的电容 $C=0.47\mu F$,试画出用 555 定时芯片接成的电路,并确定电阻 R 的取值为多少?

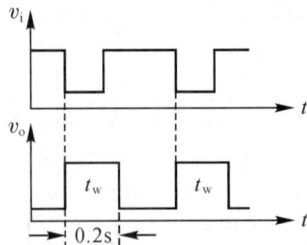

题 8-12 图

8-13 在使用图 8-24 由 555 定时器组成的单稳态触发器电路时,对触发脉冲的宽度有无限制? 当输入脉冲的低电平持续时间过长时,电路应作何修改?

8-14 如题 8-14 图所示是由两个 555 定时器和一片 74161 构成的脉冲电路。

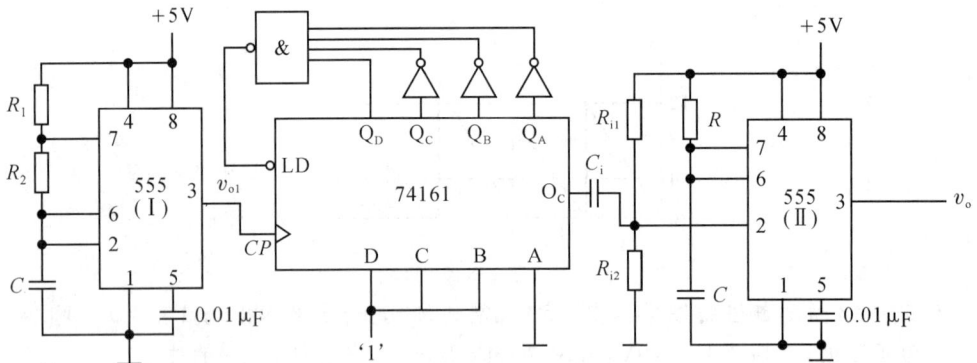

题 8-14 图

(1)试说明电路各部分的功能。

(2)若 555(I)片 $R_1=10k\Omega,R_2=20k\Omega,C=0.01\mu F$,求 V_{o1} 端波形的周期 T。

(3)74161 的 O_C 端 CP 脉冲分频比为多少?

(4)若 555(II)片的 $R=10k\Omega,C=0.05\mu F,V_O$ 的输出脉冲宽度 t_w 为多少?

(5)试定性画出 v_{o1},O_C 和 v_o 端波形图。

8-15 试画出用 74121 构成的单稳态触发器的电路图,即画出外接定时元件 R 和 C 的连线图。若 $C=0.01\mu F$,要求输出脉冲宽度 t_w 的调节范围是 $10\mu s\sim1ms$,试估算 R 的取值范围。

8-16 如题 8-16 图(a)所示是用两个集成单稳态触发器 74121 所组成的脉冲变换电路,外接电阻和外接电容的参数如图中所示。试计算在输入触发信号 v_i 作用下 v_{o1},v_{o2} 输出脉冲的宽度,并画出与 v_i 波形相对应的 v_{o1},v_{o2} 的电压波形。v_i 的波形如题 8-16 图(b)所示。

8-17 如题 8-17 图所示是救护车扬声器发音电路。在图中给出的电路参数下,试计算扬声器发出声音的高、低音频率以及高、低音的持续时间。当 $V_{CC}=12V$ 时,555 定时器输出的高、低电平分别为 11V 和 0.2V,输出电阻小于 100Ω。

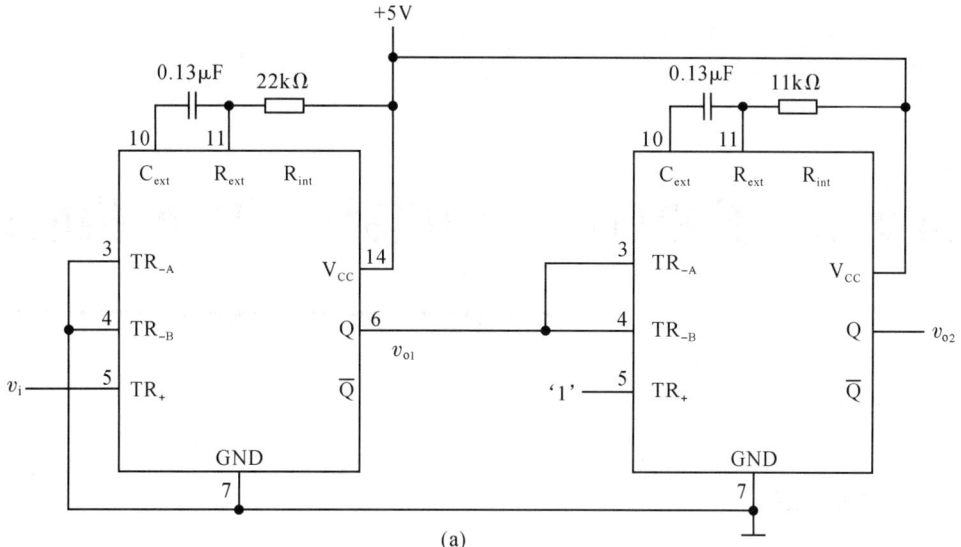

(a)

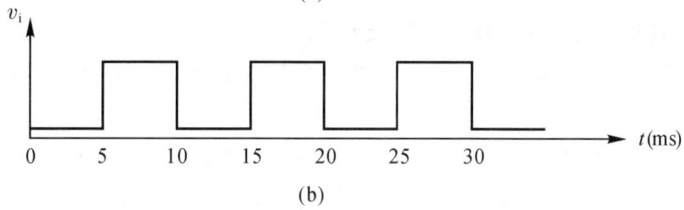

(b)

题 8-16 图

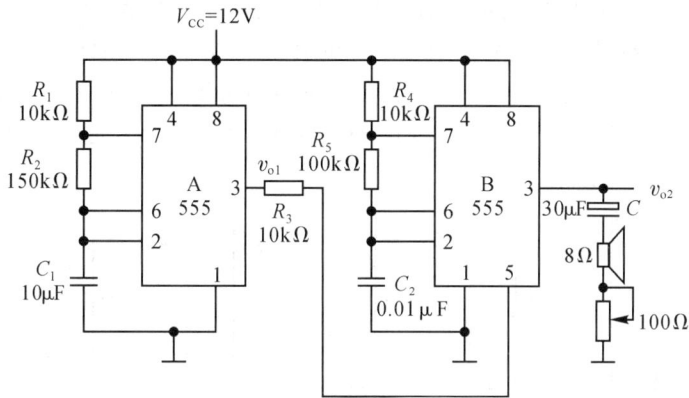

题 8-17 图

第9章 数模(D/A)和模数(A/D)转换电路

9.1 概 述

1. 数模、模数转换器是模拟、数字系统之间的桥梁

随着数字电子技术的迅速发展,其优越性越来越受到人们的关注,用数字电路处理模拟信号的情况也越来越多了。

为了能够用数字系统处理模拟信号,必须把模拟信号转换成相应的数字信号,才能够送入数字系统(例如计算机等)中进行处理。同时还经常需要把处理后得到的数字信号再转换成相应的模拟信号,作为最后的输出。

我们把前一种从模拟信号到数字信号的转换称为模—数转换,或称为 A/D(Analog to Digital)转换,把后一种从数字信号到模拟信号的转换称为 D/A(Digital to Analog)转换。同时,把实现 A/D 转换的电路称为 A/D 转换器(Analog Digital Converter);把实现 D/A 转换的电路称为 D/A 转换器(Digital Analog Converter)。图 9-1 所示是数模、模数转换器为模拟、数字系统之间的桥梁示意图。

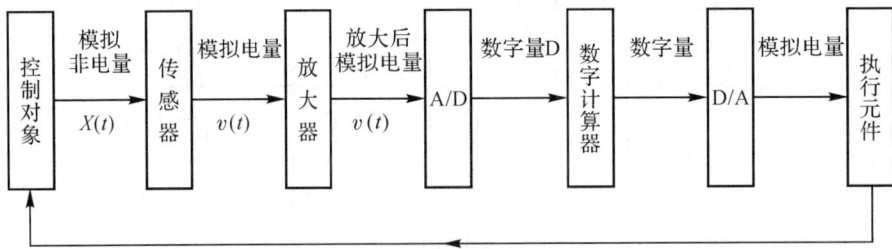

图 9-1 数模、模数转换器为模拟、数字系统之间的桥梁

2. 常见数模、模数转换器应用系统举例

数模、模数转换器应用很广。例如,在用计算机对生产过程进行控制时,经常要把压力、流量、温度及液位等物理量通过传感器检测出来,变换为相应的模拟电流或电压,再由模数转换器 ADC 转换成为二进制数字信号,送入计算机处理。计算机处理后所得到的仍然是数字量,若执行机构是伺服马达等模拟控制器,则需用数字模拟转换器 DAC 将数字量转换成相应的模拟信号,以控制伺服马达等机构执行规定的操作。

实际上,在数据传输系统、自动测试设备、医疗信息处理、电视信号的数字化、图像信号的处理和识别、数字通信和语音信息处理等方面都离不开 A/D 和 D/A 转换器。

3. D/A 和 A/D 转换器的分类及指标

在目前常见的 D/A 转换器中有权电阻网络 D/A 转换器、T 形电阻网络 D/A 转换器等。A/D 转换器的类型也有多种,可以分为直接 A/D 转换器和间接 A/D 转换器两大类。直接 A/D 转换器,其输入的模拟信号直接被转换成相应的数字信号;而间接 A/D 转换器,其输入的模拟信号先被转换成某种中间变量(如时间、频率等),然后再将中间变量转换为最后的数字量。

转换精度和转换速度是衡量 D/A 转换器和 A/D 转换器性能优劣的主要指标。为了保证处理结果的准确性,D/A 转换器和 A/D 转换器必须要有足够的转换精度;而为了适应快速过程的控制和检测,它们还必须要有足够快的转换速度。在系统中,数字计算机的精度和速度比较高,所以最终处理结果的精度和速度,起决定作用的往往是 D/A 和 A/D 转换器的转换精度和转换速度。

9.2　D/A 转换器(DAC)

9.2.1　D/A 转换器的工作原理

1. D/A 转换器的基本概念

D/A 转换器是将输入的二进制数字信号转换成模拟信号,以电压或电流的形式输出。因此,D/A 转换器可以看作是一个译码器。一般常用的线性 D/A 转换器,其输出模拟电压 v_o 和输入数字量 D 之间成正比关系,即 $v_o = KD$,式中 K 为常数。

D/A 转换器的一般结构如图 9-2 所示,图中数据锁存器用来暂时存放输入的数字信号。n 位寄存器的并行输出分别控制 n 个模拟开关的工作状态,通过模拟开关,将参考电压按权关系加到电阻解码网络。

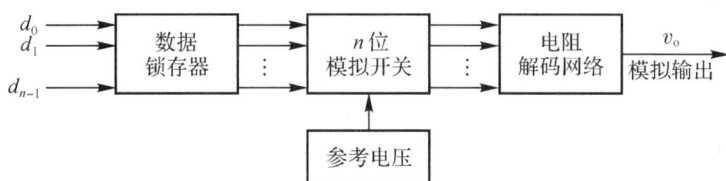

图 9-2　DAC 方框图

DAC 电路输入的是 n 位二进制数字信息 $D(d_{n-1}, d_{n-2}, \cdots, d_1, d_0)$,其最低位(LSB)的 d_0 和最高位(MSB)的 d_{n-1} 的权分别为 2^0 和 2^{n-1}。DAC 电路输出的是与输入数字量成正比例的电压 v_o 或电流 i_o,即

$$v_o(\text{或 } i_o) = K \cdot D = K \cdot \sum_{i=0}^{n-1} d_i 2^i,$$

式中:K 为转换比例常数。

以三位 DAC 为例,设 $K=1$,可得出 v_o 和 D 的关系,DAC 转换电路的输出与输入转换特性如图 9-3 所示,输出为阶梯波。

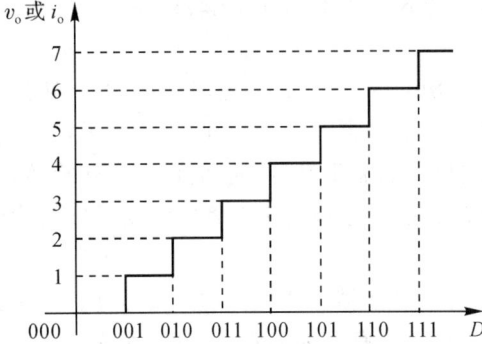

图 9-3 转换特性

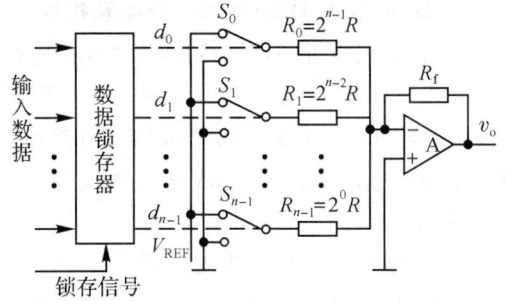

图 9-4 权电阻网络 D/A 转换器

2. 权电阻网络 D/A 转换器

图 9-4 所示是 n 位权电阻网络 D/A 转换器的原理图。它由权电阻网络、模拟开关和一个求和运算放大器组成。

开关 S_i 的位置受数据锁存器输出的数码 d_i 控制,当 $d_i=1$ 时,S_i 将电阻网络中相应的电阻 R_i 和基准电压 V_{REF} 接通;当 $d_i=0$ 时,S_i 将电阻 R_i 接地。

权电阻网络由 n 个电阻($2^0 R \sim 2^{n-1} R$)组成,电阻值的选择应使流过各电阻支路的电流 I_i 和对应 d_i 位的权值成正比。例如,数码最高位 d_{n-1},其权值为 2^{n-1},驱动开关 S_{n-1},连接的电阻 $R_{n-1}=2^{n-1-(n-1)}R=2^0 R$;最低位 d_0,驱动开关 S_0,连接的权电阻为 $R_0=2^{n-1-(0)}R=2^{n-1}R$。因此,对于任意位 d_i,其权值为 2^i,驱动开关 S_i,连接的权电阻值为 $R_i=2^{n-1-i}R$,即位权(i)越大,对应的权电阻值就越小。

集成运算放大器,作为求和权电阻网络的缓冲,主要是减少负载变化对输出模拟信号的影响,并将电流转换为电压输出。

当 $d_i=1$ 时,S_i 将相应的权电阻 $R_i=2^{n-1-i}R$ 与基准电压 V_{REF} 接通,此时,由于运算放大器反相输入端为虚地,该支路产生的电流为

$$I_i=\frac{V_{REF}}{2^{n-1-i}R}=\frac{V_{REF}}{2^{n-1}R}2^i$$

当 $d_i=0$ 时,由于 S_i 接地,$I_i=0$。因此,对于 d_i 位所产生的电流应表示为

$$I_i=\frac{V_{REF}}{2^{n-1-i}R}d_i=\frac{V_{REF}}{2^{n-1}R}d_i 2^i$$

运算放大器总的输入电流为

$$i_{\Sigma}=\sum_{i=0}^{n-1}I_i=\sum_{i=0}^{n-1}\frac{V_{REF}}{2^{n-1}R}d_i 2^i=\frac{V_{REF}}{2^{n-1}R}\sum_{i=0}^{n-1}d_i 2^i$$

运算放大器的输出电压为

$$v_o=-R_f i_{\Sigma}=-\frac{R_f V_{REF}}{2^{n-1}R}\sum_{i=0}^{n-1}d_i 2^i \tag{9-2-1}$$

若 $R_f=\frac{1}{2}\cdot R$,代入式(9-2-1)后则得

$$v_o=-\frac{R_f V_{REF}}{2^{n-1}R}\sum_{i=0}^{n-1}d_i 2^i=-\frac{V_{REF}}{2^n}\sum_{i=0}^{n-1}d_i 2^i \tag{9-2-2}$$

从式(9-2-2)可见,输出模拟电压 v_o 的大小与输入二进制数的大小成正比,实现了数字

量到模拟量的转换。

当 $D = d_{n-1} \cdots d_0 = 0$ 时，$v_o = 0$。

当 $D = d_{n-1} \cdots d_0 = 11 \cdots 1$ 时，最大输出电压

$$V_m = -\frac{2^n - 1}{2^n} V_{REF}$$

因而 v_o 的变化范围是

$$0 \sim -\frac{2^n - 1}{2^n} V_{REF}$$

权电阻网络 DAC 的优点是结构简单，使用的电阻元件少；缺点是权电阻的阻值都不相等，位数多时，其阻值相差甚远。例如，当输入信号为 12 位时，如果权电阻网络中最小的电阻 $R = 1\text{k}\Omega$，最大的电阻应为 $2^{11}R = 2.048\text{M}\Omega$，两者相差 2048 倍，给集成电路的制作造成很大困难。因此，在集成 DAC 中很少单独使用上述电路。

3. T 型电阻网络 D/A 转换器

为了克服权电阻网络中电阻阻值相差过大的缺点，引入了 T 型电阻网络结构的 DAC，其电路图如图 9-5 所示。

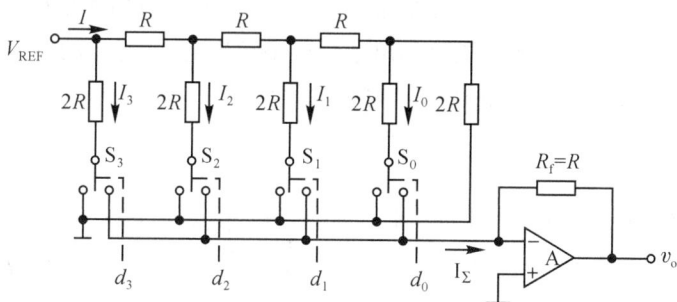

图 9-5　$R\text{-}2R$ 的 T 型 DAC

从图 9-5 中可以看出，由 V_{REF} 向里看的等效电阻为 R，数码无论是 0 还是 1，开关 S_i 都相当于接地。等效电路如图 9-6 所示。

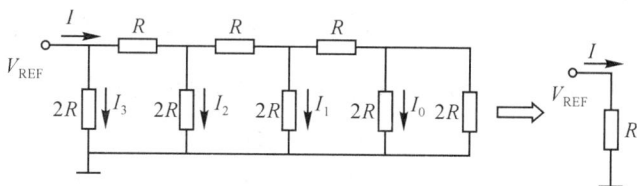

图 9-6　等效电路 R

因此，由 V_{REF} 流出的总电流为 $I = V_{REF}/R$，而流入 $2R$ 支路的电流是以 2 的倍数递减，流入运算放大器的电流为

$$
\begin{aligned}
i_{\Sigma} &= d_{n-1}\frac{I}{2^1} + d_{n-2}\frac{I}{2^2} + \cdots + d_1\frac{I}{2^{n-1}} + d_0\frac{I}{2^n} \\
&= \frac{I}{2^n}(d_{n-1}2^{n-1} + d_{n-2}2^{n-2} + \cdots + d_1 2^1 + d_0 2^0) \\
&= \frac{I}{2^n}\sum_{i=0}^{n-1} d_i 2^i
\end{aligned}
$$

运算放大器的输出电压为 $v_o = -i_{\sum}R_f = -\dfrac{IR_f}{2^n}\displaystyle\sum_{i=0}^{n-1}d_i 2^i$

若 $R_f = R$，并将 $I = V_{REF}/R$ 代入上式，则有

$$v_o = -\frac{V_{REF}}{2^n}\sum_{i=0}^{n-1}d_i 2^i$$

可见，输出模拟电压正比于数字量的输入。

由于 T 型电阻网络只有两种阻值的电阻，因此最适合于集成工艺，集成 D/A 转换器普遍采用这种电路结构。

9.2.2　D/A 转换器的转换精度、速度和主要参数

1. 转换精度

在 D/A 转换器中，一般用分辨率和转换误差描述转换精度。

(1)分辨率

分辨率用输入二进制数的有效位数给出。在分辨率为 n 位的 D/A 转换器中，输出电压能区分 2^n 个不同的输入二进制代码状态，能给出 2^n 个不同等级的输出模拟电压。

分辨率也可以用 D/A 转换器能分辨出来的最小输出电压(对应的输入数字量只有最低有效位为 1)与最大输出电压(对应的输入数字量所有有效位全为 1)之比。

$$分辨率 = \frac{1}{2^n - 1}$$

例如，在 10 位 D/A 转换器中，分辨率 $=\dfrac{1}{2^{10}-1}=\dfrac{1}{1023}\approx 0.001$。

分辨率与输入数字量的位数有关，n 越大，DAC 的分辨能力越高(分辨率越小)，转换时对输入量的微小变化的反应越灵敏。

(2)转换误差

由于 D/A 转换器的各个环节在参数和性能上与理论值之间不可避免地存在着差异，所以实际能达到的转换精度要由转换误差来决定。

转换误差通常用输出电压满刻度 FSR(Full Scale Range)的百分数表示，也可以用最低有效位 LSB(Least Significant Bit)的倍数表示。例如，给出转换误差为 $\dfrac{1}{2}$LSB，这表示输出模拟电压的绝对误差等于输入为 00…01 时输出模拟电压的一半。

转换误差是实际输出值与理论计算值之差，这种差值由转换过程各种误差引起，主要指静态误差，它包括以下三类。

1)非线性误差。它是由电子开关导通的电压降和电阻网络电阻阻值偏差产生的，常用满刻度的百分数来表示。

2)比例系数误差。它是参考电压 V_{REF} 偏离规定值引起的，也用满刻度的百分数来表示。

3)漂移误差。它是由运算放大器零点漂移产生的误差。当输入数字量为 0 时，由于运算放大器的零点漂移，输出模拟电压并不为 0。这使输出电压特性与理想电压特性产生一个相对位移。

2. 转换速度

通常用建立时间 t_{set} 来定量描述 D/A 转换器的转换速度。

建立时间 t_{set} 是这样定义的:从输入的数字量发生突变开始,直到输出电压进入与稳态值相差 $\pm\dfrac{1}{2}$LSB 范围以内的这段时间,称为建立时间 t_{set},如图 9-7 所示。因为输入数字量的变化越大,建立时间越长,所以一般产品说明中给出的都是输入数字量从全 0 变为全 1(或由全 1 变为全 0)时的建立时间。目前,在不包括参考电压源和运算放大器的单片集成 D/A 转换器中,建立时间最短的可达 0.1μs 以下。而在包含参考源和运算放大器的集成 D/A 转换器中,建立时间可短到 1.5μs。

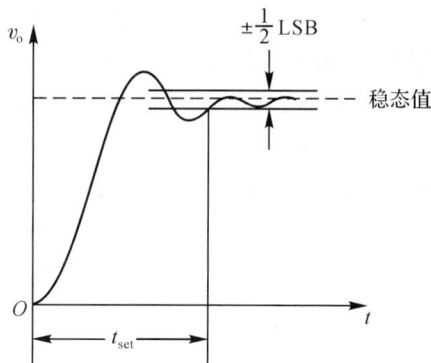

图 9-7　D/A 转换器的建立时间

在外加运算放大器组成完整的 D/A 转换器时,如果采用普通的运算放大器,则运算放大器的建立时间将成为 D/A 转换器建立时间 t_{set} 的主要成分。因此,为了获得较快的转换速度,应该选用转换速率(即输出电压的变化速度)较快的运算放大器,以缩短运算放大器的建立时间。

9.2.3　集成 DAC 电路

八位集成 DAC0832 的框图如图 9-8(a)所示,引脚图如图 9-8(b)所示。

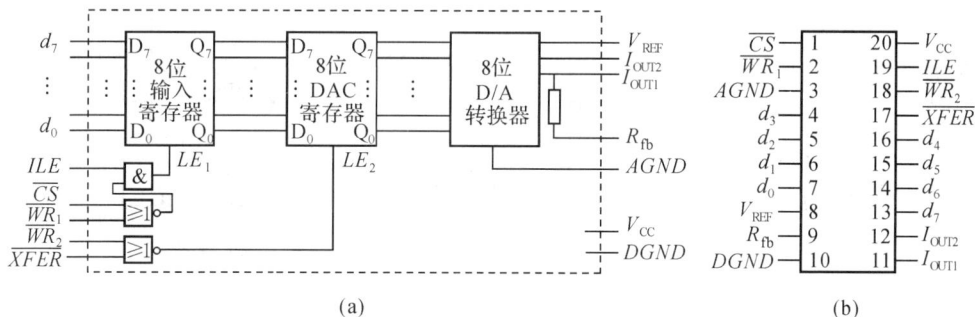

(a)　　　　　　　　　　　　　　(b)

图 9-8　集成 DAC0832 框图与引脚图

DAC0832 由一个八位输入寄存器、一个八位 DAC 寄存器和一个八位 D/A 转换器三大部分组成。D/A 转换器采用了 T 型 R-$2R$ 电阻网络。由于 DAC0832 有两个可以分别控制的数据寄存器,所以,在使用时有较大的灵活性,可根据需要接成不同的工作方式。DAC0832 中无运算放大器,且是电流输出,使用时须外接运算放大器。芯片中已设置了 R_{fb},只要将 9 脚接到运算放大器的输出端即可。若运算放大器增益不够,还须外加反馈电阻。器件上各引脚的名称和功能如下。

ILE:输入锁存允许信号,输入高电平有效。

$\overline{CS}$:片选信号,输入低电平有效。

$\overline{WR_1}$:输入数据选通信号,输入低电平有效。

$\overline{WR_2}$:数据传送选通信号,输入低电平有效。

$\overline{XFER}$:数据传送控制信号,输入低电平有效。

$d_7 \sim d_0$:八位输入数据信号。

V_{REF}：参考电压输入。一般此端外接一个精确、稳定的电压基准源。V_{REF}可在$-10V$至$+10V$范围内选择。

R_{fb}：反馈电阻(内已含一个反馈电阻)接线端。

I_{OUT1}：DAC 输出电流 1。此输出信号一般作为运算放大器的一个差分输入信号。当 DAC 寄存器中的各位为 1 时，电流最大；为全 0 时，电流为 0。

I_{OUT2}：DAC 输出电流 2。它作为运算放大器的另一个差分输入信号(一般接地)。

I_{OUT1}和I_{OUIT2}满足如下关系：$I_{OUT1}+I_{OUT2}=$常数。

V_{CC}：电源输入端(一般取$+5V$)。

$DGND$：数字地。

$AGND$：模拟地。

从 DAC0832 的内部控制逻辑分析可知，当ILE,$\overline{CS}$和$\overline{WR_1}$同时有效时，LE_1为高电平。在此期间，输入数据$d_7 \sim d_0$进入输入寄存器。当$\overline{WR_2}$和$\overline{XFER}$同时有效时，LE_2为高电平。在此期间，输入寄存器的数据进入 DAC 寄存器。八位 D/A 转换电路随时将 DAC 寄存器的数据转换为模拟信号(I_{OUT1}和I_{OUT2})输出。

DAC0832 的使用有双缓冲器型、单缓冲器型和直通型三种工作方式，如图 9-9 所示。

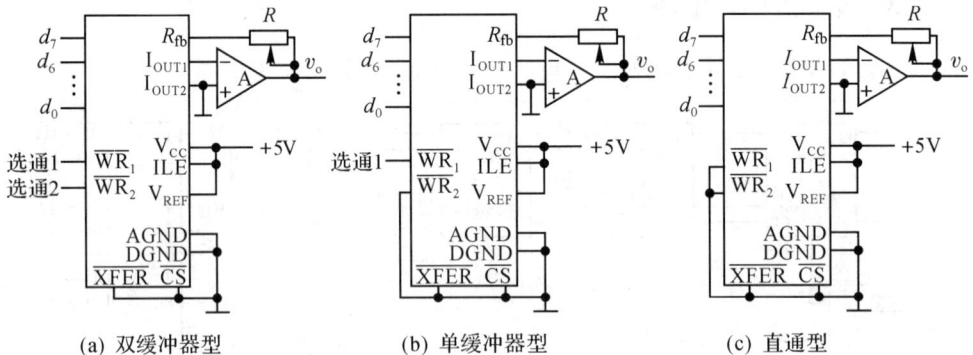

图 9-9 DAC0832 的三种工作方式

9.3 A/D 转换器(ADC)

9.3.1 模数转换基本原理

模/数转换与数/模转换恰好相反，是把模拟电压或电流转换成与之成正比的数字量。由于模拟信号在时间上和幅度上是连续的，而数字信号在时间上和幅度上是离散的，所以进行模/数转换时，先要按一定时间间隔对模拟信号采样，使它变成在时间上离散的信号。然后将采样值保持一段时间，在这段时间内，对采样值进行幅度的量化，最后通过编码把量化后的幅度取值转换成数字量输出，从而得到时间和幅度都是离散的数字信号。因此，一般的模/数转换过程是通过采样、保持、量化、编码四个步骤完成的，如图 9-10 所示。

1. 采样保持

采样(也称取样)是将时间上连续变化的信号转换为时间上离散的信号，即将时间上连

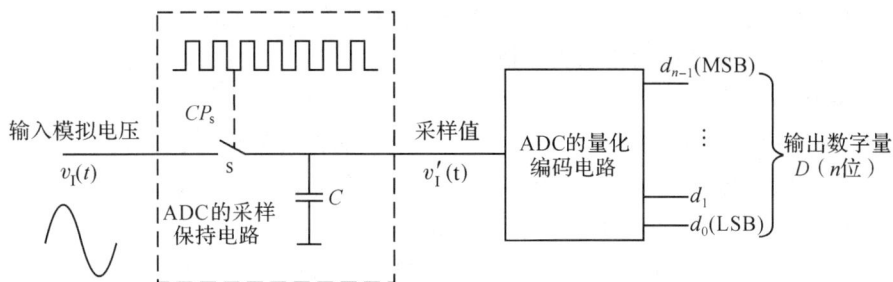

图 9-10　模拟量到数字量的转换过程

续变化的模拟量转换为一系列等间隔的脉冲,脉冲的幅度取决于输入模拟量,其过程如图 9-11 所示。图中 $v_1(t)$ 为输入模拟信号,$S(t)$ 为采样脉冲,$v_1'(t)$ 为取样后的输出信号。

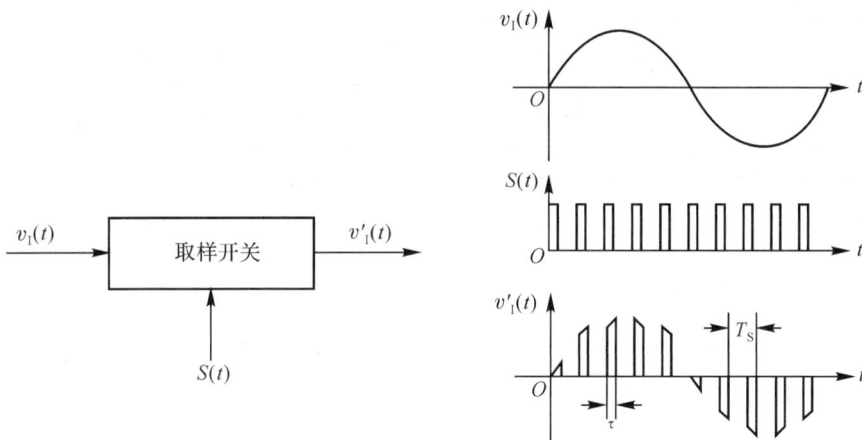

图 9-11　采(取)样过程

图 9-11 取样过程在取样脉冲作用期 τ 内,取样开关接通,使 $v_1'(t)=v_1(t)$,在其他时间 $(T_s-\tau)$ 内,输出为零。因此,每经过一个取样周期,对输入信号取样一次,在输出端便得到输入信号的一个取样值。为了不失真地恢复原来的输入信号,根据取样定理,一个频率有限的模拟信号,其取样频率 f_s 必须大于等于输入模拟信号包含的最高频率 f_{max} 的两倍,即取样频率必须满足 $f_s \geq 2f_{max}$。

2. 量化和编码

输入的模拟电压经过取样保持后,得到的是阶梯波。由于阶梯的幅度是任意的,将会有无限个数值,因此该阶梯波仍是一个可以连续取值的模拟量。另一方面,由于数字量的位数有限,只能表示有限个数值(n 位数字量只能表示 2^n 个数值)。因此,用数字量来表示连续变化的模拟量时就有一个类似于四舍五入的近似问题。必须将取样后的样值电平归化到与之接近的离散电平上,这个过程称为量化。指定的离散电平称为量化电平。用二进制数码来表示各个量化电平的过程称为编码。两个量化电平之间的差值称为量化间隔 S,位数越多,量化等级越细,S 就越小。取样保持后未量化的 v_1' 值与量化电平 V_q 值通常是不相等的,其差值称为量化误差 δ,即 $\delta=v_1'-V_q$。量化的方法一般有两种:只舍不入法和有舍有入法。

(1)只舍不入法

只舍不入法是将取样保持信号 v_1' 不足一个 S 的尾数舍去,取其原整数。图 9-12(a)所示是采用了只舍不入法。区域(3)中 $v_1'=3.6\mathrm{V}$ 时将它归并到 $V_q=3\mathrm{V}$ 的量化电平,因此,编码后的输出为 011。这种方法的 δ 总为正值,$\delta_{max} \approx S$。

(2)有舍有入法

有舍有入法指当 v_1' 的尾数 $< S/2$ 时,用舍尾取整法得其量化值;当 v_1' 的尾数 $\geqslant S/2$ 时,用舍尾入整法得其量化值。如图 9-12(b)所示采用了有舍有入法。区域(3)中 $v_1'=3.6\mathrm{V}$,尾数 $0.6\mathrm{V} \geqslant S/2=0.5\mathrm{V}$,因此,归化到 $V_q=4\mathrm{V}$,编码后为 100。区域(5)中 $v_1'=4.1\mathrm{V}$,尾数小于 $0.5\mathrm{V}$,归化到 $4\mathrm{V}$,编码后为 100。这种方法 δ 可为正,也可为负,但是 $|\delta_{max}|=S/2$。可见,它要比第一种方法误差要小。

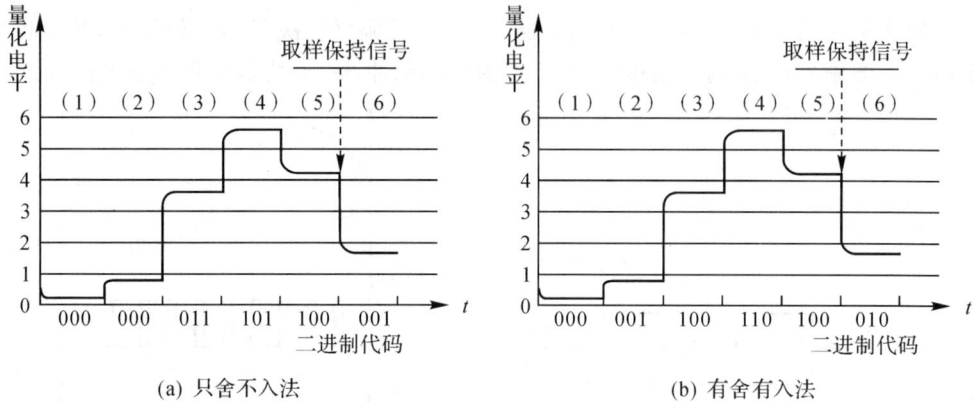

图 9-12 两种量化方法的比较

(a) 只舍不入法　　　　(b) 有舍有入法

9.3.2　并联比较型 ADC

ADC 电路分成直接法和间接法两大类。

直接法是通过一套基准电压与取样保持电压进行比较,从而直接转换成数字量,其特点是工作速度高,转换精度容易保证,调准也比较方便。

间接法是将取样后的模拟信号先转换成时间 t 或频率 f,然后再将 t 或 f 转换成数字量。其特点是工作速度较低,但转换精度可以做得较高,且抗干扰性强,一般在测试仪表中用得较多。

1. 电路组成

图 9-13 为并联比较型 A/D 转换器电路结构图,它由电压比较器、寄存器和代码转换电路三部分组成。输入为 $0 \sim V_{REF}$ 间的模拟电压,输出为 3 位二进制数码 $d_2 d_1 d_0$。这里略去了取样—保持电路,假定输入的模拟电压 v_1 已经是取样—保持电路的输出电压了。

电压比较器中量化电平的划分采用有舍有入法,用电阻链把参考电压 V_{REF} 分压,得到从 $\frac{1}{15}V_{REF}$ 到 $\frac{13}{15}V_{REF}$ 之间 7 个比较电平,量化单位为 $\Delta=\frac{2}{15}V_{REF}$。然后,把这 7 个比较电平分别接到 7 个电压比较器 $C_1 \sim C_7$ 的输入端,作为比较基准。同时,将输入的模拟电压加到每个比较器的另一个输入端上,与这 7 个比较基准进行比较。

寄存器由 7 个 D 触发器构成,CP 上升沿触发,其输出送给编码器进行编码,编码器的输出就是转换结果,即与输入模拟电压 v_1 相对应的 3 位二进制数。

2. 工作原理

若 $v_1 < \frac{1}{15}V_{REF}$,则所有比较器的输出全是低电平,$CP$ 上升沿到来后寄存器中所有的触

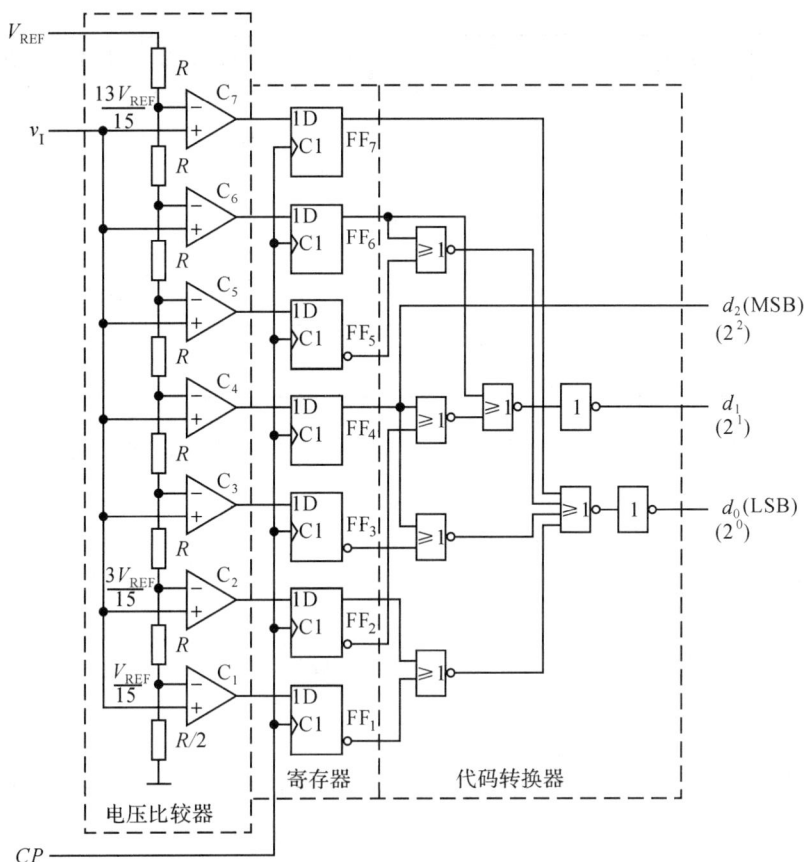

图 9-13　3 位二进制数的并行比较型 ADC 电路

发器(FF1~FF7)都被置成 0 状态。

若 $\frac{1}{15}V_{REF} \leqslant v_1 < \frac{3}{15}V_{REF}$,则只有 C_1 输出为高电平,CP 上升沿到达后 FF1 被置 1,其余触发器被置 0。

依此类推,便可列出 v_1 为不同电压时寄存器的状态,如表 9-1 所示。不过寄存器输出的是一组 7 位的二值代码,还不是所要求的二进制数,因此必须进行代码转换。

表 9-1　v_1 为不同电压时寄存器的状态

输入模拟电压范围 v_1/V	量化标尺分度值	量化后输出电压	比较器输出 $C_7C_6C_5C_4C_3C_2C_1$	输出二进制编码 $d_2d_1d_0$
$0 \leqslant v_1 < \frac{1}{15}V_{REF}$	$0S$	0	0000000	000
$\frac{1}{15}V_{REF} \leqslant v_1 < \frac{3}{15}V_{REF}$	$1S$	1	0000001	001
$\frac{3}{15}V_{REF} \leqslant v_1 < \frac{5}{15}V_{REF}$	$2S$	2	0000011	010
$\frac{5}{15}V_{REF} \leqslant v_1 < \frac{7}{15}V_{REF}$	$3S$	3	0000111	011

续表

输入模拟电压范围 v_1/V	量化标尺分度值	量化后输出电压	比较器输出 $C_7C_6C_5C_4C_3C_2C_1$	输出二进制编码 $d_2d_1d_0$
$\frac{7}{15}V_{REF} \leqslant v_1 < \frac{9}{15}V_{REF}$	$4S$	4	0001111	100
$\frac{9}{15}V_{REF} \leqslant v_1 < \frac{11}{15}V_{REF}$	$5S$	5	0011111	101
$\frac{11}{15}V_{REF} \leqslant v_1 < \frac{13}{15}V_{REF}$	$6S$	6	0111111	110
$\frac{13}{15}V_{REF} \leqslant v_1 < V_{REF}$	$7S$	7	1111111	111

代码转换器是一个组合逻辑电路,根据表 9-1 可以写出代码转换电路输出与输入之间的逻辑函数式。

$$\begin{cases} d_2 = Q_4 \\ d_1 = Q_6 + \overline{Q_4}Q_2 \\ d_0 = Q_7 + \overline{Q_6}Q_5 + \overline{Q_4}Q_3 + \overline{Q_2}Q_1 \end{cases} \tag{9-3-1}$$

按照式(9-3-1)即可得到图 9-13 中的代码转换电路。

3. 主要特点

(1)转换精度

并联比较型 A/D 转换器的转换精度主要取决于量化电平的划分,分得越细(亦即取得越小),精度越高。不过分得越细使用的比较器和触发器数目越多,电路更加复杂。此外,转换精度还受参考电压的稳定度和分压电阻相对精度以及电压比较器灵敏度的影响。

(2)转换速度快

并联比较型 A/D 转换器的最大优点是转换速度快。如果从 CP 信号的上升沿算起,图 9-13 所示电路完成一次转换所需要的时间只包括一级触发器的翻转时间和三级门电路的传输延迟时间。而且各位代码的转换几乎是同时进行的,增加输出代码位数对转换时间的影响很小。目前单片集成的并联比较型 A/D 转换器,输出为 4 位和 6 位二进制的产品,完成一次转换所用的时间可在 10ns 以下,这是其他类型 A/D 转换器都无法做到的。

另外,使用图 9-13 所示这种含有寄存器的 A/D 转换器时可以不用附加取样—保持电路,因为比较器和寄存器这两部分也兼有取样—保持功能。这也是图 9-13 所示电路的又一个优点。

(3)用比较器和触发器多

并联比较型 A/D 转换器的缺点是需要用很多的电压比较器和触发器。从图 9-13 所示电路不难得知,输出位 n 位二进制代码的转换器中应当有 2^n-1 个电压比较器和 2^n-1 个触发器。电路的规模随着代码位数的增加而急剧膨胀。如果输出为 10 位二进制代码,则需要用 $2^{10}-1=1023$ 个电压比较器和 1023 个触发器以及一个规模相当庞大的代码转换电路。不言而喻,这当然是不经济的,不难理解,相应的编码器也要变得复杂起来。这种转换器适用于速度高、精度低的场合。

9.3.3　逐次渐近型 ADC

1. 基本工作原理

逐次渐近型 A/D 转换器的工作原理可以用如图 9-14 所示的结构框图表示。这种转换器由比较器、D/A 转换器、参考电压、逐次渐近寄存器与控制逻辑电路,以及时钟信号等几部分组成。

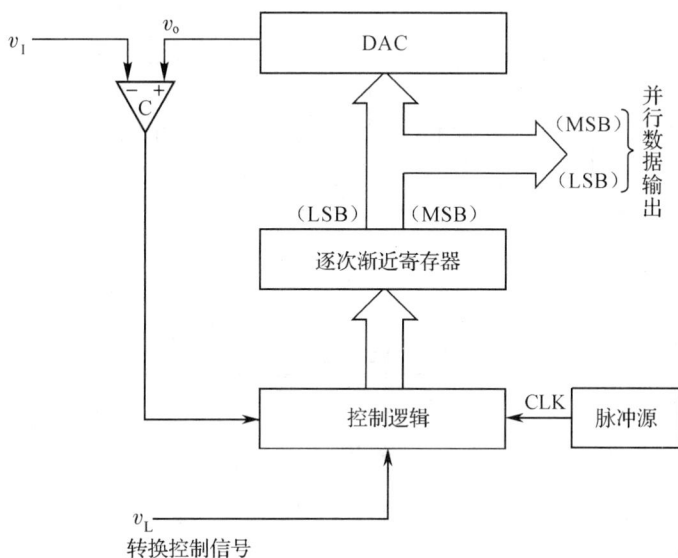

图 9-14　逐次渐近型 A/D 转换器的电路结构框图

逐次渐近型 A/D 转换器是将要转换的模拟电压 v_1 与一系列的基准电压比较。比较是从高位到低位逐位进行的,并依次确定各位数码是 1 还是 0。转换开始前,先将逐次渐近寄存器清零,开始转换后,控制逻辑将逐次渐近寄存器的最高位置 1,使其输出为 100$\cdots$000,这个数码被 D/A 转换器转换成相应的模拟电压 v_o,送至比较器与输入 v_1 比较。若 $v_o > v_1$,说明寄存器输出的数码大了,应将最高位改为 0(去码),同时设次高位为 1;若 $v_o \leqslant v_1$,说明寄存器输出的数码还不够大,因此,需将最高位设置的 1 保留(加码),同时也设次高位为 1。然后,再按同样的方法进行比较,确定次高位的 1 是去掉还是保留(即去码还是加码)。这样逐位比较下去,一直到最低位为止,比较完毕后,寄存器中的状态就是转化后的数据输出。

不难想像,上述比较过程正如同天平称量一个未知重量的物体时的操作过程一样,只不过使用的砝码重量一个比一个小一半。

2. 转换过程举例

下面结合图 9-15 的具体逻辑电路,说明逐次比较的过程。

图中 FF_A,FF_B,FF_C 组成 3 位逐次渐近寄存器,FF1~FF5 和门 1~5 组成控制逻辑电路。FF1~FF5 接成环形移位寄存器。转换开始前,先使 $Q_1 = Q_2 = Q_3 = Q_4 = 0$,$Q_5 = 1$,第一个 CP 到来后,$Q_1 = 1$,$Q_2 = Q_3 = Q_4 = Q_5 = 0$,于是 FF_A 被置 1,FF_B 和 FF_C 被置 0。这时加到 D/A 转换器输入端的代码为 100,并在 D/A 转换器的输出端得到相应的模拟电压输出 v_o。v_o 和 v_1 在比较器中比较,当 $v_o > v_1$ 时,比较器输出 $v_C = 1$;当 $v_o \leqslant v_1$ 时,$v_C = 0$。

第二个 CP 信号到来时,环形计数器右移一位,变成 $Q_2 = 1$,$Q_1 = Q_3 = Q_4 = Q_5 = 0$。这时

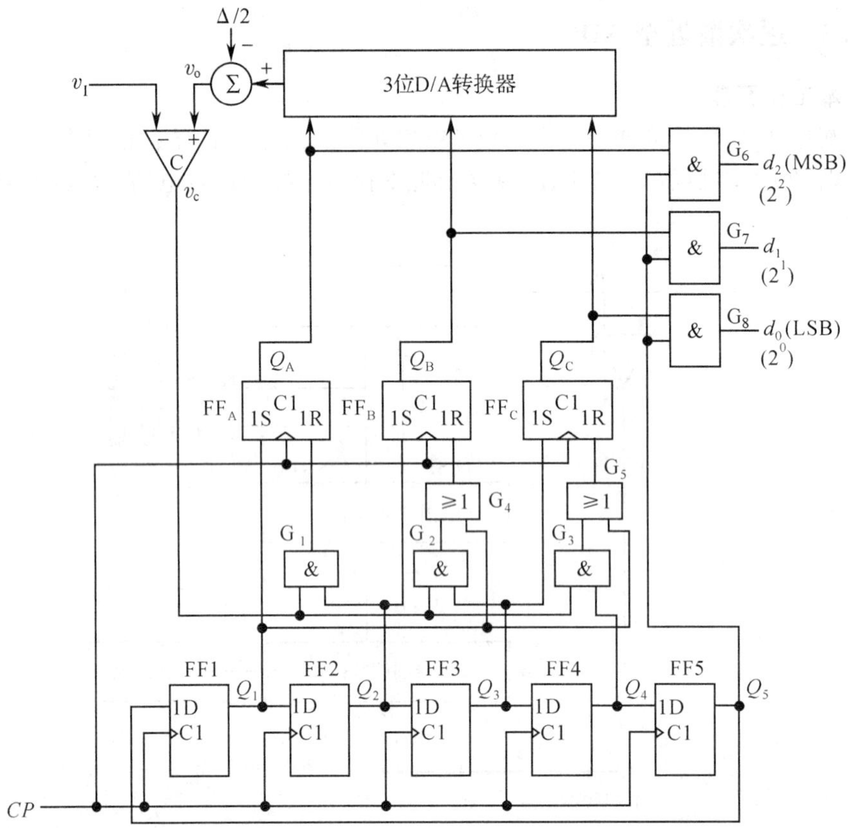

图 9-15　3 位逐次渐近型 A/D 转换器

门 1 打开,若原来 $v_C=1$,则 FF_A 被置 0;若原来 $v_C=0$,则 FF_A 的 1 状态保留。与此同时,Q_2 的高电平将 FF_B 置 1。

第三个 CP 信号到来时,环形移位寄存器又右移一位,一方面将 FF_C 置 1,同时将门 2 打开,并根据比较器的输出决定 FF_B 的 1 状态是否应当保留。

第四个 CP 信号到来时,移位寄存器 $Q_4=1,Q_1=Q_2=Q_3=Q_5=0$。门 3 被打开,根据比较器的输出决定 FF_C 的 1 状态是否应当保留。

第五个 CP 信号到来后,$Q_5=1,Q_1=Q_2=Q_3=Q_4=0$,FF_A,FF_B,FF_C 的状态作为转换结果,通过门 6,7,8 被送出。

为了减少量化误差,使 D/A 转换器的输出电压产生 $\Delta/2$ 的偏移。这里的 Δ 表示输入的最低有效位的 1 在 D/A 转换器输出端所产生的电压。可以这样理解,现在用来与 v_1 比较的量化电平,每次由 D/A 转换器给出,由量化图可知,为了使量化误差不大于 $\Delta/2$,应使第一个比较电平为 $\Delta/2$,而不是 Δ,但以后每个比较电平之差都必须是 Δ。为了做到这一点,必须使 D/A 转换器输出的所有比较电平同时向负方向偏移 $\Delta/2$。

由这个例子可以看出,完成一次转换需要五个 CP 信号的周期,而且如果位数增加时,转换时间也相应加长。逐次渐近型 A/D 转换器,因其分辨率较高、误差较低、转换速度较快,是目前应用比较广泛的一种 A/D 转换器。

9.3.4　双积分型 ADC

在双积分 A/D 转换器中,总是先把输入模拟电压 v_1,转换成相应的时间间隔 t,再用 t 去控制送入计数器的频率固定的 CP 脉冲的个数,从而实现 A/D 转换——将 v_1 转换成计数器中的二进制数。

1. 电路组成

图 9-16 所示的双积分 A/D 转换器由基准电压、积分器、比较器、控制门等组成。

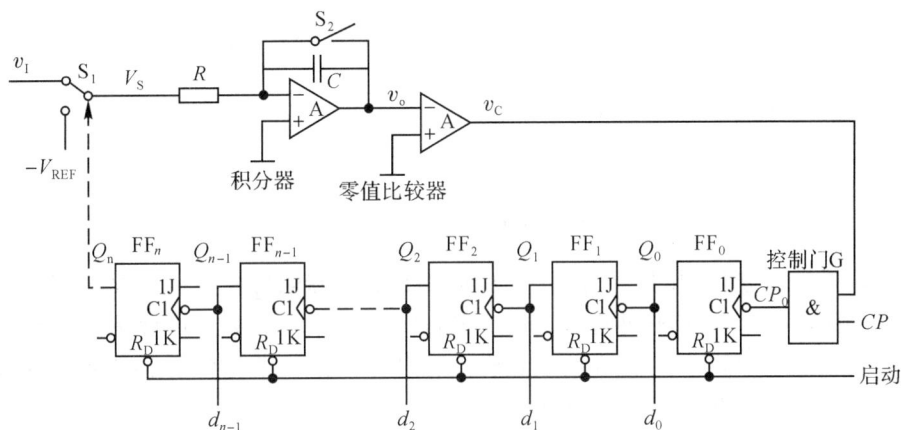

图 9-16　双积分 ADC 原理框图

2. 工作原理

图 9-17 所示是双积分型 A/D 转换器的工作波形图。

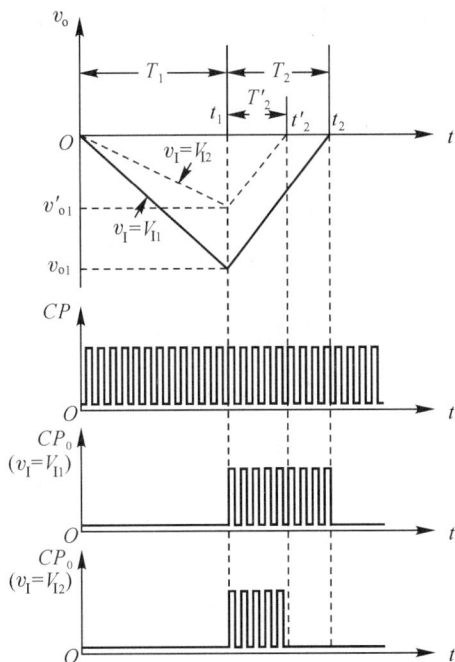

图 9-17　积分器输入、输出与计数脉冲间相对关系

（1）起始状态

在积分转换开始前，控制电路使计数器清零、电子开关 S_2 闭合、电容 C 放电，C 放电结束后 S_2 再断开。

（2）积分器对 v_1 进行定时积分

转换开始（$t=0$）时，控制电路使电子开关 S_1 合向 v_1，积分器对输入模拟电压进行定时积分，其输出电压 v_o 为

$$v_o(t_1) = -\frac{1}{C}\int_0^{T_1}\frac{v_1}{R}\mathrm{d}t$$
$$= -\frac{1}{RC}\int_0^{T_1}v_1\mathrm{d}t \tag{9-3-2}$$

因为积分期间 $v_1=V_1$ 保持不变，所以

$$v_o(t_1) = -\frac{1}{RC}\int_0^{T_1}v_1\mathrm{d}t$$
$$= -\frac{1}{RC}\int_0^{T_1}V_1\mathrm{d}t = -\frac{V_1}{RC}T_1 \tag{9-3-3}$$

在对 v_1 进行积分时，由于 v_1 为正、v_o 为负，所以比较器输出 v_c 为高电平，打开时钟输入控制门 G，频率为 f_c 的 CP 脉冲进入 n 位二进制加法计数器，计数器进行递增计数。

当计数器计满归零时，定时器置 1，逻辑控制门使电子开关 S_1 合向基准电压 V_{REF}。积分器对 v_1 的积分过程结束，对 V_{REF} 的积分过程开始。

不难理解，积分器对 v_1 的积分时间 T_1 为

$$T_1 = N_1 \cdot T_{CP} = 2^n \cdot T_{CP} \tag{9-3-4}$$

式中：N_1 为 n 位二进制加法计数器的容量，T_{CP} 是时钟信号 CP 脉冲的周期，$T_{CP}=\dfrac{1}{f_c}$。

显然在对 v_1 的积分过程结束时，积分器的输出电压 v_o 应为

$$v_o(t_1) = -\frac{V_1}{RC} \cdot 2^n \cdot T_{CP} \tag{9-3-5}$$

（3）积分器对 V_{REF} 进行反向积分

当 S_1 合至基准电压 $-V_{REF}$ 后，积分器便开始对 $-V_{REF}$ 进行积分，其输出电压的起始值为 $v_o(t_1)$。虽然基准电压是负值，积分器进行的是反向积分，但是 v_o 的初值为 $v_o(t_1)$ 是负的，因此比较器的输出 v_c 仍为高电平，门 G 是打开着的，计数器计满归零后，在积分器对 $-V_{REF}$ 进行积分时，又从 0 开始进行递增计数。

在积分器对 $-V_{REF}$ 进行反向积分时，其输出电压为

$$v_o(t_2) = v_o(t_1) - \frac{1}{C}\int_0^{T_2}\frac{-V_{REF}}{R}\mathrm{d}t = v_o(t_1) + \frac{V_{REF}}{RC}T_2$$

随着反向积分过程的进行，$v_o(t)$ 逐渐升高，当 $v_o(t)$ 上升到 0 时，比较器输出 v_c 跳变为低电平，封锁时钟输入控制门，计数器停止计数，对 $-V_{REF}$ 的反向积分过程结束。因此有

$$v_o(t_2) = v_o(t_1) + \frac{V_{REF}}{RC} \cdot T_2 = 0$$
$$T_2 = -\frac{v_o(t_1)}{\dfrac{V_{REF}}{RC}} \tag{9-3-6}$$

若反向积分过程结束时，计数器的数值为 $N_2=D$，则可以很容易地推导出

$$T_2 = N_2 \cdot T_{CP} = D \cdot T_{CP} \tag{9-3-7}$$

把式(9-3-5)和式(9-3-7)代入式(9-3-6),可得

$$D \cdot T_{CP} = -\left[-\frac{V_I}{RC} \cdot 2^n \cdot \frac{T_{CP}}{\dfrac{V_{REF}}{RC}} \right]$$

$$D = \frac{V_I}{\dfrac{V_{REF}}{2^n}}$$

若令 $\Delta = \dfrac{V_{REF}}{2^n}$,则可得

$$D = \frac{V_I}{\Delta} \tag{9-3-8}$$

Δ 可以看作是 A/D 转换器中的单位电压,当基准电压 $-V_{REF}$ 和计数器的位数 n 一定时,Δ 是恒定不变的。D 是积分器对 $-V_{REF}$ 进行反向积分结束时计数器中的二进制数,也就是与 v_1 相对应的输出数字量。式(9-3-8)不仅表示 A/D 转换器的输出数字量 D 与输入模拟电压 v_1 成正比,而且说明只要用单位电压 Δ 除 V_1 所得到的便是 D 的数值。

在积分器完成对 $-V_{REF}$ 的反向积分后,即可由控制逻辑将计数器中的二进制数并行输出。如果还要进行新的转换,则需让 A/D 转换器恢复到起始状态,再重复上述过程。

3. 主要特点

这种 A/D 转换器具有很多优点。首先,其转换结果与时间常数 RC 无关,从而消除了由于斜波电压非线性带来的误差,允许积分电容在一个较宽范围内变化,而不影响转换结果。其次,由于输入信号积分的时间较长,且是一个固定值 T_1,而 T_2 正比于输入信号在 T_1 内的平均值,这对于叠加在输入信号上的干扰信号有很强的抑制能力。最后,这种 A/D 转换器不必采用高稳定度的时钟源,它只要求时钟源在一个转换周期($T_1 + T_2$)内保持稳定即可。这种转换器被广泛应用于要求精度较高而转换速度要求不高的仪器设备中。

9.3.5　ADC 的转换精度和转换速度

1. 转换精度

(1)分辨率

分辨率指 A/D 转换器对输入模拟信号的分辨能力。从理论上讲,一个 n 位二进制数输出的 A/D 转换器应能区分输入模拟电压的 2^n 个不同量级,能区分输入模拟电压的最小差异为 $\dfrac{1}{2^n}$FSR(满量程输入的 $1/2^n$)。例如,A/D 转换器的输出为 12 位二进制数,最大输入模拟信号为 10V,则其分辨率为

$$\frac{1}{2^{12}} \times 10V = \frac{10V}{4096} = 2.44mV$$

(2)转换误差

在 A/D 转换器中,转换误差通常以相对误差形式给出,它表示 A/D 转换器实际输出的数字量和理想输出数字量的差别,并用最低有效位的倍数表示。例如,当给出的相对误差≤LSB/2 时,其含义是 ADC 实际输出数字量和理论上应得到的输出数字量,两者之间的误差不大于最低位的 $1/2$。

2. 转换速度

转换速度是指完成一次转换所需的时间,转换时间是从接到转换启动信号开始,到输出

端获得稳定的数字信号所经过的时间。A/D 转换器的转换速度主要取决于转换电路的类型,不同类型 A/D 转换器的转换速度相差很大。双积分型 A/D 转换器的转换速度最慢,需几百毫秒左右;逐次逼近式 A/D 转换器的转换速度较快,转换速度在几十微秒;并联型A/D 转换器的转换速度最快,仅需几十纳秒时间。

9.3.6　集成 ADC

图 9-18 所示为八位集成 ADC0809 的电路原理图和引脚图。

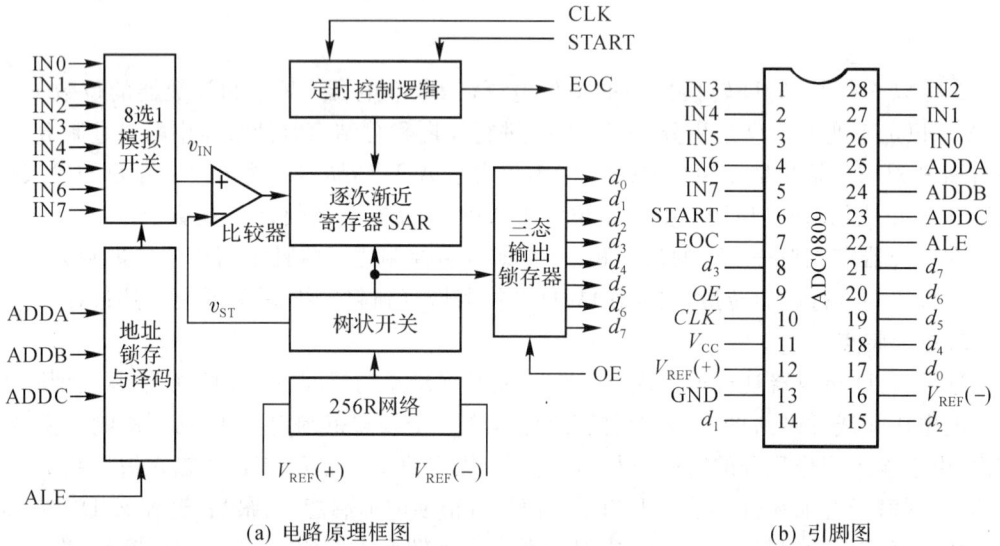

(a) 电路原理框图　　　　　　　　　　(b) 引脚图

图 9-18　ADC0809 电路原理图和引脚图

1. 八路模拟开关及地址的锁存和译码

ADC0809 通过 IN0～IN7 可输入八路单端模拟电压。ALE 将三位地址线 ADDC、ADDB 和 ADDA 进行锁存,然后由译码电路选通八路模拟输入中的某一路进行 A/D 转换,地址译码与选通输入的关系如表 9-2 所示。

表 9-2　地址译码选通表

地址线			选择输入
ADDC	ADDB	ADDA	
0	0	0	IN0
0	0	1	IN1
0	1	0	IN2
0	1	1	IN3
1	0	0	IN4
1	0	1	IN5
1	1	0	IN6
1	1	1	IN7

2. 八位 D/A 转换器

ADC0809 内部由树状开关和 256R 电阻网络构成八位 D/A 转换器,其输入为逐次渐近寄存器 SAR 的八位二进制数据,输出为 v_{ST},变换器的参考电压为 $V_{REF}(+)$ 和 $V_{REF}(-)$。

3. 逐次渐近寄存器 SAR 和比较器

在比较前,SAR 为全 0,变换开始,先使 SAR 的最高位为 1,其余仍为 0,此数字控制树状开关输出 v_{ST},v_{ST} 和模拟输入 v_{IN} 送比较器进行比较。若 $v_{ST} > v_{IN}$,则比较器输出逻辑 0,SAR 的最高位由 1 变为 0;若 $v_{ST} \leqslant v_{IN}$,则比较器输出逻辑 1,SAR 的最高位保持 1。此后,SAR 的次高位置 1,其余较低位仍为 0,而以前比较过的高位保持原来值。再将 v_{ST} 和 v_{IN} 进行比较。此后的过程与上述类似,直到最低位比较完为止。

4. 三态输出寄存器

转换结束后,SAR 的数字送三态输出锁存器,以供读出。

5. 引脚功能

IN0~IN7:模拟输入。

$V_{REF}(+)$ 和 $V_{REF}(-)$:基准电压的正端和负端,由此施加基准电压,基准电压的中心点应在 $V_{CC}/2$ 附近,其偏差不应超过 $\pm 0.1V$。

ADDC,ADDB,ADDA:模拟输入端选通地址输入。

ALE:地址锁存允许信号输入,高电平有效。

d_7~d_0:数码输出。

OE:输出允许信号,高电平有效。即当 OE=1 时,打开输出锁存器的三态门,将数据送出。

CLK:时钟脉冲输入端。一般在此端加 500kHz 的时钟信号。

START:启动信号。为了启动 A/D 转换过程,应在此引脚加一个正脉冲,脉冲的上升沿将内部寄存器全部清 0,在其下降沿开始 A/D 转换过程。

EOC:转换结束输出信号。在 START 信号上升沿之后 1~8 个时钟周期内,EOC 信号变为低电平。当转换结束后,转换后数据可以读出时,EOC 变为高电平。

9.3.7　ADC 与 DAC 的选用

A/D 与 D/A 器件发展到今天,产品的性能参数指标完全可以满足绝大部分场合的应用要求,其速度指标从 10MHz 左右到 1000MHz 都有,精度指标为 8~24 位,横跨较宽的范围,可以满足各种不同应用的要求。

在进行电路设计时,面对林林总总的 ADC,DAC 芯片,如何选择所需要的器件呢? 这要综合考虑各项因素,如系统的技术指标、成本、功耗、安装等,最主要的依据还是速度和精度。

1. D/A 转换芯片的选择原则

选择 D/A 转换芯片时,主要考虑芯片的性能、结构及应用特性。在性能上必须满足 D/A 转换的技术要求;在结构和应用特性上应满足接口方便、外围电路简单、价格低廉等要求。

(1)D/A 转换芯片的主要技术指标

D/A 转换器的主要性能指标有:在给定工作条件下的静态指标和动态指标,静态指标包括各项精度指标,动态指标通常以建立时间和尖峰电流等指标表示;另外环境条件指标,主要有反映环境温度影响的增益温度系数。这些性能指标在器件手册上都会给出。实际上,用户在选择时主要考虑的是以位数表现的转换精度和转换时间。

(2)D/A 转换芯片的主要结构特性与应用特性选择

D/A 转换器的特性主要表现为芯片内部结构的配置状况。它对 D/A 转换接口电路设

计带来很大影响,主要有:

①数字输入特性。数字输入特性包括接受数码格式、数据格式以及逻辑电平等。

目前批量生产的 D/A 转换芯片一般都只能接收自然二进制数字代码。因此,当输入数字代码为偏置码或补码等双极性数码时,应外接适当的偏置电路后才能实现。

输入数据格式一般为并行码,芯片内部配置有移位寄存器的 D/A 转换器,可以接收串行码输入。

对于不同的 D/A 转换芯片,输入逻辑电平要求不同。固定阈值电平的 D/A 转换器,一般只能和 TTL 或低压 CMOS 电路相连;有些逻辑电平可以改变的 D/A 转换器,可以满足与 TTL、高低压 CMOS、PMOS 等各种器件直接连接的要求。不过应当注意,这些器件往往为此设置了"逻辑电平控制端"或"阈值电平控制端",用户按手册规定,通过外围电路给这一端加上合适的电平才能工作。

②数字输出特性。目前多数 D/A 转换器件均属电流输出器件,手册上通常给出在规定的输入参考电压及参考电阻下的满码(全 1)输出电流 I_O,另外还给出最大输出短路电流以及输出电压允许范围。

对于输出特性具有电流源性质的 D/A 转换器,用输出电压允许范围来表示由输出电路(包括简单电阻负载或运算放大器电路)造成输出电压的可变动范围。只要输出端的电压小于输出电压允许范围,输出电流和输入数字之间就能保持正确的转换关系,而与输出端的电压大小无关。对于输出特性为非电流源性质的 D/A 转换器(如 AD7520,DAC1020 等),无输出电压允许范围指标,电流输出端应保持公共端电位或虚地,否则将破坏其转换关系。

③锁存特性及转换控制。D/A 转换器对输入数字量是否具有锁存功能,将直接影响与 CPU 的接口设计。如果 D/A 转换器没有输入锁存器,通过 CPU 数据总线传送数字量时,必须外加锁存器,否则只能通过具有输出锁存功能的 I/O 接口给 D/A 转换器送入数字量。

有些 D/A 转换器并不是对锁存的输入数字量立即进行 D/A 转换,而是只有在外部施加了转换控制信号后才开始转换和输出。具有这种输入锁存及转换控制功能的 D/A 转换器(如 DAC0832),在 CPU 分时控制多路 D/A 输出时,可以做到多路 D/A 转换的同步输出。

④参考源。D/A 转换中,参考电压源是唯一影响输出结果的模拟参数。它是 D/A 转换接口中的重要电路,对接口电路的工作性能,电路结构有很大影响。使用内部带有低漂移精密参考电压源的 D/A 转换器(如 AD563/565A),不仅能保证有较好的转换精度,而且可以简化接口电路。

2. A/D 转换器的选择原则

对于 A/D 转换器的选择来说,转换时间和分辨率是两个重要参数。特别是转换时间,应该考虑到高速 A/D 转换需要采样/保持电路,有时还需要缓冲放大器。例如,这时若采用转换时间为 1μs 的转换器,当把系统中的其他部件都考虑进去时,转换时间已不再是 1μs,很可能是 10μs 或更长的时间。这样,选择 A/D 转换器时通常需要考虑的问题有:

(1)A/D 转换器用于什么系统?输出数据的位数(分辨率)是多少?系统应该达到多高的精度和线性?

(2)提供给 A/D 转换器的输入信号范围多大?是单极性还是双极性?信号的驱动能力怎样?是否经过了缓冲滤波和采样/保持?

(3)对转换器输出的数字代码及其逻辑电平有何要求?是否需要带输出锁存或三态门?

是否通过计算机接口电路?是用外部时钟、内部时钟还是不用时钟?输出代码需要二进制码,还是 BCD 码? 是串行,还是并行?

(4)系统是在静态条件下还是在动态条件下工作?带宽要求如何?要求 A/D 转换器的转换时间为多少? 采样速率为多少? 孔径时间有何要求? 是高速应用还是低速应用?

(5)要求参考电压是内部的还是外加的? 是固定的还是可调(或可变)的?

(6)转换器的工作环境如何?输入信号引进的噪声以及其他外部电路引进的噪声干扰有多大? 环境温度变化范围有多大? 湿度、振动冲击条件如何?

(7)其他因素,如共模抑制、电源电压稳定度(包括电源纹波)、功耗、输入阻抗和外形尺寸等。对于某些特殊系统有时还要考虑转换方式。另外,还要考虑成本、资源及芯片来源等因素。

选择了转换器并不等于一切问题都解决了,转换器所处的系统及其他电路也是不可忽视的。电路设计不当或配合不好,将严重影响系统正常工作。当然,影响系统工作的因素是复杂的,往往需要综合考虑,对于一个具体系统来说,需要考虑的主要因素总是有限几项,其他较为次要的因素就可以通过权衡利弊进行折中和兼顾。

在数据采集系统的设计中,除了正确选择 A/D 转换芯片外,还应正确选择模拟多路开关、采样/保持电路、缓冲放大器及接口电路等。这些电路选择的主要原则是整个系统的兼容性要好。例如,使用几种电源供电?模拟输入是多路的还是单路的?是高速采集还是低速采集? 采集电路是否隔离? 等等,这些都要进行协调设计。

3. 计算机控制系统中的标准化 D/A、A/D 模板

在工业控制微机系统中,数据采集和数据控制部分通常采用标准化的数据采集(A/D)、数据控制(D/A)板卡,专门生产此类板卡的系统集成制造产业是当今高科技产业中一支充满活力的队伍,随着集成电路器件与操作软件的更新,板卡也不断创新,各种特性参数的板卡满足不同工控系统需求,使子系统的设计能在模块级的高层次进行,并且降低了难度,提高了质量,缩短了设计周期。

(1)D/A 转换模板

利用 DAC0832 数模转换芯片设计的高抗干扰 8 位 D/A 转换模板的电路组成框图,如图 9-19 所示,其特性如下:

D/A 转换电路与 STD 总线之间光电隔离,最高隔离电压 AC2500V。

DAC0832,8 位分辨率(1/256)。

芯片的转换时间(电流建立时间)为 $1\mu s$。

线性误差:最大为 0.2%。

6 路模拟电压输出(0~5V),既可串行也可并行更新数据和转换输出。

(2)A/D 转换模板

利用 ADC0809 模数转换芯片设计的不带光电隔离的 8 路模拟输入、8 位 A/D 转换模板的电路组成方框图如图 9-20 所示。

该 A/D 模板的主要技术性能为:

分辨率:8 位。

转换误差:±1LSB。

转换时间:$100\mu s$。

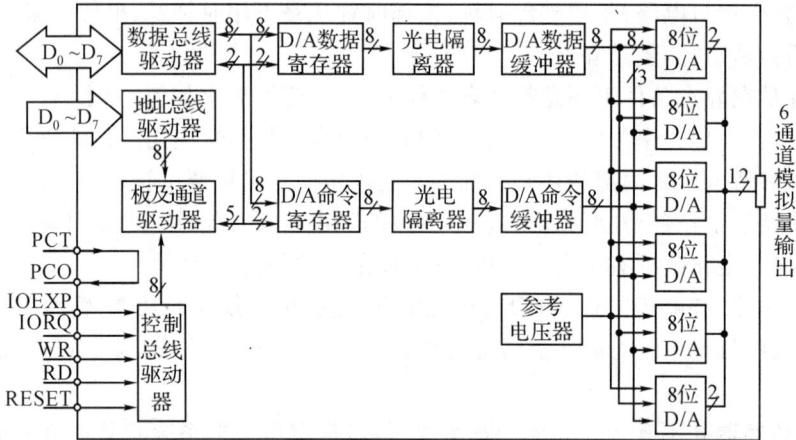

图 9-19　典型的 8 位 D/A 转换模板原理框图

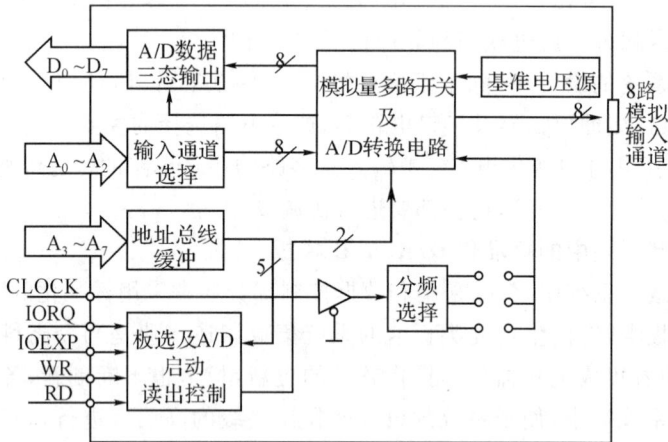

图 9-20　典型的 A/D 转换模板原理框图

模拟量输入范围:0～5V。

馈电电源:+5V,23mA;+15V,13mA。

本章小结

随着数字化时代的到来,微处理器和微型计算机的广泛使用,极大地促进了 A/D,D/A 转换技术的发展。实际上,在许多计算机控制、快速检测和信号处理等系统中,其所能达到的精度和速度最终还是决定于 A/D,D/A 转换器的转换精度和转换速度。因此,转换精度和转换速度是 A/D,D/A 转换器的两个最重要的指标。

目前 A/D,D/A 转换器的种类很多,在这一章中,只介绍了几种使用较多也比较典型的转换电路。

在 D/A 转换器中,讲解的是 T 型(有时也画为倒 T 型)电阻网络方案;在 A/D 转换器中,介绍的是逐次渐近型、双积分型和并联比较型电路。在说明每一种电路工作原理的同时,也介绍分析了它们的转换精度和转换速度。

本章学习的重点是几种典型转换电路的基本工作原理,输出量和输入量之间的定量关系、主要特点,以及转换精度和转换速度的概念与表示方法。

习　题

9-1　D/A 转换器,其最小分辨电压 $v_{\mathrm{LSB}}=4\mathrm{mV}$,最大满刻度输出模拟电压 $V_{\mathrm{om}}=10\mathrm{V}$,求该转换器输入二进制数字量的位数 n。

9-2　在 10 位二进制数 D/A 转换器中,已知其最大满刻度输出模拟电压 $V_{\mathrm{om}}=5\mathrm{V}$,求最小分辨电压 V_{LSB} 和分辨率。

9-3　在如题 9-3 图所示的 D/A 转换电路中,给定 $V_{\mathrm{REF}}=5\mathrm{V}$,试计算:(1)输入数字量的 $d_9\cdots d_0$ 每一位为 1 时在输出端产生的电压值。(2)输入为全 1、全 0 和 100000000 时对应的输出电压值。

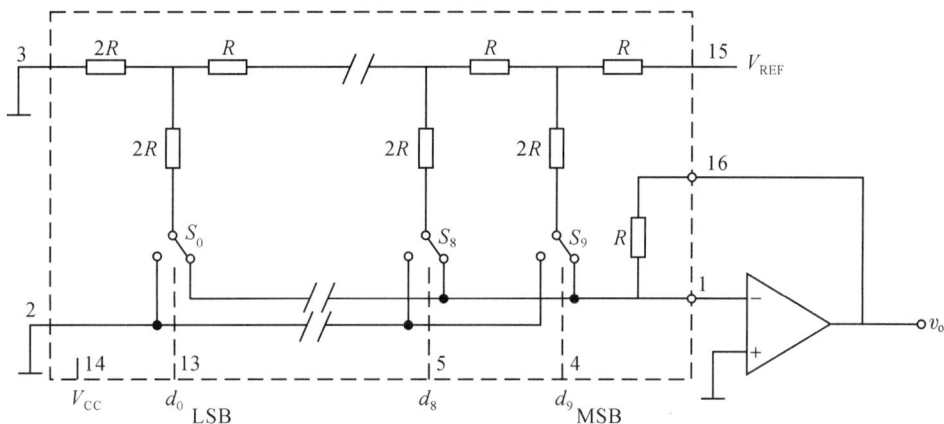

题 9-3 图

9-4　在如题 9-3 图所示 D/A 转换器中,基准电压 $V_{\mathrm{REF}}=-10\mathrm{V}$,试计算:(1)输出模拟电压 v_{o} 的范围。(2)$d_9\cdots d_0=0110100101$ 时 v_{o} 的值。

9-5　在 A/D 转换过程中,取样—保持电路的作用是什么? 量化有哪两种方法,它们各自产生的量化误差是多少? 应该怎样理解编码的含义,试举例说明。

9-6　如果将如图 9-15 所示逐次渐近型 A/D 转换器扩展到 10 位,时钟信号 CP 的频率 $f_{\mathrm{c}}=1\mathrm{MHz}$,试计算完成一次转换所需要的时间。

9-7　如图 9-15 所示,逐次渐近型 A/D 转换器中,D/A 转换器的基准电压为 $-5\mathrm{V}$,计算当 $v_{\mathrm{I}}=4\mathrm{V}$ 时的输出二进制数。若输入模拟电压由 $+4\mathrm{V}$ 改成 $-5\mathrm{V}$,试问基准电压 V_{REF} 的大小和极性应作什么样的改变?

9-8　在 8 位二进制数输出的逐次渐近型 A/D 转换器中,如果 $V_{\mathrm{REF}}=-5\mathrm{V}$,$v_{\mathrm{I}}=4.22\mathrm{V}$,试问其输出 $d_7\cdots d_0=$?若其他条件不变,而仅将其中的 D/A 转换器改成 10 位,那么输出 $d_9\cdots d_0$ 又会是多少? 请写出两种情况下的量化误差。

9-9　若将图 9-13 并联比较型 A/D 转换器输出数字量增加至 8 位,并采用如图 9-12(b)所示的量化电平划分方法,试问最大的量化误差是多少? 在保证 V_{REF} 变化时引起的误差 $\leqslant\dfrac{1}{2}\mathrm{LSB}$ 的条件下,V_{REF} 的相对稳定度 $\dfrac{\Delta V_{\mathrm{REF}}}{V_{\mathrm{REF}}}$ 应为多少?

9-10 在双积分 A/D 转换器中,时钟信号 CP 的频率 $f_c = 100\text{kHz}$,其分辨率为 8 位二进制数,计算电路的最高转换频率。

9-11 在图 9-16 的双积分型 A/D 转换器中,输入电压 v_I 的绝对值可否大于 $-V_{REF}$ 的绝对值? 为什么?

9-12 试说明 D/A 转换器和 A/D 转换器的转换精度和转换速度与哪些因素有关。

附录一　常用逻辑符号对照表

名称	国标符号	曾用符号	国外流行符号	名称	国标符号	曾用符号	国外流行符号
与门				传输门	TG	TG	
或门				双向模拟开关	SW	SW	
非门				半加器	Σ CO	HA	HA
与非门				全加器	Σ CI CO	FA	FA
或非门				基本RS触发器	S R	R_D Q S_D $\overline{Q}$	R_D Q S_D $\overline{Q}$
与或非门				同步RS触发器	S C1 R Q $\overline{Q}$	S Q CP R $\overline{Q}$	S Q CK R $\overline{Q}$
异或门				边沿(上升沿)D触发器	S 1D C1 R Q $\overline{Q}$	D S_D Q CP R $\overline{Q}$ R_D	D S_D Q CK R $\overline{Q}$ R_D
同或门				边沿(下降沿)JK触发器	S J C1 K R	J S_D Q CP K R_D $\overline{Q}$	J S_D Q CK K R_D $\overline{Q}$
集电极开路的与门				脉冲触发(主从)JK触发器	S J C1 K R	J S_D Q CP K R_D $\overline{Q}$	J S_D Q CK K R_D $\overline{Q}$
三态输出的非门	1 EN			带施密特触发特性的与门	&		

附录二　数字集成电路的型号命名法

1. TTL 器件型号组成的符号及意义

第 1 部分		第 2 部分		第 3 部分		第 4 部分		第 5 部分	
型号前缀		工作温度范围		器件系列		器件品种		封装形式	
符号	意　义	符号	意　义	符号	意　义	符号	意义	符号	意　义
CT	中国制造	54	−55℃～		标准	阿	器	W	陶瓷扁平
	的 TTL 类		+125℃	H	高速	拉	件	B	塑封扁平
SN	美国 TEXAS	74	0℃～+70℃	S	肖特基	伯	功	F	全密封扁平
	公司			LS	低功耗肖特基	数	能	D	陶瓷双列直插
				AS	先进肖特基	字		P	塑料双列直插
				ALS	先进低功耗肖特基			J	黑陶瓷双列直插
				FAS	快捷先进肖特基				

CT　74　LS　00　P
(1)　(2)　(3)　(4)　(5)
　　　　　　　　└塑料双列直插封装
　　　　　　└器件品种：四2输入与非门
　　　　└器件系列：低功耗肖特基
　　└温度范围：0℃~+70℃
　└中国制造TTL类型

SN　74　S　195　J
(1)　(2)　(3)　(4)　(5)
　　　　　　　　└黑陶瓷双列直插封装
　　　　　　└器件品种：四位并行移位寄存器
　　　　└器件系列：肖特基
　　└温度范围：0℃~+70℃
　└美国TEXAS公司

2. ECL、CMOS 器件型号组成符号、意义

第 1 部分		第 2 部分		第 3 部分		第 4 部分	
器件前缀		器件系列		器件品种		工作温度范围	
CC	中国制造的 CMOS 类型	40		阿	器	C	0℃～70℃
CD	美国无线电公司产品	45	系列符号	拉	件	E	−40℃～85℃
TC	日本东芝公司产品	145		伯	功	R	−55℃～85℃
CE	中国制造 ECL 类型			数 字	能	M	−55℃～125℃

CC　40　25　M
(1)　(2)　(3)　(4)
　　　　　　└温度范围：−55℃~+125℃
　　　　└器件品种：3输入与非门
　　└器件系列
　└中国制造CMOS器件

CE　10　131
(1)　(2)　(3)
　　　　└器件品种：双主从D触发器
　　└器件系列
　└中国制造ECL器件

附录三　常用标准集成电路器件索引

1. 小规模组合逻辑电路

(1)反相器

　　7404:六反相器

　　7405:六反相器(OC 输出方式)

　　7406:六反相缓冲器/驱动器(OC 输出方式)

　　7414:六反相器(施密特输入方式)

(2)与门

　　7408:四 2 输入与门

　　7409:四 2 输入与门(OC 输出方式)

　　7411:三 3 输入与门

　　7415:三 3 输入与门(OC 输出方式)

　　7421:双 4 输入与门

(3)与非门

　　7400:四 2 输入与非门

　　7401:四 2 输入与非门(OC 输出方式)

　　74132:四 2 输入与非门(施密特输入方式)

　　7410:三 3 输入与非门

　　7412:三 3 输入与非门(OC 输出方式)

　　7420:双 4 输入与非门

　　7422:双 4 输入与非门(OC 输出方式)

　　7413:双 4 输入与非门(施密特输入方式)

(4)或门

　　7432:四 2 输入或门

(5)或非门

　　7402:四 2 输入或非门

　　7427:三 3 输入或非门

　　7425:双 4 输入或非门(有选通端)

(6)异或门

　　7486:四 2 输入异或门

　　74135:四异或/异或非门

　　74136:四 2 输入异或门(OC 输出方式)

2. 中规模组合逻辑电路

(1)编码器

　　74147:10 线—3 线优先编码器(BCD 码输出)

　　74148:可级联的 8 线—3 线优先编码器

　　74348:可级联的 8 线—3 线优先编码器

(2)译码器/数据分配器

　　7442:4 线—10 线译码器(BCD 码输入)

　　7447(7448):4 线/七段译码/驱动器(BCD 码输入,OC 输出方式,带上拉电阻)

　　74139:双 2 线—4 线译码器/数据分配器

　　74138:3 线—8 线译码器/数据分配器

　　74154:4 线—16 线译码器/数据分配器

(3)数据选择器

　　74150:16 选 1 数据选择器(有选通输入端,反码输出)

　　74151:8 选 1 数据选择器(有选通输入端,互补输出)

　　74153:双 4 选 1 数据选择器(有选通输入端)

(4)算术运算器

　　74283:四位全加器

　　7483:四位全加器

　　7485:四位数值比较器

3. 小规模时序逻辑电路

(1)D 触发器

　　7474:有预置和清零端的双 D 触发器

　　74174:有清零端的六 D 触发器

　　74175:有清零端的四 D 触发器

　　74374:八 D 触发器

(2)JK 触发器

　　7478:有预置、公共清零端和公共时钟端的双 JK 主从触发器

　　74102:有预置端和清零端的与输入上升沿触发的单 JK 边沿触发器

　　74112:有预置和清零端,下降沿触发的双 JK 边沿触发器

　　74113:有预置端的双 JK 边沿触发器

4. 中规模时序逻辑电路

(1)移位寄存器

　　7495:四位并入/并出移位寄存器

　　74194:四位并入/并出双向移位寄存器

　　74195:四位并入/并出移位寄存器

(2)计数器

　　7490:二—五—十进制异步计数器

　　74290:二—五—十进制异步计数器

　　74160:可预置的四位十进制同步计数器(异步清零)

　　74161:可预置的四位二进制同步计数器(异步清零)

　　74162:可预置的四位十进制同步计数器(同步清零)

　　74163:可预置的四位二进制同步计数器(同步清零)

　　74169:可预置的四位二进制同步加/减计数器(同步置数)

　　74191:可预置的四位二进制同步加/减计数器(异步置数)

74192：双时钟，同步十进制加/减计数器(异步清零，异步置数)

74193：双时钟，同步二进制加/减计数器(异步清零，异步置数)

74196：二—五—十进制异步计数器

74197：二—八—十六进制异步计数器

74293：二—八—十六进制异步计数器

74393：双四位二进制异步计数器

(3)单稳态触发器

74121：单稳态触发器(施密特输入方式)

74122(74123)：带清零端可重复触发的单稳态触发器

参考文献

[1] 何小艇主编. 数字电路. 杭州:浙江大学出版社,1995

[2] 何小艇,章守苗编著. 脉冲电路(第二版). 杭州:浙江大学出版社,2001

[3] [美]John F Wakerly 著,林生等译. 数字设计原理与实践(原书第三版). 北京:机械工业出版社,2003

[4] 清华大学电子学教研组编,余孟尝主编. 数字电子技术基础简明教程(第二版). 北京:高等教育出版社,1999

[5] 清华大学电子学教研组编,阎石主编. 数字电子技术基础(第四版). 北京:高等教育出版社,1998

[6] 华中理工大学电子学教研室编,康华光主编. 电子技术基础数字部分(第四版). 北京:高等教育出版社,2000

[7] 王毓银主编. 数字电路逻辑设计. 北京:高等教育出版社,1999

[8] 杨颂华等编著. 数字电子技术基础. 西安:西安电子科技大学出版社,2000

[9] 王金明编著. 数字系统设计与 Verilog HDL(第二版). 北京:电子工业出版社,2005

[10] 刘宝琴. 数字电路与系统. 北京:清华大学出版社,1993

[11] 王尔乾等编著. 数字逻辑与数字集成电路(第二版). 北京:清华大学出版社,2002

[12] 科林,孙人杰编著. TTL、高速 CMOS 手册(新版). 北京:电子工业出版社,2004

[13] 全国电气文件编制和图形符号标准化技术委员会编. 电气简图用图形符号标准汇编. 北京:中国电力出版社、中国标准出版社,2001

[14] 王新贤主编. 通用集成电路速查手册. 济南:山东科学技术出版社,2002

[15] 瞿德福编著. 数字电路与模拟电路. 北京:中国标准出版社,2004